制冷及暖通空调学科发展与教学研究

——第十届全国高等院校制冷及暖通空调学科 发展与教学研讨会论文集

韩吉田　主编

山东大学出版社

·济南·

内容简介

本书为第十届全国高等院校制冷及暖通空调学科发展与教学研讨会论文集,集中反映了我国高等院校制冷及暖通空调学科发展与教学改革成果,是众多论文作者多年从事本学科教育工作的心得和经验总结,具有较高的参考价值。

本书可供制冷及暖通空调学科和相关专业的教学、研究人员参考,也可为其他专业教师的教学工作提供参考。

图书在版编目(CIP)数据

制冷及暖通空调学科发展与教学研究:第十届全国高等院校制冷及暖通空调学科发展与教学研讨会论文集/韩吉田主编.—济南:山东大学出版社,2020.10
　　ISBN 978-7-5607-6762-8

　　Ⅰ.①制…　Ⅱ.①韩…　Ⅲ.①制冷装置-空气调节器-学术会议-文集　Ⅳ.①TB657.2-53

中国版本图书馆 CIP 数据核字(2020)第 212566 号

责任编辑　李　港
封面设计　周香菊

出版发行　山东大学出版社
社　　址　山东省济南市山大南路 20 号
邮政编码　250100
发行热线　(0531)88363008
经　　销　新华书店
印　　刷　济南华林彩印有限公司
规　　格　787 毫米×1092 毫米　1/16
　　　　　27.75 印张　640 千字
版　　次　2020 年 10 月第 1 版
印　　次　2020 年 10 月第 1 次印刷
定　　价　98.00 元

前　言

经过 70 多年的发展,我国已经成为全球最大的制冷及暖通空调设备生产国、消费国和出口国,制冷及暖通空调行业也已成为我国实施节能减排战略的重要行业之一。深入践行习近平生态文明思想,大力提高我国自主技术创新和研发能力,推动产业绿色高效的技术创新和产业升级是我国制冷及暖通空调行业的根本出路,也是实现由中国制造向中国创造转变、由中国产品向中国品牌转变的必由之路。

培养高素质创新型科技人才是提高我国科技创新能力的关键之一,也是我国高等院校肩负的重要使命和任务。目前,我国已有 300 多所高校设立了制冷、暖通空调专业(方向),形成了包括高职生、本科生、硕士生和博士生等多个层次的完整人才培养体系,高校的科研水平不断提高,许多科研成果已达到了国际先进水平,为我国制冷及暖通空调相关行业的可持续快速发展奠定了坚实的人才基础。

为了提高我国高等院校制冷及暖通空调学科的发展及人才培养水平,促进各院校之间教研成果的交流,研讨适应新世纪、"新工科"发展要求的我国制冷及暖通空调学科人才培养模式,第十届全国高等院校制冷及暖通空调学科发展与教学研讨会于 2018 年 7 月 31 日至 8 月 3 日在山东省威海市召开。与此同时,为了促进我国制冷及暖通空调科学研究的发展,研讨该学科发展的最新技术,架设制冷及暖通空调新技术产学研结合的桥梁,提高自主创新潜力,举办了第十届全国制冷空调新技术研讨会,有力促进了教学与科研的结合,加强了科研与教学工作的相互促进。

本次学科发展和新技术研讨会,由中国制冷学会、上海交通大学主办,全国高等学校建筑环境与能源应用工程学科专业指导委员会和全国高等学校能源动力类专业教学指导委员会协办,山东大学和山东制冷学会承办。会议围绕制冷及暖通空调的学科建设、专业评估、教学改革、学生素质与创新能力培养、教材编写、实验与实习、多媒体教学、卓越工程师培养和"新工科"等议题展开了深入研讨,为我国制冷及暖通空调学科的教学改革与发展提供了一个良好的交流平台,有力促进了全国高等院校之间教改成果的交流,对于我国高等院校制冷及暖通空调学科的教学改革与发展具有重要意义。

本次会议得到了全国专家、学者、同行和朋友的大力支持!来自全国高校具有丰富教学经验的知名专家、学者、教授分别作了大会特邀报告、专题报告,入会代表进行了深入广泛的教研成果与经验交流。为了扩大交流、巩固研讨会成果,特将会议收到的论文汇编成文集并正式出版。该文集主要涵盖了学科建设与人才培养、教学方法研究、课程建设与改革、实践性教学的改革与创新四个方面的内容,集中反映了我国制冷及暖通空调学科发展与教学改革成果,是众多论文作者多年从事本学科教育和工作的心得和经验总结,具有较高的参考价值。在此特向所有作者和给予本次会议赞助支持的企业家和朋友致以我们最衷心的感谢!

由于时间和编者水平所限,论文中难免存在缺点和错误之处,敬请作者和读者批评指正。

韩吉田　赖艳华　邵莉　赵红霞

2018 年 12 月于山东大学

目 录

教学方法研究

认知和感知相结合的主动释疑式教学方法
　　——"制冷与热泵技术"教学方法探讨 ················· 杨　昭(3)
BIM 技术在国内外高校教学中的应用研究进展
　　················· 张学军　余　萌　赵　阳　张绍志(7)
能源动力类新生专业认知教学效果反馈分析
　　················· 郭　航　王景甫　孙　晗　乔承仁(16)
现代网络和智能手机 APP 环境下空调课程教学新模式尝试 ····· 金苏敏　陈建中(25)
利用思维导图构建工程热力学的教学体系 ········· 刘益才　张敏妍　化豪爽(32)
基于科研实验案例设计"绪论"教学 ········· 徐肖肖　崔文智　刘汉周　李　静(36)
普通高校建筑环境与能源应用工程专业"传热学"课程教学的研究与思考
　　················· 王　瑜　李　维　谈美兰　周　斌　刘金祥(42)
"暖通空调系统分析与设计"课程的教学探索
　　················· 郑国忠　魏　兵　高月芬　王雅静　荆有印(49)
浅谈"建筑环境学"的讲授方法与技巧 ······························ 张敏慧(53)
换热器课程设计融合计算机辅助教学研究 ········· 王　涵　张素军　程　清(58)
"建筑概论"课程教学设计探讨 ····························· 孙晓琳　谈向东(62)
"制冷压缩机"教学方法探讨 ································· 祁影霞(67)
关于提高热能与动力工程专业课程教学质量的探讨 ············· 刘业凤(71)
问题探索与现场观摩结合下的制冷课程教学模式 ········· 李　敏　叶　彪　谢爱霞(75)
面对面交流与激励式教学在课程中的应用研究 ········· 彭章娥　冯劲梅(79)
"空气洁净技术"课程教学探讨 ········· 冯圣红　李　锐　王立鑫(83)
建环专业实验教学改革的探索与实践 ········· 张东海　黄建恩　高蓬辉　王义江(87)
基于蓝墨云的翻转课堂在"冷热源"中的应用 ······························ 任晓芬(94)
"工程热力学"课程教学实践与思考
　　················· 尤彦彦　毛明明　吕金升　孙　鹏　郑　斌(100)
制冷与低温专业英语教学实践 ································· 于泽庭(106)
"减学分"背景下建筑环境与能源应用工程专业教学改革与探索
　　················· 刘曙光　王松庆　贺士晶(112)

"热泵技术"混合模式下课程教学研究 ……… 刘 芳 王 强 舒海静 罗南春(115)
基于 EES 软件的"制冷原理"教学探讨 ……………………………… 陈 曦(119)
专业基础课"传热学"的教学改革与探索 ……………… 殷 利 刘丽莹(124)
"空气调节"课程教学改革的思考与实践
　　　——以山东建筑大学为例 ……………… 刘俊红 刘凤珍 杨 丽(128)
三位一体教学法在制冷专业课教学中的探索与实践
　　　……………… 王小娟 王 强 孙淑臻 宗 荣 李朝朝 孙 莉(133)
"流体输配管网"课堂教学方法的探讨 ……………… 朱鸿梅 刘宏伟 李 琼(140)
制冷与空调专业"工程制图"教学中截交线的求解方法与探讨
　　　……………………… 赵玉祝 宗 荣 王小娟 孙淑臻 赵永杰(144)

课程建设与改革

"虚拟制冷教学实践"课程资源的升级和建设
　　　… 王 勤 韩晓红 纪晓声 植晓琴 陈光明 刘楚芸 张 权 金 滔(151)
"制冷技术前沿进展"课程的教学体会 ……… 吴 曦 徐士鸣 陈 聪 董 波(158)
玩转"百万立方"
　　　——基于 STEAM 理念的"能环概论"课程改革
　　　……………… 徐象国 何珊云 高 宁 邵俊强 盛呈燕(163)
"建筑环境学"在线课程建设 ……………………… 余克志 刘艳玲(175)
深化工程师培养计划课程改革 提升卓越人才培养质量
　　　…………… 刘圣春 郭宪民 臧润清 申 江 宁静红 姜树余 闫 艳(178)
对建环专业"传热学"课程改革的探索与解析 ……… 刘泽勤 丁 曦(184)
IEET 工程认证下建环专业课程体系和教学评价的探讨
　　　……………………………… 江燕涛 赵仕琦 杨 艺(190)
"燃料电池原理与应用"课程建设与体会 ……………… 韩吉田(199)
"换热器原理与设计"课程建设 ………………………… 郭彦书(202)
"建筑环境控制系统"课程改革研究与实践 ……………… 张妍妍(206)
"传热学"课程考核改革分析研究 ……… 李 琼 刘宏伟 朱鸿梅(212)
高职"空气调节技术"课程教学改革方案 ……………… 狄春红(218)

实践性教学环节改革与创新

刍议科技竞赛对高校师生发展的重要意义
　　　……………… 陈焕新 袁 玥 郭亚宾 石书彪 寻惟德(225)
能源动力类大学生工程实践与创新研究能力培养
　　　……………… 李舒宏 王明春 肖 睿 钟文琪 朱小良(230)

面向就业的建环专业本科毕业设计（论文）分层次个性化培养的教学实践

　　……………………………………… 吴延鹏　李长洪　朱维耀　范慧方(239)

制冷与冷藏技术省级示范专业建设

　　——以阜新高等专科学校为例 ……………………………… 狄春红(244)

实践引领专业人才培养

　　——中国制冷空调行业大学生科技竞赛 ………… 姜明健　马国远　周　峰(251)

以制冷竞赛为载体的本科创新实践探索与研究

　　……………… 周　峰　马国远　姜明健　晏祥慧　刘中良　孙　晗(256)

提高本科生毕业论文质量的思考 ……………………………… 孙　晗　郭　航(261)

建环专业实践教学环节的认识误区及改革措施分析 … 王立平　沈致和　刘向华(265)

建筑与土木工程专业学位研究生实践能力结构及培养研究

　　…………………………… 杨美媛　张振迎　龚　凯　宋士顺(272)

虚拟实验技术在制冷与低温学科教学实验中的应用

　　………………………… 张兴群　侯　予　刘秀芳　刘　晔(276)

暖通空调实验的设计及虚拟 …………………… 张绍志　王　勤　金　滔(281)

科研成果向本科实验教学转化的探索与实践

　　……………………… 阚安康　王　为　章学来　曹红奋(287)

制冷空调专业实践环节改革体系的探索 …………………………………… 于　丹(293)

基于回归工程及多元化资源协同育人的实践教学改革研究

　　……………… 王　宇　李艳菊　张楷雨　由玉文　张丽璐　李宪莉(298)

全方位开展专业实践教学环节　提升本科阶段创新创业能力

　　——以天津工业大学建筑环境与能源应用工程专业为例

　　……………………………… 李　莎　杜晓刚　苏　文　李新禹(309)

多个制冷系统虚拟仿真实验教学项目建设 … 邹同华　刘兴华　孙　欢　朱宗升(314)

工程热力学/热工学综合实验方案设想与探讨 ………………… 张光玉　郑　旭(324)

建环专业实验室安全措施与实践 ……………………………… 詹淑慧　孙金栋(328)

工程教育认证背景下的暖通实践教学改革研究 ………………… 高梦晗　刘泽勤(334)

建环专业实验教学改革的探索与实践 …………………………… 王春雨　刘泽勤(340)

基于社会需求的制冷空调专业实训模式探索 ………… 刘　聪　张　辉　丁　艳(347)

制冷与低温工程专业生产实习方案改革的探索与实践

　　……………… 刘秀芳　陈　良　陈双涛　赖天伟　钟　昕　薛　绒　侯　予(352)

基于焓差法的房间空调器与空气热回收器性能实验平台设计 … 彭冬根　罗　娜(358)

产学深度融教的改革与实践

　　——以建筑环境与能源应用工程专业为例 ……… 蒋小强　李兴友　田雪丽(365)

"以学生为主体"的建能实验室创新教学改革的探讨 … 刘宏伟　李　琼　朱鸿梅(372)

学科建设与人才培养

"卓越计划"与"新工科"人才培养的要求与模式 ………………… 臧润清　刘泽勤(381)

"能源与动力工程"卓越工程师人才工程素质培养体系的构建与实践

         ……………………………… 郭宪民　刘圣春　姜树余　宁静红　闫　艳(385)

基于"卓越计划"的系统性渐进式建环专业认识教育探讨 ……… 朱赤晖　丁云飞(391)

工科院校强制体育改革的本质探讨与实践反思

    ——以制冷暖通空调专业学生的体育课程改革为例 ……… 徐　静　刘泽勤(396)

建环专业创新人才培养模式探索与实践

        ……………………… 王立鑫　李　锐　郝学军　那　威　郭　全　王　刚(403)

应用型高校建环专业校企合作机制的探索 … 冯劲梅　刘　琳　彭章娥　朱倩翎(409)

"新工科"建设下涉商工科的专业建设改革

        ……………………… 刘　斌　陈爱强　姜树余　刘圣春　邹同化(414)

建环专业应用型人才培养的解析与思考 ……………………… 张聪一　刘泽勤(421)

能源与动力工程专业培养方向探索 ……………………………… 郭彦书(425)

本科生创新和应用能力协同培养的路径初探

    ——以建筑环境专业大学生创新项目实践为例

        ……………………… 李艳菊　王　宇　葛艳辉　郭春梅　由玉文(430)

教学方法研究

认知和感知相结合的主动释疑式教学方法

——"制冷与热泵技术"教学方法探讨

杨　昭[*]

（天津大学机械工程学院，天津，300350）

[摘　要]"制冷与热泵技术"是热能动力工程专业本科生的必修专业课程。本文以该课程为例，结合热能动力工程专业特点和本领域研究发展情况，提出传统教学方法的改进尝试。从生动有趣的教学内容、与制冷新技术发展相匹配的教学内容、理论认知和实践感知结合以及释疑式教学过程及多环节学习评价等方面探讨新的教学方法，达到调动学生学习积极性，加深对课程内容的理解，培养学生多方面专业技术能力的目的。

[关键词]制冷；热泵；教学方法

0　引言

本课程是热能动力工程专业本科生的必修专业课程，目的在于使学生了解热能工程专业重要领域的研究发展方向，掌握热力学逆循环的基本理论及其工程应用。通过课堂和实践教学，要求学生能够熟练掌握热力学逆循环与制冷循环的原理与关系，掌握制冷与热泵技术及普通制冷和空调设备的原理和应用，能综合运用本课程及相关课程的知识，完成制冷或热泵系统的热力计算、校核计算和初步工程设计。通过几年的教学实验，作者深刻体会到该课程是理论认知与实践感知及工程实践紧密结合的专业必修课程。因此，本文提出了如下教学方法改进思路与大家探讨。

1　生动有趣的教学内容

通过制冷发展史的讲解激发学生的学习兴趣。比如对于绪论一章[1]内容，学生普遍感觉比较枯燥。尽管制冷发展历史悠久，但是学生对于其发展的具体过程，人类如何开始用冷和热，基本没有深入的概念。而教师如果能在授课过程中加入一些相关的历史知

---

* 杨昭，教授，研究方向：制冷热泵技术。

基金项目：国家自然科学基金资助项目（No.51476111、No.51741607）。

识或者生动的故事情节,将会极大地提升学生的兴趣,吸引学生的听讲注意力。

在制冷技术教科书《空气调节用制冷技术》[2]的绪论中有提到周朝时就有掌管窖冰、用冰的官员,称为"凌人"。诗经《豳风·七月》中亦有:"二之日凿冰冲冲,三之日纳入凌阴";或者还有"曹操在临漳县西南设井,建石虎于其上藏冰,三伏之日以赐大臣"的记载。而《吴越春秋》上也曾记载:"勾践之出游也,休息食宿于冰厨。"这里说的"冰厨",就是夏季为帝王供备饮食的地方,因此又被称为"冷宫"。"冷宫"兼具现代冰箱、空调的功能。这只不过是直接用冰纳凉的行为。用一种内外两层的容器,在夹层中有冰,对内藏食物降温的冰鉴缶却鲜有介绍。

冰鉴缶的结构,比起起源于国外的原始冰箱更高一筹。缶内的饮料或食物,有四个面被冰所包围,降温效果会更好,而且酒饮或食物与冰不接触,可以保持味美和卫生(见图 1)。其外层没有保温层,似乎是个缺点,其实不然。若在夏天,冰块亦可对外部吸热,消暑降温,使人产生凉爽感。屈原在《楚辞·招魂》中有:"挫糟冻饮,酎清凉些",可能是描写人们围坐冰鉴缶品尝凉酒的场景。到了冬天,如果在夹层中放上热水,缶中的酒浆或食物又可保温,对周围空间也有加热作用。

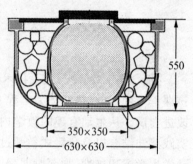

图 1　冰鉴缶及原理图

其他关于缶的记载还有:"蔺相如前曰:'赵王窃闻秦王善为秦声,请奉盆缶秦王,以相娱乐。'秦王怒,不许。于是相如前进缶,因跪请秦王……于是秦王不怿,为一击缶。相如顾召赵御史书曰:'某年月日,秦王为赵王击缶。'"(见司马迁的《史记·廉颇蔺相如列传》)

2　与制冷新技术发展相匹配的教学内容

随着新技术的发展,教师应在原课程教材基础上进行不断完善补充,尽量使教学内容涵盖各种新型制冷技术。比如课本中关于制冷剂和载冷剂的章节,之前都是讲几种常规的制冷剂,如今应将保护臭氧层与降低温室效应、新工质替代思想及发展趋势等增加到教学内容中来。过去关于压缩机一章以活塞式压缩机为主讲内容,现在我们会把近年来新发展起来的新型压缩机,如喷气增焓转子式和涡旋机、磁悬浮离心压缩机,作为新增教学内容;在蒸发器和冷凝器一章中会添加有关换热器的一些新的强化传热方法;在循环原理方面则增加了涉及循环效率改进以及 CO_2 超临界循环原理的内容,在节流机构原理中,过去是以热力膨胀阀和毛细管节流及控制原理为主,现在则增补了电子膨胀阀控制原理,并与相应的先进控制思想有机结合(见图 2)。

图 2　应用制冷新技术的设备

3　理论认知与实践感知及工程实践紧密结合

　　传统的教学方法是课堂讲解、提问与板书相结合,但"制冷热泵技术"是理论认知与实践感知及工程实践紧密结合的专业必修课,因而应特别重视实践教学环节,将其与课堂上的理论知识在时间和内容上紧密结合,使得新知识点与感官新认识紧密结合。例如制冷循环一章结束后应给提供学生实践机会,让他们了解循环系统,并通过各种实验测试加深印象;制冷循环中四大件讲完了要立即到实验室进行感官认识,并了解相关的技术特点、使用场合及制造工艺等实践知识。再比如压缩机一章如只进行课堂授课学生很难理解,效果不会很好,要在动画、视频以及各种立体剖面图的基础上进行实物对照讲解,并结合系统应用才能理解各种不同类型压缩机的功能、作用和特点,同时与新技术发展结合起来。又如蒸发器和冷凝器到底起什么作用,制冷和热泵有什么区别,用在什么地方? 在人们的生活当中,除了空调以外,还有什么作用? 这些都需要实践教学环节来协同解决。所以,教师可以带领学生参观食品保鲜冷藏以及热泵干燥、水—水热泵系统,并进行一些实验测试;而且可带领学生参加国际制冷展,通过现场参观与讲解使他们对相关知识的认识更深刻,同时也扩大学生的知识面,使他们对各种新技术、新产品有进一步的了解。当然在理论认知中课堂上的提问亦非常重要,首先让学生之间互相讲解,不断的交流反馈,反复的练习,重点是教师对每一个知识点应进行阶段性的多次提问,这样的效果较好。最后,再与实践感知相辅相成,将大有裨益。

4 释疑式教学过程及多环节学习评价

课程授课过程采用教师对简单易懂内容快速讲解,突出重点难点,鼓励学生先自学发现疑难问题并寻找解决方法,然后进行答疑互补及边学边答,避免枯燥。如讲解各种常用工质的性质,可通过差异比较法,使学生通过总结性质间的联系及规律加深理解。另外为引导学生注重教学的每一个环节和知识点,而不是把精力放在期末考试复习上,在课程考试成绩评价方面,应兼顾考虑学生课堂提问回答情况、课堂练习成绩、实践效果及阶段测验成绩,做出综合性评价。

5 结论

基于多年的教学经验,将"制冷与热泵技术"课程的教学改进方法总结如下:应增加生动有趣的教学内容,激发学生学习兴趣;添加与制冷新技术发展趋势相匹配的教学内容,引导学生关注领域发展情况;将理论认知与实践感知紧密结合,增强学生对相关知识内容的理解;多种教授课程形式及成绩评价方式作为补充,提升学生对该课程的学习。

参考文献:

[1] 解国珍,姜守忠,罗勇. 制冷技术[M]. 北京:机械工业出版社,2008.

[2] 彦启森,石文星,田长青. 空气调节用制冷技术[M]. 北京:中国建筑工业出版社,2010.

BIM 技术在国内外高校教学中的应用研究进展

张学军　余　萌　赵　阳　张绍志*

(浙江大学制冷与低温研究所,浙江杭州,310027)

[摘　要]建筑信息模型(BIM)技术是一种将数学模型应用于项目设计、施工及运营的技术方法。BIM 技术不光在建筑工程领域具有重大的应用价值,在高校教学上也有巨大的应用前景。本文首先介绍 BIM 技术的特点及相关应用软件,然后从 BIM 技术在国内外高校教学中的应用现状入手,分析 BIM 技术在高校教学中可能存在的问题,进而针对存在的问题提出相应的 BIM 教学改革方法,为我国高校相关工程专业开展 BIM 技术教学提供参考意见。

[关键词]BIM 技术;应用软件;高校教学;人才培养;教学改革

0　引言

建筑信息模型(Building Information Modeling,BIM)作为一种建筑业的新兴技术,既可以是建筑工程项目管理系统、工程项目技术系统,也可以是一种数据化工具[1]。BIM 技术基于建模整合项目有关信息并模拟项目中的实际建筑信息,将信息在项目全寿命周期过程中进行共享和传递。在此基础上,为不同专业协同工作提供基础平台,以期在项目建设中实现各项目标。

BIM 技术作为近年来建筑业发展最有前景的技术之一,在国内外越来越受到重视,行业也需要越来越多能够熟练掌握 BIM 的人才。不过,BIM 人才培养规模无法匹配建筑行业发展的趋势。作为国家培养人才的摇篮,相关高校有必要将 BIM 技术引入其教学体系中,培养建筑行业缺乏的 BIM 技术应用型人才。本文首先从 BIM 技术的特点及优势入手,介绍了其相关应用软件;接着综述了 BIM 技术在国内外高校教学中的应用进展;最后通过借鉴国外 BIM 发展应用的经验,结合我国 BIM 发展现状,对如何推进 BIM 技术在我国高校教学中的发展进行探讨。

---

　　*　张绍志,副教授,博士,研究方向:食品和生物材料冷冻/冻干保存、制冷自动化。
　　基金项目:高等学校能源动力类新工科研究与实践项目《BIM 技术在暖通空调教学中的应用探索》。

1 BIM 技术的特点和相关应用软件

1.1 BIM 技术特点

BIM 技术的主要特点有可视化、协调性、模拟性、优化性、可出图性、一体化性、参数化性、信息完备性[2~4]。在建设工程领域,BIM 技术相比于其他技术的主要优势体现在设计可视化、施工具体化和成本透明化三个方面。

1.1.1 设计可视化

在项目的设计阶段,常规方法是将二维平面 CAD 图纸作为设计指导工具。通过 BIM 软件三维技术的应用,可把二维平面 CAD 模型转化为三维模型,将项目直观、形象、清晰地呈现在各专业面前,从而实现设计可视化。

1.1.2 施工具体化

在项目的施工阶段,常规方法是利用横道图、代号网络时标图作为施工指导工具。但是项目施工过程异常复杂,很难通过传统的横道图、代号网络时标图等准确表达,更不用说实现施工动态管理了。通过 BIM 软件四维(三维＋时间)模型的建立,能够准确、清晰地展现整个项目的施工进度,从而实现施工具体化。

1.1.3 成本透明化

项目建设过程中相关成本控制方面的常规做法存在许多缺陷,无法实现动态成本控制,而项目建设过程中往往需要不断调整设计方案及施工方案,从而导致项目资金成本的浮动难以控制。通过应用相关 BIM 建筑工程软件,可快速建立五维(三维＋时间＋成本)建筑模型,从而实现项目的成本透明化。

1.2 BIM 应用软件

BIM 技术的发展离不开相关软件的应用,它是实现建筑信息管理的工具。在这里着重介绍设计、施工、运维三个阶段所涉及的 BIM 软件。

1.2.1 设计阶段 BIM 软件

项目设计阶段需要进行参数化设定、交通线规划、管线优化、结构分析等,所涉及的软件包括基于 CAD 平台的天正系列[5]、中国建筑科学研究院出品的 PKPM[6]、Autodesk 公司的核心建模软件 Revit[7]等。

1.2.2 施工阶段 BIM 软件

项目施工阶段需要进行施工模拟、方案优化、施工安全、进度控制、实时反馈、场地布局规划等工序,所涉及的软件包括用于碰撞检查、制作漫游、施工模拟的 Navisworks[8],微软开发的项目管理软件程序 Microsoft Project[9],广联达自主研发的算量、计价、协同管理系列软件[10]等。

1.2.3 运维阶段 BIM 软件

项目运维阶段需要进行智能建筑设施管理、大数据分析、物流管理、智慧城市、云平台存储等,所涉及的软件包括可直接读取 Navisworks 文件的 WINSTONE 空间设施管理系统、CAFM 软件 ARCHIBUS、BIM-FM 软件 EcoDomus 等[11]。

2 BIM 技术在国内外高校教学中的应用现状

2.1 BIM 技术在美国高校教学中的研究现状

在美国,建设工程公司的 BIM 技术使用率已达到 75% 左右,并且 70% 以上的高校已将 BIM 技术结合到各专业课程体系当中。

由于美国各高校各自专业的培养方案具有不同的特色,因此,开设的 BIM 课程教学重点也不一致。加州州立大学工程管理专业中的 BIM 课程主要通过三维的 BIM 模型让学生更好地理解建筑细节,进行工程量计算[12]。亚利桑那州立大学聘请行业内有经验的 BIM 专业人员,通过讲座和课程设计结合的方法,讲授工程中的各类案例,同时要求学生掌握不同软件的使用方法,包括 Google Sketch-up、Revit Architecture、Navisworks Manage 等[13]。宾州州立大学的建筑工程系则在 BIM 教学过程中强调协作精神,通过团队共同完成项目,让学生认识到 BIM 环境下相互协作的重要性[14]。佐治亚大学的 BIM 课程也主要针对工程管理专业的学生,通过设置 BIM 课程拓宽学生的行业视野,并提供了 BIM 的网络视频课程[15]。

BIM 人才培养需适应建筑业的高速发展,因此很多美国高校的建筑相关专业针对不同课程采用不同设置模式进行 BIM 技术教学。美国高校建筑相关专业的 BIM 课程设置如表 1 所示[16]。

表 1　美国高校建筑相关专业的 BIM 课程设置模式

BIM 课程模式	代表大学	课程
单一课程模式	西伊利诺斯大学	住宅和商业建筑设计
	威斯康星大学	工程类课程的选修课
	怀俄明大学	建筑工程制图
	奥本大学	数学施工制图

续表

BIM 课程模式	代表大学	课程
交互教学模式	蒙大拿州立大学	工程文档
	加州州立理工大学	建筑立面、机电和管道课程
	南方州立理工大学	住宅施工、结构设计
	佐治亚理工学院	住宅施工
	科罗拉多州立大学	材料和方法
	加州州立大学	进度计划
	东卡罗来纳州立大学	工程造价
多课程联合模式	科罗拉多州立大学	多专业联合课程
	怀俄明大学	建筑设计工作室
	肯特州立大学	集成工作室
毕业设计模式	奥本大学	BIM 毕业设计

很多美国高校根据自身师资力量及教学条件，对于不同年级的学生开设不同类型的 BIM 课程。蒙大拿州立大学在大学二年级的数据图形课程中，主要介绍 BIM 的各类软件，让学生了解这些软件在各类设计课程中的使用方法；而在大学四年级的工程文档课程中，要求学生基于 BIM 独立编制工程造价文件和技术文件[17]。德州农工大学的施工科学系针对本科和研究生开设了两门 BIM 课程，要求学生掌握不同的 BIM 软件，包括 Autodesk Revit、Google Sketch-up、Autodesk Navisworks、Microsoft Movie Maker 等[18]。内布拉斯加大学林肯分校将开设的 BIM 课程分为两类：基础类和高级类。BIM 基础和高级课程中都可以包括建筑设计、虚拟施工、造价管理等，具体如表 2 所示[12]。

表 2　内布拉斯加大学林肯分校的基础和高级 BIM 课程

BIM 课程	BIM 基础课程	BIM 高级课程
课程内容	图纸阅读；施工文档；机械、电气和管道模型；结构模型；工程量计算；四维模拟等	分类系统；四维/五维模拟；进度监控；成本管理；基于模型的进度计划等
软件	ArchiCAD、Revit、Navisworks	Revit、ArchiCAD、Sketch-up、Vico Office、Ecotect
适用对象	大学一、二年级	大学三、四年级

2.2　BIM 技术在中国高校教学中的研究现状

BIM 技术目前在国内仍处于起步阶段，国内大部分设计院或企业虽然具备相关 BIM 技术使用条件，但是由于 BIM 技术应用人员的匮乏，使得 BIM 技术整体利用率较低。在 BIM 技术高校教学方面，虽然不比国外高等院校，但国内也有一些高校设立了 BIM 中心,并进行了一系列相关课题研究。清华大学与广联达公司共同成立了 BIM 研究中心[19]。同济大学与鲁班软件双方就工程造价、BIM 技术研究等方面举行合作签约[20]。沈阳建筑大学成立了以 Revit 为主的 BIM 研究中心[21]。华南理工大学建筑学院与 Autodesk 联合创办了建筑物生命周期管理(BLM)-BIM 实验室,并于当年将 BIM 作为该实验室的主要研究课题方向[22]。清华大学参考美国建筑信息模型标准框架(National Building Information Modeling Standard,NBIMS),结合调研提出了中国建筑信息模型标准框架(Chinese Building Information Modeling Standard,CBIMS),并且创造性地将该标准框架分为面向 IT 的技术标准与面向用户的实施标准[23]。大连理工大学提出了建设 BIM 研究与实践创新云服务平台的建设思路,并从硬件平台建设、软件平台建设、师资队伍建设、BIM 课程建设、运行管理机制建设、合作与交流六个方面完善了建设方案,为 BIM 技术纳入建筑与土木工程专业的课程体系提供借鉴,图 1 为 BIM 研究与实践创新云服务平台总体构架示意图[24]。

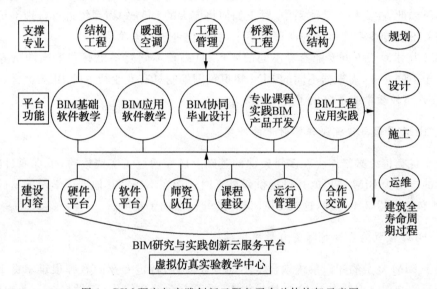

图 1　BIM 研究与实践创新云服务平台总体构架示意图

　　尽管如此,大部分国内高校还没有把 BIM 知识体系融入相关专业课程体系中,只有少数建筑类相关专业开设了 BIM 设计软件应用课程。目前将 BIM 技术纳入本科教学环节的院校不多,如哈尔滨工业大学在国内首次开设"BIM 技术应用"短课程,共 16 学时,内容包括 BIM 技术简介、BIM 技术在建筑设计、施工领域的应用、BIM 技术软件应用等[20]。沈阳建筑大学将 BIM 技术应用于土木工程专业毕业设计环节中。重庆大学也在本科学生的毕业设计环节设置了 BIM 方向[25]。大部分工程类高校对于引进 BIM 技术教学持开放态度,但是由于传统培养方案的限制,加之没有具体的 BIM 教学培养标准,并没有将 BIM 技术加入本科阶段的培养方案中。

3 BIM 技术在高校教学中的存在问题及解决方案

3.1 存在问题

由上可知,在现有的高校课程体系中纳入 BIM 技术的教学内容,存在许多挑战和困难。

3.1.1 缺乏 BIM 课程内容的建立标准

BIM 囊括了建筑业中各专业的知识系统,选择哪些内容纳入高校 BIM 教学的课程体系,但目前教育界和建筑界还没有对此建立标准,从而使高校开设 BIM 课程进度迟缓。

不仅如此,在高校教学体系中,对于如何将庞大的 BIM 知识系统进行合理剖析,并分解到相关工程专业不同年级的课程体系中,目前仍处于探索阶段。

BIM 技术对于不同专业有着不同的要求,且高校不同院系也有着不同的培养方案,因此对于不同专业,需根据不同的 BIM 知识范围编制具有专业特色的 BIM 教材,这无疑又给 BIM 高校教学改革提出了更高的要求。

3.1.2 BIM 课程与传统课程学时上的冲突

由于各类传统必修课程在多年授课的基础上已经通过了实践检验,很难通过减少现有学时的方法为 BIM 课程的开设提供额外学时。而在不压缩其他课程学时的基础上,增设 BIM 必修课程又不合理,这给 BIM 课程的开设增加了难度。

3.1.3 BIM 课程的开设对师资力量提出挑战

由于 BIM 复杂的知识系统耦合了不同专业内容,特定专业的教师很难掌握 BIM 中各类专业的知识。因此在 BIM 高校教学中,需跨专业同步协作,而做好多专业知识体系的衔接和融合,无疑又给各院系各专业的协调工作带来了巨大压力。

不仅如此,BIM 技术作为建筑业的新兴技术,部分教师可能也对其不甚明了。因此,BIM 课程的开设增加了教师的工作量,教师需自行了解 BIM 技术的知识架构,学习 BIM 的相关软件等。

3.1.4 BIM 课程的开设对学生自学能力提出挑战

由于传统课程对于 BIM 知识体系毫无介绍,因此开设 BIM 课程大大增加了各专业学生的学习压力,而且 BIM 课程尤其注重学生对于软件的应用,这一特性成为很多软件应用基础较差的学生学习 BIM 课程的阻碍,同时对学生的自学能力提出了更高的要求。

3.2 解决方案

针对以上 BIM 技术应用于高校教学现存问题,给出了相关 BIM 教学改革的建议以供参考。

3.2.1 基于现有教学体系,合理安排 BIM 的课程体系及覆盖范围

BIM 高校教学课程的开设离不开各专业知识架构的结合,因此,需合理设置大学本科四年不同时期的 BIM 课程内容,且注意课程与课程间的衔接是否科学。

BIM 课程内容的覆盖范围是和各专业院系的培养目标相关的。针对 BIM 知识需求量大的专业如工程管理,可以提高 BIM 课程教学比例;而对于 BIM 知识需求量较小的专业,则可适当减少 BIM 教学课时。

3.2.2 BIM 在高校教学中应采用循序渐进的方式

为了减轻学生学习压力,可先将 BIM 作为选修课程开设,将其作为 BIM 教学改革的试点项目,从而建设师资队伍、改善教学体系,不断探寻适合各专业的 BIM 高校教学方法。通过实践检验开设 BIM 课程的合理性,且等师资队伍、教学体系、软硬件设施齐全后,再把 BIM 选修过渡到必修环节。

3.2.3 提升高校师资力量,以适应 BIM 教学改革

一方面,高校教师不仅需了解 BIM 技术的特点及发展趋势,掌握 BIM 软件的基本应用方法,同时也需具备相关的工程实践经验,包括设计经验、施工经验、运维经验、管理经验等;另一方面,教学设施需配置相应的 BIM 软件以提供进行仿真设计、虚拟施工、运维管理的工程环境,从而让学生在学习中体会项目建设过程中可能存在的问题以及如何利用 BIM 软件解决问题。

3.2.4 鼓励学生提高自主学习能力

由于 BIM 课程课时有限,而 BIM 技术知识架构庞大,教学中不可能涵盖所有的 BIM 知识体系和相应应用软件。这就需要培养学生自主学习 BIM 知识和软件的能力,如通过课外视频教学了解相关 BIM 案例,结合软件应用实现建设项目的仿真设计、施工、造价计算、运维、成本管理等。学生自主学习 BIM 更能增进其对 BIM 知识的理解和应用。

4　结论

BIM 技术是建筑行业的新生代力量,国外已将 BIM 作为成熟工具开发并应用,BIM 在我国目前仍处于发展阶段。因此,BIM 技术在我国的全面推广需早日提上日程。作为培养人才的基地,高校需承担 BIM 技术应用推广的重任。本文在介绍了 BIM 技术的特点优势及其相关应用软件的基础上,通过借鉴国外高校 BIM 教学发展应用的经验,结合我国高校 BIM 教学发展现状,提供了把 BIM 技术融入高校教学体系中的途径和方法,希望能够对高校相关专业的 BIM 人才培养起到一定的推动作用。

参考文献：

[1] 曾文海，付伟明. BIM 技术在高校教学中的应用研究[J]. 黑龙江生态工程职业学院学报，2014(6)：
85-86.

[2] 韩晓雷，韩磊. BIM 技术在钢结构中的应用[J]. 城市建设理论研究(电子版)，2015(18)：656-657.

[3] 莫言，王建中. 浅谈 BIM 应用对幕墙行业的影响[J]. 门窗，2014(5)：21-23.

[4] LU Y，WU Z，CHANG R，et al. Building Information Modeling（BIM）for Green Buildings：A Critical Review and Future Directions[J]. Automation in Construction，2017(83)：134-148.

[5] 李冠男，万小飞，张驰，等. 基于天正 CAD 的三维建筑构件信息抽取方法[J]. 地理空间信息，2017，15(7)：109-111.

[6] 中国建筑科学研究院. PKPM 结构软件施工图设计详解[M]. 北京：中国建筑工业出版社，2009.

[7] ZOTKIN S P，IGNATOVA E V，ZOTKINA I A. The Organization of Autodesk Revit Software Interaction with Applications for Structural Analysis[J]. Procedia Engineering，2016(153)：915-919.

[8] 韩克勇. NavisWorks 在项目设计和施工中的应用[J]. 城市建设理论研究(电子版)，2013(11)：600.

[9] MARMEL E. Microsoft Project 2002 Bible[M]. John Wiley and Sons，Inc. 2002.

[10] 李丹，陈定波. 浅谈软件在工程造价中的应用——并广联达 GCL2008 图形算量软件应用实例[J]. 四川建材，2009，35(5)：245-246.

[11] 王美华，高路，侯羽中，等. 国内主流 BIM 软件特性的应用与比较分析[J]. 土木建筑工程信息技术，2017(1)：69-75.

[12] 张尚，任宏，Albert P.C.Chan. BIM 的工程管理教学改革问题研究(一)——基于美国高校的 BIM 教育分析[J]. 建筑经济，2015(1)：113-116.

[13] CISZCZON H，CHASEY A D. Curriculum Development for Building Information Modeling[C]. Washington DC：Ecobuild America Conference on BIM，2011.

[14] SOLNOSKV R V L，PARFITT M K，HOLLAND R，et al. Team Integration through a Capstone Design Course Implementing BIM and IPD[C]. Washington DC：Ecobuild America Conference on BIM，2011.

[15] WU W. BIM Integration in CM Program[C]. Washington DC：Ecobuild America Conference on BIM，2011.

[16] LEE N，DOSSICK C S，FOLEY S P. Guideline for Building Information Modeling in Construction Engineering and Management Education[J]. Journal of Professional Issues in Engineering Education and Practice，2013，139(4)：266-274.

[17] BERWALD S. From CAD to BIM：The Experience of Architectural Education with Building Information Modeling[C]. Architectural Engineering Conference，2008.

[18] KANG J. BIM Class Project：Application of Personalized Learning[C]. Washington DC：Ecobuild America Conference on BIM，2011.

[19] 史娇艳. 广联达携手清华大学创办 BIM 联合研究中心[J]. 建筑，2013(19)：43.

[20] 秦浩，余洁. BIM 建筑信息模型课程在土建类高职院校开设的必要性研究[J]. 新课程研究(中旬刊)，2014(7)：51-52.

[21] 王建超，张丁元，周静海. BIM 技术在建筑类高校专业课程教学中的应用探索——以沈阳建筑大学为例[J]. 高等建筑教育，2017，26(1)：161-164。

[22] 李雄华. BIM 技术在给水排水工程设计中的应用研究[D]. 广州：华南理工大学，2009.

[23] 清华大学软件学院 BIM 课题组. 中国建筑信息模型标准框架研究[J]. 土木建筑工程信息技术，2010，2(2)：1-5.

［24］马良栋，张吉礼，梁若冰，等. 建设 BIM 研究与实践创新基地的探索［J］. 高等建筑教育，2016，25(1)：150-154.

［25］李世蓉，吴承科，李骁. 基于 BIM 的工程管理专业毕业设计改革——以重庆大学为例［J］. 工程经济，2016(8)：57-61.

能源动力类新生专业认知
教学效果反馈分析

郭 航* 王景甫 孙 晗 乔承仁

（北京工业大学环境与能源工程学院,北京,100124）

[摘 要]本科一年级新生入学后对专业的认识是他们了解和适应大学的开始。北京工业大学近年来实施按专业类招生。学生入学后,在第一学期安排教学环节使新生了解自己的专业类别和专业方向。本着闭环反馈、持续改进的目的,我们在 2016 级和 2017 级能源动力类本科新生中间开展了不具名问卷调查,以期发现问题,总结经验,改进提高。调查结果显示,大部分学生对教学效果满意,很多同学提出了对课程的期望,对后续的教学改进有参考价值。

[关键词]教学反馈;大类培养;能源动力

0 引言

北京工业大学近年来实施按专业类招生,培养两年后进行专业分流[1]。在大类招生、前两年打通培养的新模式下,为了使本科一年级新生入学后对专业有了解,我们在第一学期安排了教学环节使新生了解自己的专业类和专业方向。这样做的教学效果如何呢？本着闭环反馈、持续改进的目的,我们在 2016 级和 2017 级能源动力类本科新生专业认知课程结束后,分别开展了不具名问卷调查,以期发现问题,总结经验,改进提高。

1 新生的基本情况

此次的调查对象是 2016 级和 2017 级能源动力类本科新生。采用每年上完专业认知环节后发放不具名问卷的方式开展调查。

在 2016 级新生中,共收回调查问卷 53 份。在 53 份问卷中,有 45 名同学对自己所在的班级情况进行了回答,回答率为 84.9%。在此 45 份问卷中,来自 160532 和 160533 班

---

* 郭航,教授,博士,博士研究生导师,研究方向:燃料电池热流体基础问题、电动车辆热管理、中高温传热及其强化、动力系统优化及节能。

的同学各占 21 人,分别占 46.7％,其他三人均来自 160534 班,占 6.6％。关于性别问题,有 47 名同学回答,答题率为 88.7％。其中,男生 34 人,占比 72.3％,女生 13 人,占比 27.7％(见图 1)。在生源地调查方面,京内学生共 29 人,占总人数的 54.7％,来自贵州的学生有 4 人,来自河南和新疆的学生分别有 3 人,其余来自其他省份,具体如图 2 所示。

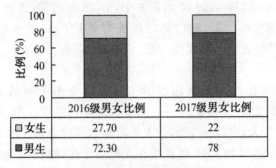

图 1 新生男女比例图

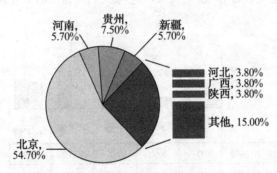

图 2 2016 级新生生源地情况

在 2017 级新生中,共收回调查问卷 59 份,其中来自 170532 班和 170533 班的各占 26 人,7 人来自 170534 班。男生共 46 人,占比 78.0％,女生 13 人,占比 22.0％。京内学生有 37 人,占总人数的 62.7％。来自河南的学生有 5 人,来自甘肃和陕西的分别为 4 人和 3 人,其余学生来自其他省份,具体如图 3 所示。

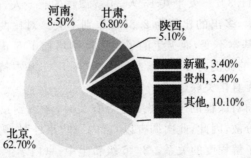

图 3 2017 级新生生源地情况

2 课前新生对课程的了解程度

根据调查结果显示,2016 级的 53 名新生中,有 26 名同学(占比 49.1%)课前对于此课程不了解,10 名同学(占比 18.9%)对此课程完全不了解,二者之和达到 68%。另有 14 名同学(占比 26.4%)表示了解程度一般,仅有 3 名(占比 5.6%)表示了解此课程,没有一人对此非常了解。

在 2017 级新生中,课前对于该课程不了解和完全不了解的人数分别为 23 人和 12 人,占受调查人数的 39.0% 和 20.3%。而了解程度一般的有 23 人,占比 39.0%,对于程度处于了解的只有 1 人,占比 1.7%,无人表示对该课程非常了解。

通过分析可知,2016 级和 2017 级新生在课前对于此课程的了解程度都不高,了解程度分别为 32.0% 和 40.7%。相比于 2016 级新生,2017 级新生对该课程的了解程度有了一定的提升,增幅接近九个百分点(见图 4),这与我们完成 2016 级调查问卷后及时总结并采取相应办法有关。

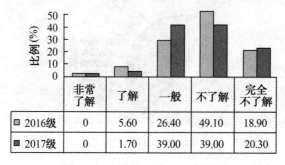

	非常 了解	了解	一般	不了解	完全 不了解
2016级	0	5.60	26.40	49.10	18.90
2017级	0	1.70	39.00	39.00	20.30

图 4 新生课前对课程了解情况

2016 级新生中,男生有 34 人,女生有 13 人,其中课前对课程了解的女生有 5 人,男生有 12 人。男生了解的人数占男生总人数的 35.3%,女生了解的人数占女生总人数的 38.5%。女生了解比例稍高于男生,但相差不大。2017 级新生中,男生共 46 人,对课程了解的有 19 人,占比 41.3%。女生共 13 人,了解课程的有 5 人,占比 38.5%。男生了解课程的比例稍高于女生,多出的比例为 2.8%,差别不大。对比两年的数据可发现,女生对该课程的了解度基本不变,而男生的了解程度则增加了 6.0%。综合两年的数据可发现,男生了解该课程的比例为 38.8%,女生的为 38.5%,基本持平,所以可认为性别与对课程的了解程度并无直接关联(见图 5)。

探究生源地与课前对课程的了解程度是否有关时,考虑到京内新生占比较高,而其余省份新生分布较为分散,因此,此次调查以"京内"和"京外"作为两个生源地分类,探究生源地与新生对课程了解程度的关系。2016 级新生中,京内学生有 29 人,了解该课程的有 8 人,占比 27.6%。2017 级新生中,京内学生有 37 人,了解该课程的有 15 人,占比 40.5%。综合两年调查结果可知,京内的 66 名学生中,有 23 人对该课程了解,占比 34.8%。京外的 46 名学生中,有 18 人了解该课程,占比 39.1%,与京内学生了解情况相当。因此,可认为学生对该课程的了解程度与学生生源地并无直接联系(见图6)。

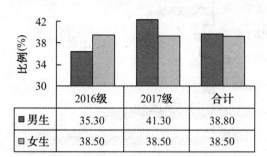

图 5　男生、女生对研讨课了解比例

	2016级	2017级	合计
■男生	35.30	41.30	38.80
□女生	38.50	38.50	38.50

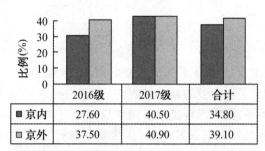

图 6　京内外新生课前对课程了解程度

	2016级	2017级	合计
■京内	27.60	40.50	34.80
□京外	37.50	40.90	39.10

3　新生对课程期望和实际收获

3.1　课前预期

2016 级受调研的 53 名新生中,73.6％的新生表示希望了解到本专业的概况及专业知识,这部分占比最大。18.9％的新生想要了解个人的就业及发展前景。有一部分新生希望通过此次课程培养自己的思维能力和沟通能力等,占总人数的 11.3％。有极少数同学希望能够更深入地了解学院及教师的情况,占比 3.8％。

在 2017 级被调研的新生中,71.1％的学生希望通过该课程了解到相关的专业信息(例如专业概况、课程设置和未来分方向等),占比最大。42.3％的学生希望了解本专业的就业情况以及未来的发展方向等,该比例相比于 2016 级的 18.9％有了显著提升。另有 22.6％的学生希望通过该课程的学习,能够对自己将来的大学生活有一定的指导,这一点在 2016 级新生中并未显著体现。此外,还有 8.5％和 6.8％的同学希望可以在此课程上加强与同学的合作交流以及和老师的交流。3.4％的学生希望可以提升个人能力(例如演讲汇报等)。具体情况如图 7 所示。

由此可知,大部分新生仍然希望通过此课程学习到本学科的基本情况,例如专业分类等,以及相关的专业知识。此外,就业情况也成为关注的重点。

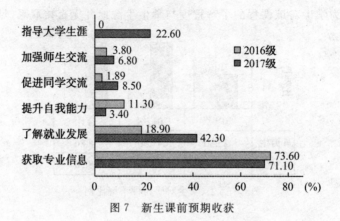

图 7 新生课前预期收获

3.2 课后收获

　　课程结束之后,新生有了各自不同的收获。对 2016 级新生的调研结果表明(见图 8),73.6%的新生了解到了本专业的概况,并学习到了一些基本的专业知识,这与新生希望了解本专业的占比持平,说明课程满足了同学们对于专业概况了解的需要。22.6%的新生表示了解到了专业的发展前景及用途,比希望了解此方面内容的比例(18.9%)大。18.9%的新生的个人能力(包括沟通能力、团队合作能力和演讲能力)有所增加,明显高于预期。另有 9.4%的同学还表示认识了一些同学和老师。

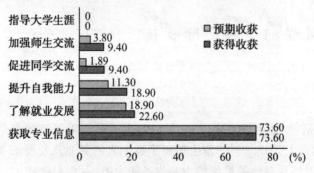

图 8 2016 级新生预期收获和实际收获对比图

　　2017 级新生预期收获和实际收获对比情况如图 9 所示。

　　2017 级新生中,78.0%的新生表示通过该课程学习到了相关的专业信息和一些专业基本知识,超过预期约七个百分点,说明课程很好地满足了新生对于专业信息了解的需要。10.2%和8.5%的新生学会了更好地和同学合作交流,以及与老师交流,均超过了预期比例。11.9%的新生表示通过课程学习,提升了自我能力(例如自我表达能力、采访能力以及对于某一问题的探究能力),可见课程对学生的能力提升有一定的积极作用。33.9%新生对于将来的就业和发展前景有了了解,高于 2016 级的 22%,但低于 2017 级学生预期的 42.3%,可见课程虽然在就业前景介绍方面有明显进步,但是未能适应新生对就业问题关注的激增(从 2016 级的 18.9%到 2017 级的 42.3%)。22.6%的新生希望通过课程对自己的大学生活有一定的指导,但仅有 3.4% 的新生明确表示课程对自己未来有一定的指导作用,这是今后课程改进需要特别关注的地方。

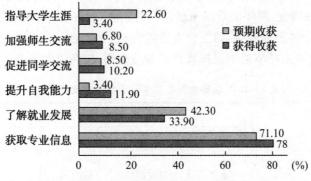

图 9　2017 级新生预期收获和实际收获对比图

4　各教学环节收获程度

课程共设置七个环节,每一环节的侧重点不同,授课教师也不同。2016 级新生对于不同教学环节收获评价的调查结果如表 1 所示。通过对新生各个教学环节收获程度的分析,对于不同教学环节,新生收获程度"很大"和"大"占比最高,可见从效果来看,本课程的教学环节安排总体合理,能够让新生有较大收获。其中,能源动力专业类介绍、教学计划及课程体系介绍,动力工程及工程热物理一级学科介绍,汽车与内燃机,可再生能源利用是学生收获程度的前四名。

表 1　2016 级新生对各教学环节收获程度统计表

教学内容	教学内容的收获程度				
	很大	大	一般	小	无
能源动力类介绍、教学计划及课程体系介绍	69.8%	24.5%	3.8%	1.9%	0
动力工程及工程热物理一级学科	66.0%	28.3%	5.7%	0	0
制冷与空调	54.7%	34.0%	11.3%	0	0
汽车与内燃机	62.3%	30.2%	7.5%	0	0
可再生能源利用	64.2%	28.3%	5.7%	1.8%	0
专业认知研讨会	50.9%	34.0%	11.3%	3.8%	0
热点专题研讨会	47.2%	34.0%	17.0%	1.8%	0

2017 级的分析结果如表 2 所示。在七个环节中,收获程度为"很大"和"大"的比例均超过 85%。

总体而言,新生对于各个不同教学环节都有收获,满意度较高。对比分析 2016 级和 2017 级各环节收获程度,两年的数据呈现相同的趋势:前五个环节由教授授课,学生收获程度高;后两次由学生提前准备,课上自主讲解讨论,学生自己反映收获度偏低。这提醒我们今后要在学生自主环节适当发挥教授的参与作用,提高教学效果。

表 2　2017 级新生对各教学环节收获程度统计表

教学内容	教学内容的收获程度				
	很大	大	一般	小	无
能源动力类介绍、教学计划及课程体系介绍	49.2%	40.7%	10.1%	0	0
动力工程及工程热物理一级学科	54.2%	33.9%	11.9%	0	0
制冷与空调	47.5%	40.6%	11.9%	0	0
可再生能源利用	54.2%	32.2%	13.6%	0	0
汽车与内燃机	62.7%	28.8%	8.5%	0	0
专业认知研讨会	47.5%	28.8%	18.6%	5.1%	0
热点专题研讨会	42.4%	30.5%	23.7%	3.4%	0

5　新生希望的上课方式

在学生心目中期望的上课方式这一问题上,41.5% 的 2016 级新生希望课堂以讲座方式进行,能够与专业人士(包括教师和工程师等)有更深入的讨论。32.1% 的 2016 级新生希望课堂以学生讨论为主,增加学生之间的交流。另有一些学生们希望设置实践环节和专业参观(见图 10)。

2017 级新生对于上课方式和上届学生有许多类似的地方。40.0% 的新生希望能够有教授、本专业的工程师和从业人员以讲座方式进行。33.9% 的新生愿意和同学们进行更多的交流和讨论,以增加课堂的积极性,最终以答辩形式汇报相关课题。27.1% 的学生希望上课过程中能有更多的师生互动环节,比 2016 级有明显增加,可见学生对课堂互动的要求越来越高。

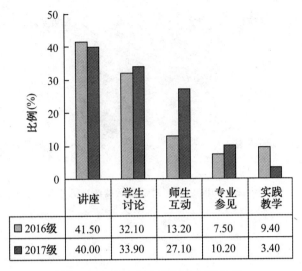

	讲座	学生讨论	师生互动	专业参见	实践教学
2016级	41.50	32.10	13.20	7.50	9.40
2017级	40.00	33.90	27.10	10.20	3.40

图10　新生心目中希望的上课方式

6　课程需要改进之处

分析 2016 级新生的调查结果发现,75.50％的学生认为研讨课无需改进,由此可以看出新生对于研讨课比较满意。其他同学认为应该增加互动并使老师讲解更易懂,如图 11 所示。

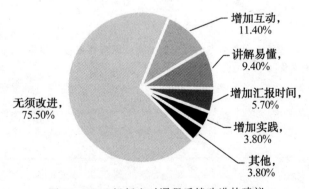

图11　2016级新生对课程后续改进的建议

相比于 2016 级新生,2017 级新生中的大部分对研讨课提出了建议。40.70％学生希望增加课堂趣味性,另有一些学生希望讲解能贴近实际,增加深度,如图 12 所示。

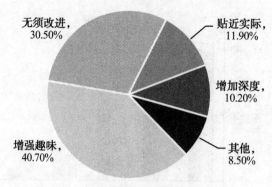

图 12　2017 级新生对课程后续改进的建议

7　结　论

(1)本文对 2016 级和 2017 级能源动力专业类本科新生开展了不具名问卷调查,整理分析了反馈结果,了解到了专业认知的教学效果,对该课程的持续改进提供了参考。

(2)调查结果显示,课程满足了同学们对于专业概况了解的需要。

(3)新生对就业问题的关注和对指导大学生涯的需求激增,对课堂趣味性及师生互动的要求提高。这些都是今后课程改进时需要特别关注的。

(4)教授讲座和学生研讨这两种教学方式最受学生欢迎。从学生收获角度来看,教授讲座明显高于学生自主研讨,今后要在学生研讨环节继续加以改进,提高教学效果。

参考文献:

[1] 郭航,王景甫,吴斌,等.能源动力专业类培养方案及课程体系改革探索[A].全国能源动力类专业教学改革会议论文集[C],2016.

现代网络和智能手机 APP 环境下
空调课程教学新模式尝试

金苏敏* 陈建中

（南京工业大学能源科学与工程学院，江苏南京，211816）

[摘　要] 现代多媒体网络条件下智能手机 APP 时代的到来彻底改变了人们的生活模式，大学课程教学模式更要与时俱进，紧跟现代多媒体网络条件下互联网和智能手机 APP 时代的发展，改革课程教学模式，提高教学效率和教学质量。本文对现代多媒体网络条件下智能手机 APP 环境下空调课程教学模式进行了尝试。在这种教学模式的教学活动中，改变了学生以前被动的学习地位，增强了学生的参与性，提高了学生的主观能动性，利用智能手机 APP 微信建群，然后根据课程进展向学生推送空调相关的知识、标准、链接、图片、动画、视频等大量的课内和课外知识，大大扩大了学生的眼界，开阔了学生的视野，而且利用智能手机教学微信群进行答疑、讨论、布置作业。这种教学模式有利于空调课程教学效率和教学质量的提高，有利于学生在课程教学活动中的主观能动性和自主学习能力的培养。

[关键词] 现代网络；教学模式；智能手机 APP

0　前言

"互联网＋智能手机"和互联网信息技术已经在大学课堂教学中得到应有，但是基于现代互联网条件下"互联网＋智能手机"时代的到来，现代多媒体网络条件下智能手机 APP 还没有被课堂教学完全接受，甚至担心分散注意力，影响听课，不允许学生在课堂上使用智能手机。因此，如何利用现代多媒体网络条件下智能手机 APP 来促进课堂教学效果、提高教学质量，需要我们对现代多媒体网络条件下智能手机 APP 大学课堂教学模式进行研究、尝试和实践，使之成为大学课堂教学促进教学效率、提高教学质量有利的条件。

空调课程是工程实践比较强的专业课程，课程不仅仅有相关的原理性理论知识，还涉及了大量的标准、安装、施工等内容，因此在课程进行中需要根据课程的内容展示大量的图片、视频和安装示范图。这么大量的课程素材展示需要占用大量的课堂时间，也无

---

*　金苏敏，教授，研究方向：制冷空调技术。

法完全展示给学生,只能选择性地部分展示给学生。随着现代多网络条件下智能手机APP 的出现,可以建立结合采用现代多网络条件下"互联网＋智能手机"的新型教学模式。在这种教学模式的教学活动中,改变了学生以前被动的学习地位,可以增强学生的参与性,提高学生的主观能动性,利用智能手机 APP 建群,然后根据课程进展向学生推送空调大量的相关知识、标准、链接、图片、动画、视频,大大扩大了学生的眼界,开阔了学生的视野,而且利用智能手机群进行答疑、讨论、布置作业。这种教学模式有利于空调课程教学效率和教学质量的提高,有利于学生在课程教学活动中的主观能动性和自主学习能力的培养。

1 目前采用的教学模式

计算机时代的到来大大改变了大学课程教学模式,计算机功能强大,使得教师在课程教学活动中的教学手段更加丰富,方法更为广泛,运用更为方便。在课程教学中,可以使用集中于计算机多媒体的幻灯、投影、三维立体图、录音,视频等现代教学媒体进行教学,使教学手段有很大改进,也起到了较好的辅助教学作用,对传统的课堂教学模式有了很大的突破。因此,大家目前普遍采用的是计算机多媒体教学模式。

图 1 是计算机多媒体课程教学模式示意图。计算机在大学课程教学活动中的使用,使得教师与学生之间的交流除了口授和板书两种交流媒介方式以外又增加了一个计算机幻灯片交流媒介。目前,在大学课程教学活动中,计算机幻灯片的授课方式已经得到普遍应用,甚至有取代黑板板书的趋势。

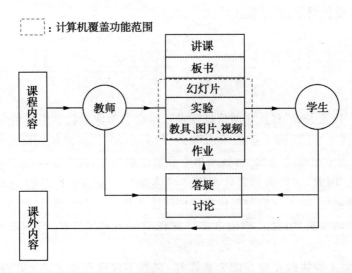

图 1 计算机多媒体课程教学模式

计算机还可以通过计算机和幻灯片展示图片、三维立体图、视频、动画等,完全取代了传统教学模式中的教具、挂图,甚至实验。如图 1 虚线框框内所示。

而且计算机课件、视频、图片等资料可以存储于一个小小的 U 盘或计算机服务器内,因此携带方便、存储量大,使教师从携带教具、挂图等到课堂的烦琐体力活中解放出来。

在计算机多媒体教学模式中,课程教学过程仍然不能发挥学生的主体作用,而课外内容仍然如同传统教学模式要凭借学生对课程的兴趣程度,发挥学生自己的主观能动性,通过查阅课外书籍和资料,或其他手段来获取。只不过学生查阅课外资料的手段先进了,无须亲临图书馆、资料室,只需通过计算机和网络便可直接查阅。

教师可把制作好的电子教案和课件储存于教学服务器中,以供学习者查询、下载,一定程度上实现了自主学习。特别是在网络环境下的计算机多媒体教学课堂教学中,在一定程度上改变了学生以前被动的学习地位。但是这种教学模式使用环境有条件,因为计算机体积大,不易携带,这就大大限制了计算机使用的随意性和随时性,大大限制了学生使用计算机参与教学活动。

2 现代网络和智能手机 APP 条件下空调课程教学模式

现代多媒体网络条件下智能手机 APP 时代的到来彻底改变了人们生活模式。手机支付使人们在购物支付时摆脱了现金和银行卡支付,使支付更加便捷。基于"互联网＋GPS 定位管理"的共享单车的出现,使我们的出行更为便捷,甚至摆脱了单车被盗的烦恼。还有互联网物流购物、互联网租车、宾馆订房、路况实时显示的 GPS 导航,甚至看新闻和聊天等都通过现代多媒体网络和"互联网＋"最终汇聚到一个小小的智能手机上。在我国,基于现代多媒体网络条件下"互联网＋"的智能手机已经渗透到了人们生活的各个领域,实现了随身携带一个智能手机走天下的生活模式。

大学课程教学模式随着教学手段的变化而变化,目的就是使得教学过程更加高效、教学质量更高、学生更容易理解教学内容,并且更能融会贯通,将掌握的知识应用于后面的学习、工作和生活中去,也就是说能力的培养和提高。

智能手机＝掌上电脑＋手机,其特点是体积小、携带方便、功能强大,相当于一台计算机,因此在网络覆盖区域可以承担计算机的各种功能。智能手机的通话和信息只是众多功能之一,除此以外,它还具备一个开放性的操作平台,扩展性能强,第三方软件支持多,可以选择安装很多的 APP。由于携带方便,可以随时随地使用,所以它利用的是人们大量的碎片时间进行各种操作或活动。在大学校园里,"互联网＋"和智能手机 APP 必然会介入大学课程教学活动中来。

图 2 是现代多媒体网络条件下智能手机 APP 时代的教学模式示意图。现代多媒体网络条件下智能手机在大学课程教学模式中,除了计算机幻灯片播放功能无法替代外(其实也可以通过 APP 软件实现),其他计算机在教学中的覆盖范围智能手机都可以应用,图片、三维图、视频、动画以及实验等都可以通过智能手机推送,而且不存在计算机幻灯投影座位靠后看不清楚的问题。如图 2 点划线框内所示为智能手机覆盖功能范围。除此以外,它还可以通过建群承担计算机无法承担的随时随地答疑、讨论、视频会议等功能,答疑和讨论无须再面对面或相关人员亲临现场,还可以收集与课程教学相关的图片、视频、链接,然后推送到课程教学群里。大量的课外内容也可以通过智能手机来推送给

学生,这样课外内容的学习不再是学生单向获取的方式,教师可以在这里通过智能手机发挥助推的作用。

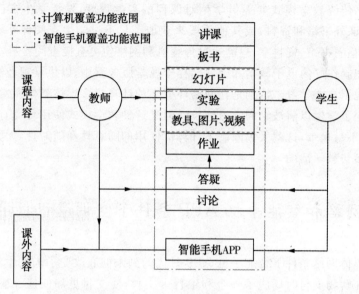

图2 现代网络和智能手机 APP 环境下空调课程教学模式

现代多媒体网络条件下智能手机进入大学课程教学模式对传统课堂教学模式有很大的突破,在教学过程中可以发挥学生的主体作用,充分利用学生的碎片时间来学习课程课内、课外知识。在这种教学模式的教学活动中,改变了学生以前被动的学习地位,增强了学生的参与性,提高了学生的主观能动性,实现了单向知识传授的传统教学模式向师生互动、激发学生自主学习的新型教学模式的转变,促进了教学资源向学习资源的转变,在教学过程中充分发挥了教师的主导作用和学生的主体作用。现代多媒体网络条件下智能手机进入大学课程教学模式有利于教学效率和教学质量的提高,有利于学生在课程教学活动中的主观能动性和自主学习能力的培养。

3 新教学模式教学效果

笔者于 2015 年和 2016 年连续两年对现代多媒体网络条件下智能手机的新教学模式在空调课程中进行了实践和尝试。在空调课程开始就建立空调课程教学群,建群的APP 手机软件可以选用现有的微信、钉钉等软件,无须专门开发。可以通过老师拉各班班长、班长拉各组组长、组长拉组员建群,无须教师去拉每个同学,也可以通过面对面建群同时入群等方法。建好群后,就可以在群里根据教学要求和需要开展教学活动了,推送图片、视频、链接相关教学内容,进行答疑、问题讨论,而且答疑、讨论是随时随地的,再也不需要面对面了。利用教学群也可以在外地实时拍摄和推送与教学相关的图片和视频,也可以作为作业要求学生去实时拍摄和推送与教学相关的图片和视频等参与教学活动,充分利用学生课外的碎片时间来学习空调课程内外的相关知识、标准、安装和维护等知识内容,比如个别同学参观制冷空调展览时,可以通过教学群发送图片、视频等与群内同学共享展览内容。2017年上海国际制冷空调展上,尽管课程已经结束,部分同学仍然利用教学群推送展览图片、视频,与同学共享展览情况。

图3是2016年下半年承担南京工业大学能源与动力工程专业专业课程空调概论教学任务中采用现代多媒体网络条件下"互联网+智能手机"新教学模式进行教学活动时在空调教学群发送的部分空调工程内容、工具使用、答疑、作业问题和讨论等智能手机画面截图。空调课程结束时对空调课程采用现代网络和智能手机新教学模式的教学效果对学生进行了调研,主要针对以下几个方面进行了调查:建立课程群是否有帮助、哪些课程可以建立课程群、是否可以利用课程群答疑和讨论、同学是否需要参与课程群的教学活动、课程群对教学哪些方面有帮助等,调查结果如图4所示。

图3　在空调教学群里推送部分内容的智能手机截图

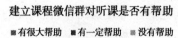

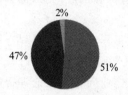

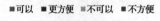

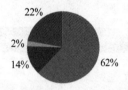

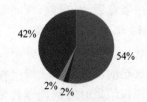

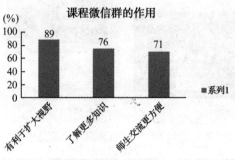

图 4　学生对新教学模式的课程教学群意见调查结果

同学们认为建立课程群对学习有帮助的占 98％;54％的同学认为所有课程有必要建立课程群,而认为在专业课有必要建立课程群的有 42％;认为可以利用课程群答疑或更方便的占 76％;96％的同学认为可以利用课程群进行讨论;98％的同学认为同学应该参与或有条件地参与课程群的教学活动;70％以上的同学认为课程群在以下几个方面对教学有很好的帮助:有利于扩大视野、了解更多知识、师生交流更方便。

每位同学都发表了自己对采用这种教学模式的教学效果的意见,下面是部分同学的意见和感想:

学生一:同学们可以多一些互动交流,有利于知识的巩固和知识面的拓展,老师可以利用微信群答疑。

学生二:微信群对平时了解行业信息有很大帮助,老师凌晨 3 点还发信息,多注意休息。

学生三:老师、同学可以在群里提问交流,可以互相答疑,方便学习。

学生四:建议老师发一些专题让大家利用业余时间在群里讨论。

学生五:可以在微信群开一个直播,有利于学生拓宽视野。

4 总结

在现代多媒体网络条件下智能手机 APP 进入空调课程新教学模式的教学活动中，改变了学生以前被动的学习地位，增强了学生的参与性，提高了学生的主观能动性，利用智能手机 APP 建群，然后根据课程进展向学生推送空调相关的知识、标准、链接、图片、动画、视频等大量的课内和课外知识，大大扩大了学生的眼界，开阔了学生的视野，而且利用智能手机群进行非面对面的答疑、讨论、布置作业。这种新教学模式有利于空调课程教学效率和教学质量的提高，有利于学生在课程教学活动中的主观能动性和自主学习能力的培养。

我国大学教育已经进入世界公认的大众化教育发展阶段，在校大学生规模居世界首位。2017 年，全国大学招生毛入学率已经达到 75% 左右，在校学生总人数达 2695.8 万人，当年毕业大学生人数达 795 万人。随着社会的发展，社会对高校人才培养要求日益提高，要求培养具有开拓型、创新性、综合性、国际化的人才，更加注重人才能力的培养，这就要求大学课程教学高效、高质量，因此，大学课程教学要与时俱进，紧跟现代多媒体网络条件下智能手机 APP 时代的发展，改革课程教学模式，提高教学效率和教学质量。

参考文献：

[1] 陈杨华，戴源德. 制冷空调专业"3＋1"教学培养模式的改革实践[A]. 第五届全国高等院校制冷空调学科发展研讨会论文集[C]，2008.

[2] 黄翔. 全国普通高等教育建筑类规划教材《空调工程》编写体会[A]. 第四届全国高等院校制冷空调学科发展研讨会论文集[C]，2006.

[3] 朱颖心. 建筑环境学课程建设与教学方法[J]. 高等建筑教育，2003(3)：26-29.

利用思维导图构建工程热力学的教学体系

刘益才[1*]　　张敏妍[2]　　化豪爽[1]

(1.中南大学制冷与人工环境系,湖南长沙,410083;

2.中南大学马克思主义学院,湖南长沙,410083)

[摘　要] 采用思维导图的基本方法和原理,对工程热力学这门课程的主要知识重新进行了梳理和总结,以一种更加简洁易懂且逻辑清晰的形式将这门知识体量庞大、内容繁杂的课程表达出来,以此为高校这门课的教学实践提供一种新颖的教学方法做参考,为中国高校的教学改革进程提供想法和建议。

[关键词] 思维导图;工程热力学;教学改革

0　引言

工程热力学是能源动力、机械、化工、建筑、航空航天、材料、生物等领域一门重要的专业技术基础课,是一门研究热能有效利用及热能和其他形式能量转换规律的科学。通过教学应使学生掌握工程热力学的基础理论和基本知识,并具有一定的分析有关能量转换问题的能力。它不仅为学习专业课提供必要的理论准备,也为学生以后解决生产实际问题和参加科学研究打下必要的理论基础。这门课程需要学生牢固地掌握热能和机械能相互转换的基本规律,掌握热力过程与循环的分析方法,深刻了解提高能量利用经济性的基本原则和主要途径,熟悉常用工质(尤其是理想气体、水蒸气和湿空气等)的热力性质,学会运用有关图表和公式进行基本的热力循环计算,学习 CO_2 工质性质、气体比热测定、喷管等有关的实验方法和技能,注意培养将实际问题抽象为理论,并运用理论分析和解决实际问题的能力[1,2]。

1　工程热力学教学现状和问题

20 世纪 90 年代,原国家教委制定了《高等教育面向 21 世纪教学内容和课程体系改

---

* 刘益才,教授,研究方向:动力工程及工程热物理、制冷及低温工程等。

基金项目:2018 年中南大学教育教学改革项目(No. 2018JY026)、2018 年中南大学研究生自主探索创新项目(No. 2018ZZTS501)。

革计划》，并启动了包括"热工类系列课程教学内容和课程体系改革的研究和实践"在内的一大批教改项目，这些项目的开展和实施为我国热力学类课程的教学提供了良好的条件和资源。随着我国教学改革的不断推进，我国高校热力学类课程的教学取得了不错的进展。笔者从事工程热力学的教学已有十多年，聆听过许多届学生在该课程学习方面的心得，也听过许多学生对该课程的抱怨，现根据自己十多年的教学经验，就"工程热力学"这门课程的教学改革方面发表一下个人的看法。

在实际教学过程中发现，该门课程的内容体量较大，理论性较强，有大量的基本概念、基本原理和符号变量等需要记忆，部分章节的计算相对复杂，这些对刚接触工程热力学的学生来讲往往是比较头疼的，学生在学习过程中得不到快乐的获得感，最终导致出现该门课程学生挂科率较高、学生厌学等问题。从历年的考试试卷分析来看，学生对这门课程的掌握情况不甚理想，主要表现在：(1)基本概念模糊，比如不清楚闭口系统和孤立系统的区别，定熵过程的本质，熵增熵减、熵流熵产等过程的物理含义，实际气体和理想气体不能都用 $pv=R_gT$ 来计算等。(2)对工程热力学的核心理论——热力学第二定律认识不足，热力学第二定律本质上是揭示了热量转移过程的方向性，但是很多学生仍然拿热力学第一定律(能量守恒)来理解热力学第二定律，从能量守恒的角度来考虑问题。比如对于绝热节流过程，很多学生认为绝热过程没有热量传递，前后焓值不变，可用能也不变，却没有考虑熵增的问题。(3)涉及计算方面的问题时，学生对热力系统的分析不够清晰，往往采用了错误的公式进行计算。比如在应用热力学第一定律时，将闭口系的方程与开口系的方程用混，将理性气体状态方程应用到水蒸气(实际气体)的计算中去等。(4)理论联系实际能力较差，比如很多学生都不能比较准确回答结露和结霜等热力学问题。(5)学生对该课程没有进行一个整体的把握，没有形成一个全局的、系统的知识体系，教材章节之间的逻辑关系没有搞清楚，导致对整个课程的学习出现了很多盲点，也正是这些盲点导致学生在将知识进行糅合时出现了纰漏，逻辑的不连贯、记忆的缺失必将导致对该门课程的理解不到位。

2 思维导图与教学的结合

20世纪60年代初期，由英国"大脑先生"东尼·博赞始创的创造性工具思维导图在西方世界已经相当盛行，广泛应用于生活、工作与教学等领域，后来传至我国，现在正在不断地发展和优化当中。目前，其教育价值已经引起了我国教育界人士的热切关注，部分学者通过对思维导图本身的系统研究，以脑科学、认知理论和结构主义方法论为理论基础，把思维导图与教学融合起来，创建了一种新的教学模式，并在具体教学中进行实证研究，从理论和实践上都论证了该模式的可行性[3]。

借鉴前人的经验，笔者尝试将思维导图与工程热力学结合起来，构建一个将工程热力学这门课程的主要内容连贯起来的思维导图，以期将庞杂的课程内容通过简洁清晰的方式表达出来，在教学实践中可以方便学生对课程的主要内容进行一个全方位的掌握。

如图1所示，这张思维导图将"工程热力学"这门课程的主要内容与重点内容完整地展示了出来。"工程热力"学这门课程可以大致分为七个模块,分别是工质、基本定律、状态参数、能量传递形式、实际气体热力过程、九大循环(由四个基本热力学过程变换而成)和五大应用,每一个模块又都有其对应的重点。比如工质这一模块的重点有两部分:理想气体和实际气体(气体分子体积与相互之间的作用力);重点掌握四个基本的热力学过程就可以引入热力学基本的九大循环;热力学能量传递就只有做功和热传递两种基本形式;掌握了开口系统和闭口系统热力学第一定律公式的相似性就可以深刻理解热力学功之间的内在联系(热变功的根源),其他模块也是如此。

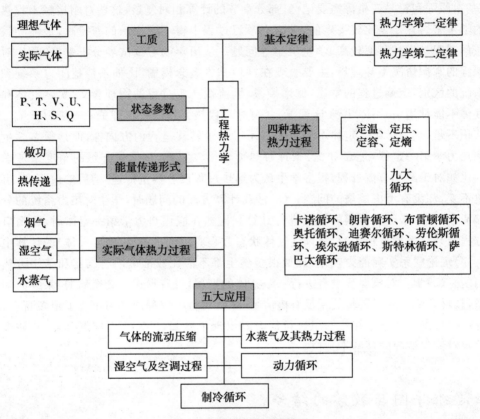

图 1　工程热力学思维导图

此思维导图分为三层结构,围绕着工程热力学这一主体展开为七个模块,每个模块又再次展开为具体重点内容,思路完整,脉络清晰,把整个课程中的核心知识点和主要模块列举了出来,按照此思维导图给学生授课可以更加便捷地帮助学生把握课程的整体内容。当然,这张工程热力学思维导图并不是唯一的,思维导图最大的特点就是它没有固定的形式和内容,每个人都可以根据自己对这门课程的理解来绘制思维导图。

图 1 只是一个范例,重要的是方法,教师将这种方法教授给学生后再训练其绘制思维导图的能力,每学完一章内容后,让学生回去自行根据本章节的内容绘制自己所喜欢的思维导图,这样全部课程学完后每个人都会绘制出许多张思维导图,然后再鼓励学生对整本书绘制一张更加宏观的思维导图。制作思维导图的过程其实就是回忆、总结、思

考、提炼的过程,在绘图的过程中达到对学过的内容的复习目的,且过程较为轻松、有趣,比起简单地给学生布置课后作业显得轻松许多。

3 总结

(1)思维导图在教学中的应用研究正在进行不断地探索和优化。

(2)将思维导图应用在工程热力学的教学中来具有一定的可行性。

(3)重要的是培养学生在学习工程热力学过程中学会使用思维导图来帮助自己总结、提炼、归纳和思考,用更加有趣轻松的过程来学习工程热力学,提高学生的兴趣。

参考文献:

[1] 童钧耕. 工程热力学课程教学改革的几点看法[J]. 中国电力教育,2002(4):70-72.

[2] 吴晅,金光,高靖芳,等. 工程热力学教学方法改革[J]. 中国冶金教育,2014(4):24-25.

[3] 郭艳霞. 基于思维导图的教学模式研究[D]. 长沙:湖南师范大学,2011.

基于科研实验案例设计"绪论"教学

徐肖肖　　崔文智*　　刘汉周　　李　静

(重庆大学动力工程学院低品位能源利用技术及系统教育部重点实验室，
重庆,400030)

[摘　要]"能源与动力测试技术"课程是能源与动力工程大类专业的应用型专业课程。大多数学生对"测量"的概念和应用模糊,如何让学生的思维方式从原理性的科学思维切换到工程应用思维是能源与动力测试技术专业教师面临的一个普遍性问题。绪论课教学作为教师与学生的第一次接触,在整个学科教学中具有特殊的教学地位和重要意义。结合科研实验案例来激发学生对课程学习的兴趣,对新课程形成较客观、全面的认识。

[关键词]绪论教学;测量;科研实验案例;设计

0　引言

"能源与动力测试技术"作为一门工程应用课程,是能源与动力工程大类的专业基础课。该课程内容多且零散,涉及的热工测量参数类型多,包括温度、压力、流量等,且相互联系不紧密,知识点零散,系统性不强。如何能让学生将庞杂的测试参数和能源与动力系统有机联系起来,激发其学习兴趣,调动学习积极性,是能源与动力测试技术教学过程中面临的首要课题,而完成该项课题的首要任务就是讲好能源与动力测试技术的第一课——绪论。

1　绪论教学的重要性

绪论是开宗明义的第一篇,其教学成败直接影响到学生对该学科的兴趣和学习积极性[1]。一个优秀的教学导入环节,不但能够起到画龙点睛、启迪思维的作用,更重要的是能够激发学生强烈的学习兴趣和求知欲望。课堂设计环节重中之重是要解决为什么能

---

*　崔文智,教授,博士,研究方向:传热传质。
基金项目:重庆大学本科教学团队建设项目、重庆大学研究生重点课程建设计划项目。

源与动力工程专业的学生需要学习测试技术,使学生明确本课程应该学,学了有用、有益,解决"为什么学"的问题[2]。

1.1 宏观讲授测试技术的重要性

从日常生活的"三表"出发,引导学生举出人们在生活中大量应用传感器和测试技术来提高生活水平的例子,进而推广到工程领域、科学实验、产品开发、生产监督;质量控制等,都离不开测试技术。还要向学生强调在科学技术领域内,许多新的发现,新的发明往往是以测量技术的发展为基础的,测量技术的发展也推动了科学技术的前进。在生产活动中,新的工艺、新的设备的产生,也依赖于测量技术的发展水平,可靠的测量技术对于生产过程自动化、设备的安全以及经济运行都是必不可少的先决条件。无论是在科学实验中还是在生产过程中,一旦离开了测量,必然会给工作带来巨大的盲目性,只有通过可靠的测量,然后正确地判断测量结果的意义,才可能进一步解决自然科学和工程技术上出现的问题。

1.2 微观讲授测试技术的重要性

讲完宏观的测试技术,转而讲能源与动力工程领域,实验研究常见的燃烧过程、流动过程、燃烧产物的浓度和粒度场、传热传质过程等的测量都离不开测试技术。没有了实验测试,无法获知物理过程的动态过程,也就无法通过实验数据指导理论研究。而热力生产过程,必须对热力过程中的热工参数进行测量,依靠测量输出的信号实现监测和控制。

1.3 结合科研实验案例来激发学生对课程学习的兴趣

目前常见的绪论都是讲讲测量的历史、重要性、现代测试技术,一带而过就进入了温度、压力、流量等章节的讲解,学生对测试仪器和设备缺乏直观的认识,造成了学习理解困难。最重要的是学生不知道学了这么多的测试参数如何实现工程应用,容易对后续学习产生厌倦情绪。针对这种现象,不如在绪论的讲解中引入实验案例,采用倒叙的方法使学生在思想上形成解决工程实际问题的思维状态,怀着急迫的心情关注后续所学的测量仪器所涉及的问题。课堂上引入一个目前实验室拥有的试验台,从试验台测试目的出发,启发学生利用学过的本学科的基础知识设计方案、布置测量点。在引导过程中会出现很多不能解决的问题,设置思考题再次激发学生的求知欲,或提出承前启后的新问题制造悬念,为今后的课程内容作铺垫,从而使学生充满期待。

2 实例

举个例子:如何通过测量获得管内流体换热的传热计算关联式?

2.1 启发学生获得换热关联式

启发学生基于传热学知识实验测得不同工况下的换热系数,对所获得的实验数据进行归纳总结,获得换热关联式。

$$Nu = f(\text{Re}, \text{Gr}, \text{Pr}) \tag{1}$$

2.2 推导换热系数

$$h = \frac{Q}{A \Delta t} \tag{2}$$

其中,h 为表面换热系数,Δt 为传热温差,Q 为换热量,A 为换热面积。

2.3 基于测量参数设计测试段

为了获得工质侧的换热系数 h,设计的测试段采用管壳式换热,工质在管内流动而冷却水在壳层逆向流动。需要测量 Δt,Q,A,测量参数设计如下:

(1)换热面积 A 为通过管道几何尺寸求得。

(2)换热量 Q,需要测量水侧的质量流量、水的进出口温度。测量工质侧的质量流量、工质侧的进出口温度。进出口温度均采用热电偶测温,进出口压力采用压力传感器,质量流量采用质量流量计。$h_{b,in}$ 和 $h_{b,out}$ 通过压力传感器和温度传感器的测量值查物性获得。

$$Q_{w,\text{water}} = G_{\text{water}} c_{p\text{water}} (T_{\text{water\_out}} - T_{\text{water\_in}}) \tag{3}$$

$$Q_w = \dot{m}(h_{b,in} - h_{b,out}) \tag{4}$$

$\dot{m}$ 为工质质量流量,h_{in}、h_{out} 分别为工质进出口焓值。

当水侧和工质侧之间的换热量的相对误差$[(Q_w - Q_{w,\text{water}})/Q_w]$小于 10% 时,便可认为换热达到平衡。

(3)传热温差 Δt,需要测量管内工质温度、管内壁面温度。

$$\Delta t = t_b - t_{w,i} \tag{5}$$

其中,t_b 为管内工质温度,$t_{w,i}$ 为管内壁温。管内工质温度 t_b,工质进出口温度 $t_{b,in}$,$t_{b,out}$ 分别由两个热电偶测定。

$$t_b = \frac{t_{b,in} + t_{b,out}}{2} \tag{6}$$

测试段的平均内壁温:测试段外壁贴附有热电偶用于测量外壁温,这样便能得到管子的平均外壁温 $t_{w,o}$,而管内壁面无法测量,近似的将测试段管壁内部的导热视为沿半径方向的一维导热问题获得管内壁温度。

$$t_{w,i} = t_{w,o} + \frac{\Phi}{2\pi\lambda_{\text{Cu}}l}\ln\frac{D}{d} \tag{7}$$

其中,l 为测试段长度,D 为铜管外径,d 为铜管内径,λ_{Cu} 为紫铜的导热率。

基于上述设计想法,可以将实验平台测点排布成图 1 样式。

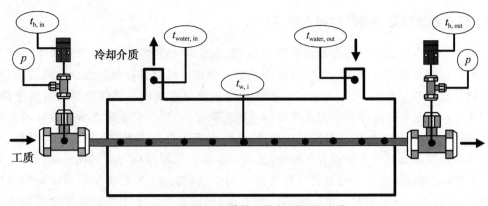

图 1 圆管内流体换热特性测试段设计

2.4 设计系统平台

简单为学生介绍一下如何设计实验系统实现对测试段入口温度、压力、流速调节。整个实验系统由两个独立的循环回路组成,包括工质回路和冷却介质回路。图 2 为超临界工质的对流换热实验系统,主要包括工质循环系统、冷却系统、预热系统、恒温浴以及数据采集和控制系统。其中,工质循环系统包括齿轮泵、质量流量计、预热段、测试段、过冷器和储液罐等。充注罐内的工质经高压柱塞泵升压至设定的超临界压力流入储液罐,经可变速齿轮泵循环加压后由质量流量计测得其流量,再进入预热段,预热到所需要的温度,然后进入测试段,低温恒温循环器提供的冷却水和流体进行逆流换热。最后超临界工质热流体通过低温恒温槽的乙二醇水溶液将工质流体冷却至5 ℃,进入下一轮的循环。

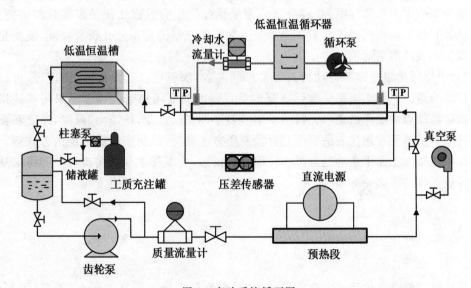

图 2 实验系统循环图

2.5 培养学生理论与实践的综合运用能力

为了更直观地让学生感受测量的实际应用,应让学生走进实验室,培养学生理论与实践的综合运用能力。理论教学与科研项目相结合是科研成果转化为教学成果的途径,是科研与教学相互作用、促进教学水平提高和学生获取课程内容感性知识的有效手段。利用学院现有超临界流体在管内换热特性科研实验平台,以课堂上启发学生设计的方案为蓝本,现场为学生讲解测试系统工作原理,然后现场针对各种测试仪器说明其名称、功能以及如何安装等使学生获得直观感受,提高学生学习能源与动力测试技术课程的兴趣和自觉性,提高教学效果。通过这样教学环节的设计,既让学生们感受到测试科学的巨大魅力,又打消了学生们对测试问题的恐惧心理,同时也激发了学生们对所学内容的无限想象和期待,这是学好这门课程的必备条件。

2.6 引导学生了解后续课程内容及其作用

有了现场对测试系统和测试仪器的直观感受,继续以启发式的提问引导后续需要掌握哪些课程内容才能真正地解决实验测量工作。

(1)引导学生知道随着科学技术的发展,对非稳态参数及瞬态过程的测试日趋重要,要对一些迅速变化的物理量进行测定。因此,要求测试仪器或系统具有较高的动态响应特性,以减少动态测量时所产生的动态误差。提示学生学习第二章测试系统的动态特性,掌握动态测量过程中输入量与输出量之间的关系,从而选择合适的测量系统并与所测参数相匹配,使测量的动态误差限制在实验要求的允许范围内。

(2)引导学生思考直接测量获取的实验数据是否可以直接应用。引导学生思考测试过程可能产生哪些误差。测量仪器精确度不高、测量手段不完善、测量条件发生变化以及在测量工作中的疏忽等原因,都会造成测量误差。实验过程往往是多参数多次测量,如何推导和计算参数的间接误差。提示学生学习第三章测量误差分析及处理,使测量结果更真实地反映测量对象。

(3)引导学生思考能源与动力工程常见的参数,如温度、压力、流量、流速等,可以用哪些仪器测量。引导学生思考实际选择测量仪器时需要考虑哪些因素。采用哪些措施提高测量精度以满足测试要求。提示学生学习第四、五、六章,即压力、温度、速度和流量测试技术时需熟悉常用仪表的原理、结构、使用方法和特性、组成检测系统的方式等。培养本科生在实际工作中正确地选择和使用测量仪表,为本科生从事实验科学和将来从事相关专业工作打下必要的基础。

3 结论

绪论课的教学更像授课者自导自演的"独幕剧",即经过严格的剧本(教案)编写、精彩的剧情(课堂)设计以及用心的表演(讲授),带给学生一部不一样的电影[3]。依托低品位能源利用技术及系统教育部重点实验室,推动重点实验室的科研项目和实际工程向本科生开放,充分发挥实验室现有的先进仪器设备资源,并将其应用到能源与动力测试技术的绪论教学案例中,激发学生的创新意识和学习兴趣,从而构建教学、科研以及工程应用三者互动的创新实践体系。

参考文献:

[1] 杨卓娟,杨晓东.关于高校课程绪论教学的思考[J].中国大学教育,2011(12):39-41.

[2] 罗再琼,张天娥,李炜弘.重视绪论教学,上好入门第一课[J].成都中医药大学学报(教育科学版),2010(12):6-7.

[3] 林艳红,袁晓玲,张桐江,等."化工原理"绪论课教学的重要性及授课策略[J].广州化工.2016,44(6):205-206.

普通高校建筑环境与能源应用工程专业
"传热学"课程教学的研究与思考

王 瑜* 李 维 谈美兰 周 斌 刘金祥

（南京工业大学城市建设学院，江苏南京，210009）

[摘 要] 在国家全力推进"新工科"建设的背景下，建筑环境与能源应用工程专业的传热学教学面临着新的机遇和挑战。本文在调研南京工业大学环能专业传热学教学现状的基础上，针对教学方法、教学内容和考核方式进行了探讨，提出了一系列提升教学效果的措施，并明确了"新工科"背景下互联网的载体和催化剂作用。研究结论为环能专业传热学教学质量的提升和本专业优秀学生的培育提供了参考。

[关键词] 建筑环境与能源应用工程；传热学；教学方法；教学内容；考核方式

0 引言

当前，世界范围内新一轮科技革命和产业变革加速进行，以新技术、新业态、新产业、新模式为特点的新经济蓬勃发展，迫切需要培养造就一大批多样化、创新型卓越工程科技人才。高校要主动服务国家战略需求，主动服务行业企业需要，加快建设发展"新工科"，打造"卓越工程师教育培养计划"的升级版，探索形成中国特色、世界水平的工程教育体系，促进我国从工程教育大国走向工程教育强国。

2012年，教育部颁布了《普通高等学校本科专业目录》和《普通高等学校本科专业设置管理规定》，将建筑节能技术与工程、建筑设施智能技术和建筑环境与设备工程合并为建筑环境与能源应用工程专业。本专业目标是培养适应现代建筑发展的高级工程技术复合型人才，且专业内容是制冷、传热、控制和节能等多领域的耦合，符合"新工科"的特征。因此有必要针对建筑科技的安全化、智能化、节能化和环保化发展培养具备创新思维的专业人才，通过人才的输送培养促进专业的进步。

传热学是研究热量传递规律的科学，建筑环境与能源应用工程专业（简称"环能专业"）中遇到的大部分技术问题都和热量传递问题有关。2013年出版的《高等学校建筑环

---

* 王瑜，博士，研究方向：高效换热和空间环境控制研究。

基金项目：2017年南京工业大学教育教学改革研究课题一般立项项目（No.24、No.28）、南京工业大学品牌专业建设项目、江苏省高等教育教改研究项目（No.2015JSJG173）。

境与能源应用工程本科指导性专业规范》明确提出,传热学属于专业基础核心知识[1],在课程体系和学生的认知体系中均占据重要地位。因此,"新工科"这一概念的提出,对传热学教学提出了新的任务和挑战。"传热学"课程的教学过程必须紧密结合"新工科"特征,与时俱进,积极吸收新的教学理念,探索新的教学方法,从而促进本专业人才培养体系的转型与提高。作为江苏省最早通过建设部专业评估的院校,南京工业大学建筑环境与能源应用工程专业已在培养模式和专业方向上开展大胆改革[2~4]。本文以笔者任教的该专业"传热学"课程为例,在调研学生反馈数据的基础上探讨传热学的教学内容与教学方式,为新时期的环能专业传热学的教学改革与探索提供参考。

1　传热学的教学内容与目标

本专业使用中国建筑工业出版社第六版教材(章熙民等编著)[5]。本教材较之高校常用的高等教育出版社第四版教材(杨世铭、陶文铨编著)[6]深度有所降低,但更贴合环能专业的实际,如关于计算建筑热负荷常用的周期性非稳态导热,在高教版教材中并未涉及,在本版教材中则阐述详尽。"传热学"课程的教学目标是为建筑环境与能源应用工程专业的学生提供后续完成暖通空调设计的基础知识。传热学教学内容包括导热、对流换热与辐射换热三部分。导热部分包含稳态导热与非稳态导热两大知识点;对流换热部分包含换热微分方程及理论基础、单相流体对流换热和相变流体对流换热三部分知识点;辐射换热部分包含热辐射基本定律及表面间辐射计算两部分知识点。另外,传热过程与换热器部分作为传热学的实际应用放在本课程的最后进行介绍。

2　传热学教学现状及效果——以南京工业大学为例

近年来,为了给学生创造更多的课外实践与创新机会,南京工业大学环能系培养计划进行了变更,传热学教学学时数由 80 学时减少为 64 学时。然而,课本教学内容并未缩减,这就对教师教学方法提出了新的挑战。如何在有限的时间内高效地将知识传授给学生,是亟须解决的关键问题。笔者在授课过程中,通过问卷调查的形式获得学生对课程教学的反馈,如表 1 和图 1 所示。

表 1　传热学课程调查问卷统计表

问卷内容				
个人规划	外校读研	本校读研	工作	未想好
	44%	13.6%	25.8%	16.6%

续表

课程内容期望	引入考研题	引入竞赛题	掌握核心知识	了解传热学
	16.7%	7.6%	69.6%	6.1%
更希望的课程形式	传统授课	讨论课	测试课	习题课
	71.9%	9.4%	1.6%	17.1%
每周课外时间	0.5 小时及以下	0.5 小时至 1 小时	1 小时至 2 小时	2 小时以上
	12.7%	14.5%	45.5%	27.3%
学习中遇到的困难	概念抽象	公式复杂	学习内容不知如何应用	学习时间不足
	28.4%	35.8%	31.6%	4.2%

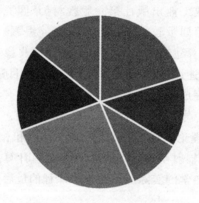

■ 帮助考研　　　　■ 学会应用传热学原理　　■ 帮助参加竞赛
■ 加深基本知识认识　■ 提升专业兴趣　　　　　■ 通过考试

图 1　学生传热学期望收获

3　教学方法和教学内容的创新

针对上述反馈,对环能专业传热学教学提出一些创新想法,主要分为教学方法、教学内容、考核方式以及互联网载体作用四方面,具体组成可参见图 2。

3.1　教学方法

由表 1 可知,传统的授课式教学方法仍然是学生最容易接受的教学方法。究其原因,是这种方法传授知识较为直观,通过教师的细致讲解能够降低学生的理解难度。现阶段较为流行的、以学生自行讨论和完成习题为主、教师为辅的教学方法接受度不是很高,至少在基础课领域不是特别适用。故教师的精力仍然应该集中在传统的授课上,但授课时可以添加新技术和新手段,以促进学生对知识的掌握和理解。如讲授辐射换热时,由于其传热原理与导热和对流差别较大,学生接受度较差。此时,使用案例和CFD结合的教学方法较之传统的直接开讲效果较好。如向学生提问"为什么冬天和夏天室内温度同样保持25 ℃,冬天需要穿棉衣,而夏天不用?"并引入相关模拟视频,这样学生便会意识到辐射换热的重要性,从而顺利完成导热和对流向辐射的过渡。

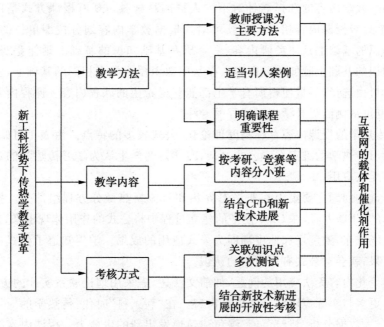

图 2　传热学教学创新研究内容

在授课过程中,随着时间的推移,学生的专注度逐渐下降。引入案例教学,理论联系实际,是提升学生专注度的有效方法,但是传热学是环能专业的基础,一味使用案例将会导致课程科普化,学生兴趣提高了,但重视程度却降低了。案例需要和理论紧密结合,不能就着案例讲案例,讲完案例后降低需要及时跟上理论,可引入讨论或习题,一方面促进学生形成实际问题理论化解释的思维,另一方面也能让学生理解传热学在整个学科中的基础作用,从而在心理上对课程有尊重感和重视感。

同样由表1可知,57.6%的学生具有考取研究生的个人规划,25.8%的学生倾向于直接就业。如果学生能够了解到课程的重要性,能够将其和自身的前途和发展联系在一起,那么课上也就能更多一份专注。作为教师,在上第一节课时,就必须向学生阐述明确本门课程在研究生学习和工程应用中的重要性,唤起学生的重视。

仍然由表1可知,本专业45.5%的学生每周有1～2小时课外时间用来学习传热学,27.3%的学生能够挤出2小时以上学习传热学,其余学生每周学习时间不足1小时。总的来说,学生学习时间偏少,这更对课堂教学的完整性和高效性提出了要求,教师必须简明扼要地讲授所有需学生掌握的知识点。如何精炼语言,提升表达能力,也是传热学教学方法的关键。

3.2　教学内容

课程内容的选取是传热学教学是否有效的基础。由表 1 可知,大部分学生希望在传热学中能够扎实掌握基本知识和通过期末考试获得好成绩,部分学生希望引入考研题和竞赛题,因此,教学内容的选择需针对不同人群因材施教。现有授课方式是以班级为单位授课,每个班级授课内容相同。后续可引入根据教学内容划分授课单位的方法,一个班在基础知识的基础上延伸考研内容,一个班在基础知识的基础上延伸竞赛内容,一个班在基础知识的基础上延伸实践内容。在基础知识授课内容相同的基础上,发挥学生的主观能动性自由选择,尽量使得所有学生都能获得希望的课程内容。课程内容与学生预期相吻合,也可从侧面提升学生对课程的专注度。

另外,传热学的授课内容存在高度理论化、公式较多的特点。由表 1 可知,35.8% 的学生认为学习传热学的难点在于公式复杂,31.6% 的学生认为学习传热学的难点在于理论化的内容无法应用。

公式复杂的问题主要集中在非稳态导热和对流换热微分方程组部分。授课内容中可引入简单的 CFD 内容,在 CFD 模型的建立过程中将公式的作用体现出来,最终得到温度场和速度场分布,温度场和速度场即为公式应用的成果。学生知道了公式如何解且看到了求解结果,就会对公式有更深刻的认识。

对于理论化内容无法应用的问题,如前文所述,需采用理论联系实际的方法,在教学内容中添加更多与实际应用结合的内容讲解。在"新工科"时代,传热学的应用范围更加广泛,将结合大数据分析、建筑节能、绿色建筑焕发出新的生命力。授课内容结合前沿实际应用,及时将应用领域内的新进展传递给学生,既能促进学生对理论的理解,也能竖立学生对本专业的信心。在授课时,笔者向学生介绍了美国科罗拉多大学最新研发的一种屋面辐射制冷用膜[7],以此为契机展望了环能专业与材料专业的耦合趋势。通过这个案例教学,学生了解到我们环能专业不仅接地气,同样也是高尖端的,从而对专业充满信心。

3.3　考核方式

检验教师教学效果和学生学习效果的手段即为本门课程的考核方法和内容。考核内容需要与时俱进,考核方法需要多样化发展。若根据教学内容划分授课单位,则考核内容同样应按教学内容调整,满足部分学生加入考研题和竞赛题的希望,也能够考核大部分同学对知识的掌握程度。

传统的考核方法为平时成绩加期末考试,期末考试比重较大,平时成绩作为辅助。期末考试作为一锤定音的最终考核,会给学生造成一定的心理压力,使其无法完全发挥能力,本来已掌握的知识无法体现在试卷的答题过程中。同时,传热学分为导热、对流换热和辐射换热三大块,考点相对来说较为分散,且关联性不大,尤其是辐射换热与前面两大部分。对此,拟使用多次测试的方式分解期末考试,将相关的考点归纳在一起。如导热部分授课完成后以试卷的形式考查学生对导热的理解;对流换热部分授课完成后同样进行考试考查学生对对流的理解,此时计算题均从对流换热部分选取,选择题、填空题、简答题可兼顾导热部分的内容;辐射换热部分授课完成后则可以再次进行考试,同样计算题为辐射部分,其余题兼顾之前学习的知识点。这样在期末综合考试之前安排三次测试,不但可以分担期末考试的比重,也可以通过测试巩固知识,降低学生的心理压力,使得学生在最终的期末综合测试中取得较好的成绩。

此外,前文所述 31.6％的学生认为学习难点在于无法应用传热学理论,考核时应注重应用,添加主观能动性,提出应用方面的创造性问题,答案不唯一,掌握知识点即可。如周期性非稳态导热部分为环能专业面临的特色实例,可结合建筑负荷计算设置开放性课题,让学生以研究报告的形式提交成果;也可不限题目,要求学生自主归纳建筑能耗大数据应用中的传热学知识提交研究报告。

3.4 合理发挥互联网的载体作用

"新工科"的特点是依靠互联网作为载体和催化剂,促进传统工科的跨越式发展。互联网发挥作用,也是"新工科"和"旧工科"最明显的区别。现有的以互联网为载体的教学软件,如超星学习通,主要是集成课程相关的名师讲课视频、微课及图书资料等,主要的理念是将课程内容从教室搬至互联网。将此类软件集成至传热学课程中,是有益的尝试,实现了网络的载体作用,但催化剂作用尚未涉及。

笔者设想引入仿真工具,搭建基于互联网的虚拟仿真平台。平台面向所有学生开放,不受课堂时间和地点的限制,可随时随地进入该平台完成传热学的仿真实践工作。相对于投入大、单个学生无法充分投入的实践环节,虚拟仿真平台平等面向每个学生,有兴趣深入的学生可以在平台中充分发挥想象力,一般学生也可增强对课程的直观认识,从而消除理论化的知识无法应用这一学习障碍。以将换热器植入平台为例,平台中的换热器模型的尺寸、结构、冷热端流体热物性均可改变,且改变后的换热性能参数实时显示在平台中,通过操作该平台,学生将对课程中的换热器计算部分产生直观的认识;有兴趣深入的学生可优化平台中现存的换热器模型,以达到最优的换热效果。

4 结论

本文以南京工业大学环能专业传热学课程为研究对象,在进行课程教学调查的基础上探讨了新形势下传热学面临的新挑战,提出了一系列教学改进建议,为新时期环能专业传热学课程的发展提供了参考。具体结论如下:

(1)教学方法方面,以教师授课为主,引入新技术,并适当引入案例教学,案例需和理论教学紧密结合。

(2)教学内容方面,依据考研、竞赛等不同教学内容分班教学,且在教学内容中引入CFD解决公式难理解问题,引入"新工科"的新技术强化对传热学应用的理解。

(3)考核方式方面,将相关内容整合进行多次测试,为期末考试做准备,且引入结合实际应用和新技术的开放性课题作为考核的补充。

(4)互联网作用方面,通过结合互联网教学软件和虚拟仿真平台,实现互联网对传热学教学载体和催化剂的作用。

参考文献：

[1] 高等学校建筑环境与设备工程学科专业指导委员会. 高等学校建筑环境与能源应用工程本科指导性专业规范[M]. 北京：中国建筑工业出版社，2013.

[2] 程建杰，李维，龚延风，等. 环设品牌专业建设的研究[J]. 学科课程教材，2012，12(2)：25-26.

[3] 张广丽. 建筑设备自动化课程建设探讨[J]. 高等建筑教育，2016，25(4)：100-103.

[4] 殷亮，周斌，程建杰，等. 基于 Modelica 火用分析库的虚拟实验平台在能源专业教学中的应用[J]. 化工高等教育，2017，153(1)：63-67.

[5] 章熙民，朱彤，安青松，等. 传热学[M]. 北京：中国建筑工业出版社，2014.

[6] 杨世铭，陶文铨. 传热学[M]. 北京：高等教育出版社，2006.

[7] YAO ZHAI，YAOGUANG MA，SABRINA N DAVID，et al. Scalable-Manufactured Randomized Glass-Polymer Hybrid Metamaterial for Daytime Radiative Cooling[J]. Science，2017.355(6329)：1062-1066.

"暖通空调系统分析与设计"课程的教学探索

郑国忠* 魏　兵　高月芬　王雅静　荆有印

(华北电力大学动力工程系,河北保定,071003)

　　[摘　要]"暖通空调系统分析与设计"是建筑环境与能源应用工程专业的一门专业必修课,在专业课程体系中起着承上启下的作用。针对授课对象的学习状态和学习特点,本文从教学目标、案例教学、课堂形式、成绩考核等角度提出了针对大四学生本课程教学的系统化方案探索,并形成基于案例教学、学生参与和过程考核的教学互动模式。本文对于"暖通空调系统分析与设计"课程的教学探索具有重要的参考意义,也可为建环专业大四课程的教学改革提供思路。

　　[关键词]暖通空调系统分析与设计;案例解析;课堂形式

0　引号

　　"暖通空调系统分析与设计"是我校建筑环境与能源应用工程(建筑环境与设备工程)专业 2008 版培养方案新增课程,其课程性质定位为专业必修课,是课程设计及毕业设计的基础课程。在我校 2013 版教学计划安排中,本课程共 32 学时,安排于第七学期。本课程旨在培养学生熟悉各类暖通空调系统的设计流程、设计要点,领会暖通空调系统的设计理念,掌握有关的设计方法,为课程设计、毕业设计以及今后的工作打下良好的基础。

　　本课程授课对象为大学四年级学生。学生在此阶段面临考研或就业压力,在传统的授课方式下,上课往往不能专注于听讲,因此授课效果并不理想。另外,本课程和"暖通空调"课程教学内容和教学层次如何区别,也是本课程需要解决的一个关键问题。为此,笔者在教学过程中进行了多方面的探索。

1　教学目标理解

　　在我校 2013 版教学计划中,"暖通空调系统分析与设计"和"暖通空调"是分属于不

---

　　* 郑国忠,副教授,博士,研究方向:建筑环境与能源应用工程方面的教学与研究。

同侧重点、不同教学目标层次的两门课程。

在我校 2013 版教学计划中,"暖通空调"课程共 72 学时,安排于第六学期,主要讲授供暖、通风、防排烟与空气调节技术,涵盖了本专业学生将来从事专业工作所需的主要专业知识,包含负荷计算,暖通空调系统的组成、功能、特点和调节方法,系统主要设备工作原理和选用方法等。其教学过程重在系统原理的理解、设计过程的再现、设计习惯的培养[1]。其教学目标决定了课程平时作业宜以项目设计的形式进行,通过项目设计形式,为知识点搭建网络,培养学生专业知识学习的系统观,培养学生良好的设计习惯,提高学生的学习兴趣、积极性。由于课程学时长,项目设计时间跨度可以合理安排,贯穿于整个设计环节[2]。

由于学时的限制,"暖通空调"课程范围内不能安排暖通空调系统设计过程的精细分析、设计方案的比较优化、先进理念在设计的体现等教学内容。"暖通空调系统分析与设计"是在"暖通空调"课程学习的基础上,讲授暖通空调设计程序和设计内容(包括供暖部分、空调部分、通风防排烟部分、冷热源部分),重在先进设计理念的领悟、设计要点的精细分析和设计方案的优化[3]。因此,本课程作业的侧重点在于设计细节和关键环节,可以以方案确定、方案比较等形式出现,设计时间较短,主要考查学生对于设计关键环节的理解和掌握程度。

两门课程的教学内容层次深度不同,教学侧重点也不同。任课教师必须深刻理解两门课程的关系和不同,在教学过程有针对性地布置教学内容和教学作业。

2 案例解析教学

针对大四学生的知识储备和学习状态,笔者在本课程课堂讲授中主要采用案例解析教学法,即利用工程典型案例剖析暖通空调系统设计过程中的难点及疑点。具体形式如下:

(1)错误案例通病分析。在课堂上,教师首先提出暖通空调工程设计中常见的一些错误案例。这时候教师只提出现问题的表象,给予学生时间,让学生分析设计失误的原因及修改对策。可通过学生讨论、师生互动的形式进行,学生在讨论互动过程中逐步接近设计失误的本质,并提出较为理想的解决办法。这种课堂模式从反面总结经验,学生带着问题和疑惑,分析解决"现场"的问题,形式较为新颖。

(2)典型工程案例方案设计。对一些典型工程中的方案设计问题,包括冷热源方案、高层建筑一级泵二级泵方案、高层建筑空调水系统方案、体育场馆气流组织设计、大体量建筑空调系统设计、农村住宅供暖系统改造等,通过课下查阅文献、课上展示讨论的形式,引导学生关注重视工程设计实际中的难点问题。方案设计的模式填补了"暖通空调"课程中项目设计的空白,且着重加强学生对于冷热源方案比选、双级泵水系统等设计的理解,可以作为大四学生课堂的尝试。

(3)新旧规范比较。选取新规范《民用建筑供暖通风与空气调节设计规范》(GB 50736—2012)和旧规范《采暖通风与空气调节设计规范》(GB 50019—2003),分成冷热源部分、供暖部分、空调部分等分别进行对比新旧规范的不同。学生通过阅读并对比新旧规范不同,可较为深刻地认识并理解规范的变化,特别是变化的原因,从而理解新技术、新材料在工程中的应用进展;选取新规范《建筑设计防火规范》(GB 50016—2014)和旧规范《高层民用建筑设计防火规范》(GB 50045—1995)(2005 年修订版)和《民用建筑设计防火规范》(GB 50016—2006),从建筑防火规范的发展演变历史、当前建筑防火新需求、建环专业与防火等角度着手,要求学生充分理解其内涵和理念,并熟练掌握重要的防火规定。

上述三个方面互为补充、相辅相成。错误案例通病分析从反面总结经验,通过学生讨论和师生互动,可提高学生对于工程设计的理解;典型工程案例方案设计和新旧规范对比通过案例分析和新旧规范对比,学生课下的思考和查阅规范,可提高学生对于工程设计中一些典型工程方案的理解。

3　丰富课堂形式

考虑到大四学生的就业压力和考研压力,笔者在课堂教学中改革课堂形式,不再单纯的讲授,而是采用以学生为主导的教学模式,采用多种不同形式的课堂方式,最大限度地引导学生参与课堂环节,从而激发学生的学习兴趣和参与程度。

(1)针对案例解析教学中的典型工程案例方案设计和新旧规范比较,采用学生幻灯片展示汇报的方式进行。如在典型工程案例方案设计教学中,教师在课堂上选择一些工程实际案例,并对该案例进行剖析,提出其设计过程的一些难点问题,要求学生针对这些问题课下查阅资料,提出设计方案,并制作成幻灯片,而后在后续课堂上台汇报讲解。在新旧规范比较教学中,教师要求学生在课下对比新旧规范的不同,并分析变化的原因,制成幻灯片并进行登台汇报。学生制作幻灯片并上台展示这种课堂形式,一方面有利于提升学生查阅资料解决问题的能力,另一方面也有利于提高学生制作幻灯片、现场表达、上台汇报的能力。学生不再单纯地听,而是带着问题去看、去想、去解决问题,学习内容更具体,更有获得感。

(2)在课堂中引入辩论赛形式,提升学生的专业思辨能力。笔者针对社会热点问题,从专业角度提出专业辩题,如"卡塔尔世界杯足球场是否需要安装空调""雄安新区建筑是否需要传统能源""建环专业学生就业是否需要专业对口",安排学生组队准备辩论。在辩论赛的准备过程中,要求学生利用所学专业知识对辩题进行分解、分析,并对对方可能提出的问题进行准备。在辩论环节,通过双方的不断攻防,不断擦出火花;随着辩论的不断深入,辩题知识层次和脉络也逐渐清晰。辩论形式的引入,极大地提升了学生的课堂参与热情,也在一定程度上提升了学生的协调能力和表达能力。

(3)充分利用教学平台,提升课堂教学趣味性。充分利用教学平台的课堂测试功能,在课堂上穿插一些较简单的测试题(主要以选择题的形式出现),通过学生答题情况即时分析,可为教师判断学生掌握情况提供数据支持。此外,充分利用教学平台的一些较为新颖的功能,如弹幕等,抓住当今学生的兴趣点,活跃课堂气氛,提升学生课堂参与的积极性。

4　完善考核方法和成绩组成比例

在多年教学实践的基础上,笔者结合开展的案例解析教学、幻灯片展示汇报和专业辩论环节,优化成绩构成比例,最终成绩组成优化为:结课考试成绩(60%)＋过程考核成绩(20%)＋作业成绩(20%)。其中,过程考核由幻灯片展示汇报和辩论赛环节组成。结课考试为开卷考试,侧重于基本知识的应用,要避免照搬课本内容题目,重点考查学生灵活运用专业知识解决分析实际问题的能力。题型为问答题和计算题。

5　结语

作为暖通空调知识综合应用的一门课程,"暖通空调系统分析与设计"的教学探索针对大四学生的学习状态和学习特点,从教学目标、案例教学、课堂形式、成绩考核等角度进行了针对大四学生专业课教学的系统化方案探索。从教学思想、教学方案、教学模式、教学实践等方面全方位入手,探索并形成基于案例教学、学生参与和过程考核的教学互动模式。通过近两三年的实践探索,这种改革模式大大提高了学生听课率和参与率,改变了传统授课模式下学生游离于课堂教学之外的弊端。大学四年级专业课程的教学改革还需广大同行不断探索,不断创新,为提升建环专业学生培养质量献计献策。

参考文献:

[1] 陆亚俊,马最良,邹平华.暖通空调[M].北京:中国建筑工业出版社,2016.
[2] 郑国忠,魏兵,高月芬,等.《暖通空调》研究性课程的教学设计[A].2016年第九届全国制冷及暖通空调学科发展与教学研讨会论文集[C],2016.
[3] 荆有印,高月芬,郑国忠.暖通空调设计及系统分析[M].北京:中国电力出版社,2010.

浅谈"建筑环境学"的讲授方法与技巧

张敏慧*

（河南科技大学，河南洛阳，471000）

[摘　要]"建筑环境学"是建筑环境与能源应用工程专业的一门主干专业基础课。该课程涵盖内容广，涉及领域多，是一门非常前沿的跨学科课程。笔者结合多年实际讲授经验和不同讲授方法的使用效果，阐述几点讲授技巧。实践证明，整体布局，建立各章节之间的关系图解，能取得事半功倍的教学效果；给学生布置观察作业，理论联系实践的讨论，更能激发学生学习的主动性。

[关键词]建筑环境学；整体布局；主动性

0　引言

随着现代教育教学的发展，根据培养计划的修订，专业课程的学时一再压缩。欧阳琴、寇广孝基于此现状，提出教与学两方面互相配合、全面培养学生的综合能力是本专业教学的目的所在[1]。宫伟力等对本专业"工程力学"和"流体力学"两门课程的互动启发式教学进行了探索[2,3]。各位学者均在本专业教学方面提供了很好的思路。

"建筑环境学"是建筑环境与能源应用工程专业的一门主干专业基础课。该课程中除了引用国内外公认的成熟定论以外，还大量介绍国内外最新的相关研究成果，是一门涵盖内容广、涉及领域多、跨学科的边缘科学。因此，学生在学习该门课程时往往不能从整体上去把握，而只记住其中零散的概念，故而有部分学生面对该课程时觉得无从下手，进而产生了厌学的心理。联系课程与学生的实际情况，以建立学生学习的自信心为出发点，笔者对该课程进行整体布局，建立各章节之间的关系图解，化难为易，言简意赅地反映整门课程的内容。另外，灵活布置作业，引起学生自发讨论，激发学生学习的主动性。

---

* 张敏慧，讲师，研究方向：制冷与通风节能技术研究。

基金项目：河南科技大学青年科学基金（No. 2012QN043）。

1 课程各章内容分布

本课程教材采用的是清华大学朱颖心教授主编的《建筑环境学》第三版[4]。各章内容及学时分布如表 1 所示。该课程采用讲授授结合实验的方式进行，讲授为主体，占 36 学时，实验为 4 学时。

2 整体布局，建立各章之间的关系图解

2.1 整体布局，树立信心

从表 1 中可以看出，各章学时分布较均匀，很难看出重点在哪，而一门课程的讲授如果重点不突出的话，学生会觉得学习没有目标，欠缺目标的学习最终会导致自信心的下降和学习兴趣的消失。下面不妨将内容重新布局一下，如表 2 所示。

表 1 《建筑环境学》各章内容与学时分布

章号	内容	学时
1	绪论	2
2	建筑外环境	5
3	建筑热湿环境	6
4	人体对热湿环境的反应	5
5	室内空气品质	4
6	室内空气环境营造的理论基础	4
7	建筑声环境	5
8	建筑光环境	3
9	*工业建筑的室内环境要求	2
10	实验	4
11	合计	40

表 2 《建筑环境学》整体布局学时重组分布

布局号	内容	学时
1	绪论	2
2	建筑外环境	5

续表

布局号	内容			学时
3	民用建筑室内环境	室内空气环境	室内热湿环境 — 建筑热湿环境	6
			室内热湿环境 — 人体对热湿环境的反应	5
			室内空气品质	4
			室内空气环境营造的理论基础	4
		声环境		5
		光环境		3
4	工业建筑的室内环境要求			2
5	实验			4
6	合计			40

从表 2 中可以看出,原来的十部分内容变成了五部分内容,化烦琐为简洁,这让学生很清晰地把握了全书内容。从表 2 中还可以看出,本课程重点介绍的是民用建筑室内环境,共计讲授 27 学时,占总讲授学时的 75%。其中室内空气环境又是室内环境的重点,共计 19 学时,占室内环境讲授学时的 70%。而室内热湿环境是室内空气环境这部分内容中的重点,占室内空气环境讲授学时的 58%。做到重点突出,学生的学习目标成功建立,将全书内容做出整体布局,各章之间的脉络关系梳理清,树立学生学好本课程的信心。

2.2 关系图解,形象感知

由于建筑的存在,整个环境分成室内环境和室外环境。室外环境最主要的代表就是太阳辐射,可以说外部环境室外的温度、湿度、风、降水等的形成主要取决于太阳对地球的辐射(第 2 章)。室内环境包括室内空气环境、光环境和声环境,主要研究的是室内的空气环境。室内的空气环境包括最初的热湿(t,φ)要求(第 3、4 章)和人们越来越重视的室内空气品质(IAQ)(第 5 章),以及最终如何来营造热湿环境(第 6 章),包括图 1 当中的安装空调,即采用机械通风的方式,同时还可以开窗通风,即采用自然通风的方式。如此配合讲解,课程内容便形象地映入了学生的脑中,学生会觉得直观易懂。

图1 《建筑环境学》全书内容图解

3 观察作业,理论解释生活现象的讨论

笔者前期是预留一些理论作业,而在讲课过程中也会穿插引用一些实际生活中遇到的现象让学生用理论来解释,这样做可以收到一些效果,但是学生缺乏了学习的主动性,即使是思考也是被动思考。后期在给学生预留思考题外还留了一次观察作业:留意身边的生活环境,每人至少谈谈两个生活中看到的或听到的环境现象或解决方法,然后结合课本理论来解释,并且预留了一个学时的时间让学生对此进行讨论。

在此次讨论中,发现学生比想象中的更乐意去观察,去思考,他们也发现了很多老师可能都没有考虑但是有时真的是非常好的实例,比如学生观察到了,学校的老校区(城市中心)和新校区(郊区)在夏季的时候,同一天差不多同一时段,明显感觉新校区要凉爽很多,老校区相对酷热,这主要是因为城市热岛效应的存在。又比如学生发现夏天的时候,老校区有一栋楼里经常有很多同学大中午地坐在楼道休息或者看书,进去后才发现,这栋楼里相对于室外和其他楼来说,里面的温度明显要低,感觉特别凉爽。经观察后发现,该栋楼外墙特别厚实,这是因为外温对楼里面空气的影响存在波幅上的衰减。学生观察出的结果有时会超乎你的想象,而且学生回答问题都是争先恐后,因为老师会在学生回答后给予赞许并且当场打分(作为一次作业的给分),这极大地激发了学生的主动学习性。

这样的讨论一般是在学习完室内空气环境后布置的,对于后面的光环境和声环境只是在课程前期总体布局中提到,还未做讲解。有几次,笔者发现学生观察的实例以及应用的理论竟然是没有讲述过的内容,而且举例很贴切,理论解释很充分。这说明观察作业充分利用了学生喜欢别出心裁的心理,促进了他们对新知识的自学主动性。

总之,预留观察作业和讨论,不仅增强了学生理论联系实际的能力,促进了其学习理论知识的主动性,同时也充分利用了学生喜欢别出心裁的心理,促进了他们对新知识的自学主动性。

4 结论

(1)对课程内容的整体布局,化烦琐为简洁,重点突出,学生的学习目标成功建立,各章之间的脉络关系梳理清,能够树立学生学好本课程的自信心。

(2)关系图解,课程内容形象地映入了学生脑中,可以让学生觉得整门课程直观易懂,并且能做到整体把握,起到事半功倍的教学效果。

(3)预留观察作业和讨论,不仅可以增强学生理论联系实际的能力,促进了其学习理论知识的主动性,同时由于充分利用学生喜欢别出心裁的心理,也促进了学生对新知识的自学主动性。

(4)由于在教学中仍然存在很多不足,所以教学应该在不断反思中进行,根据实际情况不断调整教学方法和变换技巧,做到在有限学时内使得学生能够掌握无限知识。

参考文献:
[1] 欧阳琴,寇广孝. 建筑环境与设备工程专业"工程热力学"课程改革探索[J]. 教育教学研究,2011 (199):191-192.
[2] 宫伟力,赵帅阳,彭岩岩. 工程力学的互动启发式教学探索[J]. 科教文汇,2014(270):61-63.
[3] 宫伟力,彭岩岩. 流体力学教学改革与应用[J]. 中国科教创新导刊,2014(5):30-31.
[4] 朱颖心. 建筑环境学[M]. 北京:中国建筑工业出版社,2010.

换热器课程设计融合计算机辅助教学研究

王 涵* 张素军 程 清

（南京工业大学，江苏南京，211800）

[摘 要]换热器是一类热量传递的单元设备，广泛地应用于石油、化工、船舶、制冷空调等许多国民经济领域中。本课题要解决的问题是探索和建立面向工科本科生培养的热交换器设计方面的培养方案研究。通过调研分析，对现有教学内容进行补充，引入工程实际软件，丰富教学手段，解决目前单一枯燥的手算为主的教学方式，结合新型教学方法和教学资源，得到一套适合目前能源动力专业的热交换器培养的教学体系，增强热交换器在未来工作中的实用性，增强培养效果。

[关键词]换热器；课程设计；计算机辅助

0 引言

"换热器原理与设计"是能源与动力工程专业的主干专业课。该课程学时数多，有"56 学时＋4 周课程设计"的教学任务，其教学情况直接关系到我校能源与动力工程专业的办学水平和培养特色。随着技术的革新，课程性质发生了重大改变，要求不同以往，内容要更专业、更深入、更全面，这就对课程有了新的要求。但是，目前热交换器教学培养这部分仍然没有多少革新，比如说相关的教材非常少，网络资源也几乎为空白，造成学生自己学习这条路几乎很难走通。而当今在化工、食品、制药、制冷等一系列的领域都需要热交换器的知识，因此，如何将热交换器课程及设计讲授给工科本科生，使之通过本课程的学习，在掌握各种换热器的基本原理、设计要点与方法，各种工程应用中的散热设计及热控制技术、换热器的传热强化途径和手段等之余，还能够达到培养和训练学生实践应用与解决实际问题能力的目的。

目前，工科热交换器教学长期以来存在一些问题。从教学内容来看，工科换热器的教材都比较传统，内容基本都是 10 年前的知识，缺乏专业领域最新的知识，而且书后几乎没有学生可以做的练习，缺乏换热器设计方面的内容。结果是学生求职就业缺乏换热器的实践设计能力。从教学方法来看，工科热交换器设计的教材比较单调，书中的文字

---

* 王涵，副教授，硕士生导师，研究方向：微纳米尺度热辐射特性计算与测量、对流耦合换热。

基金项目：南京工业大学校级品牌专业建设项目（No.39226501）。

较多,缺乏实物图片,学生通常觉得枯燥难懂。从教学观念来看,工科热交换器虽然作为主干专业课,但由于在大四阶段开展,没有受到学生的重视,这是因为教师仅仅将教学内容放在第一位,没有对换热器的学习与未来工作联系的重要性给予更多的讲授,使得学生没有更多的主动性。

1 计算机辅助手段用于换热器课程的实践环节

1.1 Excel 计算程序模块

从教学内容来看,工科换热器的教材都比较传统,内容基本都是十年前的知识,缺乏专业领域最新的知识,而且书后几乎没有学生可以做的练习,缺乏换热器设计方面的内容。结果是学生求职就业缺乏换热器的实践设计能力。在一些高校中,对于本科换热器课程设计还是采用传统的、利用书上设计步骤进行手算,将计算机作为辅助手段利用,大部分仍采用将设计公式编写进 Excel 计算程序模块中,让学生进行计算与设计。但是该方法计算内容简单,仅限于几种换热器的形式,缺乏灵活性,趣味性也很差。

1.2 Aspen EDR 计算软件

用多手段教学模式的方法,结合计算机软件等手段,补充教学内容,提高学生的创新创业能力。那么,如何搭建 Aspen EDR 的换热器课程设计的教学平台呢? 本文认为,首先,应该教会学生如何安装 Aspen EDR 的软件,不仅仅是提供学校的工作站供其使用,而是真正让学生能够实际、全方面地掌握 Aspen EDR 这个软件。其次,在软件的学习过程中,采用理论计算与软件相结合的教学方法。例如针对管壳式换热器的设计计算方面,学生需要学习换热器的设计步骤及知识点“融汇”,即:(1)进行换热器的传热计算,需要进行传热系数和传热面积的计算,涉及传热学和机械设计基础的相关知识。(2)进行换热器的阻力计算,需要进行沿程阻力和局部阻力,涉及流体力学的知识。(3)进行换热器的强度计算,需要进行管壁和壳壁的强度校核、管板的拉脱力校核,涉及工程力学的知识。(4)需要进行换热器的零件图和总装图设计,涉及计算机绘图。通过学习教材上例题的计算,采用 Aspen EDR 软件重复该例题,对比得到的计算结果,使得学生更深刻地理解软件中每一项对应的意义和参数设置原则。

对于学院来说,搭建了 Aspen EDR 的换热器课程设计的教学平台,就可逐渐积累课程设计的案例,通过不断的积累,可以进一步对教学平台进行完善,最终形成一套成熟的教学体系,前景良好。

图 1 为 Aspen 计算数据表。图 2 为管壳式换热器计算界面。

Current selected case: A

		A
Shell size	mm	965.2
Tube length - actual	mm	6096
Tube length - required	mm	6067.4
Pressure drop, SS	bar	.1302
Pressure drop, TS	bar	.15356
Baffle spacing	mm	336.55
Number of baffles		14
Tube passes		2
Tube number		302
Number of units in series		1
Number of units in parallel		1
Total price	Dollar[US]	75418
Program mode		Design (Sizing)
Calculation method		Advanced method
Area Ratio (dirty)		1
Film coef overall, SS	W/(m? K)	1149.5
Film coef overall, TS	W/(m? K)	7610
Heat load	kW	12022.6
Recap case fully recoverable		Yes

图 1　Aspen 计算数据表

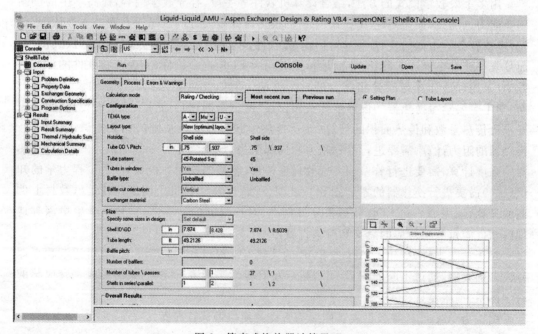

图 2　管壳式换热器计算界面

2　计算机辅助手段用于换热器课程实践教学的实践意义

Aspen EDR 用于换热器课程实践教学具有明显的实践意义：

（1）从先进性角度来说，本课题具有明显的时代特征和现实意义，是在高校教学改革的发展转型期，针对高校热交换器课程培养教育存在一定的不足和新的问题时开展的研究。

（2）从针对性角度来说，本课题以一线教学为研究的切入点，研究成果可以直接用于一线教学。引入 Aspen EDR 软件，补充现有的教学内容和课程设计平台，可以为其他工科专业的热交换器课程的教学改革所用。例如在教学内容和教学方法上，与化工专业的热交换器的培养有存在很大的共同性，普适于工科热交换器课程的教学研究。

（3）从实践过程产生的效益来看，最直接也最明显的表现在于毕业生学术交流层次的提高和用人单位的人才评价上，提高了国际化水平。

（4）成功探索了一条符合工科本科专业热交换器原理与设计课程的教学内容和教学方法的途径。

3　结论

本文以能源与动力工程系的本科生为主要研究对象，以国内外能源与动力工程专业方面热交换器最新的研究进展作为教学内容的补充，得到更为即时、更为丰富、更为适合的热交换器的教学内容。将 Aspen EDR 软件等科技手段引入培养方案中，借鉴慕课等新兴教学手段，丰富教学的多样性，解决目前现有课程的单一枯燥、内容陈旧等现状。针对缺乏书后练习等问题，增加与学生的互动性，增加学生的自主性，采用增加和编写书后练习题的方法，按难易程度、多种考核方法，实现学生将知识转化为实际应用的能力，量化了学习的内容，增强了学习成果。

参考文献：

[1] 史美中，王忠铮. 热交换器原理与设计[M]. 南京：东南大学出版社，2009.

[2] 孙兰义，马占华，王志刚，等. 换热器工艺设计[M]. 北京：中国石化出版社，2015.

[3] 童军杰，童巧珍. 热能专业换热器原理与设计课程教学方法的研究[J]. 高等函授学报（自然科学版），2011(2)：40-42.

"建筑概论"课程教学设计探讨

孙晓琳[*]　谈向东[**]

（上海海洋大学制冷工程系,上海,201306）

[摘　要] "建筑概论"作为建筑环境与能源应用专业的专业核心课程,是本专业与建筑、结构等相关专业研究领域和研究内容进行连接的纽带。针对该课程涉及内容广泛、课时数有限的特点,本文以提高教学的有效性为目的,以启发式教学为基本原则,针对课前、课堂和课后三个环节对该课程的教学设计进行了研究和探讨,以期能够有效提高课程教学效果。

[关键词] 建筑环境与能源应用工程;建筑概论;启发式教学;教学设计

0　引言

课堂教学是一项由教师和学生共同参与的活动。传统的课堂教学以教师为中心,从"教"出发,通过讲授的方法向学生传授知识。这种教学方法的优点是教师能够科学、合理地组织和安排授课内容,并可以以一种条理清晰、逻辑合理的讲授方式将设计好的授课内容传授给学生,从而提高教师的教学效率。但教学实践表明,采用讲授法的课堂教学存在着学生参与和接受程度低下的弊病。从学生的角度而言,往往只是孤立记忆和非批判性接受知识的浅层学习,并没有达到良好的教学效果。

现代教学理论多提倡从以教师为中心向以学生为中心转变,从"学"出发,通过互动式教学、翻转课堂等教学方式,提高学生的参与程度和接受程度,从而达到更好的教学效果[1,2]。但由于课时限制,这种教学方式往往又意味着教师需要缩减课堂教学中所传授的知识量。

教学的有效性应当是教师传授的有效知识量和学生接受与内化程度的综合评价。有效的教学活动,既要保证教学内容和教学效率,又要保证学生的学习效果。在教学课时数有限的条件下,要达到这一目的,就需要对课程教学进行合理设计,从课前对学生信息的掌握、教学目标的确定、教材的选择和教学大纲的制定,到课堂教学中教学方式和方法的设计,再到如何学生课后学习的引导,对课程教学过程进行系统规划[3]。本文以"建

　*　孙晓琳,博士,研究方向:建筑环境与能源应用工程。
　**　谈向东,副教授,研究方向:能源与动力工程。
　　基金项目:上海海洋大学重点课程建设项目《建筑概论》(No. A1-0201-00-1031)。

筑概论"这一建筑环境与能源应用工程专业核心课程为例,对其课程教学设计进行探讨,在保证知识传授量的基础上,促使学生由浅层学习转变为深度学习,提高课程教学的有效性。

1 课程概况

1.1 课程内容

"建筑概论"是面向建筑环境与能源应用工程专业本科生开设的专业核心课程。建筑环境与能源应用工程是土木工程下属二级学科,其专业研究内容涉及建筑学、土木工程、环境科学、热能与动力工程等多学科领域。而本课程的作用正是作为联系本专业研究涉及的各个学科之间联系的纽带。本课程的教学目的在于使学生了解建筑设计、结构设计及暖通设计的基本知识,并掌握建筑绘图及读图的基本规则和方法,以便更好地把握本专业的基本理论、技术和研究方法,从而为后续的专业知识学习奠定基础。

1.2 学生情况

本课程教学对象为建筑环境与能源应用工程专业本科三年级的学生。"学生在前期"已进行过本课程相关工科基础课程及专业基础课程,如"工程力学""结构力学""传热学""工程热力学""电工学"等课程的学习,具备本课程关于结构设计和室内环境方面知识学习的理论基础。但对于建筑设计部分,学生的学习基础较为薄弱。而建筑学的基础知识是本科生进行本专业的专业课程学习和研究的基础和前提,因此,在本课程教学内容设计中考虑适当增加建筑设计相关内容。

2 "建筑概论"课程设计的构建

2.1 课前设计

作为建筑学、结构学与暖通空调学科的连接纽带,本课程所涉及的内容及可扩展的知识领域非常宽泛,上至建筑的发展历史及基本概念,下至建筑及暖通系统设计施工的技术细节。由于课时数有限,课堂教学只能以引领启发为主,更多的内容需要学生在课堂之外自行发现与获取。

本课程的课前设计阶段如图 1 所示。首先要根据课程教学目的来设计教学内容。根据贾德的经验泛化理论,当学生在学习中先获得的知识属于一般原理性知识时,那在之后的学习中,这种一般原理就可以部分或全部得到运用。因此,教师课堂讲授内容以基本概念、基本方法和基本结构为主。对基本概念和基本方法的掌握可以为学生进行深入思考、拓展学习和自主获取新知识提供基础,使学生可以通过知识的迁移来自行学习和掌握新的知识,提高学习效率和教学有效性;而对课程学习内容基本逻辑结构的掌握,一方面可以帮助学生对学习内容产生整体的认知和理解,从而使得学生的拓展学习更具目的性和方向性,另一方面使学生能够将新获取的知识嵌入课程内容的基本逻辑结构体系中去,加深知识的内化程度,在课程内容结构体系网络得到不断延伸和丰富的同时,加深和巩固学生对课程内容和知识体系的认知[4]。

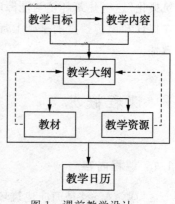

图 1　课前教学设计

其次要针对课程内容和学习目标,制定教学大纲,并在教学大纲的基础上,合理选择教材和参考资料,制定推荐阅读书目和其他自主学习途径,如相关电子资源和网络资源等,为学生的自主学习提供指导。教学的目的并不是为了讲授教材,应该使教材成为教学的工具和资源之一,而非教学的目的和根源。在对待教材和其他学习资料的观念上,由原来的根据教材安排教学内容改为根据教学目标和教学内容选择教材和其他学习资料。因此,在课堂教学之前,要根据教学大纲,对教材内容进行取舍,并根据需要选择合适的参考资料对教材内容进行补充。

最后要根据教材和搜集到的教学资源内容,对教学大纲做进一步的完善,并在完善后的教学大纲基础上,结合课时安排,制定详细的教学日历。

2.2　课堂教学设计

本课程课堂教学设计的重点有两个:整个教学过程中课堂授课内容的逻辑结构设计和课堂教学方法设计。授课内容的逻辑结构设计应根据课前设计阶段的教学大纲,结合课时安排进行。而作为引导、调节课程教学过程的重要手段,好的课堂教学方法设计能够使课程教学达到事半功倍的效果。

对课堂教学方法的选择应根据教学内容、课时安排、学生情况等方面进行综合考虑而决定。有鉴于本课程涉及内容的广泛和驳杂,以及课堂教学课时数较少的实际情况,本课程课堂教学方法以启发式教学为原则,通过提问、讨论、归纳等方法,启发学生的学习兴趣和学习动机。

如图 2 所示,在具体课堂教学方法设计上,为了建立整个课程教学过程中教学内容的逻辑结构体系,保证教学过程的连贯性,合理控制教学进度,讲授教学仍是本课程教学方法中不可缺少的重要组成部分。基于启发式教学的理念,教师课堂讲授内容应力求少而精[5]。而为了提高学生的积极性、主动性,在教师讲授的基础上,通过互动式教学、课堂问答和课堂讨论的方式来增加学生的课堂教学参与度,使教师与学生、教与学在课堂教学过程中协同作用,相互促进,从而提高教学效果[6]。

同时,为了提高学生课后学习的主动性,在课堂教学中采用以问题为基础的教学方法(PBL),以学生为中心,通过以问题为导向的小组讨论与交流提高学生的课堂参与程度和在课后进行自主学习的积极性,使学生在解决问题的过程中搜集并掌握更多的新知识,并培养学生分析问题、解决问题的能力。

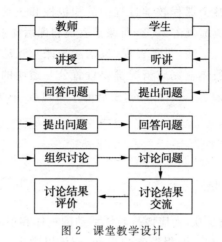

图 2　课堂教学设计

2.3　课后工作与信息反馈

课后作业内容的设计是本课程教学设计的重要环节。课后作业是课堂学习活动的延续,也是对课堂学习成果的强化和巩固过程。由于本课程课堂讲授内容是以基本概念、基本方法和基本结构为主的,这就需要通过布置课后作业,促使学生在完成作业的过程中对拓展和细化的知识内容进行自主学习。同时,教师通过对学生作业的批改,也可以了解学生对课程内容的掌握程度,了解哪些知识点是学生掌握地比较好的,哪些是需要学生课后进行强化和巩固的,而又有哪些是需要在课堂上进行深入讲解的,从而对后续教学活动进行及时调整。

所谓"教学相长",即教与学是相辅相成、相互促进的。教学过程不仅是学生获得知识的过程,也是教师更加深入思考教学相关内容、提高自身素养和教学水平的过程。通过学生在课堂讨论、交流和作业完成中的表现,教师可以更好地把握学生对课程学习的积极性以及对教学内容的接受和内化的程度,从而及时对教学内容、教学进度和教学方法做出相应的调整,并通过经验的总结,为下一个学期的教学过程设计优化和教学效果的提高打下良好的基础。

2.4　成绩评价体系

合理的成绩评价体系设计也是激励学生积极、主动学习的重要措施。相比于完全由期末考试分数决定学生成绩,采用多项评价累计成绩,将平时的课堂表现、作业完成情况连同期末考试分数一起按一定比例计入总成绩中,才能更有效地激励学生积极参加课堂活动、课后主动学习新知识并认真完成课后作业,从而使课堂教学内容得到有效强化和巩固[7]。

因此,合理设置总成绩的组成项和各分项在总成绩中所占的权重系数也是课程设计中一个非常值得研究的问题。在传统的课程教学中,期末考试分数占总成绩的比例通常会在 50％以上,而其余部分的平时成绩通常也只有出勤率和作业完成率两项客观指标。而本课程由于课程内容广泛,仅仅通过一张试卷对学生的总体成绩进行评价是不合理的,也无益于激发学生在整个课程教学过程中的积极性和主动性。因此,在本课程总成绩评价构成中,期末考试成绩仅占 20％,而课堂表现和课后作业完成情况各占 40％。同时,为了加强成绩评价的公正性,课堂表现(包括参与课堂互动和讨论的次数、回答问题的次数和正确率等)和课后作业完成情况都要设置公开透明的打分标准。如此,通过累计性的成绩评价体系,激励学生在持续的、主动的学习过程中,实现知识体系内容的深化和内化。

3 结论

学生不应该仅仅作为受众,而应该是教学活动的主体和中心。针对"建筑概论"内容宽泛、课时数有限的特点,对于课程教学的设计,应该以学生的学习效果为最终目标,以学生的能力、思维方式为出发点,以启发式教学为基本原则,以教师的课堂讲授内容为基本骨架,通过合理的教学方法设计,调动学生的兴趣和积极性,并在课后通过自主学习来获取新知识,从而达到更好的教学效果。

参考文献:

[1] 孙跃. 大学教学中有效教学理论与方法[J]. 时代教育,2013(10):161-162.

[2] 李忠信. 以"学"为中心的教学设计要素研究[J]. 广东广播电视大学学报,2005(3):39-41.

[3] 那一沙,袁玫,吴子东. 教学设计研究综述[J]. 西南交通大学学报(社会科学版),2013,14(3):109-113.

[4] 王书林,张沥韦. 翻转课堂有意义的教学设计[J]. 教育导刊,2017(12):59-65.

[5] 倪珊珊,肖昊. 基于教学价值取向的翻转课堂教学模式研究[J]. 学术探索,2018(1):134-141.

[6] 赵兴龙. 翻转课堂中知识内化过程及教学模式设计[J]. 现代远程教育研究,2014(2):55-61.

[7] 李馨. 翻转课堂的教学质量评价体系研究——借鉴 CDIO 教学模式评价标准[J]. 电化教育研究,2014,36(3):96-100.

"制冷压缩机"教学方法探讨

祁影霞*

（上海理工大学能源与动力工程学院，上海，200093）

[摘　要] 压缩机作为制冷系统关键部位，常常被称为制冷系统的"心脏"。作为制冷与低温专业的学生来说，"制冷压缩机"课程是一门重要的基础课。但是在传统的教与学的过程中会存在很多问题，如怎样才能使得学生更好地掌握本课程的知识并提高学习的积极性。本文就"制冷压缩机"课程在教与学过程中存在的一些不利因素作了分析，对该课程的教学方法提出了一些自己的看法，并进行了简单阐述。

[关键词] 制冷压缩机；教学方法

1　前言

随着经济的快速发展和人们生活水平的不断提高，制冷在国民经济的各个部门以及人民生活中都有着广泛地应用。像空调、家用冰箱等已不再是一种奢侈品，而是作为人们生活中的必需品，逐步走进了千家万户。甚至在一些发达国家，家用冰箱已基本全部普及[1]。制冷技术在商业、建筑、工业、农业和医药卫生领域都有着重要的作用。"制冷压缩机"课程是制冷与低温类专业学生教学计划中的一门重要课程，该课程的教学成果将直接影响学生今后的学习与工作。如何通过学习该课程，使学生在有限的学时里既能对各类制冷压缩机有一较全面的了解，又能同时具备良好的适应压缩机技术发展的能力，笔者依据自己常年的教学经验，对该课程的教学方法进行了探讨[2]。

2　教学方法探讨

2.1　利用现代计算机网络技术提高教学效率

进入 21 世纪以来，计算机网络的发展突飞猛进。随着计算机科学技术的普及，人们生活的方方面面都受到了它的影响，在教育领域亦是。针对现代大学生的一些学习状

---

* 祁影霞，副教授，博士，研究方向：新型环保制冷工质物性、斯特林制冷机等。

况,计算机技术体现出了它最擅长的一面。例如在大学生的期末学业考核中,考勤往往占了很重要的一部分。但是对于老师来说,传统的考勤方式如逐个点名的方法是十分耗时的,尤其是课堂学生较多的时候。而把学生的名单发下去让学生自己签到的方法可能会存在代替别人签到的虚假情况发生。同时,考勤又是一项必须进行的教学措施,不仅仅因为它在学生的期末学业考核中占有重要的一面,而且已经有研究表明如果老师经常考勤点名的话,其该课堂的学生出勤率将有显著地提高。针对传统考勤的耗时以及虚假签到等情况,计算机网络发挥了它的优点,由于现在的大学生人人都有自己的手机,同时手机又总是在自己的身边,所以老师可以通过计算机网络生成一个验证码,让学生的手机发送这个验证码的方式来完成考勤的工作。如果手机有定位的功能的话,还可以知道学生当时所在的位置。比如学生平时的作业,一般都是老师布置后学生再完成,最后再由课代表收上来交给老师批阅,老师批阅完再发下去。而利用计算机去管理学生日常的作业,就可以免去很多中间环节,直接在网上布置作业,学生完成后直接交给老师,老师批阅后再直接发回给学生。这整个的过程就变得十分高效,节省了学生和老师在布置作业、交作业和发还作业上浪费的时间精力。还有,计算机的快速识别功能可以及时地对每一个学生的作业进行对比,查找重复率,给出相似度,对于相似度过大的作业,可以让学生重新改过再提交,这样可以有效地杜绝抄袭行为的发生。同时,计算机有储存记忆的功能,当老师在批改作业的时候可能有的学生没有及时地上交作业,但当学生后面补交作业的时候计算机可以第一时间通知老师来批改此作业。最后,老师的课件也可以放在网络平台上供学生下载观看,不再是学生挨个拿移动设备来拷贝课件资料了。整个过程既节约了成本,又减轻了老师的工作量。

2.2　互动课堂与多途径学习

传统的板书式或电子幻灯片式的课堂教学形式,对学生来说已经有点乏味无聊,不能激起学生的积极性,对于这种情况,老师可以在课堂中间随时通过计算机来发布互动话题,学生通过自己的手机来实时地回答这些问题,然后老师可以随机抽查部分学生来发表交流一下观点,如此可以将听课与互动两者相融合、益教益学。在当前加强基础、淡化专业、拓宽学生知识面的教育新形势下,"制冷压缩机"课程已经精炼减少了很多。在大学本科教育阶段,大部分学校只有"制冷压缩机"这一门课程,而且授课的总学时大幅减少[3]。如果教师在授课过程中不能突出重点,会使学生感到本课程内容复杂,知识点太多,以致在课后及考前复习时无从下手[4]。这样就给学生造成了很大的学习负担,可能仅仅利用上课的时间是不能完全理解课题内容的,毕竟时间有限、内容较多。而通过多途径学习,学生不仅可以学习本校开设的课程,而且还可以在网络资源上学习其他优秀学校开设的同类型课程。在当下,信息技术迅速发展,有一大批像网易课堂、慕课校园、学堂在线、万门大学等专注于教育的网站,学生可以利用课余时间通过多种途径来丰富和补充自己的知识。

2.3　注重理论与实践相结合

本课程应该是在学习了相关专业课程,如"工程流体力学""传热学""工程热力学"

"制冷原理"等的基础上再来学习的,在传统教学的过程中主要部分是对理论知识的推导和证明,对公式和曲线的分析。大部分的理论推倒内容十分抽象难懂,这就要求学生具备一定的专业知识与数学的基础储备知识。对于基础不是很好的学生来说,过分地强调理论推倒、分析与计算,又容易造成授课过程单调枯燥,使学生逐渐丧失学习兴趣与学习积极性。制冷压缩机是一个三维机械,可是在传统教学中往往将其二维平面化,这往往是为了教学的方便。对于往复式压缩机来说,二维平面化是可行的,因为它结构简单,压缩方式也被人们熟知。但是对于其他类型的压缩机如回转式、速度式压缩机来说,讲解其内部构造、运行方式与原理就需要学生有一定的空间构造想象能力,传统的二维平面化方式的讲述不能连续、形象地将压缩机的运行过程完美地展现出来,因此会造成学生在学习过程中对压缩机实际工作过程不清楚,进而影响后续理论知识的学习,久而久之将大大打击学生学习的积极性。所以要注重理论与实践相结合,加强实验与实践环节。除了课堂教学以外,应尽量多安排学生进入实验室进行参观和学习,尽量利用实物、图片、模型、视频动画、机械结构等简单直接的教学方法。通过实地对不同类型的压缩机模型与实物的近距离观察来加深学生对所学知识的巩固与理解。我们也会将压缩机制造领域的专家请进课堂,为同学们近距离讲课,传授一些最新技术及行业发展动态(见图1至图3)。

图1　企业专家授课场景(1)　　　　图2　企业专家授课场景(2)

图3　压缩机零件实物图

2.4 加强师生间的交流,及时发现并解决问题

传统的填鸭式教学方式一味地注重把老师和书本的思想灌输给了学生,从而极大地扼杀了学生的创造力。在整个过程中,老师也不知道学生的学习情况,使得教与学严重脱节。对此,应加强学生与老师之间的学习交流,多听听学生的心声,通过学生的反馈第一时间掌握学生的学习情况,并针对一些比较严重的问题及时想到解决对策。在正常的教学时间之外,增加老师课堂答疑与坐班答疑环节来及时地帮助学生解决学习上的困惑。同时通过学生反映的一些问题,老师也可以及时有效地调整自己的教学计划,使学生的学习收获最大化。

3 结束语

综上所述,本文通过对"制冷压缩机"课程在当前教学中所存在的问题提出了一些自己的观点与看法,并且针对这些问题提出了一些相对应的方法措施。这些方法与措施可以给相关专业的老师一点参考,希望通过我们共同的努力可以更好地上好该课程。

参考文献:

[1] 郑贤德. 制冷原理与装置[M]. 北京:机械工业出版社,2008.

[2] 高凤玲,贺滔. 制冷压缩机课程教学方法与改革探讨[J]. 课程教育研究,2015(18):39-40.

[3] 唐景春,王铁军,刘向农. 制冷压缩机课程的教学改革[A].第四届全国高等院校制冷空调学科发展研讨会论文集[C],2006.

[4] 缪道平,吴业正. 制冷压缩机[M]. 北京:机械工业出版社,2010.

关于提高热能与动力工程专业课程教学质量的探讨

刘业凤*

（上海理工大学能源与动力工程学院，上海，200093）

[摘　要]针对目前热能与动力工程学科的专业课程教学所面临的问题，本文从提高教师教学能力、改进教学方法与内容和改进考核模式三方面探讨如何提高教学质量。提高教师教学能力包括教师自身不断地汲取专业新知识、更新教学内容、加强理论结合实际等。改进教学方法与内容包括实时更新教学内容、使用新上课模式等。改进考核模式是采用笔试和口试相结合，并结合平时成绩等模式。

[关键词]热能与动力工程；课程教学质量；教学方法

0　前言

随着全球变暖、环境状况恶化，世界各国对于节能减排的要求越来越强烈。热能与动力工程学科与节能减排紧密相关，如何结合当前形势培养出优秀的大学毕业生来满足社会对该类人才的需求、推进社会可持续发展，是该学科面临的问题，这就需要我们不断提高教学质量。关于不同类型课程的教学改革已有很多学者做过研究[1~4]，本文主要针对如何提高热能与动力工程专业课程的教学质量方面谈一点自己的体会。

1　提高教师教学能力

教学改革任务的主要承担者是教师，这不仅是因为教师最了解他所教学科的内容、所教学生的水平与能力，更因为在教学过程中教师起主导作用。因此，只有充分调动广大教师教学改革的积极性，提高教师的教学能力，发挥教师在教学改革中的主体作用，才能使教学质量取得事半功倍的成效。教师首先要具备精深、扎实而牢固的专业知识，这是提高教学质量的前提。为此，教师要持之以恒地学习，努力提高自己的专业水平。其次，要不断拓宽知识面，增加信息量，丰富教学内容。再次，还要广泛了解边缘学科知识，

---

* 刘业凤，副教授，博士，研究方向：制冷空调技术。

更新专业知识内容,努力成为复合型人才。例如,针对制冷工质氟利昂对臭氧层破坏和温室效应方面,分别有 UNEP 等组织签订的 1987 年《蒙特利尔议定书》和 1997 年《京都协议书》等,此后在此基础上不断修订,以及最近的基加利修订案、欧盟 2015 年实施的关于温室氟化气体(F-gas)的淘汰条例、北美地区 2016 年开始的对 HFC 施行禁止销售的制冷剂和时间表(SNAP)。这些最新信息和政策的变化需要教师及时了解,并增加到教学内容中,对学生进行介绍和分析。

2 改进教学方法和内容

就目前而言,我国传统的学习方式是把学习建立在人的依赖性基础之上,忽略了人的主动性、能动性和独立性。在这种观念指导下的学习是一种满足于被动接受知识传输的学习,是偏重于机械记忆式的学习。这样的学习方式使学生的主体性与能动性极大地丧失,从而严重阻碍其在科学道路上的探索。工科教学以知识的掌握和技术应用为首要目标,工程技术人才的创造和实践能力直接影响着一个国家的综合国力。

在教学方法上,课堂上可以采用讲授、讨论、设疑、自学、研究性学习等多种方法。根据教学实际状况,采用以上两种或三种方式相结合,目的是能够有效地调动学生的学习积极性、主动性,激发学生积极思考,提高他们的学习兴趣,开发学生的学习能力及积极参与主动学习的精神。通过多种课堂教学方法的组合,提高了课堂教学的效率,开发了学生主动思考问题的创新能力,学生敢于提问题,敢于对已定型的理论提出自己的观点,在讨论中认识知识、掌握知识、应用知识。例如在讲授"传热学"课程时,结合某电厂使用的高效油冷却器,讲解该种高效换热器的结构特点和传热特性,并与常规换热器的传热特性进行比较,在此基础上阐明高效换热器具有提高换热效率和节能的作用。

在教学手段上,采取以下多种方式,提高教学质量。

(1)合理、有效地利用现代化教学手段,丰富教学内容,提高学生学习兴趣,增强教学效果。对于多媒体教学,无论从表现形式上还是从效率上讲,多媒体教学都要比传统方式的教学具有优势,其不仅可以节约大量的板书时间,还可以为学生呈现丰富多彩的表现形式[5~7]。电子课件的制作以教材为根本,并充分利用各种信息渠道(如各专业网站、展览会、产品样本等),根据课程章节安排一定的影像资料,丰富教学内容。如在制冷新工质课程中的温室气体及温室效应部分播放纪录片《2048——臭氧层的警告》;在制冷原理与装置专业课程中,各种类型制冷压缩机的结构和机械运动方式、制冷剂在压缩机中的流动过程等都比较复杂,以往是让学生看课本图片或教师在黑板上画简图来进行讲解,而现在可以通过图片、动画等手段来演示压缩机复杂的结构图形和工作过程。

(2)在实践教学中不断检验课件的实用性、科学性,淡化描述性的教学内容,加强理论联系实际及综合分析问题的训练,减少繁琐、过时、利用率低的内容,增加学科的新成果、新发现、新理论等内容,大量补充教材中从未出现的图片和影片,增强课堂上学生的学习兴趣,提高课堂上学生的学习积极性,增加课堂上的知识容量。像美国开利公司研制的三螺杆压缩机,最近几年出现的新型热泵技术——水环热泵系统、海水源热泵、太阳能热泵,都可以增加到相应的教学课件中,使学生能及时了解本专业的新技术发展现状。创新的教学模式引入课堂教学,丰富多彩的图片、影片、动画提高了教学效果。教学课件、教学文件上传到校园网上,供学生随时在网上播放和下载。这些教学方法能够活跃课堂气氛,调动学生学习的积极性,促进学生积极思考,深受学生欢迎。

(3)重视实践教学,改"静态教学"为"动态教学",增加实践教学环节,让学生由"听"为主转为以"动"为主。努力在实验、实习教学中多开综合性实验,大胆培养学生的动手能力和创新意识,室内教学与各种方式的室外实习紧密联系在一起,并在教学中增加解决实际问题的能力训练课,使所学知识理论联系实际,提高学生发现问题、分析问题、解决问题的能力。积极将科研与教学相结合。一方面,在实习过程中支持学生在老师的指导下完成多种类型的科研小课题,并发表学术论文,满足优秀学生的需求;另一方面,又把取得的科研成果作为新的教学内容,充实到教学中去。这样既训练了学生理解问题、分析问题的能力,培养了创新意识,又提高了学生努力学习、积极参与的兴趣,教学效果非常明显。

(4)开展精品资源共享课建设、微课课程建设。为了顺应互联网时代的要求,各专业课程可进行精品课程建设、微课课程建设,教师之间互相交流,对精彩的资料进行共享。同时,鼓励学生制作微视频,激发学习兴趣等。

3 改进考核模式

在考核方法上,采用笔试、口试相结合,重视学生的平时成绩(课堂提问、作业、实验报告),不定期地进行单元或部分新教学内容的测验。这种考核方式避免了部分学生平时学习不努力,考试时临时突击的不良学习方式,从而做到"以查促学"。

4 结论

通过上述教学模式的改革,可以解决我们目前面临的以下问题。一是通过教学模式改革,形成创新型教学模式,培养出了实践能力强、综合素质高、适合基础教育需要的合格人才。二是解决了因材施教的问题。教学方法和教学手段的改革,满足了不同学生对知识的不同需求,调动了大多数学生参与课堂教学的积极性和主动性。三是解决了部分学生被动学习的问题。考核方式的改变、网络系统的使用,纠正了部分学生上课"听"、下课"扔"、考试"紧"、平时"松"的不良学习现象。四是解决了教学与能力培养脱节的问题。根据基础教学的需要,压缩理论教学时间,增加综合能力训练学时,解决学生理论联系实际的问题,训练学生分析问题、解决问题的综合能力。

实践证明,通过对教学模式进行改进,对提高教学质量有明显的作用。

参考文献：

[1] 魏海峰，陈鹤男，马晴晴，等.教学质量提升工程改革与实践——以大连海洋大学海洋科技与环境学院为例[J].高教学刊，2018(6)：108-110.

[2] 张燕，隋传国，张瑞瑾，等.案例教学在海洋资源利用与管理课程教学中的应用[J].高教学刊，2017(10)：48-49.

[3] 苗玉荣.从教与学两方面提高医学细胞生物学教学质量探讨[J].基础医学教育，2018(5)：350-352.

[4] 张光学，王进卿，池作和.时代背景下热能与动力工程专业教学改革与创新[J].中国电力教育。2014(6)：37-38.

[5] 张建萍，陈静，张建.多媒体技术对昆虫学教学的影响[J].西南农业大学学报(社会科学版)，2007,5(3)：162-164.

[6] 牛国新，王育欣.多媒体技术在教学中的应用与探索[J].网络与信息，2008(2)：72.

[7] 李健.多媒体在现代化教学中的意义[J].改革与开放，2008(1)：43-44.

问题探索与现场观摩结合下的
制冷课程教学模式

李　敏*　叶　彪　谢爱霞

（广东海洋大学机械与动力工程学院，广东湛江，524088）

[摘　要]结合制冷专业课程内容的特点，从课程目标出发，课堂引入问题式教学，有效通过现场观摩教学的交互渗透，结合课程内容的深广度，实现了不同教学方式的有机渗入、优势互补。通过专业知识应用于学科竞赛的需要激发学生学习的积极性。整个教学过程通过问题指引、观摩实施、教师引导、需求驱动、步步跟进等培养学生主动学习、兴趣学习、主动提问和质疑，极大地提高了学生分析解决问题和积极创新的能力。实践表明，通过这种教学模式的更新与融合，学生的自主学习兴趣和自我学习能力大幅提高，达到了以学生为主体、师生互动良好的教学效果，学生在各级专业学科竞赛中取得了可喜的成绩。

[关键词]制冷装置；问题式教学；现场观摩；教学模式；主动学习；学科竞赛

1　引言

制冷是能源动力类专业的一个方向，是与实际应用相关性很大的一门应用性技术[1]。制冷专业课程的教学除了学习教材上的理论知识外，更应关注理论知识在实际中的应用与实践。学生通过制冷装置系列课程体系的学习，应系统掌握制冷装置、制冷系统的主要组成、原理及其应用的主攻方向，包括能在成熟原理基础上去设计与实际应用相匹配的系统、装置和流程[2]。

为了使学生学习更有主动性，把专业课程学习当成自己兴趣的一部分，并强化教学中学生的主体地位，在制冷装置的教学中尝试不断改进教学方法与措施，结合教学目标按问题式教学模式的操作要点将课程内容设计成一个个问题，并通过实体装置的现场观摩来实现从理论到实践的认知提升，使问题中涉及的知识要点与实践装置中的重要知识应用融为一体，极大地解决了知识转移上的偏差问题，实现了学教的融会贯通。通过竞赛的形式将学习与能力进行释放和展示，真正达到了"学了就可以用"的境界[3]。

---

* 李敏，教授，研究方向：能源动力制冷。
基金项目：广东省教育厅教育教学改革项目（No. 2016040613）、广东海洋大学教学改革项目（No. XJG201640）。

2　课程的分解与问题的指向

2.1　"制冷装置"课程的内容及教学目标

根据课程内容、课程目标及课程时间安排,首先将课程内容进行功能定位和模块分解[4]。"制冷装置"作为一门重要的专业课程,学完后应达到对常用制冷装置"会使用、会组装、会设计"的目标。制冷技术有两大经典应用:一个是为工人环境提供冷源,一个是为冷链食品提供冷源。制冷装置也分两大块:一个是大型冷冻冷藏用食品加工装置(包括冷库),另一个是小型制冷装置及系统(包括冰箱和空调装置)。各大块的主要内容又包括原理、组成及设计应用。课程的主要目标就是通过课程学习了解各个制冷装置的工作原理、基本组成及功用,学会设计与热力计算的一般流程,能在实际应用中进行选择和更新设计。

2.2　课程模块基础上的问题指向

专业课程若只靠老师讲台上的平铺直叙,即使重点突出,一堂课下来,学生印象也不深,兴趣不大,没有参与感。适当的问题引入并采用问题式教学就显得非常重要了,这时指向明确的问题就成了实施过程中的关注点。比如系列真空式加工装置的介绍作为一个内容模块,其问题的指向就是真空式加工设备的工作原理,系统结构及差异点,系列真空式加工装置中真空系统的组成与作用,如何实现特定的加工方式,如"真空冷却工艺如何实现? 真空冷冻干燥工艺如何实现? 真空式闪蒸海水淡化如何实现? 诸如多种加工方式的实现,在装置的组成上有何差异? 如果想进行性能改造,可以从哪些环节入手?"通过对问题的分解与分析,同学们经合作与分享,不仅能对系列装置的工作原理、基本结构组成、应用特点和产品开发与创新等有一个非常全面的了解,甚至在层层剥离的过程中产生了许多新想法,设计出许多概念性的新产品,包括结合不同新能源利用、余热回收、优化装置的匹配、优化工艺的过程,在不断"问与被问"中巩固了基础知识,激发了创新思维。课堂讨论热烈,师生情绪高涨[5]。

2.3　课程内容基础上的问题启发与现场观摩

为了实现使问题式教学方式达到授人以渔的目的[6],必须以课程内容为核心引导学生提出问题,这时利用学校自行搭建的制冷系统和装置进行现场观摩就非常合适了[7]。有时,复杂管网与系统设备的连接,单靠"问"与"被问"是无法完成知识的完整转移的,必须借助现场完整的实体进行观摩与分解。如二级压缩制冷系统的几种匹配形式及与附件设备管件的连接,单机双级机组及与附件设备管件的连接,配组双级机组及与附件设备管件的连接,配组机组的分解运行模式等。整个学习过程以现场实体为背景,通过"问"与"被问"的循环,实现了知识的完美转移。最后拓展知识空间,如果系统要实现其他功能,或者需要达到其他目的,可以在哪些方面进行更新改造? 或者讨论可以有哪些更好的设计手法目前可以采用或可以尝试采用,这样的现场讨论教会学生如何去发现问题,继而利用现有的知识或资源去解决问题,讨论中会有许多脑洞大开的想法,能改变学生惯有的思维模式,打开思考问题的广度和深度。

2.4 配合课程内容的问题式设计中提点学科竞赛

课程知识体系建立前对知识背景的了解和应用前景的分析具有同等重要性。专业学科竞赛通常是利用学科专业知识去把一个具有专业应用前景的想法变成一个作品,理论上可行,有新意,完整设计,具有一定的实用性。通常意义上,创新灵感来自某些场合的实际需要,这就需要有很广阔的专业背景知识。有时会碰到有些学生很想参加学科竞赛,但是自己没想法,整天等着有人提供想法给他并教他去做什么。为了使制冷专业的学生能在制冷装置课程学习过程中随时有想法,在课程问题设计的某些环节特别提出竞赛作品的思考方向,引导学生自己产生新想法,并有将想法设计出来的兴趣和冲动。事实证明,这种引导确实产生了非常有效的效果。

比如对速冻用系列装置的设问中,"为什么以空气为介质的速冻装置应用得特别多?所有以空气为介质的速冻装置其最大的差异点在哪里?如何利用速冻时冰结晶的特点更好地改进速冻方式?"解答这些看似简单的问题需要去了解许多空气速冻装置及其现有的相关的其他速冻装置的知识背景,在背景知识中了解到为什么有些在理论上可以实现的速冻模式却一直没有得到开发利用,还需要分析速冻时冰结晶的生成及与外界条件的关系,继而找到外界条件变化时所对应装置目前的生产和应用状况,找到合适的办法或者途径可能可以解决某些速冻模式的应用问题,通过这样不断地深入探讨和分析,把所有速冻装置的应用背景和前景连成了一个体系,同时发现了好多需要解决的问题,也出现好多新想法。其中有组同学发现高压速冻是很好的速冻方式,但超高压的装置却一直没有生产应用,如何想办法结合其原理在理论上设计出这个装置就成了这组同学的兴趣点。他们开始不断找资料,完善设计,设计中不断有问题、不断找资料来解决,知识不够不断学习。其他组也有许多同学在讨论过程中获得了新的启示,利用自己的现有知识发现需要更多的知识,找到获得设计一个作品的新角度,这样参加学科竞赛就不需要找别人要想法了,学习过程中自然而然就产生了。在把自己的想法变成作品时,相关专业的知识也自学了不少,自身的学习能力也提高了,自觉意识也提高了,在问题和质疑中开发了自己的创新思维,把自己培养成具有一定创新能力的人才。

2.5 课程中的问题设计关注专业视野

为了让学生站在更高远的角度来进行思考,有时设计的一个问题看似与课程内容的相关性不大,但对问题的解决是以课程内容为基础的,所以问题的有效设计很重要[8]。比如,"对一个淀粉生产厂来说,一个完整的生产链的实施和完成需要匹配哪些装置和系统,为什么要这么匹配?"这个问题看上去与制冷装置的课程内容相关性不大,但基于制冷装置的一大应用就是为食品加工厂提供温湿度可调的低温装置和系统。为了回答这个问题,需要根据不同食品加工工艺的特点和要求有针对性地设计匹配相关的加工装置,需要学习配套知识。学生需要先了解淀粉的来源、生产、加工和储藏的特点,每个环节需要的温湿度条件保障,为什么需要满足这样的条件,还需要了解不同的冷加工方式在确保温湿度条件中所起的作用。专业应用的视野一步步拓展,其他形式的食品加工需要进行怎样的匹配,设计制冷装置除了考虑基本设计条件下的系统与流程,还要考虑与加工的物料相匹配所产生的对物料性能的影响。在进行这种类型物料的加工过程中,解决环节中的节能减排问题、新技术应用问题、新能源利用问题等,并在问题讨论中引导学生求异思维。这样,经问题的引导及解剖,学生在制冷装置及系统针对性设计中的设计思路会从更广的面上打开,极大地开阔了专业视野,实现了跨学科结合的知识应用。

3 结束语

"制冷装置"课程综合性强,涉及面广,要求学生不仅要学好其他的专业课程,而且还要具有良好的学科基础课与专业基础课的基础知识。在教学过程中还必须突出理论对实践的指导性及理论与实践的紧密结合性。所以,课程知识能以较好的方式转移给学生是很重要的。通过问题式教学中问题的指向与精提,依靠课堂学习中的问与反问、疑与质疑、现场观摩和学科竞赛的提示与引导,经过两届的实施校验,这种教学模式对学生的学习能力、学习兴趣、创新能力和自觉意识等综合能力的培养是非常有效的。近两年来,学生想法多,思维开阔,非常积极参加学科专业设计竞赛,包括校级节能减排设计作品竞赛、校级制冷空调行业大学生创新设计竞赛、广东省节能减排设计作品竞赛,仅制冷专业校内竞赛的参赛比例就超过了 45%。具有代表性的获奖包括全国制冷空调行业大学生科技竞赛华南赛区一等奖 1 项,全国节能减排二等奖 1 项、三等奖 2 项,省级三等奖 2 项。问题式教学法与其他方式的良好融合,使学生在良好的状态下有兴趣、有目的的学习,达到了较好的教学效果。

参考文献:

[1] 何晓崐,姚江,方海峰,等.制冷原理与设备课程改革措施的探索[J].中国现代教育装备,2018(1):44-46.

[2] 朱颖.行为导向教学法在"制冷装置设计"课程中的应用研究[J].科技信息,2010(26):379.

[3] 李敏,叶彪,刘岩.制冷课程应用问题式教学结合专业竞赛的需求驱动探索[J].中国教育技术装备,2017(20):87-89.

[4] 李永刚,张艳菊,王兵,等."PBL+微课教学法"在农科类研究生课程教学中的应用研究[J].新课程研究(中旬刊),2018(2):54-55.

[5] 虞效益,陈光明."制冷原理"课程教学模式构建[J].中国电力教育,2017(4):62-65.

[6] 胡锴,蔡苹,程功臻.问题式教学和案例教学在普通化学教学中的综合应用——自发热贴发热原理中的基础化学[J].大学化学,2016,31(7):20-23.

[7] 李敏,叶彪,蒋小强.观摩教学法用于制冷专业课程教学的探索与实践[A]. 制冷空调学科发展与教学研究论文集[C].2010.

[8] 肖为胜.论问题式教学中的"问题"[J].大学数学,2003(6):20-22.

面对面交流与激励式教学在课程中的应用研究

彭章娥* 冯劲梅

（上海应用技术大学,上海,201418）

[摘　要]本文运用"思维直觉"所具有的简单且易接受的特质,通过设定适当的教学模式,将学习者从"思维直觉"引入"抽象思维",从而激发学习者的学习兴趣。利用"建筑环境学"课程具有多学科交叉融合的特点,通过实景体验、思维直觉和个体激励等三个途径,将课程交流互动和激励模式融入建筑环境课程教学之中,通过营造一定的竞争态势和激励机制,形成一种外部驱动压力,促使个体由从外部被动获取知识的方式进入主动获知的过程,从而培养学习者的学习习惯,提高其思考与分析问题的能力。

[关键词]建筑环境;面对面交流;外部驱动;个体激励

0　引言

"建筑环境学"是建筑环境类课程中具有突出特点的一门课程,是建筑环境和能源应用工程专业的一门学科基础课程,是该专业区别于其他相近专业的一门导向型核心课程。此课程涉及多门学科的基础知识,是一门多学科交叉融合的课程,其对于热学、流体力学、建筑物理、心理学、卫生学、气象学和环境科学相关的基础知识都有涉及[1]。由于其涉及的学科领域较广泛,适宜作为研究教学模式和方法的案例基础课程。以"建筑环境学"为主导的建筑环境类课程具有形象思维与抽象思维交互影响的特点,采用适当的课程教学形式,例如面对面交流与激励式教学形式,能引发学生的探究欲,激发学生在某一领域方向的好奇心,从而开阔思维,形成有效的思考,进而产生积极的学习效果。

1　交流与互动

由于社会的发展与科技的进步,信息媒体日益发达,从理论上讲,个体通过网络就可获取足够的信息和知识,获得世界各地优秀课程的精要,网络教学大有取代传统课程的

---

* 彭章娥,副教授,博士,研究方向:建筑环境。
基金项目:上海应用技术大学重点课程项目(No. 39110M180025)。

态势,但是即便如此,在未来的学习教学课程中,课堂交流教学与互动所具有的特点使其在未来仍然会是主要的学习方式。课堂交流教学是指师生面对面进行的交流互动教学,区别于网络课堂和单纯"填鸭"式教学,面对面交流互动教学更注重的是交流与互动。

人类社会长期的发展,使人类具有的社会性特质以基因式的模式存在于人类直觉中[2]。研究表明,人类对图像的直觉接受和记忆快于对文字的理解,面对面交流互动除了具有"图像直觉"外,还具有思考与思想火花的碰撞与讨论,其结果具有"知识越辩越明"的效果。面对面交流可理解为"思维直觉"。"思维直觉"相对于抽象的理性思维来说,具有较为简单且易接受的特质,因此更容易在引导个人兴趣中发挥作用。面对面交流含有丰富的涵义,由于其及时的交流与个体反馈,能促使个体深刻地理解所交流的内容。面对面交流教学所起的教学效果在实践类课程中体现得更明显。

研究表明,直觉与创造性有关[3]。创造性的活动很多和图像直觉相关,与多通道快速反应有关。本文利用建筑环境类课程的多学科交叉融合的特点,尝试研究思维直觉与抽象思维之间的关联。教学实践测试研究表明,30%的学生对图像直觉有更多的倾向,70%的可通过"思维直觉"的活动,引导进入抽象思维的过程。

2 学习的外部驱动和激励

一般来讲,相对于图像直觉,获取文字和数字形式的"有用"知识(专业知识)的征途是思维式的,是能量消耗式的,而人类在环境胁迫的长期进化中,形成了一种天然具有的"趋利避害"的直觉,即有趋向于舒适性的意向,绝大部分普通个体并不会主动去迎难而上。在面对面交流教学中,授课教师和学习同伴所造成的被动激励也可促使学习者个体进步。面对面交流教学的课堂环境营造了一定的竞争态势,使人无意识之中感受到一定的外部驱动压力。这种外部驱动压力对个体来说是一种外部促动,可促使学习者个体从外部被动获取知识,形成习惯,从而进入获取知识的征途,形成主动获知的过程。

对于进步的激励也可以促进更大的进步。压力可促使个体进入获取知识的征途,形成主动获知的途径,但是实践经验表明,这种压力模式的促进不具有可持续性。长期实践表明,激励是获取主动接受学习的更高形式。

3 课程互动和形象教学的设计和模式

与建筑相关的多数设备类课程是一工程技术类课程,抽象性较强,对于普通大学里的大部分学生来说,学习这类课程更多的是一种任务而不是基于个人兴趣。但是,"建筑环境学"课程和其他设备技术类课程相比较,涉及多学科的交叉融合,使其更适合此类教学研究的设计。通过适当的课程模式设计,可以使其趋近于形象和直觉激励。建筑环境学的理念讲究人类个体对外部建筑环境的感觉舒适性,一定程度上涉及主观性和心理性因素,这些因素使得这类课程能更好地运用形象和直觉激励的方式。

通过一定的课程互动和形象教学模式的设计,改变以往的"填鸭"式教学,开展思维交流互动和环境体验的启发式教学,通过个体图像、环境感觉体验回顾和交流讨论,获得正向的学习的效果,以自身的感觉及实践来深刻认识建筑环境类课程的主要思想及其对建筑的作用。

近年来,通过教学、交流与课程设计的思考,针对普通的大学生接受"思维直觉"高于"抽象思维"的特点,课程互动和形象教学的设计模式可以有三个方向的途径:实景体验途径、思维直觉途径、个体激励途径。这三类途径具有逐步递进的作用。

3.1 实景体验途径

随着现代科技的高速发展,现代信息技术能有效地展现建筑环境技术的营造和理念,建筑环境技术应有效地利用新信息技术的特点,发展建筑环境的设计,融入新技术的理念、信息与内容,这些设计理念的发展能有效促进建筑环境学的发展,新的环境设计在课程中的体现也能有效开拓学生思维,提高学习的兴趣。

实景体验途径可通过科技发达的建筑环境营造效果图景或者科技设计的建筑环境实景体现,展现出环境营造的良好效果,讲述如何达到这样的效果和其背后的原理和理论。通过这一原始的直觉途径,让学生在接受"思维直觉"的过程中逐步过渡到"抽象思维"。

"建筑环境学"的主要内容涉及建筑热湿环境、声环境、光环境等,这些内容可以通过展示实景设计的案例来呈现直观形象的结果。在实景描述中嵌入理论知识和设计原理,通过分析讲解,引导学习的过程从图像直觉迈入思维直觉,从而激发学生的创造意识,加深对相关知识的理解与掌握,并有效运用。

3.2 思维直觉途径

思维直觉途径是指通过重复往昔所学的基本概念和重点内容,加深对基本知识框架的熟识度,增强思维直觉背景值[4],使学生在后期的学习中形成接受性直觉,从而易于导入理性思维的途径。

由于"建筑环境学"课程涉及了热学、流体力学、建筑物理、心理学、卫生学、气象学等学科的相关基础知识,其中热学、流体力学、建筑物理等基础知识为本课程开课前的已学知识内容,在本课程中重提其基础知识,相当于产生思维直觉,继而通过深化,引导学生思考,将相关学科知识进行关联,通过这一系列过程后主动进入理论思维的过程,进而促使学生对相关课程知识的融会贯通与深刻理解。另外,心理学、卫生学、气象学等的相关知识和人类的感受息息相关,人类天然有一种思维直觉背景在大脑中,通过引导学习者思考,可以让其中相关的、较为有难度的知识变为容易接受的知识。

"建筑环境学"课程中关于热学、建筑、气候和环境相关的基础知识都有涉及,这些课程和人类的环境体验和感受相关,容易引导进行有效思维,通过思维直觉引导进入理论思考与抽象思维,这一过程对于巩固学生的理论知识、拓宽学生视野、开发学生在相关领域的学习兴趣都有帮助。

3.3 个体激励途径

结合前期的实景和案例展现讲解后,可通过布置设计类案例课题的方式,外部驱动学习的实践过程与思考。学习者在完成设计的过程中获得成就感,从而激发自发的主动学习过程。通过案例实践驱动学习与目标实现的过程,促使学习者深刻理解与本课程相关的系列学科的知识和理论,并能做到知识的关联与融合。

外部驱动式的建筑环境设计类实践,目前比较合适的方式有两种:一是通过实验室实验的模式,二是通过计算机软件设计的模式。这两种模式都需要有设计的平台基础设备(或者设计软件),其中实验室形式是更直观的、可实现的模式。此模式需要前期建有相关的实验场景和装备,设计任务布置通过实验室选择设计来完成,直观的结果更能加深激励和成就感的获得。由于建筑环境类课程涉及多学科知识,设计的过程也可促使学生主动搜寻相关的理论知识,从而加深理论课程的学习。计算机软件设计的模式需要具备较好的计算机运用基础,其平台条件的获得和学生的学习都有一定的难度,但是如果能够实现,其成果呈现出的获得感可能会更好。

4 结论

研究表明,面对面交流与互动教学所具有的特点使其在未来仍然会是主要的学习方式。类似于图像直觉,"思维直觉"相对于抽象思维来说,具有较为简单且易接受的特质,因此更容易在引导个人学习兴趣中发挥作用。面对面交流教学的课堂环境同时也营造了一定的竞争态势和激励机制,其构成了外部驱动压力。这种外部驱动压力可促使个体从外部被动获取知识的方式被动形成个人习惯,从而进入主动获知的过程。

参考文献:

[1] 朱颖心. 建筑环境学[M]. 北京:中国建筑工业出版社,2016.

[2] YUVAL NOAH HARARI. A Brief History of Humankind [M]. London:Harvill Secker,2014.

[3] DANIEL KAHNEMAN. Thinking, Fast and Slow [M]. New York:Farrar,Straus and Girous, 2011.

[4] ROBERT ZAJONC. Mere Exposure:A Gateway to the Subliminal [J]. Current Directions in Psychological Science, 2001,10(6):224.

"空气洁净技术"课程教学探讨

冯圣红[*]　李　锐　王立鑫

(北京建筑大学,北京,100044)

[摘　要] 针对在"空气洁净技术"课程教学过程中遇到的一些问题,笔者介绍了自己的一些体会和设想,提出了当前本课程所需要改革以及提高教学效果的方法,分析了影响学生学习本课程的一些因素。

[关键词] 教学重点;直观教学;标准规范;问题

0　课程教学基本内容与要求

"空气洁净技术"作为建筑环境与能源应用工程本科专业的课程,基本内容集中在:洁净室内污染物成分、来源及洁净室洁净度等级标准;空气洁净技术基本途径;洁净室种类及洁净度选用要求;空气洁净设备及特性;洁净空调系统设计特点;洁净室验收要求及运行管理。

要求通过本课程的学习,学生能够初步了解洁净室污染物成分、来源,掌握洁净室洁净度等级标准以及选用要求,熟悉空气洁净技术基本途径和原理,能够对洁净空调系统进行设计并选用合理的空气洁净设备,了解洁净室验收和运行管理的基本知识,重点掌握洁净室洁净度等级标准以及洁净空调系统设计和洁净设备的选用,为本专业所涉及的洁净室工程设计、施工、设备运行管理以及进行初步科学研究提供专业基础。

采用的教学基本途径为课堂教学、案例习题。

1　教学安排与重点

按照教学大纲要求,我们的教学安排是:从建筑环境与能源应用工程专业角度,介绍空气洁净技术在本专业中的重要性以及课程特点,特别是与舒适性空调知识的联系与区别;在学习洁净室空气污染物成分、来源等内容时,强调与工业通风课程涉及内容的联系与区别;学习洁净室洁净度等级标准时,注意不同应用领域的等级标准之间的关系;以空

---

* 冯圣红,副教授,博士,研究方向:废热回收理论与技术等。

气洁净技术基本途径为中心,学习洁净室空调设备及系统知识,并结合案例、习题,适度掌握案例、习题的分析计算量,引导学生参阅专业相关资料,能够掌握洁净空调工程设计的基本要求和步骤;介绍洁净室施工质量验收规范及运行日常管理要求,强调日常运行管理对保证生产企业产品合格率的重要性。

在教学中的重点是:空气洁净技术基本原理;洁净室洁净度等级标准及应用;洁净空调设备及系统设计。

2　课程教学过程探讨

作为本专业的本科教学,围绕本专业工程类特点,我们认为,"空气洁净技术"这门课程的教学应主要围绕和服务于两个社会领域:为设计部门提供能对本专业涉及的洁净空调系统进行设计计算和设备选型的设计人员;为洁净工业(电子、医疗、医药、食品)厂企等提供能对本专业的洁净空调系统及设备进行日常运行管理、改造和故障处理的技术人员。

在教学过程中,我们及时不断地向学生提供本课程内容与本专业其他课程的相互衔接关系,使学生逐步建立起本专业的整体系统概念。

洁净空调设备,特别是空气过滤器属于主要设备。我们结合舒适性空调系统、工业通风系统等方面的内容,介绍洁净空调系统中空气过滤器的突出特点。使学生在学习其他专业课程的同时,更加深刻地理解空气洁净技术中的空气过滤器方面知识,特别是空气过滤器的选型和组合、匹配效果。

在教学过程中努力灌输节能设计理念。洁净空调系统大多属于全空气空调系统,不仅投资大,而且日常运行耗能也很大,在当前国家能源紧张状况下,节能是核心问题,这不仅在设计过程中需要精心论证方案,而且在选用设备上也应该恰当合理。

结合空气洁净技术的不同应用领域,使得学生学习空气洁净技术知识更加具体直观。

根据目前医疗行业的发展,医院洁净手术室及病房的要求也逐渐提高。结合疾病治疗康复发展状况,我们及时为学生补充这方面的基础理论以及设计规范知识。

生物医药厂房的洁净空调工程也是当前经常遇到的设计题目,为此,我们将这方面的有关内容作为本课程应用实例进行介绍并强化。

生物安全实验室也属于洁净室的范畴,而且是一种特殊洁净室。我们在讲授普通生物洁净室的基础上,适当介绍有关生物安全实验室对空气洁净技术,特别是空调系统形式和过滤处理方面的特殊要求,拓宽学生的知识面。

随着注册公用设备工程师以及注册建造师制度的实施,我们在教学过程中时常提醒学生,空气洁净技术在今后工作中的作用会越来越重要。

空气洁净技术方面的有关标准规范在课堂教学中的融合非常重要,特别是随着空气洁净技术应用领域不断拓宽,相关标准规范不断推出,如《洁净厂房设计规范》(GB 50073—2013)《洁净厂房施工及质量验收规范》(GB 51110—2015)《电子工业洁净厂房设计规范》

(GB 50472—2017)《医药工业洁净厂房设计规范》(GB 50457—2019)《食品工业洁净用房建筑技术规范》(GB 50687—2011)《医院洁净手术部建筑技术规范》(GB 50333—2013)《生物安全实验室建筑技术规范》(GB 50346—2011)《电子信息系统机房设计规范》(GB 50174—2017)等。这些标准规范之间既有空气洁净技术方面的共性知识，又有相应特性知识。我们努力将最新版本的这些标准规范介绍给学生，并将其中有关空气洁净技术的共性和特性知识融入空气洁净技术课程讲授中，搭建专业理论知识与工程应用的桥梁，促进本课程教学效果的提高，同时也使得我们的学生更加热爱本专业。

3 设想

(1)"空气洁净技术"课程内容的系统性、实用性非常强，学生迫切需要能对实际洁净室、洁净空调设备以及系统进行动态观察和调节认识。我们在课堂多媒体中增加了部分图片和动画，但感觉效果有一定局限性。如果能够对具体洁净厂房或洁净室进行实地参观，效果会好一些。

但也存在一定难度，因为洁净室内是一个严格封闭的生产环境，有严格的污染物控制要求，人员的进入会产生很大影响，与厂房管理部门的协调很难。另外，如果参观时间短，走马观花，效果不会好；参观时间长，会影响正常生产。

(2)鉴于以上原因，我们设想应开发"可视化洁净室空调系统及动态运行与调节"软件，使学生在每台计算机上就可以使用该软件，通过输入不同的调节参数，熟悉和分析系统发生的动态变化，提高学习本课程的兴趣和效果，增强对洁净室空调系统、设备以及作用的直观性。

4 问题

在教学中，我们感到存在以下几个问题：

(1)生源的质量有所下降，对一些问题的理解能力也不可避免地下降。

(2)部分学生认为空气洁净技术用途比较窄，掌握舒适性空调的学习就足够了。没有认识到洁净空调与舒适性空调的联系与区别。

(3)部分学生认为工业通风就是空气洁净技术，对一些基本概念产生误解。

存在这类问题，反映了学生的学习态度。我们在教学中应不断强调和重复本课程的特点，同时补充当前空气洁净技术方面的最新发展成果，特别是空气洁净技术应用领域越来越广泛，为我们专业的毕业生就业提供了很好的机遇，使学生在学习本课程的同时，为自己将来的就业增加一个选择。

参考文献：

［1］许仲麟.洁净室及其受控环境设计［M］.北京，化学工业出版社，2008 年.

［2］新华社.国家中长期教育改革和发展规划纲要（2010～2020 年）［Z］.2010.

［3］潘云钢.付祥钊.陈敏.对建筑环境与能源应用工程专业本科教育培养工程思维的思考［J］.暖通空调，2018.48（4）：1-6.

建环专业实验教学改革的探索与实践

张东海* 黄建恩 高蓬辉 王义江

（中国矿业大学力学与土木工程学院，江苏徐州，221116）

[摘　要] 基于创新人才培养的需要，构建了以综合素质和能力培养为主线的多层次实验教学体系。对实验教学内容的整合、实验独立设课模式、教学方式方法改革、实验教学管理开放以及实验考核方式进行了探索与实践。新模式应用效果良好，能够促进学生知识、能力、素质的协调发展和学生个性的发展，对学生创新精神和创新能力培养、教师业务水平提高和学科建设支撑起到很好的作用。

[关键词] 实验教学；创新能力；综合实验；独立设课

　　培养和造就创新型人才，是建设创新型国家、实施科教兴国战略和人才强国战略的关键所在[1]。创新之根在实践[2]，实验教学在培养和造就创新人才中起着基础性的关键作用，是培养学生实践能力、创新意识和创新精神的重要环节，具有理论教学不可替代的作用[3]。为全面提高高等教育质量，教育部相继出台多个文件，明确提出"强化实践育人环节""推进实验内容和实验模式改革和创新，培养学生的实践动手能力、分析问题和解决问题能力。"[4,5]这充分体现了实验教学的重要地位，也给实验教学提出了新的要求和任务。如何发挥好实验教学的作用，构建适应创新人才培养需要的实验教学体系成为高等教育改革的重点和热点。各高校对此进行了有益探索和尝试，并取得了诸多可供借鉴的研究成果和实践经验[6~8]。

　　建筑环境与设备工程专业是在 1998 年教育部专业调整时由原供热通风与空调工程和燃气工程两个专业合并而成的，加强学科基础、拓宽专业面、提高学生综合素质是这次专业整合的根本出发点[9]。2012 年专业调整时，纳入建筑智能设施（部分）、建筑节能技术与工程两个专业，形成新的建筑环境与能源应用工程专业（简称"建环专业"）。为切实发挥实验教学在创新人才培养中的作用，在全国建环专业指导委员会的总体框架指导下[10]，结合本专业实际和特色，我们积极探索实验教学的改革[11~15]，对实验教学内容整合、实验教学独立设课模式、教学方法及考核方式等进行了探索和实践，取得了良好效果。

---

* 张东海，讲师，研究方向：暖通空调教学和实验工作。

1 实验教学改革的指导思想

适应高等教育的发展要求,结合教育部及全国高等学校建环专业指导委员会本科教育培养目标和培养方案规划,与全国勘察设计注册设备工程师执业资格考试相接轨,以学生创新素质和工程实践能力培养为目标,深化实验教学改革和管理体制改革,系统设计和整合实验教学内容,促进实验教学的整体优化,构建科学、规范的实验教学体系,全面培养学生的科学思维和创新实践能力,真正发挥实验室在人才培养中的重要作用。

2 实验教学模式创新的内涵

2.1 修订培养方案,构建"分阶段、多层次、模块化"的实验教学体系

本科培养方案是保证教学质量和实现人才培养目标的基础文件,培养方案制订得是否科学,是否与国家、社会发展相适应,直接影响到人才培养质量的高低。为适应高素质创新人才的需要,我们先后制订完善了 2004 版、2008 版、2012 版和 2016 版本科人才培养方案,初步形成了以综合素质和能力培养为主线的"分阶段、多层次、模块化"实验教学体系(见图 1)。新实验教学体系更加突出实践能力和综合素质的培养,在内容上除保留经典的验证性实验以外,大量增加了体现能力培养的综合性、设计性和探索性研究层次的实验项目[15]。在教学时间安排上,按学生的认知规律,将实验教学活动贯穿于整个本科教育中,保证实践能力和创新意识四年不间断培养。从基本实验知识学习、基本实验方法和技能训练的基础阶段,到多科综合和自行设计实验的提高阶段,再到体现个性化发展的研究创新型实验阶段,三个阶段由浅入深,不断提高。这种分阶段、多层次的实验教学由国家、省和学校三级实验平台提供硬件支撑,保证了创新实验体系的实施和学生创新意识的培养。

2.2 整合实验内容,探索实验课程"独立设课"

专业教学实验独立设课是近年来国内高校工科实验教学改革的一个重要方向[16,17],旨在消除以往单一课程附设实验,造成实验内容零星而不系统,学生实验素质和能力训练难以提升的问题。在 2008 版培养计划中,我们首次将长期依附于理论教学的实验教学单独设课,设置流体与热工基础实验课程、建筑环境测试与控制实验课程、建筑环境技术综合实验课程和创新学分共四个独立的实验课程(见表 1)。每个实验课程单独计算学分,自成体系,有各自完整的教学大纲、实验指导书和考核方式,整个实验教学相对独立于理论教学体系。

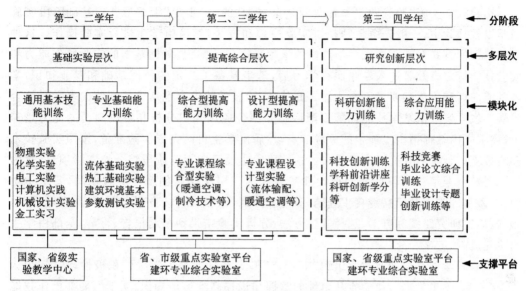

图 1　分层次验教学体系框架

表 1　专业独立设课方案

独立实验课程	学时	实验内容与能力培养	实验方式
流体与热工基础实验课程	16学时	实验内容为经典的验证性流动和传热实验项目为主,在强化理论知识的基础上重在培养学生基本的实验操作技能,初步养成尊重实验的科学态度和作风	照着做
建筑环境测试与控制实验课程	16学时	掌握本专业常规通用参数(温湿度、压力、流速、流量、建筑环境参数等)测量仪器仪表的使用和获取方法以及控制方法;初步具备通过测量参数对建筑环境进行分析和评价的能力	导着做
建筑环境技术综合实验课程	32学时	以综合、设计型实验项目为主,服务空调、制冷、供热以及通风等本专业核心业务领域,内容涉及暖通空调系统的综合理论和知识。通过综合和自主设计等实验手段,培养学生对已学若干知识面的系统综合运用能力,锻炼其分析、解决较复杂实际问题的能力,有利于形成较强的独立工作能力	导着做+自主做
创新学分	2周	以大学生科研创新训练、科技竞赛、参与教师课题等手段为载体,内容具有一定的创新性和探索性,以培养学生科研和创新意识为目的,最后以实验论文、报告、模型等形式上交。培养具备能够根据试验目的和要求,设计实验方案,获取和分析试验数据的初步能力	自主做

实验教学实施"照着做""导着做"和"自主做"的"三步走"组织形式。基础阶段实验教学以教师为主，一般先由教师精讲实验原理和方法，然后由学生进行实验操作。这种"照着做"的方式对于刚进入大学阶段的学生巩固理论知识、掌握基本的实验操作能力和实验技能行之有效。进入专业课程学习后，学生具备了一定的技能基础和专业知识，学习的能动性和主体性要求不断增加。此外，实验教学的内容也从单科训练向多学科综合发展。教学要求从基本技能训练逐渐调整到综合应用知识分析和解决问题的能力培养上，要求先由教师精讲实验中的关键节点，然后由学生自己完成实验准备，按照实验技术路线独立进行实验并完成实验报告。这个阶段主要面向提高阶段综合性实验项目，称为"导着做"。至第二阶段后期的设计性实验和第三层次探索创新性实验期间，要求学生"自主做"，即学生基于兴趣自主选题、参与教师课题、参与科技竞赛命题等，从选题、开题报告、确定研究路线和方案、选择实验方法、分析实验结果到结题报告、答辩，全部由学生自主完成[18]。

实验教学独立设课及教学组织"三步走"形式充分调动了学生的积极性，从"知识为本"转变为"学生为本"，使学生从单纯的掌握知识提高到运用知识、从掌握局部操作技能提高到具备系统的实验研究能力、从独立的个体活动发展到团队协作，体现了综合和创新型实验教学改革的方向，充分保证了人才培养的质量。

2.3 实验室开放管理，实施"因材施教"

进行综合设计和创新实验，学生要有充分的时间在实验室里学习和动手操作，这就要求实验室必须开放管理，尽可能给学生更多的时间和空间。实验室开放是充分发挥实验教学资源的效益，实施"因材施教"培养模式，有效开展综合性、设计性和创新性实验项目的必然要求[19,20]。为此，我们建设了开放性实验教学网站，实验内容面向本科生实现全天候、全方位的开放，实验室全部设置门禁系统，提高设备的利用效率，扩大学生参与度和受益面。在开放的时间里，学习吃力的学生可以补做一些实验，进行基本训练，学有余力者可在开放时间选修综合设计性实验，开展大学生科研创新训练，或结合教师科研课题进行研究探索性实验，充分体现"个性培养""因材施教"的理念。近五年，利用实验室开放实验平台，学生承担国家和江苏省大学生科研训练项目 20 项、校级大学生科研训练项目 40 余项，开展各类科技活动百余人次，充分激发了学生自主研究探索的兴趣，大大提升了人才培养的质量。

2.4 完善实验考核评价，采用全程式、多元化的全面考核方式

传统验证性实验成绩主要以实验结果（实验报告）为依据来评定，对实验过程重视不够，出现个别学生实验马虎、实验报告抄袭、成绩却很高的弊端。创新实验的内容以探索研究为目的，实验结果存在不确定性，有时结果甚至非常不理想，因此需要改革传统的考核方式。为使实验教学更有利于激励学生的创新精神和实践能力的培养，提出了创新实验考核的全程式、多元化标准，即实验考核采用"全程评价、综合评价、突出创新能力评价"的多元评价方式。根据学生的选题、实验方案、操作能力、解决问题能力和实验报告全程综合评定成绩，不以实验结果的准确与否作为评判得分高低的主要依据，看重考查

学生实验选题的科学性、立题的创意性和方法的合理性,即对创新精神和创新能力的考核,从而引导学生有意识地加强创新思维和创新能力培养。

2.5 建设特色综合创新型实验平台,满足创新型实验教学需求

综合创新实验教学的实践必须有良好的实验技术平台作为保障。近五年,本专业通过教育部本科教学修购专项、"211"和"985"优势学科创新平台、江苏省重点学科等经费先后投入共计近500万元,用于实验室购置和自主研制综合和创新型实验系统平台。实验室先后建成流体输配管网设计性实验台[12]、气流组织综合实验台[13]和暖通空调综合实验台[21]等多个综合设计实验台,满足了综合提高层次实验教学的要求。同时,借助学校和学院在矿业学科和地下空间的特色和优势,重点建设了"矿井热湿环境模拟"和"矿井余热利用"特色探索研究平台系统[18],吸纳优秀本科生进入实验室,结合教师课题"真枪实干"地开展研究探索创新工作。此外,面向国家节能减排需求,开展建筑节能研究工作,购置了一批先进的建筑节能检测设备,自主开发了太阳能与地源热泵耦合系统[14]。学生可以此从事建筑节能和新能源利用研究,参加各类节能减排大赛、科研创新训练等科技创新活动。综合创新型实验平台的建设,在提高学生创新能力的同时,对建环学科的发展和专业影响力的提高也起到了极大的促进,取得了一批标志性教学科研成果。

3 实施效果

以综合能力培养为主线的"分阶段、多层次、模块化"的实验教学体系为创新人才培养奠定了坚实基础,在本科教学中发挥了重要作用。在2008~2016级本科生的实践中,该模式运行良好,师生对此模式给予了较高的评价,认为新模式有利于促进学生知识、能力、素质的协调发展和学生个性的发展,对培养学生的创新精神起到了很好的作用。

(1)人才培养质量明显提高。综合创新实验教学改革通过对实验教学内容整合、独立设课、教学方式方法改革、实验教学管理开放以及实验考核方式进行全面探索,以大学生节能减排大赛、科研训练计划、大学生创业计划、综合实验训练、综合课程设计训练、创新学分等科技创新活动为载体开展实践,充分调动了学生参与创新实验的积极性和热情,学生参与度和受益面显著提高。近五年,共主持国家和江苏省大学生科研训练项目20余项、校级大学生科研训练项目40余项。学生在各类学科竞赛中获省部级以上奖12项、校级奖45项。在全国人工环境工程学科竞赛中连续九年获得佳绩。在2017年CAR-ASHARE设计竞赛中荣获二等奖(排名第二)。

(2)教师队伍快速成长。综合创新实验教学改革,特别是综合创新型实验平台的建设,为教师从事教学改革和高水平科学研究提供有力的支持平台。近年,我系教师主持教学改革项目14项,发表教学论文38篇,获得各类教学成果奖48项。教师队伍的素质得到了全面的提升,保证了创新型人才的可持续培养。

(3)有力地支撑了学科建设,扩大了专业影响力。教学科研水平的提高促进了学科建设水平的快速发展,专业知名度和影响力得以极大提升。2006年,本专业获批博士和

硕士授予权;2012年,学科建设再上新台阶,成为江苏省"十二五"高等学校重点建设专业;同年,获批教育部中外合作办学本科项目,和澳大利亚皇家墨尔本理工大学合作联合培养建筑环境与设备工程专业本科生;2014年,通过住房与建设部对本专业本科教学的评估工作;2016年,合作办学项目获首批江苏省高校中外合作办学高水平示范项目。

4 结语

建筑环境与能源应用专业整合调整更名后赋予了建环专业新的内涵,更加体现了节能减排这一时代气息,也给我们的教学创新和人才培养提出了新的要求。可以肯定,继续深化实验教学改革仍将是未来一段时间专业创新人才培养的必然要求,需要我们不断去认识、探索和实践。

参考文献:

[1] 朱金秀,范新南,朱昌平,等.电气信息类人才实践创新能力培养体系[J].实验室研究与探索,2011,30(10):129-131.

[2] 许家瑞,周勤,陈步云,等.构建创新实验教学体系的探索与实践[J].实验技术与管理,2009,26(5):1-4.

[3] 杨叔子,张福润.创新之跟在实践[J].高等工程教育研究,2001(2):9-12.

[4] 教育部.关于进一步加强高等学校本科教学工作的若干意见(教高[2005]1号)[Z],2005.

[5] 教育部.关于全面提高高等教育质量的若干意见(教高[2012]4号)[Z],2012.

[6] 王香婷,李明,石超.深化实验教学改革培养创新型人才[J].实验室研究与探索,2011,30(9):124-126.

[7] 童金强,梅平,于兵川,等."三层一线"实验教学新体系的探索与实践[J].实验室研究与探索,2009,28(10):82-84.

[8] 秦钢年,廖庆敏,蒙艳玫,等.构建与理论教学并重的实验教学体系[J].实验技术与管理,2010,27(7):124-126.

[9] 肖勇全,李岱森.建筑环境与设备工程专业教学计划总体框架的制定与探讨[J].高等建筑教育,2002(2):61-63.

[10] 高等学校土建学科教学指导委员会建筑环境与设备工程专业指导委员会.全国高等学校土建类专业本科教育培养目标和培养方案及主干课程教学基本要求[M].北京:中国建筑工业出版社,2004.

[11] 黄炜.建筑环境与设备工程专业建设的探讨与研究[J].高等建筑教育,2005,14(2):55-58.

[12] 张建功,黄炜,张东海.流体输配管网综合实验台的研制[J].实验室研究与探索,2008,27(4):39-41.

[13] 张东海,魏京胜,黄炜,等.气流组织综合实验装置设计与实践[J].实验技术与管理,2012,29(11):70-73.

[14] 张东海,高蓬辉.太阳能与地源热泵耦合系统实验台设计[J].实验技术与管理,2011,28(9):60-62.

[15] 张东海,黄炜,黄建恩.建筑环境与设备工程专业实践教学体系构建探讨[J].高等建筑教育,2010,19(6):127-131.

[16] 黄大明,秦钢年,文冰,等.专业实验独立设课的研究与实践[J].实验室研究与探索,2007,26

(11)：85-94.

[17] 杨昌智，李念平，陈友明，等. 建筑环境与设备工程专业实验教学课程设置与改革研究[J]. 实验技术与管理，2000,17(4):100-102.

[18] 张东海，黄炜，黄建恩，等. 建筑环境与设备工程专业综合创新型实验平台的建设[J]. 实验室研究与探索，2014(6):193-196.

[19] 王峰，鱼静. 高校开放实验室与学生创新能力培养[J]. 实验室研究与探索，2011,30(3)：320-322.

[20] 余志华，王永涛，赵娟，等. 建设开放实验教学体系建设的探索与实践[J]. 实验技术与管理，2011，28(11)：141-143.

[21] 张东海，黄炜，张建功，等. 暖通空调多功能综合实验台研制[J]. 实验技术与管理，2013(12):87-90，100.

基于蓝墨云的翻转课堂在"冷热源"中的应用

任晓芬[*]

（河北工程大学，河北邯郸，056038）

[摘　要] 自 2013 年高校建环专业指导性规范实施以来，专业课程学时数锐减。如何引导学生在有限的课时内掌握不断更新的专业知识，是摆在专业教师面前亟待解决的问题之一。智能手机极大地丰富了学生获取信息的渠道，翻转课堂和云班课的有机结合给教师和学生提供了良好的互动平台，这些均使学生在短课时内高效学习成为可能。本文提出基于蓝墨云的翻转课堂在"冷热源"课中的应用研究，针对具体授课内容论证了"蓝墨云＋翻转课堂"在"冷热源"中运用的有效性，提出了改进翻转课堂模式需要注意的几点问题，以期为建环专业教学改革提供一些借鉴。

[关键词] 翻转课堂；蓝墨云班课；建环专业；冷热源；教学改革

0　引言

在如今高速发展的信息时代，高校学生可以通过诸多途径获取知识和信息，网络上五花八门的信息与停留在书面且枯燥无味的专业课程内容相比更容易吸引学生的注意力。如若学生前期专业基础知识积累不够扎实，在后续专业课学习中学习的主动性得不到发挥，则会导致学生课上听不懂、不想听、开小差甚至旷课的现象时有发生。因此，探究一种能充分调动学生主观能动性的教学方法就显得十分重要了。

根据高等学校建环专业指导委员会于 2012 年制定的《高等学校建筑环境与能源应用工程指导性专业规范》，自 2013 年起建环专业的专业课程学时均被大幅压缩。以我校现行的"冷热源"课程为例，原教学方案中有两门课程"空调用制冷技术"和"锅炉及锅炉房设备"，二者均为 52 学时（不含实验课）；改革以后，两门课程合为"冷热源"，共 58 学时。在有限的课时内如何引导学生熟练掌握更多的专业知识是摆在建环专业教师面前亟待解决的重要问题。

《教育信息化十年发展规划（2011～2020）》指出："教育信息化发展要以学习方式和教育模式创新为核心。"[1]教育创新的核心是课程改革，课程改革的核心是课堂教学。翻

---

*　任晓芬，副教授，博士，研究方向：工业建筑粉尘控制及余热回收。

基金项目："翻转课堂"在 BEEE 专业教学中的应用研究——以"冷热源"为例（No.JG2017013，校级教改项目）。

转课堂的出现改变了传统课堂被动和单向讲授的局面,为信息化教与学提供了新思路[2]。翻转课堂于 2007 年在美国科罗拉多州落基山林地公园高中产生。2011 年,萨尔曼·可汗在 TED 上的演讲内容《用视频重新创造教育》使翻转课堂成为教育者关注的热点。翻转课堂于 2012 年被引入中国[3],起初用于中小学教学[4],逐渐深入到大学课堂[5]。该教学模式吸收了掌握学习理论的精髓[6],基于认知负荷及建构主义学习理论[7],同时在有效教学理论[8]指导下将传统课堂的先教后学变成先学后教[9],充分发挥学生自主学习的能力,让每个学生成为最好的自己[10]。为了保证学生在课前高效学习,教师必须利用教学辅助平台将教学视频、教学课件等在课前推送给学生。蓝墨云班课等教学辅助平台便可以发挥其应有的作用,教师通过蓝墨云班课不仅可完成课前资料推送、跟踪学生课前学习的过程,还可以跟踪学生课中、课后的学习及讨论等的结果[11]。由于课程性质的差异,翻转课堂在不同学科的应用也因课而异。如何将翻转课堂用于建环专业课程教学是需要探究的问题之一。

本文将基于蓝墨云班课的翻转课堂教学方式运用于建环专业"冷热源"的教学中,尝试论证"蓝墨云＋翻转课堂"在"冷热源"课程中运用的有效性,以期为建环专业教学改革提供一些参考。

1 "蓝墨云＋翻转课堂"实施过程

1.1 翻转课堂的实施

本文将针对"冷热源"中两部分教学内容进行对比分析。第八章燃煤锅炉及燃烧特性作为对照组,第九章燃油、燃气锅炉及电热锅炉应用作为实验组。实验组及对照组所选教学内容在本课程中具有一般性,难度及重要性相当,具有可比性。在实验组和对照组进行的对比中,教师和学生针对测试组内学生对教学内容的掌握程度进行评估,利用相同的方法进行评价,题目难易相当,所得结果真实可靠。

将本专业 105 名学生分成 21 组,每组 5 人。不分组学习音频文件及幻灯片课件,分组阅读相关论文,课上汇报及评分。每位同学可对各组进行现场投票,投票结果分为优秀、良好、中等、及格和不及格。针对个人学习情况也发起投票,对投票结果进行统计分析。讲授第八章时,教师用传统的"先教后学"模式,课上讲授知识,课后做题并阅读论文,在蓝墨云中提交结果,同学以无记名方式投票;讲授第九章时,教师在上课前将提前制好的音频文件、幻灯片课件和与本章相关的近五年研究论文通过蓝墨云班课推送给学生。在课上以小组为单位汇报论文的阅读情况,每组汇报时间为 4～5 分钟,一次课可汇报 16～21 组,汇报完后发起投票,结果即时可见。

1.2 课堂效果

1.2.1 小组学习效果

经过两部分教学内容的学习,21 个学习小组进行汇报,参与评价的人数为 100 人(其余 5 人因手机没电或欠费而未能参评),占总人数的 95.2%。对实验组和对照组的小组学习效果数据进行统计之后,将结果列于图 1。

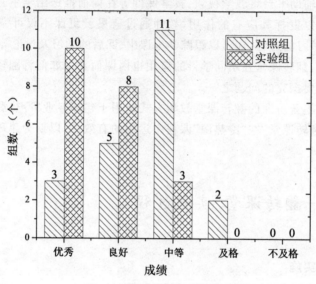

图 1   各组课上汇报成绩统计图

从图 1 可知,对照组和实验组知识点掌握程度有较大的区别。对照组数据显示中等水平居多,优秀和及格的小组分别为 3 组和 2 组。以上数据结合教师课上的体会,可以反映出学生对知识点的掌握不牢固,思考能力较差,做不到知识的融会贯通。实验组中优秀为 10 组,其次是良好 8 组、中等 3 组,及格以下的组次为 0。而对照组中,从优到及格的数据是 3 组、5 组、11 组和 2 组。通过以上数据的分析可知,翻转课堂与传统教学方式相比,学生对知识的掌握程度提高明显,说明学生的主观能动性得到了很大的提高。

1.2.2 个体学习效果

对每位同学掌握知识程度进行问卷调查,发放调查问卷 105 份,回收有效问卷 104 份,回收率为 99.05%。统计结果如图 2 和图 3 所示。

从图 2 可以看出,实验组对知识完全掌握及掌握的人数与对照组相比有显著提高,分别提高了 11.42% 和 18.09%。基本掌握及未掌握的人数分别降低了 17.14% 和 12.38%。结果表明,经过翻转课堂的学习模式,学生对所学知识的掌握能力总体提高显著。

图 3 显示了满意率问卷调查结果,与对照组相比实验组的满意率提高了 12.38%,不满意率降低了 5.7%。翻转课堂的满意率明显高于传统教学模式。

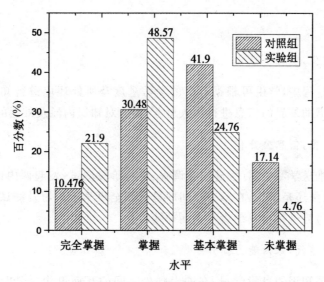

图 2 知识掌握程度对比图

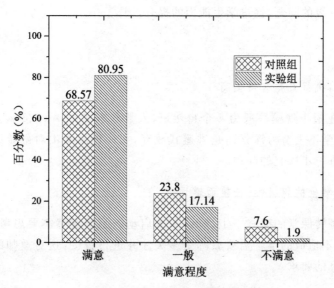

图 3 教学模式满意程度对比图

2 存在问题

基于蓝墨云的翻转课堂已在建环专业"冷热源"课程的应用中显示出了优越性,为不受时空限制的碎片化学习及翻转课堂的对接开辟了新的道路。该教学模式有一定的优势,也存在一些问题。

2.1 优势分析

2.1.1 时间碎片化,学习个性化

在自主学习过程中,学生可根据自己的学习进度及所处环境进行知识的消化吸收,很大程度上可以借助外界的信息进行深入思考,提升对知识内涵及外延的认知程度。

2.1.2 反馈及时化,信息公开化

教师给学生推送学习材料、发起问卷调查、进行阶段测试、发起课内讨论等均可得到实时反馈,无论老师还是学生,在第一时间即可看到全班学生学习及测试的结果,学生可以根据自己的优劣势进行自我剖析并查漏补缺。

2.1.3 课外知识迭代,课内能力提升

通过课外相关知识的自我学习,在课上师生之间的互动更为提升能力服务,学生在课上可以对所学知识进行全盘整合,教师则在学生全盘整合知识的层面上针对不同水平的学生提出更高一级的问题,促进学生能力的提升。

2.2 存在问题

2.2.1 级容量大,执行力度有待提高

我校建环专业招生规模一般为 4 个自然班,人数基本在 $100\sim120$ 人。遇到较难懂的知识时,少量同学不去努力探索而是逃避式放弃,如何提高学生对翻转课堂教学模式的执行力是需要进一步探究的问题。

2.2.2 激发每位学生的积极性,任重而道远

学生首次在翻转课堂的模式下上课时,久未启动的脑子突然需要思考,会显得有些慌乱而无所适从,不适应的学生需要教师更多关注并进行督促,这对教师的责任心和洞察力都提出了较高的要求。

3 结论

在移动网络环境下,结合建环专业课程课时少、学生获取信息多途径、教辅平台反馈即时性,本文对基于蓝墨云的翻转课堂在"冷热源"课程中的应用进行了研究。通过数据对比分析得知,无论是小组学习还是个人学习,学习水平均有显著性提升。"蓝墨云+翻转课堂"在建环专业中是可行的。同时还分析了该教学模式的优势及存在的问题,为今后更好地应用"蓝墨云+翻转课堂"指明了改进的方向。

参考文献：

［1］中华人民共和国教育部.教育信息化十年发展规划(2011～2020 年)(教技［2012］5 号)［Z］,2012.

［2］杨春梅.高等教育翻转课堂研究综述［J］.江苏高教,2016(1)：59-63.

［3］田巧娣,王艺臻,赵丽粉.基于蓝墨云班课的翻转课堂教学设计与实践［J］.教育教学论坛,2018(13)：197-200.

［4］张跃国,张渝江.透视"翻转课堂"［J］.中小学信息技术教育,2012(3)：9-10.

［5］MAZUR E. Farewell, Lecture? ［J］Science,2009,323(1)：50-51.

［6］萨尔曼·可汗.翻转课堂的可汗学院［M］.刘婧,译.杭州：浙江人民出版社,2014.

［7］SAVERY JR., DUFFY TM.. Problem Based Learning：An Instructional Model and Its Constrctivist Framework ［J］. Educational Technology, 1995,35(7)：31-32.

［8］高文.现代教学的模式化研究［M］.济南：山东教育出版社,2001.

［9］田巧娣,王艺臻,赵丽粉.基于蓝墨云班课的翻转课堂教学设计与实践［J］.教育教学论坛,2018,(13)：197-200.

［10］陈玉琨.慕课与翻转课堂导论［M］.上海：华东师范大学出版社：2014.

［11］王猛.基于蓝墨云班课的平台的高职公共英语翻转课堂教学实践［J］.昆明冶金高等专科学校学报,2017(2)：28-33.

"工程热力学"课程教学实践与思考

尤彦彦* 毛明明 吕金升 孙 鹏 郑 斌

(山东理工大学交通与车辆工程学院,山东淄博,255049)

[摘 要]"工程热力学"是能源与动力工程专业一门重要的专业基础课。本文针对课程特点、高等教育发展的时代需求和教学过程中存在的具体问题,对课程教学进行了长期有效的探索与实践,总结了一些有效方法,以求为其他类似课程或专业的教学提供一些参考和借鉴。

[关键词]工程热力学;教学;能源与动力工程

0 引言

"工程热力学"是能源与动力工程专业一门重要的专业基础课,课程理论性强、内容抽象,又具有很强的工程应用背景,老师、学生普遍反映课程难。除了全校全院选拔的创新班、实验班学生外,大部分学生对课程提不起兴趣。高等教育发展的时代要求以学生为中心,提高人才培养能力,向课堂教学要质量,教育质量标准要与国际实质等效,为学生在全球范围内工作做准备。作为任课教师只能不断深刻理解高等教育发展要求,发现教学过程中存在的具体问题,积极探索和尝试新的教育教学方法,明确教学改革思路,努力提高自身教育教学水平,培养高质量的应用型人才。

1 课程特点

"工程热力学"课程涵盖内容多,学时多,是能源与动力工程专业学时最多的专业类课程,而且将近一半的学生将来会考研等,无形中又加重了课程任务。除此之外,课程还兼具概念多且抽象、公式多且应用条件复杂等特点,这些都给课程教学增加了难度。作为教师,唯有提高认知,认真对待,不断去探索、去实践。

---

* 尤彦彦,讲师,研究方向:低品质能源高效利用。

2 教学实践

笔者有着十多年工程热力学的教学经历,从最初的艰辛到现在的游刃有余,其间通过不断地探索改进,逐步摸索出一套适合本课程的教学方法。采用多元化教学方式的同时,重视答疑反馈环节,守住板书这块阵地,大胆尝试实验教学改革,允许学生参与到考试改革中等。

2.1 多元化教学方式

为了实现课程的教学目的,培养有素质、能力强的能源动力人才,笔者在课堂教学中融入了多元化的教学方式。

2.1.1 讲好绪论,明确学科主线,不断强调专业基础课的重要性

对于绪论的重要性,每位教师都深有体会,一般用一节课的时间较形象生动地使学生了解这门课的研究对象、研究意义、课程重要性、具体研究内容、研究方法等。本课程从能源和环境作为当今人类面临的两大问题谈起,到我国的能源利用现状和目前所面临的严峻环境污染问题,到现有热机的效率及工作过程的共同属性,引出工程热力学研究对象和具体内容。课程研究热能有效利用,研究热能和其他形式的能量(主要指机械能)之间相互转换的规律及工程应用的学科,具体包括基本概念、基本理论、工质性质及热力过程和热力循环等。

针对课程内容多的特点,教学中抓住将热能如何转化为机械能、如何提高转化效率这条主线不放松,具体内容都围绕着这一主线展开。因为热机工作必须遵循两大定律,工质的性质决定了循环的种类,多个热力过程构成循环,同时为了研究方便不得不定义一些概念,像可逆过程、平衡态等。另外,随着各部分内容的展开,为防止学生迷失在当前的内容里,不断提醒最终的目的,学生一旦掌握了整个课程的脉络,明确了大纲,就能做到凌而不乱,并且能够站在一定高度上看问题。

强调专业基础课在学科发展中的地位,是涉及各专业的理论基础。事实证明,科学上的一些重大突破都来自基础研究,像天津大学内燃机重点实验室的3个"973"项目,都是在探究内燃机的新型动力循环,"流体力学""传热学"同类课程也是如此。

2.1.2 重视知识发现过程,不断融入学科前沿知识

无论什么学科,增加学生对知识发现过程的了解更有利于培养科学素养。为此,将热力学史的相关内容融入课程教学中。特别是针对一些重要定理和定律的形成,有哪些人做了哪些贡献,思想的灵感何在,存在何种局限等,顺带介绍个别科学家的生平轶事更会增加课堂人文气息。

在"工程热力学"的教学中,将学科前沿知识与教学内容有机地结合起来,是培养创新型人才的有效途径,是课程改革的一个重要方向。例如最早由吴仲华院士提出的"能

量梯级利用与总能系统"、新型的联合循环 IGCC、能源大系统等。强调先进的热力学分析方法,传统的热效率分析法基于热力学第一定律,活用分析法和熵分析法等则基于热力学第一、第二定律,评价更完善,特别是活用分析法能够发现具体过程的问题,找出可用能损失所在。

2.1.3　恰当使用目的意义教学法,引导学生实现复杂问题简单化

目的意义教学法主要针对课程中普遍反映较抽象的概念开展,比如准静态过程、可逆过程。一方面强调对概念的记忆和理解,更重要的是要学生理解提出这个概念的目的意义。准静态过程的引入是为了解决既允许工质状态变化又可以定量描述过程的问题。一个"准"字非常巧妙地将变化和不变联系在了一起,既可以用状态参数描述,又可以进行热功转换,这才是引入此概念的最终目的。而引入可逆过程则是为了用系统本身的状态参数来计算热力学最关心的两个量:系统和外界交换的功量和热量,这样可以不去关心复杂的外界因素,问题分析更容易。另外,可逆过程是一个理想的过程、最优的过程,是过程设计和优化的终极目标。最后再强调二者之间的关系,引入准静态是为了引入可逆,可逆过程引入之后,准静态基本就不再提了,这样从目的意义的角度去引导学生掌握概念,难度大大降低。

像热力学能、焓和熵这些核心且伤脑筋的词汇,也要想办法引导学生,使复杂问题简单化。热力学能又称"内能",是物质微观运动具有的能量,储存在物质的内部,而焓和熵都可以理解为一个简单的数学式子,提出的原因也非常简单,前者只因热工计算中常有 $u+pv$ 出现。实际在热力设备中,工质总是不断地从一处流到另一处。随工质移动而转移的除了本身的热力学能还有外部功源提供的推动能,也解释得通。熵是微小量 $\delta Q_{rev}/T_r$ 沿着循环的积分,因满足状态参数的数学特性,所以它为状态参数,具体命名为"熵"是因为 1923 年普朗克到东南大学讲学时,作为翻译的胡刚复教授为了更好地描述这样一个复杂的概念,根据它的除法形式、热量和温度的商命名的,又因与热量有关,加上了一个火字旁,成为现在的"熵"。

2.2　重视答疑反馈环节

浙江大学甘智华老师通过多年的教学也发现,除了对课堂教学的认真专注外,教学过程最具特色的是答疑和课后反馈环节,可以增进师生沟通,认知双方的不足和提高学生学习兴趣。细想一下,自从对于教师课堂外课程贡献放松了监管后,身边还有几位老师平时专门安排答疑时间? 还有几位老师在课后及时地批改作业? 更谈不上实时反馈了。老师忙,压力大,没时间,可是学生不这么想,你留作业,要求及时上交,相反你又不及时批改、不及时反馈,两次之后,学生做作业的动力就迅速下降,同时也会对老师有看法。这是目前特别是普通高校普遍存在的一个严重问题。作为老师都深知,改一次作业尤其是热工类专业基础课作业,比上一次课的时间多得多,还没考虑大班授课。所以,老师经常处于两难的选择,改的时间实在是太长,不改学生又不乐意,实际则是太多老师到结课之后才集中批一下作业,给学生一个平时作业成绩而已。"985""211"的高校会好不少,他们老师上课都至少配一个助教、博士或硕士,属学校根据课程设定的岗位,负责作

业批改、讲解答疑、阅卷等环节。正是由于笔者认识到了该环节的重要性,才一直坚持下来,效果确实很好,同学对课程的评价也比较高,希望同仁们能想各种办法践行。

2.3 守住板书这块阵地

备课也需要备板书,板书是一节课的灵魂,没有了提纲挈领的点睛之笔,讲得再精彩,也达不到心领神会、融会贯通,所以在信息技术、多媒体技术高度发达的今天,仍要重视板书。

笔者曾经历了纯粹的板书、多媒体的产生与发展、板书的消亡与回归,所以坚信,不管如何发展,都要守住板书这块阵地。刚参加工作时,没有多媒体这种先进的东西,授课全靠板书,担心公式推导出现问题,课下一遍一遍地推导,担心内容不熟练,备课本写了一本又一本;后来随着信息技术的发展,多媒体出现了,一劳永逸,好多年不写教案了,备课就是浏览幻灯片、重点难点突破一下,从此板书也跟着消失了。不光是我们,一些所谓的教学名师也如此,黑板变成了"演草纸",必要时简单画画而已。谁想等大家意识到问题时已经比较晚了,于是教师讲课比赛要求必须有板书。这么重要的场合上,竟有部分老师讲着讲着就忘写了。笔者也是参加完讲课比赛之后才开始重视板书的,到现在能够游刃有余,与多媒体完美结合也确实花了好几个学期的时间。但是只要意识到了,能够足够重视,这块阵地还是能守得住的,真心希望每一位老师都能经营好板书这块田。

现在分析当初那种板书写着写着就忘了,甚至前几次课还记得写,不知什么时候开始就已经不写了的状态。这其实是对事情的认识还停留在认知层面,而现在已经深入到了意识层面,尤其是这学期,每次上课之前会不自觉地在脑子里或者纸上勾画一下板书,设计一下布局,而且也能够善始善终,算是这几年实践的一个满意结果。每次上课都能合理布局板书,提纲、重要信息全部精致地呈现在黑板上,即便每次课几十页的幻灯片翻过,学生仍能对主要授课内容了然于心,只因抬头就能看到,随时可以对授课思路和内容进行巩固。不像单纯幻灯片翻过不留痕,全靠大脑回忆课堂节奏,很容易跟不上,一步跟不上,步步跟不上,一节课很快就结束了,即便老师口头总结,那也只是对跟得上思路的同学起作用。最后,希望课堂教学能将板书与多媒体放在同等重要的地位。

如果上述还不足以说明问题的话,通过调查"985""211"高校发现,学生心目中教学非常好的老师这么多年全部一直用板书,像北京科技大学的夏德宏教授、西安交通大学的陶文铨先生。

2.4 大胆尝试实验教学改革

实践教学在加强学生对理论知识理解、提高学生实践能力方面一直备受重视,但是基于场地限制,学生扩招带来的诸多弊端,多年来形成了实验教学"重形式、轻效果"的局面。随着高等教育的不断发展,笔者也进行了一些改革性尝试。

2.4.1 任课老师自己带实验

弥补实验人员的不足,更重要的是避免学科理论与实践的脱节,对实验原理、实验步骤、实验过程监督、实验报告批改全程负责,实行全包制。

2.4.2 开发虚拟实验项目

利用开展大学生研究与创新计划机会,组织本专业高年级同学成立创新团队,历时两年开发出了与实际实验项目相匹配的四个实验项目。每个实验项目包含完整的实验原理、实验设备、实验步骤、实时的数据记录与数据处理,很好地解决了实验教学中场地限制、人均台套数不足导致的"进不去、看不见、动不了、难再现"难题。

2.4.3 探索实验评价机制

针对大部分学生实验流于形式,走过场,老师面对千篇一律的实验报告难定成绩的尴尬,除增加分组数加大自身工作量外,笔者实施了更加积极有效的方法。实验之前,甚至开课之前就与学生约定,期末考试设有检验实验的题目,分值约 10 分,刺激大家认真对待,同步要求知识灵活运用。实践证明,学生重视实验的程度大大提高了,但是由于工程意识缺乏,结果还不特别理想,需要通过更多的实践环节去加强这方面的训练。例如测定压比热,现场实验时是空气,考试时换成氮气,保证气源充足,刚开始有 1/3 多的同学题目空着,一个字不写,随着这几年的不断强调,在逐渐好转。

2.5 学生参与考试改革,重视过程评价

为了增加学生对课程的掌握程度,增强学生对教学过程的参与感,创造机会让其参与到考试中来,充分调动学生的积极性,通过给学生分组、限定题型,要求各组根据听课和自主学习的重点去命题期末考试题,老师最后统筹是否有重点遗漏。另外,关于考试的最后形式也由学生们自己来决定,学生利用微信小程序现场投票决定是开卷、闭卷还是半开卷,前提是与学生充分讨论,使学生充分了解各类考试形式的特点。

另外,为了避免学生平时上课应付、期末突击现象,增加了期中考试、上课出勤、课上参与度、作业成绩等,并且尽量缩减期末考试成绩占比。尤其是头几年,包括许多老师都认为大学期中考试是一件很稀罕的事,笔者也是直到 2011 年到清华大学进修时才相信的。全国最高等的学府都在延续传统的期中考试,我们又有什么理由放弃呢?

3 总结

结合能源与动力工程专业"工程热力学"课程的教学实践,总结出一些适合本课程的教学方法,包括采用多元化的教学方式、重视答疑反馈、守住板书、实施实验教学改革、允许学生参与到考试改革中等。但是,教学过程是一个复杂的动态过程,融入了太多的元素,唯有不断探索,以顺应时代发展。希望笔者的几点粗浅经验能给课程教学注入些许能量。

参考文献:

[1] 甘智华,王博,尹金荣. 关于大学教学工作的一点体会[A]. 第九届全国高等院校制冷与暖通空调学

科发展与教学研讨会论文集[C],2016.

[2] 南炳泉.由绪论课想到的[J]. 高等工程教育研究,1996(3):89-92.

[3] 尤彦彦,刘永启."工程热力学"课程改革的探索与实践[J]. 中国电力教育,2014(3):80-82.

制冷与低温专业英语教学实践

于泽庭 *

(山东大学能源与动力工程学院,山东济南,250061)

[摘　要]国际间日益频繁的技术交流和经贸往来,使大学生熟练掌握专业领域的英语变得迫在眉睫而又十分重要。在制冷与低温专业中进行双语教学是一种新的尝试和挑战。本文综合分析了专业英语的教学形势、高等学校制冷与低温专业英语教学的特点及目前存在的一些亟待解决的问题。针对这些问题,通过选取合适的教材、优化师资力量、多元化教学和多角度考核等途径,可以较好地提高教学效果,为社会培养更多的实用性人才。

[关键词]制冷与低温专业;专业英语;教学

1　引言

目前,随着科技的进步,国际贸易日益增长,国与国之间的交流合作逐渐加强,人才竞争日益激烈,培养高素质的科技人才越来越受到重视[1~3]。近年来,制冷与空调行业蓬勃发展,国外诸多企业如 DARKIN YORK、CARRIER TRANE 等已进入我国,国内的企业如海尔、格力等也走出了国门,进入国际市场[4]。从近几年制冷专业毕业生的反馈信息来看,越来越多的制冷企业进行技术革新,引进国外先进技术,这就需要大量精通专业外语的人才,更需要懂技术、能熟练使用专业外语进行沟通的专业人才。因此,培养和提高学生的专业英语能力,以适应制冷与空调行业发展的需求关系到学生的就业及以后的发展,也成为教学的重要任务之一[5,6]。

高等学校的英语教学分为基础英语(General English)和专业英语(English for Specific Purpose, ESP)两个教学环节。专业英语是指与某种特定的职业、学科或目的相关的英语,是一种教学途径。专业英语将英语学习与专业知识的学习有机地结合在一起,也可以说是一门交叉学科,既是一门语言课程,又具有专业课的特征,这也决定了其承前启后的作用。专业英语是基础英语的后续课程,如果说基础英语着重于对英语的"学"的话,那么专业英语则着重于对英语的"用"的方面,因此,专业英语课所承担的重要任务就是使学生完成从"学"到"用"的转变。

---

*　于泽庭,副教授,博士,研究方向:制冷与空调技术、分布式冷热电联供系统集成与优化控制等。

"制冷与低温技术"是热能与动力工程专业的一门专业课程,是在学生已经学习了"流体力学""工程热力学"和"传热学"等专业理论基础课程的前提下,从实践的角度出发,去分析和解释实际工程中问题的一门课程[7]。通过对该课程的学习,学生可掌握制冷与低温工质的性质、蒸汽压缩制冷、吸收和吸附制冷、低温冷域中的气体制冷和液化循环、气体分离的原理及其应用等基本知识和近年低温制冷方面的新技术、新设备和新的研究成果等所必备的基本理论,以解决低温制冷工程设计、施工、管理及监理工作中与热动专业很好地协调配合的问题。但是在制冷专业领域,反映本专业理论前沿及技术发展动态的科技成果,以英语文献居多,开设此课程有利于学生拓宽视野,及时了解本专业的发展动态。虽然学生在经过对基础英语的学习后,已经具备一定的英语表达能力和专业基础知识,但制冷专业领域使用的英语有很多不同于基础英语的特点,仅凭基础英语的语言能力,难以在本专业领域进行准确的表达和交流。因此,"专业英语课程既是基础英语教学的延伸,又是基础英语与专业教学的结合与实践,是培养学生综合能力的重要工具"[8]。

2 专业英语教学中存在的问题

专业英语课程的开设目的是在巩固基础英语知识的同时,使学生能够熟练运用英语,能够更好地解释和理解与自己专业相关的专业知识,这样能够帮助学生在正式步入社会后更好地获取与本专业相关研究的最新信息,以及更好地与同行交流来进一步地提升自己。但是,很多专业英语课程并没有取得良好的教学效果,这主要存在如下几个方面的问题:

2.1 学校对专业英语重视

《大学英语教学大纲》明确规定专业英语是必修课,并对专业英语的教学时数及听、说、读、写等方面提出了具体的要求。但是,有些学校只重视国家四、六级英语考试,而对专业英语的学习并没有给予其应有的重视。有些学院甚至不开设专业英语课程,有些学院将专业英语作为专业选修课程,有些学院即使将其作为必修课程,课时数也相对较少,学分也相对较低,而且其考核方式为考查。再加上学校高层教学管理层的教学目标不明确,相关制度和措施不完善,这些都大大挫败了教师和学生的主观能动性与积极性。

2.2 师资力量的局限性

目前,国内对专业英语教师没有任职资格标准,所以学校在选拔专业英语教师时,出现良莠不齐现象。多数学校的专业英语老师是由英语专业老师担任的。虽然英语专业的老师在英语教学方面经验丰富,英语语言功底深厚,听力及口语也都很好,但是一般的英语教师对专业知识不甚了解,对教材中涉及的专业知识和专业背景难以深入讲解。但是,由专业教师来担任专业英语课老师也存在诸多问题。专业课老师虽有一定的英语能力,但是对英语基础知识的掌握不够充分,在不同程度上存在着语言障碍,不能很好地将基础英语与专业知识有机地结合在一起,或对英语教学不甚擅长而不能有效地组织课堂教学,最终不能达到很好的教学效果。总体来说,专业英语教师资源匮乏,难以完成教学大纲对专业英语教学的要求。

2.3　适用教材欠缺

通过对各高校目前适用的专业英语教材的搜集并进行对比发现,各专业英语教材参差不齐。各高校大多各自为营,相关教师根据课时数和教案编写教材,缺乏规范性。并且目前专业英语教材大多只注重书面英语的阅读理解和翻译专业文献,而忽视了听、说、写等。有不少教材在实际使用性和语言文字等方面都存在质量上的问题,缺乏成熟的系列化专业教材,不能满足当前形势下专业英语的教学要求,也达不到培养既懂专业又懂专业英语的复合型专业人才的要求。

2.4　教学方法单一化

绝大多数专业英语课的授课都是以汉语为主的,教学模式基本上是教师课内讲解的传统方法,没有实践教学环节。老师一般是照本宣科,在讲解专业文章时把专业英语术语与汉语一一对应,以翻译为主,兼阅读,教学手段滞后,听、说方面的训练很难开展。这种教学方式造成学生没有在实践中应用专业知识的机会,对专业知识也不甚了解,也不能运用于实际生活中,最终导致学生只是成为语言知识的消极接受者,达不到其教学要求。

2.5　考核方式不合理

目前,各大高校对专业英语不够重视,没有教研活动,缺乏统一管理和有条理地组织测试。大多数专业英语教师由专业教师担任,科研和教学任务繁重,使得许多任课教师对本门课程的期末考核往往只采取从外文文献和英文书刊中摘取相应段落,让学生做英汉互译的闭卷考试方式。这种仅靠一张试卷就评定学生学习能力的方式,不仅没有考虑到听、说、读、写等方面的考查,更无法体现学生制冷专业知识综合能力的学习效果。在有的高校,考核方式就是交一份翻译的作业。考核方式良莠不齐,最终达不到以测评来考查其教学效果的目的。

3　改进专业英语教学的思考

专业英语具有很强的专业性和针对性,既不是单纯的语言课,也不是单纯的专业课,对专业能力和语言能力都有较高的要求。为实现社会行业需求的培养目标、强化工程能力实训的应用型人才培养类型和模式的转变,针对目前专业英语存在的问题,可从以下几方面对该课程的教学方法进行改革、完善。

3.1　选择合适的教材

教材是教师备课的主要依据,是教学之本,是学生学习的重要资源,有高质量的教材才能有高质量的教学。教材的设计模式在很大程度上影响着课堂教学模式,课堂教学模式又影响着课堂氛围以及学生的学习效果。专业英语教材的题材范围应当涵盖制冷与低温的专业基础课和主干专业课程的主要内容。选材应注重面面俱到,不必追求知识点的完整,但应能够使所选材料系统性地勾勒出制冷与低温专业的骨架和轮廓。因此,专业英语教材的选用应遵循以下原则:一是与专业课程要有很好的衔接性和关联性;二是专业词汇量要全面,能广泛涵盖本专业重要、基本的词汇;三是内容要适应电子信息时代的发展要求。专业英语教材应该以功能性、交际性和任务性为主,用正确的语言学理论与教学大纲作指导,以坚持全面培养学生的读、听、说、写、译的综合能力为原则。另外,教师还应该介绍本专业最常见的外文杂志,帮助学生了解制冷专业最新国际动态,让学生及时接触到更广泛的专业英语资料和教学辅助材料。

3.2 优化师资队伍建设

要培养高质量的人才首先需要高水平的师资力量。目前,承担专业英语教学的教师有语言教师和专业教师两类。对多数语言教师而言,他们都面临从普通语言教师向专业英语教师转变,需要适应新角色所带来的新要求。制冷与低温专业的专业英语老师应该精通制冷方面的专业知识,英语口语要好,英语功底扎实,综合素质高。学校可加大培养力度,在中青年教师中培养一批具有广博专业知识、英语能力强、教学基本功扎实的骨干老师,担当专业英语教学的主力军。也可以聘请英语专业的资深教师,定期举办英语及英语教学方法的培训班[9]。也可以让任课教师到国外或外校进修,全面提高英语听、说、读、写、译的水平,将专业课和英语课的教学方法很好地融合在一起。可成立由英语教师和专业课教师共同组成的专业英语教学协作组,定期研究专业英语教学问题,如讨论教学大纲、研究编写教材、探讨教学方法,以便于统一要求,统一考核标准。

3.3 合理组织课堂教学与教学内容

教学内容离不开必要的教学手段。多媒体教学手段有助于弥补教师语言表达方面的一些不足,提高教学效果和效率。当然也应注意,完全依赖于多媒体教学,会变成"现代化"了的教学模式单一化,同样也容易造成学生精神疲劳和产生单调乏味的感觉。专业英语老师可充分利用第二课堂和现代化教学手段,借助会议室组织学生模拟国际学术交流会议,采用科技讲座、科技报刊、英语专题演讲、小组讨论、电视电影、网络、多媒体教学设备等营造课堂内外学习和应用英语的氛围,促进专业英语教学水平和教学质量的提高。还可以通过学生讲授、现场教学、讨论教学等,建立以学生为主的开放式、讨论式的教学模式,采用师生互动授课方式,充分调动学生学习的积极性,培养学生主动学习的学习兴趣。

专业英语是培养学生综合能力的重要工具,不仅使学生能够熟练阅读国外相关的专业文献,还能够使学生掌握获取文献的方法和途径。学习专业英语的目的在于提高学生英语实践能力,特别是英文写作和英汉翻译的能力[10]。本课程宜从两个方面入手来加强实践性教学。按照教学大纲在写作能力方面的要求,学生应"能在阅读有关专业的书面材料时做笔记、写提纲、写论文摘要和论文简介等,且文理基本通顺,表达意思清楚,无重大语言错误。"[11]因此,在课堂教学中,应结合具体教学内容,指导学生就常用的英文专业论文写作方法和技巧进行学习,或者让学生就指定主题查找英文专业资料并用英文写出内容摘要,从而使学生掌握英文专业论文写作的方法和技巧。按照教学大纲在翻译能力方面的要求,学生应"能借助词典将有关专业的英语文章译成汉语,理解正确,译文达意",并"能借助词典将内容熟悉的有关专业的汉语文字材料译成英语,译文达意,无重大语言错误"[11]。语言翻译是一种创造性语言活动,涉及文体、篇章、语法、语义等语言学知识。在教学过程中,教师不仅应讲授科技翻译知识,还必须安排适量的翻译实践环节和内容。例如可以给学生布置一些专业内容的汉英和英汉的翻译作业,或者就某部分专业内容的精彩英汉双语材料,让学生体会专业英语翻译的方法和技巧。

目前,高校一般要求学生在毕业设计阶段翻译不少于 5000 字的英文文献,同时对毕业论文的题目、摘要、论文中的图表等进行英文翻译。因此,可以将专业英语教学与毕业设计有机地结合起来。在教学过程中,由学生对自己感兴趣的选题进行调研,查阅英语参考资料和文献,并尝试书写文献综述及英文摘要。这样,学生既阅读了专业英语资料,又对日后毕业设计的程序及文献翻译有所了解,为毕业设计打下了基础,可谓一举两得。

3.4 改变单一的考试方式,注重多方面进行测评考核

为有效提高专业英语的教学质量,应制定合理的考核体系并严格执行。专业英语的考核方式要包含期末考试,但期末考试的考核结果并不全面,要将学生的平时表现、专业英语实践的综合能力列入最终的成绩当中。平时表现包括课堂回答问题、课堂专题讨论、论文写作、实践应用调查和作业完成情况、语法及词汇考核、学生讲授等。期末考试为口语和笔试两部分相结合的方式(包括词汇、翻译、文献查阅与朗读、综述、专题演讲),并恰当安排两者的比例。口语形式应根据专业特点制定,笔试部分主要是翻译给定的专业文章、撰写英文摘要等。这样的考核方式能反映学生对课堂教学内容的掌握情况,既能考核学生的阅读能力,又能体现学生听、说、读、写、译的水平,充分评估学生运用英语表达专业知识的能力和创新能力,对促进学生自主学习、真正做到学以致用、提高学生的学习积极性和综合实践能力起到了一定的促进作用。但关键的问题是如何自始至终地贯彻这一考核体系,使之逐步默化为规范性和操作性都强的准则。

4 结语

为适应 21 世纪高科技、大工程、多元文化和知识经济发展的需要,制冷与低温工程专业人才的培养应注重社会性、先进性、发展性、创造性和实用性。加强制冷与低温工程专业英语课程的教学是现代化、科技化、信息化社会的必然趋势。在当今社会知识更新速度快、国际交流日益频繁的背景下,只有与时俱进,对教学不断进行改革和创新,才能培养出具有竞争力的应用复合型人才。

参考文献:

[1] 周奇,朱林菲.土木工程专业英语教学现状调查分析[J].高等建筑教育.2014,23(1):102-107.

[2] 邓定瀛.适应时代发展需要,改革专业英语教学[J].重庆大学学报(社会科学版).2002(3):105-107.

[3] 常俊跃.中国文化[M].北京:北京大学出版社.2011.

[4] 牟杰.制冷与空调专业英语的教学方法探讨[J].科技信息(学术研究).2007(37):109.

[5] 段雪涛,罗浩,高凤玲.制冷专业英语教学改革探讨[J].时代教育.2012(8):134.

[6] 蔡基刚.专业英语及其教材对 ESP 教学的影响[J].外语与外语教学.2013,269(2):1-4.

[7] 赵丹平,吴志光,吴双群.高校制冷与低温技术课程教改的探索与实践[J].内蒙古农业大学学报(社会科学版).2012,14(3):169-170.

[8] 陈洪美,芦笙.高等学校材料类专业英语教学现状与改革[J].中国科教创新导刊.2011(31):164-165.

[9] 王壮,雷琳.理工类专业英语课程教学改革探索与实践[J].高等教育研究学报.2010,33(1):104-106.

[10] 马益民.改善制冷空调学科专业英语教学的若干思考[A].第五届全国高等院校制冷空调学科发展研讨会论文集[C],2008.

[11] 大学英语教学大纲修订工作组.大学英语教学大纲(修订本)[M].北京:高等教育出版社,1999.

"减学分"背景下建筑环境与能源应用工程专业教学改革与探索

刘曙光* 王松庆 贺士晶

（东北林业大学,黑龙江哈尔滨,150040）

[摘 要] 在建筑环境与能源应用工程应用型人才培养方案制订中,学分大幅减少。面对出现的新问题,本文从通识教育、理论教学、实践教学三个方面实施改革办法。

[关键词] 减学分;课程改革;建环专业;人才培养

1 "减学分"的背景

遵照学校"厚基础、重实践、强能力、促个性、敢担当"的人才培养原则,坚持课程整体优化、少而精的指导方针,建环专业修订了专业人才培养方案(2014 版)。与 2009 版人才培养方案相比,本专业的毕业生需达到的最低总学分由 183.5 调整到 151.5,相应的理论教学和实践教学的学时数也有所减少,具体变化如表 1 所示。

表 1 学分变化对比表

项目	2009 版学分	2014 版学分	学分变化	变化百分比（%）
通识教育课	33.5	24.5	−9	−26.86
学科基础课	48.5	50	+1.5	3.1
专业必修课	19	21.5	+2.5	13.2
专业选修课	34	14.5	−19.5	−57.4
实践教学	48.5	31	−17.5	−36.08
合计	183.5	151.5	−32	−17.44

---

* 刘曙光,副教授,系主任,研究方向:暖通空调教学与研究。

2 "减学分"后的问题

面对学分大幅度减少,校内外也出现质疑、担忧和抱怨。表现为以下几方面:

(1)社会质疑,从 183.5 学分突降到 151.5 学分,能否完成"专业规范"要求的知识单元。

(2)理论教学学时减少,专业教师抱怨按学时教材章节讲不完。如供热工程由 40 学时减至 32 学时;通风工程由 32 学时减至 24 学时等。

(3)课程设计时间压缩,学生不能按期完成。如空调工程由 3 周将减至 2 周;建筑冷源由 2 周减至 1 周;供热工程由 3 周减至 2 周等。各类实习学时也相应减少,如生产实习由 3 周减至 2 周。

3 "减学分"后的措施

针对学时压缩后出现的问题,在进行分析探索后,实施以下措施:

(1)通识教育减少学分占 28.13%,其中体育由 4 学分减至 2 学分,同时积极鼓励学生加入各类运动的俱乐部,如自行车、慢跑、健走、登山等活动增强学生的体质;外语由 16 学分减至 10 学分,改变过去填鸭式教学方式,学生自主学习,同时为学生创造语言环境,加强对外交流机会。

(2)转变教学思路,针对理论和实践教学课程变化,本专业教师对理论教学内容也进行了调整,对于不同课程中相同的知识点,将其整合在一门课程中,并在该课程中讲全、讲透,避免重复教学。如自然通风的知识点,在建筑环境学、供热工程、通风工程都会涉及,重点在通风工程中讲授。"流体输配管网"课程涉及多门专业课的计算内容,有些甚至连例题都相同,各任课教师相互沟通、协调,为学生提供最优质的服务。调整教学方式,从灌注式教学向引导型教学转变,积极开展网络课程建设,目前已建立了"供热工程""空调工程"等六门在线课程,实现课堂教学的翻转,取得良好的效果。

(3)实践教学中,对于专业课程设计,在理论教学过程中把课程题目布置给学生,随着教学进度进行,完成相应的部分内容。如在"供热工程"教学过程中,讲授完热负荷的知识单元后就布置大作业,进行课程设计中的热负荷计算部分内容。学生们在理论学习的过程中就可以对课程设计整体思路有一个较全面的理解,同时形成自己的初步设计方案。这样既节省了课程设计时间,又提高了课程设计的教学效果。

明确各类实习的任务,避免"参观、参观、再参观"现象。如生产实习,可以利用暑期安排学生到用人企业"定岗带薪"实习,丰富了实习的内容,达到生产实习的目的。

(4)建立课程教学基地,开展现场教学。以学校基础设施(锅炉房、体育馆制冷机房、空调机房、换热站、校园节能平台)为依托,建立了"建筑热源""建筑冷源""暖通空调设计方法与系统控制"课程实践教学基地,部分章节采用现场教学,如"空气调节用制冷技术"

中第八章第二节制冷机房的设计,就是在现场进行讲解的。

4 结语

减少学分,翻转课堂,把时间还给学生,是教学改革的必然趋势,通过四年的探索与实践,有了一些经验和体会,满足专业规范要求且适合本学校特点的人才培养方案的学时数是最重要的。2017 年,我专业通过了专业评估认证,并总结经验制订了 2018 版人才培养方案,总学分定为 162 学分。

参考文献:

[1] 高等学校建筑环境与设备工程学科专业指导委员会.高等学校建筑环境与能源应用工程本科指导性专业规范[M].北京:中国建筑工业出版社,2013.

[2] 姚杨,姜益强,王威,等.建筑环境与设备工程专业工程教育面临问题与改革对策探讨[J].高等建筑教育,2010(9):3-5.

"热泵技术"混合模式下课程教学研究

刘　芳* 王　强　舒海静　罗南春

（山东建筑大学，山东济南，250100）

[摘　要]本文针对能源与动力工程制冷方向的专业课程"热泵技术"提出了混合学习模式教学方式，将传统教学方式和翻转式课堂有机结合在一起，将课堂教学延伸到课前与课后，使教师成为学习的指导者而非单纯的授课者，学生成为学习的主体，自主进行学习。同时根据专业学习的特色提出项目辅助教学，加强学生与其他学科以及校外人士的合作，提高学生的综合素质与社会竞争能力。

[关键词]混合模式；翻转式课堂；传统教学；项目辅助

0　引言

随着经济的发展和社会的进步，计算机技术、网络技术和多媒体技术等现代信息技术逐渐兴起，教育信息化成为当前教育教学领域改革的热点问题。在这种形式下，班级授课制这一传统的教育教学形式逐渐显露出一定的弊端。在教学活动中，以教师为教学过程中的主体，学生处于被动的地位，学习过程中过多地依赖于面对面的课堂授课，教学进度统一，未考虑到学生的接受能力与理解能力的差异，不利于发挥学习的主动性和独立性。近年来，翻转课堂的教学模式打破了传统教学模式的局限，成了一种新的教学组织形式，受到了国内外教育研究者和教师的关注。将学习分为课前、课中和课后三个阶段，在不同的时间内给学生提出不同的要求，以自学与课堂讨论相结合的教学形式更有针对性，且从填鸭式的教育方式演变成学生的主动学习，极大地提升了课堂学习效果。但是翻转式学习也存在一定的弊端，过多的课堂讨论有时使问题无法延伸，甚至有时的讨论无法达到预期的效果。如何能集两种模式之长，使学生既能发挥能动性，又能在理论学习中获得最佳效果，成为众多一线教师关注的焦点。

---

* 刘芳，副教授，博士，研究方向：建筑节能、多孔介质传热传质。

1 "热泵技术"的学习特点

能源与动力工程专业与人类生活、生产实践密切相关,同时又与其他科学技术领域交叉融合,推动人类利用能源与现代动力技术发展。"热泵技术"课程作为其中的一门专业课程,涉及大量的原理图、流程图、设备图、装置图以及物性图表,学生在学习过程中不仅需要掌握基础的理论知识,了解本专业的前沿动态,更需要将理论知识应用于实际的设备与工程实际,解决大型、复杂的问题。"热泵技术"的专业特点决定了这门课程不能仅以理论授课为主,而是需要结合工程实际,将理论与实践有机地结合起来,使学生能够既懂理论又具有一定的工程思维,能够提出实际问题的解决方向与策略。

2 混合教学模式的构成与特点

混合教学模式不同于传统教学模式和翻转式课堂,而是将二者有机结合,既吸收传统式教学在理论延伸、关注前沿进展研究方面的优势,又纳入翻转式课堂中以项目学习小组的方式提高学生学习积极性与主动性,促使学生建立完整的工程理念,学会自主创新应用。更重要的是,教师通过课程教学方法,引导学生掌握实验方法,学会沟通交流,解决问题,养成终身学习的好习惯[1]。

2.1 传统教学模式的特点

传统的教学方式是教师与学生面对面直接授课,教师借助于多媒体教学工具,能够生动、真实地展示学习过程中需要掌握的各种理论知识、基本原理、流程等。学生跟随教师的思路,可以对课程的整体流程有良好的把握,并可以根据课堂授课的重点及难点,有针对性地复习。对于不理解的问题,较为明确,可以在课后迅速向教师请教,解决难题。

但是这种被动式的教学方法在教师和学生之间产生了空间和时间的距离,课堂上以教师的授课为主,不能够根据学生们在听课过程中的实时反馈来调整相应的教学计划;作为被动听课的对象,学生的学习进度因学习力与理解力不同而难以统一,教师在课堂不易平衡进度,只能按照预估的平均水平进行授课。

尤其是在专业课程的学习中,如热泵技术,大部分学生未见过具体设备,仅仅通过视频和照片见过,对设备的理解浮于表面,难以建立实际工程思维,无法发现问题、解决问题。与实际相关的课程教学也演变成了理论教育的形式,让学生没有工程实践方面的相关训练,导致学生在学完专业课程后与实际工程脱钩严重,不能适应社会需求。

2.2 翻转式课堂的特点

近年来,慕课的流行推进了翻转式课堂的发展。信息技术的普及使翻转式课堂有效地将课前与课堂学习结合起来,课前观看教学视频,进行针对预习,并通过一定的交流平台与同学老师交换学习心得。在课堂上,教师针对学生的疑问提出有建设性的回答,并创造环境,鼓励学生独立探索和协作学习,最后在同学之间进行成果交流。课后通过教师布置习题和在线交流的方式加强理论知识的巩固[2]。

在翻转式课堂的教学中,教师是学习的引导者,而非教学者,需要对学生的学习过程进行整体掌控。以热泵技术课程为例,课前教师需提供相关的视频,使学生掌握基本的原理,了解热泵工作过程实现的基本部件,可以将原理图在压焓图上正确地表示出来,并能从压焓图上分析出相关热力学量的变化规律,如压力、焓值、温度、比容、熵值等。对各个热力学过程能够准确地进行描述。同时,老师应在课前提供相应的思考题,鼓励学生独立思考,有针对性地预习,更好地掌握基本的理论知识。在课堂上,教师从课前的思考题出发,根据实际的工作流程,要求学生分析各个变量的影响、各个过程的变化,进而结合工程实例中需要考虑的基本要素,提出相应问题,并鼓励学生分组讨论,综合分析解决问题。

翻转式课堂有助于学生提升自己思考问题的维度,但其成功实现与课堂的设计紧密相关。与传统教学相比,翻转式课堂需要更多的团队力量,对教师的授课准备以及课前课后辅导提出了更高的要求,而且学生课堂讨论学习的积极性与主动性的调动也是对教师课堂组织能力的巨大考验[3]。在翻转式课堂上,对理论知识的深化探讨无法通过与学生的课堂讨论获得。

2.3 混合教学模式的特点

工科专业的学习需夯实基础,扩展思路,建立工程思维。单纯的一种教学方式不能很好地满足教学要求。取二者之长,共同组成教学环节。在基本的理论学习方面,以翻转式课堂为主,在知识的深化、扩展方面则以教师的讲授为主。与工程实践相关的部分需要将二者紧密结合,一方面教师需要引导学生理解实际的工程结构,另一方面教师启发学生发现工程中存在的问题,寻求解决方式,同时鼓励学生跨学科、跨专业交流,给学生提供处理大型、复杂问题的机会。鼓励学生与校外单位或专业人员进行合作,进入实际单位实习通过实习合作,使学生对不断变化的工程和市场有最直接的理解,进而再反馈回课堂,内化知识,使理论升华。学生在学习过程中遇到交叉学科的知识,会促使他们自发地主动学习,这实际上从另一方面提高了学生的社会竞争能力[4,5]。

3 混合教学模式的设计

以空气源热泵为例,提出一个混合教学模式的简单设计模型。在课堂中将传统式授课与翻转式课堂进行结合。空气源热泵是目前常用到的热泵形式,因环保要求,其在北方的供暖应用中逐渐增多。

(1)翻转式教学过程。热泵的基本理论已经在前面的制冷原理中提到过,因此在课前预习中,给学生提供相应的素材,要求学生对其基本工作原理和工作流程自行掌握。热泵供暖与空调制冷尽管应用了同样的原理,但是由于其目的性不同,导致了二者在设计方面存在了较大差异。随着行业标准的出台,对热泵的供暖也有了统一规范。要求学生借助网络寻找热泵与制冷在制冷剂的应用,工作性能,实际设备的工作状态,如压缩机、换热器、节流阀等的异同,加深学生对热泵的理解。在课堂教学过程中,教师根据课前提出的问题,引导学生进行讨论,通过分析制冷剂的不同,并对不同制冷剂的工作区间进行分析,总结适合于热泵制冷剂的共用特性。

(2)传统式授课过程。制冷剂中各个原子的特性导致制冷剂最终的性能不同。通过对不同元素如碳原子、氢原子、氟原子等的元素基本性质的分析,探讨不同化学构成的制冷剂性质的一般变化规律。

(3)基于项目的翻转式课堂讨论。掌握了基本理论后,教师引导学生对空气源热泵在供暖方面的设计及应用进行讨论。首先需要关注目前的能源应用与环境污染问题,进而从机组主要设备开始,直至末端,要求学生对空气源热泵进行初步设计,探讨整个设计过程中需要考虑的问题,对其初始的可行性论证,之后的设备形式、工作流程,最后的成本控制等方面进行初步讨论,帮助学生建立讨论大纲,并鼓励学生在讨论过程中通过各种途径咨询专业人士的意见,最终在课后以报告的形式将所需要解决的问题呈现。由于课堂内容涉及广泛,不拘泥于必须要在一次课程解决所有的问题,而是根据课程的设计要求,将课程分为几个模块。在每次课堂讨论过程中,教师要紧密跟随学生的学习,适时提出建议及疑问,帮助学生保持学习的积极性。由于课堂上讨论的项目问题并不是做设计,所以需要教师有较高的工程素养,并严格把控方向,而这反过来也促进了教师工程素质的提升。

4 结论

混合教学模式融合了翻转式课堂与传统教学模式的优势,采用不同的教学模式实施相应的教学内容。对于涉及较为高深的理论知识、科研进展等方面,建议以传统授课的方式、以教师的讲解为主,使学生接触到高新技术与理论;对于基本的理论学习和拓展,采用翻转式课堂的形式,通过课前预习、课堂讨论、课后复习的方式提高学习效率与效果。为加强与工程实践的联系,还需要以项目辅助的形式进行课堂教学,由教师提出基本的项目要求,要求学生从始至终跟随所涉及项目的各个方面,与其他同学协作、讨论,并最终以项目报告的形式完成课程要求,在学习中全面提高自己的专业及非专业素质。

参考文献:
[1] 崔军.回归工程实践——我国高等工程教育课程改革研究[D].南京:南京大学,2011.
[2] 柴妍红.高校工科课程实施翻转课堂的影响因素研究[D].杭州:浙江大学,2016.
[3] 宋志鹏.基于项目案例的翻转课堂教学模式的实验研究[D].天津:天津师范大学,2017.
[4] 周超凡.基于需求分析的"学研结合"课程教学设计的研究[D].广州:广州大学,2017.
[5] 陈怡.基于混合学习的翻转课堂教学设计与应用研究[D].武汉:华中师范大学,2014.

基于 EES 软件的"制冷原理"教学探讨

陈　曦*

（上海理工大学能源与动力工程学院，上海，200093）

[摘　要]"制冷原理"是制冷方向最重要的专业课程。本文在"制冷原理"教学过程中，引入教学研究软件 Engineering Equation Solver（EES），探索该软件在例题讲解以及习题分析中的应用，使学生对制冷剂物性以及制冷循环有更深入的认识。教学效果显示，学生的学习积极性得到了提高，多数学生能够较快掌握该软件的使用方法。

[关键词]制冷原理；教学方法；制冷循环；EES 软件

0　引言

"制冷原理"课程是能源与动力工程本科专业制冷与空调技术方向的主干基础性专业课程，也是食品科学、建筑环境与设备本科专业的基础课程之一。"制冷原理"课程旨在向学生系统介绍制冷的基本原理和设备，介绍各种制冷循环的组成、特点及热力计算方法。从热力学角度分析制冷循环的路线和性能，并将热力学过程同具体的制冷设备有机联系。制冷技术是以热力学和传热学为理论基础发展起来的，而制冷技术的发展又开拓了热力学和传热学的研究领域，不断丰富了热力学和传热学的内涵[1]。"制冷原理"课程的教学目的是使学生掌握各种制冷方法，并具有计算分析典型制冷循环的能力，课程内容包括制冷相关的热力学基础、制冷工质、单级压缩制冷循环、两级及复叠制冷循环、吸收式制冷及其他制冷方法、制冷换热器结构及设计等几大板块[2]，为学生在制冷空调行业相关的工程设计和技术研究中打下良好的理论基础。

1　"制冷原理"课程简介

我校是国内开设制冷与低温工程专业较早的高校之一。上海理工大学能源与动力工程学院制冷专业在 1970 年成立时，就设立了"制冷原理"课程，专业教研组也一直很重视"制冷原理"课程的专业队伍的培养和教材建设。先后主讲的教师有蒋能照、顾景贤、

---

* 陈曦，副教授，博士，副所长，研究方向：制冷与低温技术。
基金项目：上海市重点课程建设项目。

周启谨、余国和、华泽钊等；教材先后采用自编油印教材和统编教材。20 世纪 70 年代初，本专业教师编写的《氟利昂制冷机》教材出版后，影响很大。80 年代，机械工业出版社出版张祉佑、石秉三主编的《制冷及低温技术》统编教材，分上、中、下三大本，总课时 108 学时，内容庞大。本专业分成制冷原理与装置、制冷与低温换热器、低温技术基础三门课，分别由多位教师讲授。90 年代，依据制冷与低温系不同的温区和相应的制取方法，将制冷换热器并入普冷中，重新选用张祉佑著的《制冷原理及设备》教材，课时为 60～68 学时。2012 年以来，招生专业目录调整，制冷及低温专业不再单独以专业对外招生，而组合成能源与动力工程大专业，此大专业中有 4 个学习方向，制冷及低温是其中方向之一。"制冷原理与装置"的课时为 64 学时，选用郑贤德编著的《制冷原理与装置》(第二版)教材[3]，主要参考教材为我校华泽钊教授编写的英文教材《Refrigeration Technology》(2009 年，科学出版社)[4]。

面对新的形势，我们对"制冷原理"也进行了课程教材建设、课程实验、习题集建设、课程参观等方面改革尝试。鉴于我校学生整体外语水平的提高和毕业生主要在大城市、沿海地区的外资和合资企业工作的特点，于 20 世纪 90 年代在对该课程进行教学改革时，提出采用外文原版教材进行教学的设想，并进行了实施。在完成课程教学基本任务的同时，也加强了专业外语的教学，取得了很好的效果。在编写校内英文制冷教材时，借鉴了国外十余本教材的基础上，汲取了当代科技期刊中反映制冷、低温、空调、食品方面的最新技术发展的科技论文，强调了制冷技术的发展过程和专业的基础知识，也包括了制冷技术的最新发展，使教学内容与学生将来的工作得到了有机的结合。

当前，"制冷原理"课程是一门重要专业课程，我们的改革和建设一直都在进行。今后的目标是：依据我校制冷学科的特色和国内的知名度，在原有的建设基础上，通过特色教材建设、特色课程实验建设、队伍建设，在上海市精品课程的基础上再打造成为国家精品课程。

2　EES 教学软件介绍

当前，大学教育的发展方向是国际化、网络化及智能化。其中，国际化体现在采用国际英文教材、英文授课方面，也体现在学习国外先进教学理念和教学方法上；网络化体现在建立精品课程教学网站、录制教学视频、建立试题库，网络互动功能等；智能化需要采用先进的教学软件，让学生能够接触最先进的学习和研究工具，有利于学生毕业后进一步深造或者进入企业成为研究骨干。根据"制冷原理"课程的特点，本文提出采用先进软件进行辅助教学，而 Engineering Equation Solver(EES)软件是一个不错的选择。EES 软件主要由美国著名大学威斯康星大学机械系撒福德(Sanford A Klein)教授开发[5]。EES 软件包集成了各种工质的热力学物性数据库，具有热力学参数查询简单方便的特点，而且具有表格分析、作图分析等功能，在可编程方面具有较大的扩展性，已在美国多所高校得到使用，部分美国企业也使用该软件进行热力学和传热学分析计算。笔者有幸于 2014 年在威斯康星大学机械系太阳能实验室(SEL)访问，通过与撒福德及其同事的交流发现在威斯康星大学的本科和研究生教学中,大量使用 EES 软件作为教学辅助应用软件,课堂上的例题、课后的习题以及本科生和研究生的毕业课题等大都需要通过编制 EES 程序完成。因此,该校的学生有较强的 EES 编程计算和分析能力,这对于以后在企业的发展大有好处。同时,软件也在美国普渡大学、伊利诺伊大学等也得到大量使用,教学和科研效果评价都不错。

由于以上的特点,国内高校也逐渐引入 EES 软件进行教学科研工作,如西安交通大学、浙江大学[6]等高校都开始在本科生和研究生培养过程中大量使用 EES 软件。我校近年来也开始尝试采用 EES 软件进行本科生和研究生培养的教学研究工作,笔者首先尝试在本科"制冷原理"课程教学上进行了一些探索。

3 基于 EES 软件的典型教学案例

EES 软件在"制冷原理"课程教学中具有重要应用价值,因此在不同章节的内容讲授中,我们不断用 EES 软件为学生演示其使用方法。以下我们以几个典型例子作为案例来讲解。

3.1 EES 查询制冷剂物性

制冷剂的物性是制冷循环计算的关键。在传统的制冷课程教学中,教师采用的常规方法是指导学生查询参考附录的图表。这个过程效率较低,查询误差大,而且也不适用于工作场合。因为大多数企业都有计算软件,一般不采用手动查图获得制冷剂物性的方式。结合 EES 软件集成大量工质物性的优点,我们可以很好地解决软件查询物性功能。

以下例子讲解不同参考点下的 h 值和 s 值的计算查询方法。这里需要注意的是 h、s 有不同的基准点,如" $REFERENCE R717 IIR"程序表示采用 International Institute of Refrigeration(IIR)标准,即对饱和液体,在 0℃的比焓值设置为 200 kJ/kg,比熵值设置为 1.0 kJ/(kg·K)。而如果改为" $REFERENCE R717 ASH",则表示采用美国 ASHRAE 标准,即表示−40 ℃下饱和液体的比焓和比熵值设置为 0。如果把 IIR 改为 NBP,则表示设置正常沸点下的饱和液体比焓和比熵值为 0。但是要说明一点,不论采用哪个标准计算制冷循环,最终的 COP、制冷量、冷凝热等是一样的,因为循环的计算是焓差,不同的基准值不影响焓差的计算结果。通过这个功能,可以让学生熟悉比焓、比熵等物性参数的程序计算方法,以及不同计算基准带来的差异和影响关系。通过我们的教学实践,学生对制冷剂热物性的计算方法掌握较快。如程序下分别采用 IIR 和 ASH 两种不同基准查询氨(R717)工质的焓和熵值,可见两种不同方法获得的计算结果并不相等。

```
——————————————IIR 基准——————————————
$ UnitSystem SI K kPa kJ kg  "设置系统单位"
$ REFERENCE R717 IIR  "设置物性参考标准为 IIR"
h＝Enthalpy(R717,T＝300,P＝900)  "查询氨的焓值"
s＝Entropy (R717,T＝300,P＝900)  "查询氨的熵值"
计算结果:h＝1497   s＝5.413
——————————————ASH 基准——————————————
$ UnitSystem SI K kPa kJ kg  "设置系统单位"
$ REFERENCE R717 ASH  "设置参考标准为 ASH"
h＝Enthalpy(R717,T＝300,P＝900)  "查询氨的焓值"
s＝Entropy (R717,T＝300,P＝900)  "查询氨的熵值"
计算结果:h＝1478   s＝5.124
```

除了在蒸气压缩式制冷循环中计算获得制冷剂的各种热物性参数外,EES 的库文件还包含了吸收式制冷循环的计算方法,以及溴化锂水溶液的各种热物性计算函数,比如调用函数 h_LiBrH2O(T,x)可计算温度和浓度已知的溴化锂溶液的焓值,调用函数 T_LiBrH2O(P,x)可返回溴化锂溶液在已知压力和浓度下的平衡温度,调用函数 x_LiBrH2O(T,P)可返回溴化锂溶液在一定压力温度下的平衡浓度,调用函数 P_LiBrH2O(T,x)可返回一定温度和浓度下的饱和压力[5]。这些功能对于讲解溴化锂吸收式制冷循环的计算具有重要作用。

3.2 EES 在例题分析中的应用

以一道单级压缩制冷循环计算为例,进行简单讲解。

例题:人体空调属于微型制冷空调系统,人体需要的散热量为300 W,采用 R134a 为制冷剂,采用冷水进入空调服,冷水的进出口温度分别为10 ℃和15 ℃,微型蒸发器内 R134a 蒸发冷却载冷剂水,蒸发温度为6 ℃,冷凝温度为60 ℃,微型制冷压缩机的指示效率为0.7。采用单级蒸气压缩循环,吸气过热度 $\Delta tR＝12$ ℃(其中8 ℃为有害过热),节流前的过冷度为3 ℃。试根据题意:(1)绘制热力循环 $p-h$ 图,并确定各状态点参数;(2)计算载冷剂水的质量流量;(3)计算制冷剂的质量流量;(4)计算压缩机指示功率;(5)计算冷凝器热负荷;(6)计算制冷循环的性能系数 COP(见图1)。

根据压焓图,我们可以采用 EES 编程对该题进行求解。由图1的压焓图,我们可以采用 EES 教学软件编制求解程序,如图2所示,求解结果如图3所示。

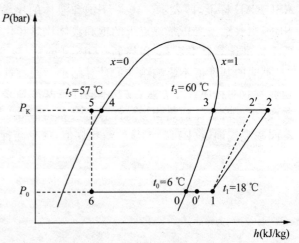

图1 R134a 制冷循环压焓图

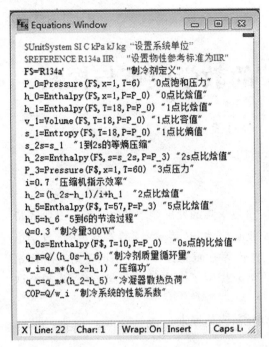

图 2　EES 求解程序界面

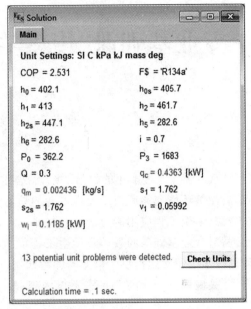

图 3　EES 求解输出结果界面

4　结语

"制冷原理"是一门传统的课程,但是随着科技的发展和现代教学技术的提高,必须与时俱进,不断改革。本文通过现代教学软件 EES 的使用,提高了学生的学习兴趣,解决了例题求解中的物性查询问题,并通过在不同知识模块中嵌入 EES 教学程序,提高了学生解决实际问题的能力。根据统计,有近 80％的同学通过该课程的学习能够正确地采用 EES 软件编制程序求解习题。从一个学期的教学效果来看,学生总体学习能力得到了提高,知识点的讲解更加清晰,学生的接受程度较高。

参考文献:

[1] 何国庚,郑贤德,李嘉.制冷技术教材建设的思考[A].第五届全国高等院校制冷空调学科发展研讨会[C],2008.

[2] 张超,白静,孙昆峰."制冷原理与设备"教学改革探索[J].教育科学,2007(6):38-39.

[3] 郑贤德.制冷原理与装置[M].北京:机械工业出版社,2008.

[4] ZEZHAO HUA,HUA ZHANG,BAOLIN LIU,et al.Refrigeration Technology[M].北京:科学出版社,2009.

[5] KLEIN S A,NELLIS G.Thermodynamics[M].Landon:Cambridge University Press,2012.

[6] 虞效益,陈光明.EES 软件应用于制冷原理课程教学的研究与实践[J],科技创新导报,2016(11):130-132.

专业基础课"传热学"的教学改革与探索

殷　利* 刘丽莹

（重庆科技学院,重庆,401331）

[摘　要]通过多年的教学实践,结合重庆科技学院的发展要求及课程所属专业的特点,就建筑环境与能源应用工程专业的核心专业必修课程"传热学"的教学内容、教学组织方法、学生工程应用能力的培养与课程考核评价等方面进行了相关的改革研究与探索实践,对专业基础课的教学及学生工程能力的培养探索了一定的思路与方法,为同类课程的教学组织实施提供了借鉴与参考作用。

[关键词]"传热学"课程;教学内容;教学组织;改革探索

0　课程简介

"传热学"是建筑环境与能源应用工程专业的一门核心专业必修课程,是研究由温差引起的热能传递规律的科学。通过本课程的教学,学生能掌握热量传递的基本理论和传热计算的基本方法,并能应用传热学知识指导工程中的强化传热、削弱传热以及物体的温度控制,达到节能及满足工艺要求的目的。通过课堂教学、课外作业、小组研究学习、教学实验等方式,使学生掌握热量传递的规律,为后续专业课程的学习奠定理论基础,并为学生将来从事工程中的热能合理有效利用和热力设备效率的提高工作打下必要的知识基础。

1　课程特点及现状

我校开设的"传热学"课程课内 64 学时,教学内容多且重要,涉及热能传递过程的基本概念及基本规律,与建筑围护结构冷热负荷计算、换热器设计选型、管道及设备隔热保温、太阳能热利用等相关,是建筑环境与能源应用工程专业的重要专业基础课。教学要求的知识内容比较抽象,对于初学者的理解领悟存在一定困难。课程考核要求应用所学的热量传递规律解决具体的工程实际问题。部分学生缺乏解题思路,找不到解题方法,

---

* 殷利,副教授,硕士,研究方向:建筑能源应用。

失分严重,每学期期末的不及格率高。正常开课在大二,而大三、大四学生中因"传热学"补考重修的人数较多,个别学生重修了两三学期。由于课程考试不及格,影响了学生的正常毕业及就业工作。

2 课程的教学改革与探索

2.1 课堂教学突出重点,注重学生工程能力培养

由于课程内容多、学时有限,不可能将所有的教学内容一一在课堂上展开,这就需要依据教学大纲,围绕各章节的教学重点及要求,在教学内容及安排方面作取舍,有针对性地讲解,在课堂讲授中突出教学重点,讲清讲透基本概念和基本规律。同时结合热量传递的具体实例,与学生互动讨论热量传递的方式,进而确定传热量的计算方法。利用生产生活中热量传递的实际案例教学,让学生感到热量传递过程并不抽象,就发生在所处的环境中,便于理解传热学的基本概念,应用热量传递的规律分析解决具体传热问题,由传统的知识传授向学生的工程能力培养过渡。

2.2 开展课外学习研究,促进专业理论知识与工程实践结合

传热与社会经济发展、建筑节能紧密相关。建筑围护结构(门、窗、墙、屋面)的节能是建筑节能的重要组成部分,与建筑业的可持续发展、装配式建筑的技术进步、建筑领域的节能减排密不可分。在传统技术基础课的教学中,补充扩展建筑围护结构(门、窗、墙、屋面)的节能研究环节。让学生在学完传热的基本理论后,采取3~5人自由组合,以分组的形式,调研其家乡或学校所在地建筑围护结构的现状,了解各种围护结构所用材料的传热特性、现行的生产工艺,探究围护结构节能的技术原理,分析评价围护结构节能的措施方法,了解围护结构节能的发展趋势。最后通过小组汇报,制作幻灯片展示研究成果,作为小组成员的一次平时作业成绩。

通过学生的作业展示和期末与学生交流的情况,说明这一教学环节能够调动学生学习传热学的积极性,各小组主动研究不同类型围护结构的传热原理,建筑材料的热工特性,促进专业理论知识与具体的建筑围护结构(门、窗、墙、屋面)的节能技术措施结合,体验传热学的基本知识在社会生产实际及建筑行业中的具体应用,感受工程基础知识的价值。通过在教学中开展建筑围护结构节能技术研究的课外学习环节,有助于培养学生的自主学习能力、实践能力和创新创业能力,提升职业技术教育的针对性和有效性,拓展和激发技术基础课教学的活力,为学生职业选择和教师科研方向的确立提供参考。

2.3 在实验中培养学生的自主学习能力

在建筑环境与能源应用工程专业"传热学"课程64学时的教学中,包含8学时的课内实验,需要学生完成四个实验项目,即球体法测粒状材料的导热系数、强迫对流管簇管外放热系数测试实验、大容器内水沸腾放热试验和换热器综合实验。在以往的实验教学

中,教师先讲实验原理、实验设备和实验操作步骤,然后学生做实验,实验做完后学生的印象不深。在课程教学改革中,实验前先发实验指导书给学生,要求学生必须预习实验。在实验操作前,教师针对各实验项目对学生提问置疑,若不能正确回答,不允许启动实验设备。要求学生对照仪器设备继续准备实验,直至清楚实验相关内容后,才能启动设备做实验。实验结果经过检查合格后才允许离开实验室。

期末课程结束后师生交流,学生反映通过实验收获较大,在自主学习准备实验的过程中,明白了传热学的相关知识,清楚了实验目的及实验原理,理解实验设备的操作要领,能正确地记录和分析实验数据,有利于掌握传热学的基本概念和基本规律。

2.4 改革考核模式,合理评定课程成绩

在 2016～2017 学年第二学期"传热学"课程考核的评价环节中,平时作业及考勤占 30%:布置作业次数不少于 5 次,依据是否按时交、是否独立完成、能否反映完成过程的中间环节、正确性等方面评定每次作业成绩。按完成作业的次数及每次作业的情况、出勤情况评定最终平时成绩。实验占 10%:依据是否按时参与实验操作、实验数据记录及数据处理情况、每次实验报告评分、应完成实验的项目数评定实验成绩。期中考试:开卷,成绩占 10%,考核需要分析比较和有一定综合性的知识内容。期末考核:闭卷,成绩占 50%,注重考核传热学的基本概念、基本规律,以及传热学知识的工程应用能力。

通过网上收集国家、省市级等精品课程资源考题,收集"传热学"课程的辅导资料和题解,汇集以前的考卷;通过课程教学组集体讨论,确定试卷考题类型、不同类型考题数量、题目分数、考核内容,合理分工,建设传热学试卷库。实现教考分离,合理评定课程期末考核成绩。2016～2017 学年第二学期建能 2015 级"传热学"期末考试时,在编制中的传热学试卷库里随机抽取试卷组织课程考核。建能 2015 级共 65 人参加考试,7 人总评成绩不及格,不及格率为 10.8%,与 2015～2016 学年相比,不及格率下降约 30%;统计中计入 2013 级、2014 级重修学生,参加考试总学生数 93 人,总评成绩不及格 16 人,不及格率 17.2%,低于 20%。考试结果及最后总评成绩情况说明,课程考核的评价环节及成绩所占比例分配合理,试卷考试情况正常,应用试卷库对"传热学"课程进行期末考试,符合我校教学及学生的实际情况。

3 结束语

在"传热学"课程的教学改革研究中,凝练教学内容,侧重教学重点及要求;在教学中转变观念,由传统的知识传授到注重学生工程能力的培养;通过学生分组组织课外建筑围护结构节能的研究学习,将传热学理论知识与工程实践结合,顺应建筑节能的发展趋势,改变基础理论课程教学的单调沉闷,激发学生学习的热情和兴趣,有助于培养学生对工程技术问题的分析能力;实验教学中放手,让学生自己准备和完成实验,提升了学生的自主学习能力。改革课程考核评价方式,合理评定学生的课程成绩。以上所列的课程改革措施,有助于学生掌握传热学的知识体系,学有所获,同时促进学生学习运用传热学的

知识和方法去分析具体工程技术问题,达成课程教学的目标。

参考文献:

[1] 重庆科技学院."传热学"课程教学大纲(内部资料),2017.

[2] 重庆科技学院.建筑工程学院本科教育教学改革研究项目"传热学"试卷库建设及建筑围护结构节能研究(内部资料),2017.

[3] 杨世铭,陶文铨.传热学[M].北京:高等教育出版社,2006.

[4] 马素贞.绿色建筑技术实施指南[M],北京:中国建筑工业出版社,2016.

[5] 章熙民.传热学[M].北京:中国建筑工业出版社,2014.

"空气调节"课程教学改革的思考与实践

——以山东建筑大学为例

刘俊红* 刘凤珍 杨 丽

(山东建筑大学热能工程学院,山东济南,250100)

[摘 要]结合多年来的教学实践和佐治亚理工学院的访学经历,从小班化教学、成绩评定、学生参与以及教学与实践结合四个方面,提出了"空气调节"课程教学中的一些教学实践结果、想法和建议,以供探讨。

[关键词]小班化教学;成绩评定;教学网络平台;多样化

0 引言

在多年的教学实践中,笔者积极思考探索专业课教学的新方法、新思路、新举措,并应用于实践,从实践中逐步改进。在 2015～2016 年美国佐治亚理工学院(GT)访学期间,笔者听取了多门与专业相关的课程。回国后在教学过程中又增加了新的思考与实践。现以山东建筑大学制冷与空调工程专业方向的"空气调节"课程为例,从小班化教学、成绩评定、学生参与及教学与实践结合四个方面来分别论述。

1 小班化教学

自 1999 年国内高校扩招后,大班教学在高校成为普遍现象。采用大班教学的学科不限于公共课,一些专业课也采用大班教学。以山东建筑大学为例,最大班额为 3 个,每班约 40 人,则最多有近 120 个学生共同上专业课和专业基础课。

因为种种原因,制冷与空调工程方向的学生最近几年的人数保持在 35 人左右,所以进入专业课学习时,被动实现了小班化教学。根据上课经验和老师间的交流,以及督导老师的督查,总结出小班化教学优于大班教学。

小班化教学便于增加老师与学生的互动,师生之间的交往也得到了加强。另外,学生个体参与教学活动的时间和态度明显增强,认真听讲的学生数增多,并且有助于老师

---

* 刘俊红,副教授,博士,研究方向:制冷空调、建筑节能。

把控授课节奏。

2 成绩评定多样化强调过程监督

目前,山东建筑大学的课程总成绩由平时成绩、上机/实验成绩、期中成绩和期末成绩组成。期中考试是对教学的阶段性检查,但所占比例较小,由任课老师自主规定。期末考试在总成绩中的占比太大(以前至少70%),这会导致一些学生平时缺勤、不重视听课、在考试前突击,不利于老师对学生的学习进行过程监督。

针对这种情况,在新一轮教育教学改革中,山东建筑大学2018版课程教学大纲的修订明确规定:"应将平时作业、测试、实验、考勤等过程评价纳入考核结果,过程评价占课程考核成绩的比重一般为30%~50%"。这个规定强调了老师对学生平时学习的过程监督,而不是"一考定终生"。

即使增加了过程评价且提高了平时成绩所占比例,但和国外相比,期末成绩的占比还是比较高;而且对于基础课、专业基础课和专业课,最终成绩的成绩构成区别不大。

在GT访学期间,笔者收集了建筑学院、机械学院、材料学院、土木与环境工程学院等学院的多科成绩评定标准。从这些成绩评定标准里可以看出最终成绩的多样性和期末考试所具有的次要性。期末考试在最终成绩里的占比很小,15%~35%。如果有作业,作业在成绩评定里占10%~40%,一般在20%左右。每次作业都有分数,作为最终成绩的一部分。作业成为一种地点不限、有时间期限的开卷考试。所以,国外的大学生经常熬夜,而国内学生只有期末考试前稍微熬熬夜。

"空气调节"的过程评价,除了平时作业、测试、实验、考勤外,还增加了对课本指定章节的学生分组提交的幻灯片课件及上台讲解,和课程设计结合的冷负荷计算。这些都大大提高了学生上课的积极性(否则会影响到最终成绩)。学生作业除了强调不能抄袭外,也学习并规定了期限(due time)。规定时间后不再收取,避免了临考试前还收到学生作业的现象。这样,严格的过程监督可以使学生被动增加学习的主动性。

3 增加学生参与度

刚开始讲授"空气调节"时,笔者发现空气的净化处理、空调系统的消声减振等章节的内容简单、实物图片众多,学生学起来很容易,而且学生在校期间很少有机会锻炼自己的幻灯片制作和讲解能力,所以在2007年上课时就让学生自己对这些章节做课件,上台讲解。

经过十几年的实践,已经形成了一套流程:

(1)提前布置内容,规定人数。最少2人,最多人数与节数有关,自由组合(不能独斗,必须有小组协作)。(2)在上课前一天晚上以小组形式提交给老师,过后不算(算到平时成绩里)。(3)上课讲解(给讲解者的平时成绩比较多)。先主动,谁想上去讲课前先把内容拷贝,然后自己主动上台讲解;后强制,如果某一节课没有学生主动上台,则从学生名单里随便点人,如果他准备的不是这一节课,则他所在小组里准备这一节课的同学上去讲解。

在学生讲解过程中,如果老师对哪一部分有疑问,会直接提问;学生讲解完后,老师点评学生的课件制作、内容、讲解效果等,最后也会把所有内容中学生没有重点讲解的、讲解不透的再讲解一下。多年实践下来,学生参与和讲课的效果都比较理想,获得了学生的好评。

学生参与的另外一种形式是大四学生给大三学生讲解冷负荷计算软件。访学前只有毕业设计才允许学生采用天正、鸿业等专业软件计算空调冷湿等负荷,而课程设计必须手算(可以用 Excel)。访学后改变了想法:都已经进入网络信息时代了,上课的时候也已经给学生讲了负荷计算方法,为何要局限课程设计必须手算?此后取消了此规定,但对于一个新的软件,学生自行学习耗时太多,因此,让毕业设计已完成的大四学生来给大三学生讲解怎样用软件进行负荷计算,增加学生对软件的认识和熟悉,减少学习软件时间。

4　教学与实践结合

4.1　课程设计与空调赛事结合

在 2007 年以前的教学计划中,"空气调节"安排在第七学期,学生进入大四后才开始学习。但针对大学生的有关空气调节的比赛,如美的 MDV 中央空调设计大赛、"艾默生杯"数码涡旋中央空调设计应用大赛等,需要学生交图的截止日期多在暑假,最晚也在国庆前,这样就出现了学生无法参加的现象。针对这种情况,教学计划更改"空气调节"到第六学期,便于组织学生参加各种空调比赛。

国内现在的空调赛事基本都是采用 VRV 空调系统,而老教材中没有此系统。于是在讲授空调系统时需进行补充,同时补充温湿度独立控制空调系统。对于这两个系统,不仅介绍其系统形式、组成等,同时讲解其在焓湿图[1]上的表示,希望能够使学生可以和风机盘管系统一样地应用。此外还针对学生通风知识的欠缺,补充应用广泛的自然通风、置换通风等,以使学生设计时能多角度考虑节能。

课程设计让学生自愿报名参加空调大赛,分组进行,一栋建筑物为一个小组,组里可以有不参加大赛的同学(其选择的空调系统无限制)。这样参加比赛的同学以后可以利用其他人计算出来的冷负荷,减少了工作量。课程设计完毕时,参加大赛的同学一般无法把大赛要求的内容做完,需要在暑假继续进行,再另有辅导。

4.2　教学与课程设计结合

以往考试后才进行课程设计,有学生反映说学习设计后加深了对课本知识的了解,如果能够把考试设在课程设计之后就好了。并且课程设计时存在的问题是前期各种计算花费时间太多,而到绘图时已经接近设计尾声,检查不到。虽然对绘图明确指出要求,但问题出得还是太多,很多需要图上说明的东西没有完成。因此,开始有意识地把课程设计的计算部分往前提,将教学与课程设计结合,不再完全分段进行。

比如美的 MDV 中央空调设计大赛,四月初就开始在网上发布学生组图纸。因此在四月初就连同老师提供的建筑图纸,开始布置课程设计任务,让参加比赛和不参加比赛的学生分组和选图。正好已经把教材中关于冷负荷计算部分的内容讲究,学生可以开始课程设计的冷负荷计算。

刚开始时,虽然分组和选图完毕,也让学生开始计算冷负荷。因没有规定强制检查,只是说冷负荷计算部分必须在课程设计开始时完成。但最后只是有一部分学习比较主动的学生完成,没有达到需要的效果。

经过逐年改进,现在是分时间点逐一检查,则能够达到在规定时间结束冷负荷计算的目的。学生选图后,要求打印出来所选楼层建筑图(A3)。先查室内外参数,然后进行冷负荷计算。对每个学生逐一对照建筑图检查冷负荷计算结果,直到没有错误为止。室内外参数还比较好确定,但对于冷负荷的计算,学生开始计算时总是会有遗漏或添加,有的甚至会检查三四遍才能达到要求。

因为结合建筑图多次检查,所以学生对建筑图有了充分的认识。这样在讲解气流组织和水力计算时,学生的理解相比以前的学生有了明显的增强。

目前,将教学与课程设计结合只进行到冷负荷完毕。主要是每次要结合学生的图纸逐一检查,太耗时间。但如果不按时间点对学生进行逐一检查,又达不到想要的效果。

5 建议

5.1 大力发展教学网络平台

T-square 是 GT 重要的师生教学网络平台。学生登录后可以看到自己选择的课程,在该课程里看到老师发的阅读材料、布置的作业、通知、讨论主题等。老师可以把自己上课准备好的资料找出来,也可以现场点名(学生同时进入,在网上进行,不是叫人喊到)、现场测试及成绩统计等。有了这样的软件配备,老师可以轻松快捷地指导学生的学习,而学生也可以在课下进行老师指导下的自学,更有效地增加了学习的主动性。

虽然"互联网+教育"的慕课[2]在高校得到了广泛发展,但满足不了因地制宜的课程要求。师生所建立的 QQ 群、微信群虽然老师也可以与学生交流,传输需要的文献资料等,但即时互动性、老师的监控性还是差。在信息网络时代,国内高校也要充分重视利用网络,实现全面网络化,大力发展学校的教学网络平台。

全面网络化指的是在学校的任何地方都可以用自己的账号密码登录,即使教室里提供上课用的电脑也是可以上网的。所以,老师上课不用带 U 盘,直接登录到学校的教学网络平台就可以了。

5.2 教学设备多样化

GT 的教室里除了常见的投影仪,还有实物投影仪。老师上课时会拿些零部件,有时是广告页,从多个角度实物投影给大家看。对于公式推导,很少看到老师用幻灯片做好课件进行讲解。年轻的老师喜欢板书来一步步推导,而年长的老师喜欢坐着通过实物投影仪实时投影播放他们直接在白纸上用笔一步步推导的过程。这样就增加了除幻灯片和板书外的授课方式,有待于国内高校学习和改进。

5.3 教学内容深化

和在 GT 所听的"Air Conditioning"(AC)相比,"空气调节"作业的量和深度都远远不够。比如第一节 AC 课后,老师就布置了满满一页 A4 的作业,有十几道题,而当时仅仅讲了一点绪论。作业上的问题不局限于教材(有的课程甚至没有教材,老师只给出大量的讲义或参考资料),有些内容还需要上网去查找。

国外大学的专业课学时比较少,老师对于浅显的知识点一般不讲(留成作业),课堂时间给予难点、重点,很多时候一节课就推导了一个公式或一个知识点。为了让学生课下提前预习,老师布置的作业多具有前瞻性。当讲到作业所留内容时,作业早交上去了(有 due time)。所以,国外高校的作业还有强制学生预习的作用。

如何提高课程教学的深度和作业的广度是以后专业课程改革的一个方向。

参考文献:

[1] 刘俊红,陈冬梅,刁乃仁.温湿度独立控制空调系统的焓湿图[A].中国可再生能源科技发展大会论文集[C],2010.
[2] 刘晓燕,徐颖,马川,等."慕课"在高校中的发展及其面临的问题[J].教育现代化,2018,5(12):175-176.

三位一体教学法在制冷专业课
教学中的探索与实践

王小娟* 王 强 孙淑臻 宗 荣 李朝朝 孙 莉

（潍坊理工学院，山东青州，262500）

[摘 要]本文阐述了传统黑板板书教学、现代多媒体教学、能源站现场实践教学三种不同教学方法的特点，提出了当前制冷专业课教学中的三位一体教学法。

[关键词]多媒体教学；能源站实践教学；三位一体教学法；制冷专业课

0 引言

随着我国高等教育人才培养模式的转变，高等院校越来越重视研究和解决教学过程中如何将实践教学与传统的课堂教学相结合，培养出更多应用型人才。传统教学方法面临着许多挑战；多媒体教学等一些现代教学手段得到了越来越多师生的认可。顺应高校创新人才的培养，实践教学在教学中的重要意义也日益凸现。如何将实践教学融合到高校应用型人才培养中，是目前我国高等教育教学研究的重要课题。本文针对本科生制冷专业课学习的特点，结合近两年的教学改革实践，分析了三位一体教学法在现代教学中的必要性，力求探询一种适应经济发展、满足社会需求的教学模式。结合我校特有的能源站等实践基地，考虑到制冷专业课的理论知识与实践相结合的前提，同时也为了提高学生的学习兴趣，本文提出将实践教学环节、多媒体教学以及传统的黑板板写相结合的三位一体教学法。该教学模式在制冷专业课教学中发挥着重要的作用。同时，本文也对专业课教学中的教育教学特点进行了一些初步探索。

1 正文

1.1 充分发挥多媒体教学在制冷专业课中的作用

传统的教学方法以黑板板书为主。在课堂上，老师一边教授知识点一边在黑板上写写画画，学生则是边听课边记笔记。这样的授课方式使得授课教师与学生之间容易形成

---

* 王小娟，硕士，研究方向：低品位能源利用及节能技术。

良好的互动性,而且学生思维也比较容易跟上老师的上课进度,对于增强学生的参与意识有积极意义。但是,黑板板书这种授课方式从形式上看比较古板,尤其是对于理工科学生教材上的一些装置图等,通过黑板板书并不能将它们形象生动地展示出来。即使老师有很好的美术功底,黑板板书展示既耗费时间也容易使学生形成听课疲劳,这样事倍功半的授课方式极大地降低了学生的课堂听课效果。此外,随着近几年我国各大普通高校不断扩招,授课教室越来越大,授课班级人数越来越多。在小教室可以容纳几十人,但是人数较多的班级必须集中在合堂中上大课。传统的板书教学方式是无法胜任这种情况,也是很难达到其教学效果的。

随着多媒体技术的发展,传统教学方式中存在的上述问题得到了比较好的解决。随着近几年多媒体教学的普及,其独特的优势以及良好的教学效果越来越显著。在日常的教学活动中,老师们也不断探索总结经验,科学、合理地使用现代化的多媒体教学技术,不断地提高课堂教学效果。与传统教学模式相比,多媒体教学具有以下优势:

(1)直观性。借助多媒体课件授课,图文声像并茂,多角度调动学生的情绪,引起学生的注意力,提高学生的学习兴趣。此教学模式看起来比较新鲜、活泼。一些无法用传统的教学手段表达的教学内容或者不能观察到的现象,可以借助多媒体教学形象、生动、直观地显示出来。比如制冷专业课程教学中需要给学生讲述大量复杂的原理图、流程图、设备图、装置图,以及很多物性图表,采用黑板板书很难生动明了地教授给学生,以往的课堂授课都是老师对照着课本讲,学生对照着课本看,师生之间完全靠语言交流进行教与学,学生理解起来自然也比较困难,有时候都很难跟上老师的节奏,而利用多媒体可以播放复杂的循环流程,并随时可以开始、暂停和结束教学,老师、学生同时对着屏幕,很容易达到步调一致。所以,借助多媒体教学可以加深学生对专业课知识的理解,提高其学习的积极性。

(2)大信息量、大容量性。多媒体教学可以丰富课堂教学的知识内容,提高教学效率,解决目前因专业宽口径授课而减少学时、不减少教学内容的问题;多媒体具有调节课堂气氛的作用,所以对于不同的授课环境来说,它的存在能起到不同的效果。更重要的是,多媒体教学不仅可以用于小班上课,也可以用于大合堂教学,克服了传统授课模式中因大班学生较多、黑板小、板书看不清、授课听不清楚的问题。通过多媒体还可以实现对普通实验的扩充,并通过对真实情景的再现和模拟,培养学生的探索、创造能力。幻灯片展示更有利于反映教材上的概念及过程,能有效地突破教学难点,而且能突破视觉的限制,多角度地观察对象,并能够突出要点,有助于概念的理解和方法的掌握。

(3)交互性。学生把被动听课变成主动参与学习,对学习的主观能动性有所提升。通过创造反思的环境,有利于学生形成新的认知结构。幻灯片可以重复观看,有利于突破教学中的难点和克服学生因时间长而遗忘所学内容的问题,做到温故而知新。利用多媒体播放动态图时,不仅可以增加动画线条的颜色,而且还可以对各个部件进行动画显示,极大地方便了老师的讲授以及学生的理解。例如在制冷原理与设备的授课中,在讲蒸气压缩制冷循环的时候采用多媒体教学(见图1),通过不同的颜色及流程的动画显示使学生容易对整个流程有一个深入的、系统的理解。有效地克服了学生在传统讲课方式中认为专业课学习起来比较困难的问题,从而提高了课堂上教师教学的积极性以及学生学习的主观能动性。所以,利用多媒体教学将实际的系统图及显示采用生动、形象的画面展现给学生,将静态的概念动态化,使学生在课本认识学习的基础上大大加深了对实物的理解,同时也有效地激发了学生对专业课的学习兴趣,对培养学生的学习自主性、创造性方面发挥了不可替代的作用。

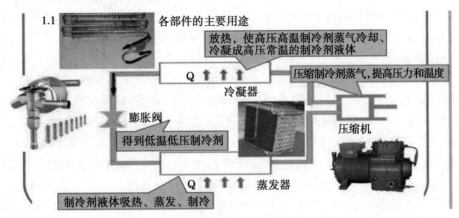

图1　蒸气压缩制冷循环及各部件展示图

此外,采用多媒体教学还可以充分发挥网络的优势,将授课内容上传到网上,实现网络教学,同时也为学生的课外学习提供及时有效的辅导,方便学生自学,为学生的发展提供更多的渠道。

1.2　适当保留制冷专业课教学中的传统教学方法

多媒体教学辅助传统的黑板板书教学,得到了越来越多师生的认可。但是,多媒体教学具有一定的局限性。比如制冷专业课中一些基本理论、数学公式的推导,需要教师在黑板上条理地推导出公式的由来。在推导的过程中,能很好地调动学生学习的积极性,便于学生对公式的理解和把握。如果采用多媒体教学来展示推导过程则显得比较机械、呆板,根本无法体现教师生动清晰的指导思路,而是利用用屏幕很快就把结果显示出来,整个推导过程就这样在不断地鼠标单击过程中结束了。相信大部分学生会反映连笔记都来不及记,课后也没有时间去思考、回顾,结果就是对所学的知识没有一定深刻的理解、掌握,教学效果可想而知。

因此,多媒体教学并不能替代传统的课堂教学,就像现代电子出版物永远也不可能完全替代纸质印刷出版物一样。而且电脑毕竟是一个需要人操作的物体,教师在课堂中所投入的情感是无法用电脑来体现的。

传统的板书教学方式因其特有的教学内涵与教学效果是不可能完全退出教学舞台的。例如对于复习课,因教学内容多、涉及知识量大则比较适合使用多媒体,而对于新授课,特别是在进行习题讲解的时候,无论是从容量上、思考时间上,还是从学生的注意力上来看,都不宜太快,要重于思考,反而要放慢讲授速度,此时多媒体的作用就不那么明显了,而幻灯片及课件的制作则可能会耗费老师大量的时间。这时,我们应该权衡下,采用板书教学更合适。我们知道,基础理论的学习主要是为了培养学生的逻辑思维能力,并为今后的专业课学习打下扎实的理论基础。传统的板书教学更容易使学生跟上教师的授课节奏,有助于学生对授课内容的消化吸收。制冷专业课程的基础理论是"工程热力学""流体力学(泵与风机)"及"传热学"等课程的内容。在专业课授课的过程中涉及这些基础知识内容,应该以传统的板书教授为主,多媒体教学适当地加以辅助补充,这种教学模式会达到良好的教学效果。因此,对于基础理论的教学,传统的板书教学方式会在很长一段时间内发挥重要的作用。教学的过程不仅仅是一个讲授的过程,实际上还是一个"情感的交流过程,是灵魂的对视"。如何使教师的"教"与学生的"学"很好地结合起来,在枯燥的理论教学过程中这种师生之间的情感交流是非常必要的。例如在"制冷原理与设备"课程授课中关于制冷循环的一些理论的热力计算,如果仅采用多媒体教学就显得比较生硬,此时就需要采用传统的黑板板书教学模式,这样老师在黑板上边推导边书写,而学生在下面跟着教师的思路边理解边记录,很容易形成"感情"的沟通。同时,在这一推导过程中师生把相关的热力学知识也进行了复习,不仅增强了学生的学习主动性,而且大大地提高了学生的学习效果。让学生对于课堂教授的内容融会贯通而不是机械记忆,因为学生需要的不仅仅是板书展示的推导过程,更重要的是教师的推导思路,让学生深刻地理解其中的含义,对于其学习知识的实际应用有着极大的帮助。

总而言之,不管是多媒体教学还是黑板板书教学,教师在备课的时候必须要有"以学生为中心"的思想。此外,传统教学方式对授课教师的要求很高。授课教师不仅要有很好的专业基础以及灵活的讲授方法,而且要求教师必须充分备课。这在大程度上加强了授课教师基本素质的锻炼,也有利于年轻教师的成长以及其教学效果的提高。所以把多媒体教学与传统教学相结合,充分发挥它们各自的长处,适度合理地、灵活地使用多媒体,使它在传统教学中起到画龙点睛、恰到好处的作用。

1.3 强化制冷专业课教学中的实践教学环节

近年来,国家不断提出以培养创新型、应用型人才为目标,所以各大高等院校越来越重视课程教学的实践教学环节。而我校的宗旨是建设应用型名牌大学。能源与动力工程专业是与工程应用联系很密切的一个专业,其制冷专业课中的很多教学内容涉及许多实际设备、动力装置。专业理论课的讲授一般采用传统的黑板板书教学和现代的多媒体教学,这两种教学模式都是课堂教学模式。俗话说"纸上得来终觉浅,绝知此事要躬行",所以要把实践教学和理论教学结合起来,重视专业技术的应用性和实践性。

我们知道,制冷专业课的教学中需要给学生讲述很多制冷设备、动力装置的结构、制冷流程,而这些授课内容往往比较复杂,单纯采用多媒体教学的模式进行授课,课堂上很容易理解,但是课后很快对这些内容的印象就模糊了。我校共有 5 个能源站,如果以三号能源站为例(见图 2 和图 3),就这部分的授课在多媒体教学的基础上继续进行现场实物讲述,学生对这部分专业知识的感性认识会大大增强,而且理性认识也会进一步提高,那么,制冷这门专业课知识不但容易理解而且印象也会比较深刻。因此,实践教学因其独特的功能最大限度地开发了学生的潜能,不断培养了学生学习知识以及应用知识的能力。通过该实践教学手段与活动,将知识、能力内化为素质,使学生形成良好的品质和积极投身社会实践的优秀特质,为学生今后参加各类竞赛,如全国大学生节能减排大赛、制冷空调设计大赛等创造了必要的条件，同时也有利于学生今后顺利步入社会。对于以培养应用型人才为目标的像我校一样的各大高等院校来说，此类实践教学具有特别重要的意义。

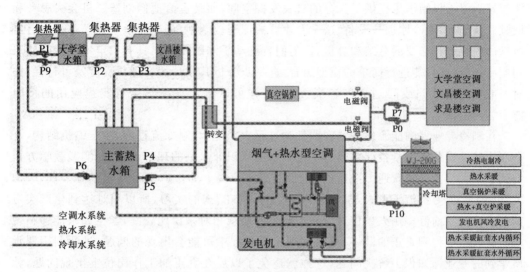

图 2　能源站工作原理图

图 3　三号能源站现场装置图

我校一直坚持理论授课与实际教学相结合，致力于培养学生的动手能力和实际操作技巧，使学生能将从教材上所学专业课知识可以融会贯通地应用到实践中去。任课教师在能源站现场教学,不仅可以给学生创造良好的学习氛围,而且可以使学生将对书本上这些装置设备的认识转移到现场的实物设备上,更好地理解系统流程,有效避免空洞教学,这也是解决课堂教学与现场教学脱节的一种有效办法。从另一方面讲,让学生走进能源站学习不仅给学生提供了充分的自我发挥空间,而且也给他们创造了机会去思考和回顾。例如在"制冷原理与设备"这一专业课的课程教学中,可以让学生在学习结束后对所学的内容进行必要的总结和分析,让他们自己动手画图设计出具有一定实用性的建筑用制冷系统,并且能进行简单的模型组合,进一步分析其设计的合理化程度及可行性,并对可能存在的缺陷或问题提出解决方案,这样可以大大提高学生与实践应用的接轨能力。

在制冷专业课的能源站现场实践教学过程中,学生对制冷流程、制冷压缩机结构、复杂制冷辅助设备等课堂授课内容有了进一步的认识和深刻的理解,而且此实践教学方式得到了学生们的一致欢迎。众所周知,目前真正意义上的生产实习其实很难实现,因为大部分生产实习都流于形式,学生也只是"走马观花"式的实习,所以很难达到生产实习的要求。而目前好多用人单位对应届毕业生的要求相对来说比较高,学生如果能够在现场实践教学中得到真正的锻炼,可以发现工作过程中可能会出现的问题,进而利用课堂所学到的专业课知识去解决问题,这样就避免了以后在真正的工作岗位上出现问题,就不会导致一些不必要的损失,真正地达到在学校"学"的目标。学生也能受到更多用人单位的青睐,这就使得能源站现场实践教学具有非常重要的意义。

2 结论

集多媒体教学、传统黑板板书教学、能源站实践现场教学为一体的三位一体教学法在我校能源与动力工程专业本科生和热能动力设备与应用专业专科生的制冷专业课教学实践中取得了良好的效果。形象生动的授课内容使得课堂学习气氛更加活跃、师生之间互动性增强,出现学生走进能源站现场积极学习并发问的良好画面,而且高年级学生专业课旷课现象也有了很大的改善。

在今后的教学中,我们需要不断探索的是如何能更好地发挥这三种教学法各自的特点,将这三种教学方法进行优势互补。希望学生能够在扎实的专业课理论基础上深入理解并掌握制冷循环的相关热力学理论,并且能熟练进行制冷相关基本公式的推导,进而深刻理解各种制冷循环的工作原理与工作流程。从宏观上深刻认识制冷流程中各种制冷装置设备的结构及其具体的安装要求,形成一种理论与实践相互交叉的新型专业课授课方法,让感性认识与理性认识并存是本学科教学研究与实践的重要内容。

参考文献:

[1] 胡晓燕.多媒体在教学中的应用与思考[J].成都航空职业技术学院学报,2002,18(2):21-23.

[2] 郭晓沛.利用"多媒体"培养创新精神[J].青岛远洋船员学院学报,2002,23(1):55-56.

[3] 贾锡祥.浅谈"理实同步,三位一体"教学法[J].产业与科技论坛,2012,11(22):149-150.

［4］袁加程,蔡秀萍.高职教育"三位一体"人才培养模式教学法的研究［J］.课程教育研究,2014(10)：26-27.

［5］潘望远,王旭东.高职院校"三位一体"实践教学模式的构建与思考［J］.职业技术教育,2013,34(2)：55-57.

［6］杨欣慧,王铁,刘林山,等.构建高职专业课"三位一体"教学模式的实践与探索［J］.中国科技博览,2008(22)：28,113.

［7］彭勇,梁国华,王国利.研究型大学创新型实践教学体系的构建与探索［J］.中国科教创新导刊,2011(26)：10-11.

"流体输配管网"课堂教学方法的探讨

朱鸿梅* 刘宏伟 李 琼

(华北科技学院,河北三河,065201)

[摘 要]"流体输配管网"课程是建筑环境与能源应用工程专业十分重要的一门专业基础课,但是这门课程水力计算多,过程烦琐、枯燥,学习难度大。本文从提升学习积极性和强化难点教学效果两方面入手,分析了可以采取的措施,以便为学生更好地掌握这门课程提供帮助。

[关键词]流体输配;管网;水力计算;软件;翻转课堂

0 引言

"流体输配管网"课程是建筑环境与设备工程专业委员会为实现"拓宽专业面,增强适应性"的目标,经过课程重组而设立的一门专业基础课[1]。本门课程着重讲授的管网系统及设计计算分析方法在通风工程、空调工程、制冷工程、城市燃气工程、供热工程以及给排水工程、消防工程、动力工程以及各行各业中得到了广泛应用[2],因而这门课程具有十分重要的意义。

然而这门课程的内容以各类管网的水力特性、水力计算为主,内容不仅枯燥乏味,而且大量的数学公式和计算也加大了学习难度[3]。这容易导致学生的学习兴趣下降,并产生畏难情绪,反过来又会进一步降低学习效果,形成恶性循环。为此,本文重点从提升学习积极性和强化难点教学效果两个方面对"流体输配管网"的课堂教学方法进行探讨。

1 提升学生学习的积极性

1.1 通过讲解流体输配管网的重要性提升学习动力

通过对通风工程、空调制冷工程、城市燃气工程、供热工程、建筑给排水工程、建筑消

* 朱鸿梅,副教授,博士,研究方向:LNG 冷能利用及粉尘防治。
基金项目:华北科技学院高等教育科学研究课题(No. HKJYZD201319、No. HKJY201423)。

防工程、工厂动力工程等各类工程的图示教学,让学生认识各类管网系统,从而对本门课程的广泛应用和重要性有一个清晰的认识,以提升学生学习本门课程的动力。

1.2 通过讲解工程案例提升学习主动性

结合工程案例讲解,使学生了解更多工程实际和前沿技术进展,因而提升学生学习的主动性,起到事半功倍的效果[4]。

1.3 通过图片、动画及视频,吸引学习兴趣

讲授不同管网系统时,通过图片、动画、视频展示,让学生对系统组件有直观认识。如讲授气体输配管网时,可以给学生看风机、止回阀、防火阀、排烟阀、送风口、排风口、回风口、管件、过滤器、换热器、喷水室、净化塔的图片,形成形象的认识,从而提升教学效果。在讲解排气阀工作原理时,可以采取动画的形式演示其工作过程,提升教学效果。

1.4 采用启发式引入教学,引导学生主动思考

可以通过一些简单的问题,将学生的好奇心调动起来,例如"自然界有哪些流体输配管网?""工程中有哪些流体输配管网?"引导学生想到河系、人体的血液循环,以及所学专业课程中的流体输配管网,从而掌握流体输配管网的概念和应用。也可以通过引导性的问题,让学生积极思考并得出结论,如"不同类型的流体输配管网的基本组成是什么?作用是什么?"然后引导学生进行归纳,并提炼得出各类流体输配管网的共性[4,5]。

1.5 强化课堂小测验,督促学生认真学习

考试不仅考查学生对知识掌握的情况,对学生的能力和素质进行测试,还对学生的学习起到充分的督促作用。采用期末集中考试的办法,会加重学生期末突击复习的压力,忽视了日常积累,其实综合学习效果并不好[6]。为此,可增加课堂练习及测验,如在气液流管网、多相流管网、泵与风机以及枝环状管网之后,通过雨课堂软件对所学知识进行课堂练习及测验,不仅能更好地考查学生对知识的掌握,还能督促学生加紧日常学习的积累,并可以根据测验结果适当调整后续课程的讲授。

2 强化难点的教学效果

2.1 开发水力计算软件,帮助学生掌握管网计算原理

流体输配管网水力计算过程复杂而且烦琐,是本门课程的一个难点。目前,实际工程中已经广泛应用仿真计算软件进行流体输配管网的水力计算[7~9],因而应将教学重点逐渐转移到编程及软件进行水力计算的原理和过程上。商用水力计算虽然使用方便,但并不利于学生掌握其中的原理与算法。为此可以自己开发管网水力计算的小软件,在课堂上实际演示水力计算的主要过程、步骤、方法和原理。笔者采用 VC++平台自己开发

了针对某一管网进行水力计算的小软件,其界面如图1所示。在课堂教学中可利用这一软件演示水力计算过程,帮助学生理解水力计算的原理。还与学生就如何编程实现进行充分的讨论和互动,让学生充分理解编程实现水力计算的方法。

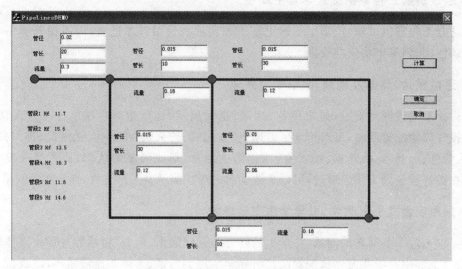

图1　所开发水力计算小软件的界面

2.2　利用商业水力软件,帮助学生掌握计算方法

通过采用行业的设计软件,将专业的水力计算应用于流体输配管网问题的求解,不仅能增加学生的感性认识,提高学生的学习兴趣,还能帮助学生更好地掌握相应的管网计算方法。例如采用鸿业、天正暖通空调设计软件进行水力计算,该软件不仅遵循国家制图规范标准,还提供一些常用的行业标准,故学生在计算和制图过程中,不仅可以形成对水力计算原理的深入认识,掌握水力计算方法,还可以了解并掌握相关的标准和规范。

2.3　通过动画演示,帮助学生掌握动力设备原理

在讲解动力设备的结构和工作原理时,尽量多采用动画、视频演示,不仅有助于学生一目了然地掌握相关知识,而且能吸引学生注意力。图2为演示活塞泵工作原理的动画,可以很清晰地演示活塞泵工作的过程,使学生很容易掌握其工作原理。

2.4　适当借鉴"翻转课堂"理念,提升系统匹配教学效果

翻转课堂是当前最新的、关于授课方式的革新,可以有效地调动学生的积极性,发挥学生的主观能动性,取得良好的授课效果。在泵与风机和管网系统的匹配中,就可以适当地开展这一类型的教学活动。在学生提前充分预习的前提下,课堂上可以针对管网特性曲线的影响因素、管网系统对泵与风机性能的影响、泵与风机工作状态点的确定以及系统效应对工况点的影响等内容展开教学活动。可以尝试先让学生分组讲述主题,同时要求学生互相提问并形成讨论,老师随时考查学生对相关内容的掌握情况,及时发现学生学习的不足,并针对性地予以补充、修正以及总结,可以取得比课堂讲解更好的教学效果。

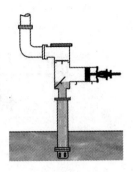

图 2   离心风机、轴流风机及活塞泵的工作原理演示

3   总结

通过以上分析可知,"流体输配管网"是建筑设备与环境工程专业连接"流体力学"与后续专业课程的桥梁,反映了本专业在供热、通风以及空调等不同应用方向下的学科共性,具有十分重要的作用。针对学生反映知识枯燥、部分内容学习难度大的问题,本文重点从提升学习积极性和强化难点教学效果两方面讨论可以采取的措施,有助于帮助学生更好地掌握这门课程的内容。

参考文献:

[1] 付祥钊.流体输配管网[M].北京:中国建筑工业出版社,2005.

[2] 王子云."流体输配管网"教学方式探讨[J].制冷与空调,2010,24(2):71-73.

[3] 孙春华,夏国强,王超."流体输配管网"学生学习情况调查研究[J].教育教学论坛.2016(8):67-69.

[4] 肖益民,付祥钊.流体输配管网课程建设与教学方法[J].高等建筑教育,2013,22(1):98-101.

[5] 张慧玲."流体输配管网"课程创新教学方法探讨[J].科学咨询(科技·管理),2011(10):108.

[6] 于国清,吕静,曹双华.流体输配管网课程内容改革建议[J].高等建筑教育,2010,19(2):93-95.

[7] 王宏伟,王培."流体输配管网"课程考试改革效果分析[J].沈阳建筑大学学报(社会科学版),2008,10(3):367-369.

[8] 李兴友,范亚明,葛丽芳,等.流体输配管网水力计算软件的开发[J].福建工程学院学报,2006,4(3):351-354.

[9] 肖益民,付祥钊.用 MATLAB 分析流体输配管网的初步研究[J].重庆大学学报(自然科学版),2002,25(8):14-17.

制冷与空调专业"工程制图"教学中截交线的求解方法与探讨

赵玉祝* 宗 荣 王小娟 孙淑臻 赵永杰

（潍坊理工学院,山东青州,262500）

[摘 要] 制冷与空调专业教学中的压缩机、换热器及储罐等设备的设计制造都需要用到"工程制图"的基本内容。本文结合笔者多年在制图教学中的实践,阐述了截交线在"工程制图"中的重要性,并介绍了一种利用特殊位置平面求解截交线的方法和步骤,以突破学生在学习过程中遇到的难点,为制冷空调专业课程的学习奠定基础。

[关键词] 制冷空调;工程制图;截交线;投影

0 引言

"工程制图"是制冷空调技术专业的一门培养学生空间想象思维能力的专业技术基础课,既有系统理论又具有很强的实践性。压缩机、换热器及储罐等设备的设计制造都需要用到"工程制图"的基本内容。课程内容包括制图基本知识、画法几何、工程制图等部分。课程知识点结构体系为:点线面的投影——基本体的投影——组合体的投影——图形的表示——零件图的绘制——装配图的绘制。课程知识点连贯性强,其中基本体的投影占据重要的地位,起着承上启下的作用,学生对这部分知识点的理解和掌握直接关系到后续课程的学习效果。

截交线是截平面与立体表面的交线,求解截交线是基本体投影这一章节的重要内容,也是一个难点。尤其是对于由多个截平面截切的立体投影,投影变化复杂,空间概念性强,学生"由物到图"和"由图到物"的空间转换能力薄弱,学习起来普遍感觉困难。因此,如何帮助学生对图形进行投影分析,是求解截交线的关键,也是所有制图老师需要探讨的课题。

1 求解截交线的方法和步骤

平面截切立体表面产生截交线的形式有两种:一是平面截切平面、立体表面产生的

---

* 赵玉祝,硕士,研究方向:机械设计。

交线;二是平面截切曲面、立体表面产生的交线[1]。这两种截交线在求解形式和方法上有一定的差别。本文主要探讨第一种截交线的求解方法,具体求解步骤如下:

(1)采用还原法原理,假想出立体未被截切之前的基本体的形状,构建基本体的投影[2]。

(2)分析投影面平行面,利用其投影特性进行基本作图。投影面平行面的投影特性为在与其平行的投影面上的投影反映实形,另外两个投影面上的投影积聚成直线,且平行于相应的投影轴[3]。

在分析投影面平行面时,一般遵循如下原则:

求解主视图,找正平面;

求解左视图,找侧平面;

求解俯视图,找水平面。

(3)分析投影面垂直面,利用其投影特性补全视图和检查遗漏。投影面垂直面的投影特性为在与其垂直的投影面上的投影积聚成一条倾斜的直线,另外两个投影面上的投影形状类似。

(4)判断截交线的可见性。

2 截交线求解方法应用实例

例题:已知主视图和俯视图,求作左视图(见图1)。

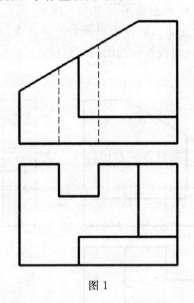

图1

解题步骤如下:

(1)采用还原法原理,假想出立体未被截切之前的基本体的形状——四棱柱。

(2)求解投影面平行面。根据例题要求,已知主视图和俯视图,求作左视图。根据平面的投影特性,侧平面在左视图里反映实形,在另两个投影面上投影积聚为一条直线,并平行于相应的投影轴,故此题先查找侧平面。

如图 2 所示,平面截切立体后有五个侧平面——侧平面Ⅰ、侧平面Ⅱ、侧平面Ⅲ、侧平面Ⅳ和侧平面Ⅴ。根据"三等"对应关系,求出这五个侧平面在左视图里的投影。

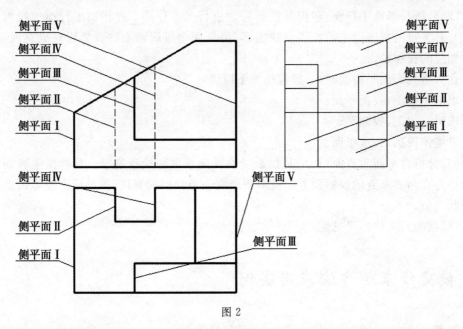

图 2

(3)分析投影面垂直面,补全左视图。如图 3 所示,平面截切立体后有正垂面Ⅵ,根据其投影特性,在主视图里,正垂面的投影积聚为一条直线,在另外两个视图里的投影是类似形,利用垂直面的这一特性检查左视图的完整性。

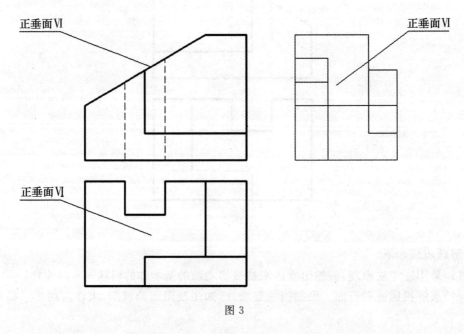

图 3

(4)判断平面之间的相互遮挡的关系,即可见性。

根据视图的投影可知,左视图是由左向右投影得到的。因此需判断侧平面的左、右位置关系,从左至右依次为侧平面Ⅰ、侧平面Ⅱ、侧平面Ⅲ、侧平面Ⅳ和侧平面Ⅴ,其中侧平面Ⅱ、侧平面Ⅲ、侧平面Ⅳ被部分遮挡画成虚线,如图 4 所示。

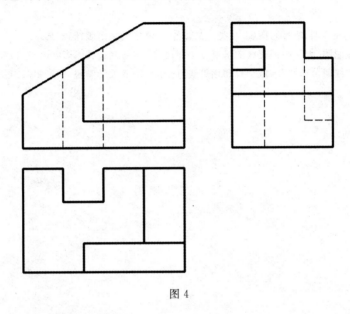

图 4

图 5 是制冷专业常见的太阳能光伏压块,其三视图的绘制就可以利用上面的方法进行分析。

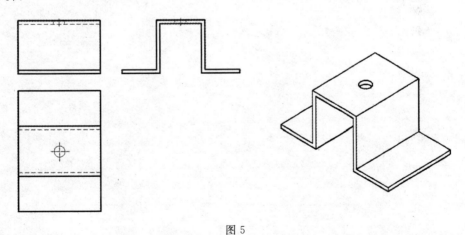

图 5

3 结论

在本文中所阐述的求解截交线的"四步法",是笔者多年在本专科教学实践中总结出来的一种非常有效的解题方法。特别是第二步的分析方法,能够帮助学生使解题率达到80％,再通过第三步的分析方法进行视图补全和检查遗漏,使学生能够突破求解截交线的难点,为学生学习和掌握这部分的内容提供了很大的帮助。

参考文献:

[1] 杨惠英,冯涓,王玉坤.机械制图(非机类)[M].北京:清华大学出版社,2015.

[2] 李勇峰."机械制图"教学中截交线的求解方法探讨[J].装备制造技术,2008(11):173-174.

[3] 何文进.运用"线面分析法"求截交线和相贯线[J].南通职业大学学报,2002,16(3):84-86.

课程建设与改革

"虚拟制冷教学实践"课程资源的升级和建设

王　勤[*]　韩晓红　纪晓声　植晓琴　陈光明　刘楚芸　张　权　金　滔

（浙江大学制冷与低温研究所,浙江杭州,310027）

[摘　要]"虚拟制冷教学实践"课程是浙江大学在国内高校同类专业方向中,率先对专业实践类必修课程进行彻底革新的课程,并在十多年的教学改革和实践中形成了鲜明和独特的教学风格。该课程着力引入近年来快速发展的虚拟仿真技术,开发了电冰箱拆装和空调器拆装两个虚拟仿真教学资源,应用于该课程的动手实践环节教学,并借助新一代"云端＋移动终端"教学平台,有效融合虚拟仿真教学资源和数字化课程资源包,对原有的虚拟教学实践系统进行了升级建设,从而使教学资源更生动、教学活动更丰富、教学管理更高效、效果评估更科学,更好地实现教学大纲所要求的教学目的。

[关键词]虚拟仿真;实践教学;精品课程;数字化;制冷

"虚拟制冷教学实践"课程是浙江大学能源与环境系统工程专业制冷与人工环境及自动化方向的实践类课程,与大多数工科专业的"认识实习"课程相对应。该课程自2000年开设以来,虚拟实践教学系统日臻完善,动手实践环节实验条件不断提高,并取得了越来越好的教学效果,对本专业方向学生的动手能力、独立思考问题和解决问题的能力培养起到了很大的作用,为他们后续的专业课学习和参与各项科研训练打下了良好的基础。自开设以来,通过不断的努力,该课程已取得了很多不错的成绩。该课程的虚拟教学实践系统曾在第三届全国高等院校制冷空调学科发展教学研讨会上进行了成果展示,得到了国内同行及兄弟院校的一致认可与好评[1]。2010年,该课程被评为"浙江省精品课程"。

---

* 王勤,教授,研究方向:混合工质制冷与热泵、深冷装置开发等。

基金项目:高等学校能源动力类"新工科"研究与实践项目(No. NDXGK 2017Z-13)。

1 课程简介

1.1 课程定位和目标

课程定位:该课程是一门理论性和实践性并重的专业必修课程,是本专业本科生的专业入门课,是学生从基础课程学习进入专业课程学习的过渡桥梁,是教学计划中培养学生专业兴趣和启迪原创能力的关键环节。

课程目标:让学生在进入专业课之前全面了解本专业方向的各类基础知识、发展历史、专业特点和应用范围,增强学生的感性认识,激发学生对专业方向的兴趣和对专业知识的求知欲。通过培养和提高学生的综合能力和创新意识,为下一阶段的专业教学打下良好的基础。

1.2 课程难点及解决办法

课程难点:对于还没有进入专业课程学习的本科生来说,虽然已具备相当的专业基础知识,但面对专业课程的专业知识就像面临大海,有着一种朦胧的好奇与畏惧。如果教学手段不合适,他们对专业知识的好奇心很容易受到打击而消失,产生厌倦和畏难情绪,从而给后续的专业课程学习留下很大的隐患。因此,如何采用恰当的教学手段,使没有专业课程知识背景的本科生在相对比较短的时间内,较深入地了解和掌握制冷领域典型制冷装置的系统组成、工艺流程和关键部件的工作过程等专业性和抽象性很强的内容,具有相当的难度。

解决办法:"兴趣是最好的老师",基于这个出发点,该课程从典型制冷装置入手,开发了虚拟教学实践系统,采用虚拟实践教学和动手实践教学"虚实结合"的教学方式,通过深入浅出的文字描述,配以丰富的图片和动画,给学生创造出一个多样化、富于变化的学习和演示环境,着重展示复杂的原理和运行调节基本过程。同时通过动手实践环节,让学生直接接触部分典型制冷装置,亲身感受。最终使学生在轻松愉悦的过程中完成该课程的学习。该教学方式有效地调动了学生的学习积极性,提高了学生自主学习的效果,从而增强了对专业知识和专业课程的兴趣,进一步激发了他们的好奇心。

1.3 教学内容

该课程的教学内容包括虚拟教学和实践教学两部分,具体的学时分配如表1所示。

除了在虚拟实践教学系统进行网上学习典型制冷装置的系统组成、工艺流程和关键部件的工作过程之外,还有两个方面的实践环节,即让学生进行拆装电冰箱、空调器等动手实践环节,可以有效地培养学生观察问题、分析问题和解决问题的能力。

表 1　该课程的具体学时分配

项目	虚拟教学							实验教学	
知识模块	制冷的方法	电冰箱	空调器	换热器	小型冷库	小型低温制冷机	低温储运装置	电冰箱拆装	空调器拆装
学时	6	12	16	12	16	14	8	6	6

该课程在十多年的教学改革和实践中形成了鲜明和独特的教学风格,可以归纳为:

(1)理念:突出自主学习,激发学习兴趣。

(2)方法:柔性时间选择,激发主动学习。

(3)效果:虚实结合,知识能力同步提高。

该课程注重培养学生的综合能力和创新意识,是培养创新性研究型专业人才非常关键的一环,为下一阶段的专业教学打下良好的基础[2~8]。

近年来,虚拟现实、多媒体、人机交互、数据库和网络通信等技术快速发展,虚拟仿真技术(简称"VR 技术")越来越多地应用于教学。构建高度仿真的虚拟实验环境和实验对象,使学生在虚拟环境中开展实验,以达到教学大纲所要求的教学目的。"虚拟制冷教学实践"课程也进行了虚拟仿真教学资源的开发,同时也对原有的虚拟教学实践系统进行了升级建设。

2　课程资源升级和建设

2.1　虚拟仿真教学资源开发

根据该课程中动手实践环节的主要内容和要求,开发了电冰箱拆装和空调器拆装两个虚拟仿真教学资源,目的是搭建理论学习与课堂实验的桥梁,将线下课堂实验搬送到移动云端。

这两个虚拟仿真教学资源均包含练习、考试和漫游这三种模式,以本地运行为主,搭配客户端身份认证、程序更新维护、成绩提交等功能。

(1)练习模式:学生们可在教学模块中切换练习模式,即演示和操作练习可以随时转换;人性化的操作方式,简便、快捷、明了,例如通过点击物体、选择工具、输入参数、旋转旋钮等闯关方式来融入拆装实验当中,充分体验学习的乐趣,并有充分的提示引导信息,如部件高亮或说明文字提示下一步操作。

(2)考试模式:模拟真实拆装实验过程,使学生们在没有提示的情况下,独立完成实验步骤,对学生每一步操作的正确性、规范性、安全性进行自动记录、评估、计分,并输出和提交详细的考核记录单。

(3)漫游模式:通过视角切换让学生们有身临其境的感觉,近距离观察拆装实验设备。

以交互式动画形式并配合公式驱动、粒子特效、画中画、文本、图片和语音等效果进行展示拆装实验的整个操作流程。在过程中,用户可使用鼠标、键盘对设备进行放大、缩小、旋转、移动、隐藏显示、输入参数等操作。

主要教学功能有:

(1)结构认知:让学生对实验用到的设备进行整体认知,鼠标移动到各部件时,自动显示其名称;引出线将同时显示各部件名称,也可切换视角,多方位了解设备结构、连接方式。

(2)预习复习:学生可选择不同的拆装实验内容,逐步演示拆装实验过程,同步伴随操作说明,展示拆装实验中的数据和需要注意的安全事项等,达到课前预习、课后复习的目的;也可通过减速细化拆装实验步骤、通过加速减少拆装实验等待时间,告别枯燥的书面预习模式。

(3)全程监控:可在实训全程自动实施监控,及时发现、提醒和制止学生的不良操作行为,从而培养良好的操作规范和安全意识,技能训练与养成教育并重,有效保障实训安全。另外,学生可以根据需要对资源的一些参数进行配置,例如可通过系统配置功能开关语音提示、部件提示、背景颜色等。

图 1 为空调器拆装实验效果图。

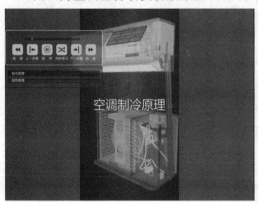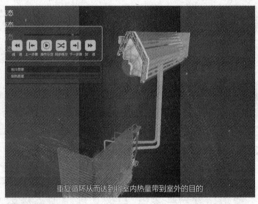

图 1　空调器拆装实验效果图

2.2　虚拟教学实践系统升级和建设

为了充分发挥电冰箱拆装和空调器拆装虚拟仿真教学资源丰富的教学功能,原来的虚拟教学实践系统就力不从心了,因为它无法兼容新开发的虚拟仿真教学资源。因此,需要建设基于云平台的虚拟教学实践系统,开发和整合虚拟仿真教学资源和原有的数字化课程资源,搭建理论学习与综合实践的桥梁,将线下综合实践课堂搬送到移动云端,是理虚实一体化教学思路实践的另一个重要途径。

2.2.1　新一代"云端＋移动终端"教学平台建设

新一代"云端＋移动终端"教学平台把虚拟仿真教学资源和数字化课程资源包进行有效融合,可对教学过程进行"闭环控制"和教学效果进行科学精确的"形成性评价",从而使教学资源更生动、教学活动更丰富、教学管理更高效、效果评估更科学,可全面支持

"翻转课堂""线上＋现场"等新型教学模式,实现教学、实训、培训模式的全面升级。

云平台突破了传统课堂教学方式中时间和空间的限制,增大了学习的灵活性,能帮助学生收获更加方便好用的教育学习体验。云平台可系统地整合教学资源,科学地评估学习效果,其主要分为云课堂、云实训和云考场三个模块。

2.2.1.1　云课堂功能模块

云课堂主要用于理论知识的学习,在课堂教学应用时,将使现有的"老师讲、学生听"的"单向教学"模式升级为教学互动的"双向教学"模式,并在教学过程中实现"即教、即学、即练、即考、即巩固"的闭环控制,大幅度提升教学效果。云课堂功能主要包括资源管理、理论学习、在线题库、随堂测验等功能,学生在生产实习现场即可根据工程师的讲解示范,调取相关知识点进行理论知识的学习。

2.2.1.2　云实训功能模块

云实训主要应用于虚拟实训与实物实训,其功能主要包括考勤、示范观摩、实训操作、实训报告、评价等,其中实物实训示范观摩,可有效解决现场实训时,学生人数众多,无法仔细观摩教师示范操作的问题,也可解决教师在远程进行示范的需求。评价系统可综合学生考勤情况、上课互动情况、实训过程数据、实训报告等,科学、全面地评价学生的学习效果,使评价更为科学、公正。

2.2.1.3　云考场功能模块

云考场是集在线试题库、在线考试、在线监控、在线批改、在线成绩管理于一体的全新考试平台。

2.2.2　数字化课程资源包建设

虚拟教学实践系统的内容基于专业典型装置相关的重要知识点。数字化资源类型包括电子图文、动画、视频、虚拟仿真软件、试题库、项目案例等多样的资源素材。各类资源以单个知识点或案例为基本单元存放于实习课程云平台,学生可随时随地调取资源进行学习,在大幅提升实习效果的同时,还支持专业课程的教学。

任课教师可以将学习要求及数字化资源上传到平台,然后通过发布"课前预习任务",要求学生在截止时间之前完成知识点的学习与自测。学生在课外学习时,可以提问,可以与同学进行讨论,而且每个知识点通过测试后,都可获得奖励——"微学分"。从而克服了传统在线教育的局限,不仅有督导,可以与教师和学生进行沟通,而且还让学生在课外学习的时候能体会到进步与成就感。让教师成为学生学习的指导者、帮助者、设计者,而学生成为主动的学习者、知识意义的建构者。

任课教师还可以把教学平台、虚拟仿真教学资源和数字化课程资源包形成一体两翼构型,即教学平台为主体,虚拟仿真教学资源和数字化课程资源为两翼,在理论教学、虚拟实训、实物实训、巩固考核拓展等各个环节综合运用各种教学资源。比如在实物实训的时候,可以通过二维码扫描,直接关联到微课和虚拟仿真软件,这样就把将实物实训跟理论资源、虚拟仿真直接联系在一起。利用此系统,可以有效监控学习行为,获得过程数据以作为过程考核的依据,包括微学分、平时测验、虚拟实训成绩、实物实训成绩、期末考试、学情评价、非学情评价、学习行为等。

图 2 为理虚实一体化。

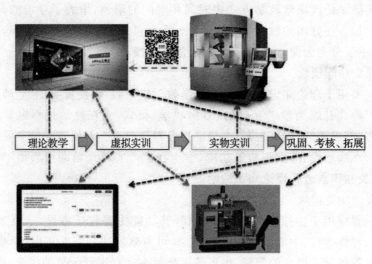

图 2　理虚实一体化

3　结束语

　　"虚拟制冷教学实践"课程是浙江大学在国内高校同类专业方向中,率先对专业实践类必修课程进行彻底革新的课程,并在十多年的教学改革和实践中形成了鲜明和独特的教学风格。

　　该课程着力引入近年来快速发展的虚拟仿真技术,开发了电冰箱拆装和空调器拆装两个虚拟仿真教学资源,应用于该课程动手实践环节教学,并借助于新一代"云端＋移动终端"教学平台有效融合了虚拟仿真教学资源和数字化课程资源包,对原有的虚拟教学实践系统行了升级建设,从而使教学资源更生动、教学活动更丰富、教学管理更高效、效果评估更科学,更好地实现教学大纲所要求的教学目的。

参考文献:

[1] 刘楚芸,王勤,李君,等.制冷领域虚拟实践教学系统的开发与应用(特邀报告)[A].第三届全国高等院校制冷空调学科发展研讨会论文集[C],2005.

[2] 汤珂,王勤,金滔,等.制冷领域虚拟实践教学系统的进一步完善[A].第六届全国高等院校制冷空调学科发展与教学研讨会论文集[C],2010.

[3] 王勤,陈光明,汤珂,等.浙江省精品课程《虚拟制冷教学实践》的建设思路[A].第七届全国高等院校制冷空调学科发展与教学研讨会论文集[C],2012.

[4] 孙大明,袁灵成,邵明国,等.科技竞赛与大学生科研能力的培养[A].第七届全国高等院校制冷空调学科发展与教学研讨会论文集[C],2012.

[5] 乐生健,王梦,巫樟泉,等.CHANGERS节能减排参赛历程[A].第八届全国高等院校制冷空调学科发展与教学研讨会论文集[C],2015.

[6] 金滔,陈光明,王勤.校企合作与交流促进卓越工科人才培养的探索与实践[J].高等工程教育研究,2015(Z):218-220.

[7] 骆仲泱,王勤,岑可法,等.三位一体实践教学平台培养自主创新创业能源与动力拔尖人才[J].高等工程教育研究,2017(增刊):1-5.

[8] 王勤,黄兰芳,周昊,等.本科生自主创新科研实践教学平台的构建[J].高等工程教育研究,2017(增刊):120-124.

"制冷技术前沿进展"课程的教学体会

吴　曦[*]　徐士鸣　陈　聪　董　波

(大连理工大学能源与动力学院制冷及低温工程研究所,辽宁大连,116024)

[摘　要]本文介绍了"制冷技术前沿进展"课程的教学体会。在课前准备时,以权威教材为基础,并通过制冷展会、科学文献以及行业报道等多种形式,补充新鲜资讯和前沿知识。在授课过程中,要注意承前启后、循序渐进、合理安排进度、有效把控节奏。授课形式要丰富多样,将板书、幻灯片、模型等传统方法与新产品、新媒介、新工具等形式有机结合。此外,授课精神要充沛饱满,弘扬正能量。课后,要耐心为学生答疑解惑,强化教学效果。

[关键词]制冷技术;教学;研究生;前沿进展

0　引言

"制冷技术前沿进展"课程是主要面向制冷及低温工程、热能工程以及工程热物理专业的硕士研究生所开设的一门专业选修课程,是本科阶段相关专业课程的延伸。而在实际听课的学生名单中,也有很多来自动力机械及工程、流体机械及工程、能源与环境工程以及化工过程机械等专业的学生。

"制冷技术前沿进展"课程的授课重点在于介绍制冷方法、制冷循环、制冷设备、制冷剂以及制冷技术应用等几个重要方面的新发展。开课目的在于通过课程内容的教学,使得学生具备更为丰富的制冷、热泵、冷冻及冷藏方面的知识,特别是掌握学科前沿的科学知识,了解行业的最新发展动态,从而为学生后续进行深入科学研究或者进入相关对口企业工作奠定适用的学术、实验和设计基础。

---

* 吴曦,讲师,博士,研究方向:制冷剂替代技术、逆向电渗析法热电循环转换技术。
基金项目:国家自然科学基金资助项目(No.51606024)。

1 课前准备

1.1 以权威教材为基础,夯实主体

本课程所用的主教材是由中国制冷学会组编、上海交通大学王如竹教授主编的《制冷学科进展研究与发展报告》[1],出版机构为科学出版社。此书的作者们是行业权威专家,所述内容细致,覆盖范围广泛,专业技术知识丰富,涉及制冷剂、各类制冷空调及热泵装置、压缩机等关键部件、制冷系统建模与仿真、分布式冷热电联产系统、蓄冷与蓄热技术、食品冷冻冷藏技术以及大型建筑群的能源系统等多个方面。

本课程所用辅助教材选用的是由中国制冷学会组织编写的《中国制冷行业战略发展研究报告》[2],主编为清华大学江亿院士,由中国建筑工业出版社于 2016 年出版。该书的特点是所介绍的内容更贴近于实际生产与生活。将制冷技术与能源革命、建筑环境、食品冷链、生命科学、大科学装置、互联网与大数据有机结合起来,对学生知识层次的提升具有益处。

1.2 以制冷展会为抓手,联系实际

每年一届的中国制冷展是国际制冷、空调、供暖、通风及食品冷冻加工行业的盛会,是全球同行业最大规模的专业展会之一。教师通过参会,可以及时了解到最新的产业界动态,能够将新鲜资讯及时教授给学生。而新产品、新技术、新应用、新标准等都能够很成功地激起学生的听课热情。借助图文并茂的表述,学生们还可以了解到一些企业的信息,对就业也有实际参考价值。而且在制冷展上,也会同时召开很多小型会议,比如由联合国环境规划署组织的、已经连续召开多届的臭氧气候工业圆桌会议,是获取最新的有关环境不友好制冷剂淘汰与替代进展的重要渠道。很多世界知名企业也会组织小型会议,发布新产品、宣传新技术。

每年的"制冷技术前沿进展"课程都会安排两个学时专门介绍制冷展见闻,此时学生在教学活动中的参与度也非常好。而在内容逻辑性方面,发现以参会教师视角按参观时间先后顺序介绍制冷展见闻的课堂反馈效果要相对优于以纯技术视角而总结归纳出的内容顺序。这可能是因为前一种方案的代入感更强,学生的跟进学习思路更顺畅。

1.3 以学术文献为翅膀,追踪前沿

授课对象是研究生,很多学生已经具有"制冷与低温原理""小型制冷装置设计指导""制冷压缩机""空气调节""制冷装置自动化""食品冷藏冷冻原理技术"等课程的基础,因而教师不可以完全依赖教材、照本宣科。一方面需要注意防止教学内容的重复性,造成教学资源的浪费;另一方面需要注意时刻把握科研前沿,对学生的研究发展提供有价值的启示。教师需要不断地阅读科学文献,特别是具有交叉性、突破性的科学报道,并十分自然地嵌入授课内容中。

除了科技工作者都比较熟悉的国内外各大数据库（如 Science、CNKI、ScienceDirect、Springer、Taylor & Francis、Wiley、ACS 等）之外，教师还可以关注一些经常报道行业信息和数据的媒体。比如中国产业在线（ChinaOL）等，就会经常发布关于空调热泵及其部件的市场数据和图表，也会介绍一些国内外技术资讯等。这些有利于教师拓展视野。

2 课堂教学

2.1 承前启后，循序渐进

（1）课前，至少要提前十五分钟达到，做好课前准备工作（特别是需要检查是否有彩色粉笔），以及给学生留出课前答疑时间。

（2）开课，首先应该简要复习上次课程中的重要知识点，特别是与本次课程有相关性、延续性的内容。这会起到承前启后的作用，对于学生快速进入状态、从整体把握章节脉络、深入掌握连贯性知识，具有较明显的益处。此外，课前的简要复习不但有利于顺畅地引出本次课程将要讲述的内容，而且也会间接督促学生课下及时复习课程要点。

（3）授课，要注意把控节奏。备课时，就要对整堂课程做出良好的计划，合理地分配各部分授课内容的时间节点。在授课过程中，更是要根据学生的精神状态分析其知识点掌握的程度，并基于课程不同章节内容的难易程度，良好地控制授课节奏，张弛有度。可以典型例子为突破点，重点分析阐述，踏实地将课程关键内容完整地讲授给学生。有时在课程临近结束前，要引导学生一起快速地复习一下本节课讲过的要点内容，并及时布置课后作业（合理控制作业量）。对于上次作业中出现的、较普遍性的问题，给予简要讲解。

（4）拖堂，对于学生来说是一种很难接受的行为。拖堂时，学生情绪表现出了急躁和不安。此时，"教"与"学"这项需要双方共同配合完成的任务，就突然变成了"教"的一厢情愿、"学"的情感难容。无论教师在这段时间里讲述的内容有多么重要、多么精彩，仍无法再吸引大部分学生的注意力了。教学效率变得十分低下，所以应杜绝拖堂。

（5）课后，留在教室，等最后一名学生离开后再离开，给学生留出足够的答疑时间。讲授"制冷技术前沿进展"课程中，遇到最多的课后答疑是关于一些行业软件的使用问题。偶尔，教师应该在课后离开教室前主动跟总坐在前排认真听讲的学生交流，倾听他们关于该课程教学的直接建议。

2.2 形式丰富，手法多样

（1）对于课程重点、难点内容，应该详细、全面、细致地讲述。为了方便学生跟上教师思路，并且能够完整地理解课程要义，可以采用以幻灯片投影图像、以板书推导公式和证明原理相结合的方式来展开。例如，教师现场一边绘制制冷部件结构图、制冷循环流程图，一边给出详细地讲解，有助于学生的理解和跟进。

（2）借助当前多媒体技术的发展，很多企业会将最新的产品做成宣传片，特别是压缩机制造商。教师可以把搜集来的视频资料,一小部分用在课上演示,其余的通过微信等新媒介分享给感兴趣的学生,以便辅助学生课后学习。但也应该提醒学生,严肃对待相关资料的版权问题。

(3)一些制冷系统的配件实物也是有效的助教工具。比如半剖的小尺寸换热器、涡旋盘模型、热力膨胀阀、铜管与保温结构套件等,都会引起学生的兴趣,可丰富课堂教学形式。

2.3 联系实际,学以致用

(1)可以援引工程实例解释基础理论,做到以课程要点专业知识为核心,以实际案例为展开,相辅相成地推进教学。例如讲授自然制冷剂 R290 时,有关多边基金组织在国内的资助项目、德国莱茵 TUV 的合作项目、马尔代夫环保部壁挂机应用示范工程等情况可以结合起来讲给学生听,增强知识点的关联记忆。

(2)当讲授到新一代制冷剂普遍具有可燃可爆性时,从两个角度给学生灌输要联系实际、学以致用:从产品设计者和科研者角度,应该加强研究制冷剂及制冷系统的燃爆特性及抑制惰化机理;从使用者角度,要学习相关知识,培养良好的生活习惯,杜绝隐患。

(3)在讲授技术、产品知识而涉及一些知名企业时,可以顺便介绍一下企业所在地、拳头产品、技术特点、近年发展概况等,为学生就业提供一定的参考。

(4)还要联系实际的一些大科学仪器及装置、航空航天、新能源、生物医药等,让学生知道制冷技术不仅仅是空调和冰箱,也可以是"高精尖"技术的重要组成。

2.4 拓展思维,激发兴趣

(1)学生是理性的,但也是感性的。他们不但敬重专业知识渊博的老师,也崇拜具有文化修养、多才多艺的老师。如果能将教师的个人特长与专业特长有机结合、充分发挥,也是非常有利用教学活动开展的。有一次课程的内容涉及节流与熵增,课间休息时想起了校园里曾经银杏随风飘落的情景,那也是大自然的熵增过程,于是便说道:"其实我们制冷技术也可以表述得很文艺,比如问飞逝韶光冷暖、看熵增落叶秋黄。"没想到立刻响起了掌声,此次课堂的听课效果也很好。

(2)要多为学生考虑。这不但表现在备课时,注重授课内容对学生将来发展的作用,而且表现在授课时,善于与学生沟通,使得所"教"内容能够完整地被"学"到。既要考虑到将来继续从事科研深造的学生,适当添加具有一定难度的前沿研究热点;也要兼顾到将来进入企业工作的学生,适当包括行业比较重视的专业技能,激发其兴趣。课下,要努力腾出时间,针对课程答疑。对于独立思考、有发散性思维的学生,要注重培养其创新能力。

(3)要注重传播正能量。鼓励学生要掌握扎实的基础知识、培养丰厚的专业技能、开拓敏锐的思维、具备良好的创新意识,还要诚实守信和友爱协作、树立热爱祖国、报效社会的责任感,更要对制冷行业的现状和未来充满信心。

3　结束语

韩愈在《师说》中指出:"师者,所以传道授业解惑也。"言传身教、传授知识、答疑解惑是一名教师的责任,新时代还赋予教师新的责任。教师,承载着国家、社会、学校以及家长对于学生培养的殷切期望,承载着广大学生对于努力提高个人知识和技能水平的深切渴望。

仔细备课、认真授课、耐心答疑是讲好这门课程的最基本要求;激发学生兴趣、拓展学生思维、启迪学生创新是实现这门课程价值的终极目标;将立德树人贯穿教学始终、为制冷行业培养人才、为中国梦添砖加瓦是为之奋斗的理想与职责。

参考文献:

[1] 王如竹.制冷学科进展研究与发展报告[M].北京:科学出版社,2007.

[2] 江亿,张华.中国制冷行业战略发展研究报告[M].北京:中国建筑工业出版社,2016.

玩转"百万立方"

——基于 STEAM 理念的"能环概论"课程改革

徐象国[1*]　何珊云[2]　高　宁[3]　邵俊强[1]　盛呈燕[2]

(1.浙江大学制冷与低温研究所,浙江杭州,310058;

2.浙江大学教育学院,浙江杭州,310058;

3.浙江理工大学艺术与设计学院,浙江杭州,310018)

[摘　要]"能源与环境系统工程"这一主题涉及的内容异常繁杂,相关教材以罗列各类能源的特点和利用技术为主,基础知识和高深的应用技术会出现在同一章节。对于学生而言,往往知其然而不知其所以然。更难以在各个能源之间作出横向的比较,难以思考在不同的环境和人的需求下,应该如何选择不同的能源利用形式。在"能环概论"课程上,笔者引入"百万立方"项目,通过引导学生创建一个能源与物质能够自给自足的小世界,让学生深入思考能源、环境与人之间的复杂互动关系。同时,邀请浙江理工大学环境设计专业的学生共同上课,实现工程与艺术的结合,践行最新的 STEAM 教学理念。本文将按照课程理念、课程框架设计、课程成果三个方面对这一新的尝试进行介绍。

[关键词]百万立方;能源与环境;STEAM;课程改革

0　引言

"能源与环境"这一主题是当今热点之一,许多高校的工学都开设了相应的能源与环境系统工程专业。从狭义的专业范畴来看,它是一个能源、环境与控制三大学科交叉的复合型专业,可以涵盖清洁能源开发、电力生产自动化、能源环境保护、制冷与低温、空调和储能、空调与人工环境等领域的设计、研究与管理等领域[1]。而从广义来看,"能源与环境"所涉及的内容更是异常繁杂,几乎人类生活的每一个层面都无法脱离这一话题。针对如此繁杂的主题,应如何开设相关的概论型课程,以引导学生进入这个交叉性极强的领域?通过查看相关的教材,我们可以窥见一斑。

在 Amazon、当当搜索"能源与环境",可以找到数本概论型教材,其中有中国电力出版社出版,方梦祥等主编的《能源与环境系统工程概论》[2];化学工业出版社出版,李润东、可欣主编的《能源与环境概论》[3];水利水电出版社出版,卢平主编的《能源与环境概

* 徐象国,副教授,博士,研究方向:空调系统运行性能、建模与控制。

基金项目:教育部高等学校能源动力类新工科研究与实践项目重点项目(No. NDXGK2017Z-25)、浙江大学学科交叉预研专项(促进深度学习的 STEAM 课堂)

论》[4]等,如图1所示。

图1 与"能源与环境"相关的概论型教材

这些教材的共同点是,以各类能源以及相应的对环境的影响为划分依据,分类进行罗列,基础知识和高深的应用技术会出现在同一章节。例如化石能源的定义、特性、用途等科普性知识,会连同脱硫脱硝技术、流化床燃烧技术等高深理论共同出现。在讲课的过程中会难免出现以下问题:科普性知识太过浅显,百度、维基等很多网站上都有,老师的照本宣科容易让学生感觉枯燥;而高级应用技术又太过高深,对于缺乏传热、流体力学等专业知识的学生而言,老师也只能点到为止,讲多了,学生无法消化吸收。课程完结以后,学生获得了一堆的概念、定义、性质、方法,但往往知其然而不知其所以然。更难以在各个能源之间作出横向的比较,难以思考在不同的环境和人的需求下,应该如何选择不同的能源利用形式。

我们节省下来的能源,去哪里了?为何技术在进步,我们的城市在生态上却越来越像一个毒瘤?追寻淳朴自然的生活方式是否可以成为世界的救赎之道?如何才是真正的可持续化发展?以上问题,都是我们在思考能源与环境的关系时所希望解答的。但是答案难以从固定的概念、定义中获取。如何激励学生在这门课程中主动参与,主动思考?也许这需要解决比一门课程的教学方法更为本质的两个问题:一是工程师如何思考和行动,二是教育系统如何更好地培养像工程师一样思考和行动的学习者。

1 工程思维习惯的核心

工程作为团队中设计和构建解决方案的优秀成员,其目的是制造真正有用的、可以服务群众的事物,其中包括感知和澄清需求或问题、仔细研究情境问题、生成和评估创造性解决方案等。表1所呈现的六个思维习惯恰当地描述了工程师在面对有关制造和改进问题的具有挑战性问题时思考和行动的特征方式。为了激发这些思维习惯,在工程课程中以真实、实践为基础的体验式学习有很大价值。为此,笔者在"能源与环境系统工程概论"这门课中,引入了"百万立方"项目。

表 1　工程思维习惯的核心

系统思维	观察整个系统和部分以及它们如何进行连接,模式识别,识别相互依赖性和综合
发现问题	明确需求,检查现有解决方案,调查背景和验证
可视化	能够将抽象变具体,操纵材料,物理空间的心理预演和实用的设计解决方案
提高	通过试验、设计、描绘、怀疑、猜想、实验思考和原型设计,不懈努力更好地完成任务
创造性问题解决	应用来自不同传统的技术,与他人一起产生想法和解决方案,慷慨而严谨地批评,将工程学视为"团队活动"
调整	测试,分析,反思,改变身心状态

2　百万立方

"百万立方"项目的规则为:

(1)利用一百万个 1 m×1 m×1 m 的立方体,自由组合形成空间,建设一个人类社会;

(2)必要条件 1:能源自给自足;

(3)必要条件 2:能够维持人类生存;

(4)允许自然界的物质流入流出这个空间,但要将对自然界的影响降到最低;

(5)不计成本,但所有人为创造的东西都不允许超出这个空间。

从规则可以看出,我们尽量不去设置任何的限制,这是完全开放性的设计。希望通过引导学生创建这个能源与物质能够自给自足的小世界,让学生深入思考能源、环境与人之间的复杂互动关系。这不是乌托邦式的尝试,而是基于他们自己的价值观,对能源与环境作出的自我判断。他们可以用最淳朴的方式生存于"百万立方"之中,也可以极尽科技之能事,打造未来版的"百万立方"。每个他们所选用的技术,也许在工程计算上要求精准无误,但是这个选择本身无关对错。因此,我们也设计了特殊的评分方式。

项目满分 50 分,最后评分方式为:

学期结束时,进行项目展示,所有学生外加邀请的老师在所有项目展示完毕后,选择自己愿意居住的社会。

考虑因素:社会的技术可行性;社会对自然的影响程度;社会的可持续性;社会的舒适程度。

每吸引到一名学生加 2 分,每吸引到一位老师加 10 分。

通过这一贯穿课程始终的项目设计,学生们不仅完成了本学科相关信息的搜索和消化,还主动去了解许多其他学科的知识,无形当中促进了学科的交叉融合。

3 项目历程

"百万立方"项目 2015 年源于浙江大学能源工程学院本科生课程"能源与环境系统工程概论"。经历了三年的尝试,"百万立方"一直跟随着同学们在成长。在最初的时候,它是一个长宽高各 100 米的立方体,矗立在地面之上。然后就有同学提议说,我可不可以把它翻转,变成地上、地下两个对称的金字塔,这样我就能利用地热能了。还有同学提议说,可不可以改变它的形状,只要满足体积不变的要求。到最后,它变成了一百万个小立方体,你可以随意堆砌,创造任何奇妙的世界。

在第一年带着疑惑和欢乐的"游戏"中,我们设计出了位于冰岛的"幸福小镇",小镇中心有一个酒馆,那里有通红的炉火和大杯的啤酒;还有位于北海道的"心中的日月",海洋的宁静浩瀚和来自温泉地热的能量遥相呼应,一冷一热,一月一日;以及"海上城庄""文明巢穴""Street""我的世界",等等。浙大求是新闻网在第一次报道这个项目时,称之为浙大的一门"游戏"课。

在"百万立方"成长的第二年,迎来了新的成员。浙江理工大学艺术与设计学院的高宁博士带领环境艺术设计专业的同学们第一次走进浙大,和浙大能环专业共同创建心中的世界。通过这种交叉融合,期待让工科的严谨计算得到更美的呈现,也让艺术的跳脱潇洒得到工程理论的实际支持,在 STEM 理念的基础上,进一步实现 STEAM(Science,Technology,Engineering,Art and Mathematics)教学。

但是,在初次面对能源与设计专业的融合时,同学们虽觉得惊喜,却也一时无法找到对接的头绪。在历经一个多月的项目设计过程中,争执、妥协、再争执是每个项目组的日常工作。不同专业的同学们往往想退回到自己擅长和熟悉的专业领域,去享受知识壁垒中的确定感和既有成就。这也倒逼着教师们去重新设计课程框架。

4 课程框架

原有分类阐述式的课程框架已难以和"百万立方"项目相配合。因此,我们从应用出发,以建设"百万立方"世界为主线,计划将整个课程分为三个部分。

第一部分为初级篇。在此部分,重点是让学生了解与能源相关的基础知识并能将各种能源加以基本应用。例如,遴选出各种能源在被加以应用时所共通的三个最重要的基本特征:能量密度、空间分布、时间分布。仅需给出一两种能源的案例,即可引导学生自行去寻找他们想要利用的能源,在他们想要建设小世界的那个地点,这三个方面都分别是怎样的数值。这就将虚的知识落在了实的地点上。其中涉及的具体利用技术也要限制在最常见的技术范围内。例如太阳能利用,仅涉及太阳能热水、采暖、光伏电池这几个日常生活中可接触到的利用技术。另外,还要让他们掌握两个关键的概念:供需平衡(包括能源和物质)、循环利用(包括能源和物质)。通过此篇章的学习,学生就能够搭建一个初级版本的小世界。

第二部分为进阶篇。在此部分,学生将会进一步学习能源的格局以及能源的高级利用方式,例如太阳能大规模热发电技术、太阳能制冷技术、太阳能化学能转化技术,再如煤炭高效洁净燃烧技术、煤炭转化技术、煤炭多联产技术、煤分级梯级综合利用技术等。借此,学生可以在初级版本的基础上,掌握能量的品位这一概念,思考如何进一步提升能源的利用效率,以及各类能源的选择会对小世界的运行产生哪些影响。

第三部分为高级篇。此篇章为开放式的,提供了"能源与环境"这个主题同其他学科之间的接口。例如能源和环境艺术,提供了能源特性与美的结合;能源与社会变迁,展现了能源驱动社会发展的巨大能力;石油的化工用途则让学生明白,选择一种能源,除了提供生活所需的能量外,还和生活所需的物质密切相关。以上所罗列的篇章仅仅提供了一些范例,展示如何将不同学科的知识综合利用在"百万立方"小世界中。通过高级篇的学习,学生们将更加接近真实世界的需求,更加了解真实世界的复杂性。

5 最终设计成果与关键设计要点

2018 年是"百万立方"的第三个年头,参与人数超过了百人,参与专业包括能源与环境系统工程、环境设计、产品设计、工业设计、美术学。下面将通过最终设计成果来同时呈现项目设计过程中所需要注意的关键要点。

供需:如图 2 所示,学生要做的第一件事是要梳理清楚所建设的小世界需要多少的能源消耗,进而倒推所需的能源供给,然后结合选址,来选择应当建设哪些能源获取装置(见图 3)。

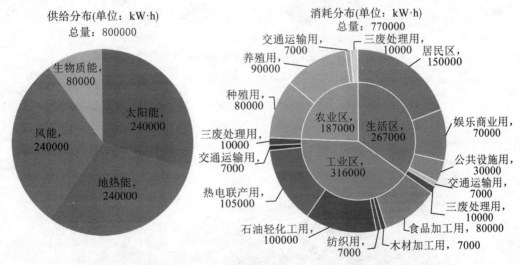

图 2 某"百万立方"项目的能源供需分析图

选在位于中国广东省珠江入海口的南沙湿地

1.中国三类日照区域

2.中国最大的风能区之一

3.大小型河流分布密集，便于小型、小小型、微型等水电站开发利用

4.水质状况好，便于水库养鱼和饮用

5.气候温和多雨，多年平均温度在19~24℃之间

图3 某"百万立方"项目的选址初步分析

循环:学生需要掌握的第二个设计要点是能源与物质的循环利用。图4展现了某小组对于能源和水如何在他们的小世界内循环利用的设想。基于这一分析,他们进一步构建了类似客家环形土楼的小世界,就取名为"H循·环"(见图5)。

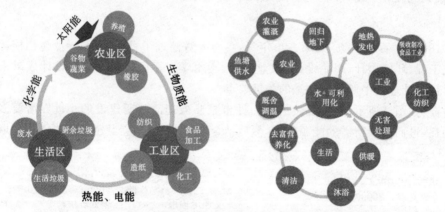

图4 某"百万立方"项目能源和水的循环利用设想

图5 "H循·环"项目的设计构想

品位:这是进阶的概念,让学生掌握能源的品位特性,尝试多能互补和梯级利用,进一步提升小世界的能源利用效率。根据这一理念,就有学生设计出了有机朗肯发电的热量梯级利用系统(见图6)。

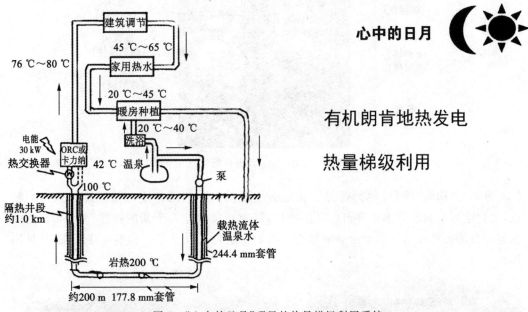

图6 "心中的日月"项目的热量梯级利用系统

特性:能源的特性对世界的影响则是更为复杂的概念。对于初学者而言,终端的能源使用状态全是电能。这就意味着,他们所设计的世界,不管是利用太阳能、风能,还是利用核能或潮汐能,最终的世界都会大同小异,只是形状不同而已,能源并不会对他们的生活模式产生影响。在"百万立方"的进阶阶段,要求学生们根据自己世界的主能源来设计不同的生活方式。例如"Alga Island"这个项目(见图7),他们的主要能源是生物质能——绿藻。因此,他们的世界就仿如一个植物细胞,居民区是细胞核,发电厂是线粒体,畜牧业是高尔基体,等等(见图8)。

图7 "Alga Island"项目设计构想图

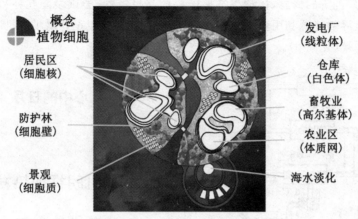

图 8 "Alga Island"项目概念图

再如"加达屿"项目,他们选择了核能为主要动力。利用核能能量密度巨大这一特点,他们世界中的所有小岛都可以移形换位,随时可以构建一个新的社区(见图9),为能源与社会的关系互动提供了全新的设想。他们甚至自己设计了一套小岛接驳系统(见图10)。

图 9 "加达屿"项目概念图

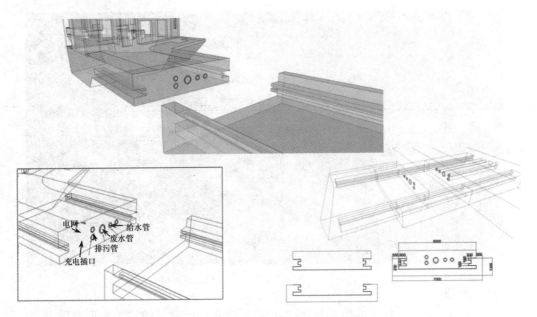

图 10　"加达屿"项目的小岛接驳系统

善：以上的内容都是关于能源与环境系统工程专业自身的，属于科学上的求真。在高级阶段，我们将走出专业范畴，去对接更为真实的世界，如思考如何求善。"NEO"项目提出了他们百人公民议会制度（见图 11），"日月星辰"项目则探讨何为"正义"（见图 12）。

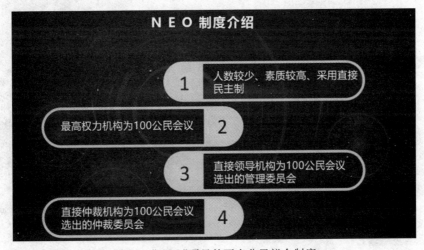

图 11　"NEO"项目的百人公民议会制度

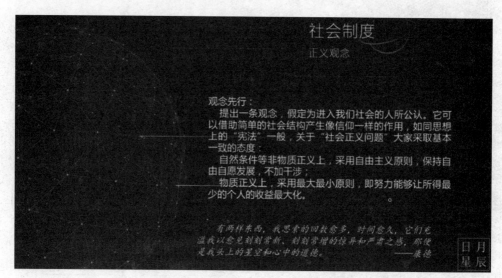

图12 "日月星辰"项目关于"正义"的探讨

美:借助于艺术设计专业的参与,我们才有可能将心中设想的世界真正呈现出来,而不是只能画最简单的二维概念图(见图 13 和图 14)。也正是由于艺术的升华,更多工程上的创新被激发出来(见图 15)。

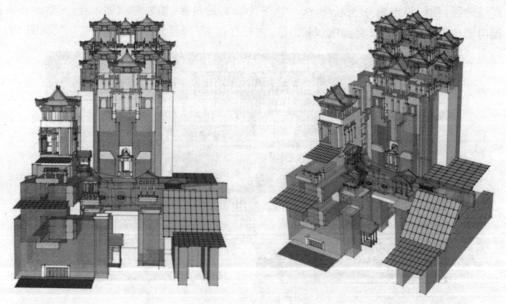

图13 灵感来自"千与千寻"的东方建筑

图 14　绚烂多姿的"诞生"世界

图 15　形如莲花的太阳能聚焦发电装置

6　未尽的改革

　　工程师以独特的思维方式进行思考和行动,如果我们对此进行更多的了解,将会更好地指导工程的教学和学习体验的开发。利用"百万立方"串联主线,结合分段式的课程体系,既可以让初学者在实践中快速掌握能源的基础特性,也允许有广阔的空间让未来的工程师们发挥创意。而"STEAM"理念的融入,更是让未来工程师们可以亲眼见证自己的创意设想变成美妙的图景。系统思维,问题发现,可视化,提高,创造性问题解决和调整,这六种工程思维习惯处处可以在"百万立方"的设计过程中得到训练。

　　2019 年我们会进一步设计任务卡,协助学生更好地梳理供需关系,更加规范地整理能源基本特性。我们也会尝试将"百万立方"项目推向高中,一是检测分段式课程体系的有效性,二是让工程思维的教育更早地融入教学体系中。

　　走过了三个年头的"百万立方",改革还在继续。

参考文献:

[1] 方梦祥,金滔,周劲松.能源与环境系统工程概论[M].北京:中国电力出版社,2009.

[2] 李润东,可欣.能源与环境概论[M].北京:化学工业出版社,2013.

[3] 卢平.能源与环境概论[M].北京:水利水电出版社,2017.

[4] LUCAS B.,HANSON J. Thinking Like an Engineer:Using Engineering Habits of Mind and Signature Pedagogies to Redesign Engineering Education[J].International Journal of Engineering Pedagogy,2016,6(2):4-13.

"建筑环境学"在线课程建设

余克志[*]　　刘艳玲

[上海海洋大学制冷空调系、食品科学与工程国家级实验教学示范中心（上海海洋大学），
上海，201306]

[摘　要]"建筑环境学"是建筑环境与能源应用工程专业的一门专业主干课程。本
文提出"建筑环境学"在线课程建设规划，包括目标定位、内容优化、在线教学设计、实践
体系建设。

[关键词]建筑环境学；在线课程；混合式教学；实践体系

0　引言

"建筑环境学"是广大学生真正接触专业核心的一门专业基础课。因此，这门课程对
学生进行兴趣调动，帮助学生建立对专业的热爱，激发其学习的兴趣具有十分重要的
意义。

从教学角度出发，建筑环境学进行在线课程建设可以更好使学生领略到建筑环境学
在专业学习中的重要地位，也能将自己所学专业和能源动力等专业区分开来。

1　课程目标定位

本课程是建筑环境与能源应用工程专业一门十分重要的课程。从建筑环境与能源
应用工程专业课程体系来看，只有建筑环境学具有专业导向的作用，也是后续各门专业
课程的基础，充分反映了本专业的重要特征。

2　课程内容优化

（1）目前的"建筑环境学"教学内容基本是按照建筑外环境、建筑热湿环境、控制品

---

　*　余克志，博士，副教授，研究方向：制冷空调仿真优化。

　　基金项目：上海海洋大学在线课程建设《建筑环境学》。

质、光环境、声环境等部分章节组成的,系统性、连贯性不足,学生们对建筑环境的整体认识不足。

(2)此次课程内容进行了优化,从建筑环境的系统性考虑,除了第一章绪论外,分为四大模块,分述建筑环境的四大问题。

人类需要什么样的建筑环境?这个问题组成第一篇(建筑环境的需求参数),包括人对建筑热湿环境、控制品质、光环境和声环境的需求,同时也涉及部分工业环境的参数需求。

建筑环境受哪些参数的影响?这个问题组成第二篇(建筑环境的影响因素),包括外扰(建筑外环境)和内扰(围护结构的热湿传递、室内污染物的影响、室内声音的传播和衰减、天然光环境的影响因素)。

如何控制和改变建筑环境?这个问题组成第三篇(建筑环境的控制技术),包括热湿环境的营造、通风和气流组织、噪声的控制、人工光环境的营造等,另外还考虑各种控制手段之间的相互关系。

怎样综合评价建筑环境?这个问题组成第四篇(建筑环境的评价方法),包括建筑环境的评价标准和绿色建筑的目标和原则等。

3 在线课程设计

3.1 多媒体课件制作

根据上述四大模块,重新制作多媒体课件,突出建筑环境的整体性和系统性。

3.2 教学视频

根据线上课程的需要,拟录制 70 段课程视频,近 800 分钟。教学视频针对的是两部分内容:教学预习内容,相对比较简单,可供同学们线下预习;教学重点内容,可供学生反复观看,加深课程印象。

3.3 相关参考资料

除了多媒体课件外,本课题拟丰富建筑环境学的教学资源,包括电子图书、视频、图片等,让学生能够多角度地接触相关的知识点教育。

3.4 线上与线下教学环节

采用"混合式教学"模式,将线上教育与线下教育有机结合,将课程梳理、合并建立一个平台,打造一个线上教学与线下教学的互动式学习平台,以弥补线上教育不能保证学习质量的缺陷,有效地把线下与线上相结合,并把多年积累的课程体系打通。

"混合式教学"分为三个环节:

(1)线上教学——学生课外预习。通过教学视频,学生在课前提前预习需要学习的教学内容,并通过线上解答教学预留的预习作业。通过教学平台的预习作业情况,教师可了解线下学生的预习情况。

（2）线下教学——课堂教学环节，侧重课堂讨论、课程模拟教授、课程答辩等模式。学生可将线上预习不理解的内容拿到课堂上进行讨论，教师也可集中讲解学生预习中遇到的普遍问题，也可以让学生相互提问答辩等。

（3）线上教学——学生课外复习。这部分内容包括部分重点课程疑难解答部分和完成一定量的复习题。

以上的三个环节可以实现建筑环境学的"混合式教学"。

4　实践教学体系

除了课程教学以外，还增加了实践教学体系，以增加学生的实践体会。实践教学体系分为四个级别：

（1）实验室内的实验：以空调综合实验室内的建筑模拟环境为对象，实施三个实验，即室内热湿环境测量、室内污染物测量和室内热舒适测量。

（2）校内问卷调查：以校内的宿舍、办公室、食堂等建筑为对象，采用问卷调查的方法，统计室内对象对建筑室内的不满意因素，并分析调研结果

（3）临港地区建筑外环境调研：通过资料收集和实地调研，了解临港地区的气候特点及对建筑环境的影响。

（4）主题综述：针对建筑环境学的某一主题，通过资料查阅，写出综述报告。

5　总结

本文分析了"建筑环境学"在线课程建设规划，包括目标定位、内容优化、在线教学设计、实践体系建设。在线课程的建设将会为建环专业的学生提供更好的学习体验。

参考文献：

[1] 朱颖心.建筑环境学[M].北京：中国建筑工业出版社，2005.

[2] 余克志，陈天及."建筑环境学"课程教学方法浅议[A].第六届全国高等院校制冷空调学科发展与教学研讨会论文集[C]，2010.

[3] 于文艳.提高建筑环境学课程教学效果的措施[J].高等建筑教育，2008，17(2)：73-75.

[4] 唐春丽，陈育平，张东辉."建筑环境学"课程教学探讨与研究[J].中国电力教育（下），2009(9)：114-115.

[5] 杜传梅，张明旭，徐颖，等.建筑环境学课程教学研究[J].高等建筑教育，2011，20(2)：97-99.

[6] 朱颖心，石文星.对工科专业课程教学方法的思考[J].高等建筑教育，2011，20(5)：78-82.

[7] 余克志，刘艳玲.建筑环境学"通感"教学法[A].第九届全国高等院校制冷空调学科发展与教学研讨会论文集[C]，2016.

深化工程师培养计划课程改革
提升卓越人才培养质量

刘圣春* 郭宪民 臧润清 申 江 宁静红 姜树余 闫 艳

(天津商业大学机械工程学院,天津,300134)

[摘 要] 随着工程人才培养力度的加大,尤其是近期所强调的"新工科"的改革,对本科工程型人才的培养提出了更高的要求。结合本校承担的卓越工程师人才培养项目,针对课程的授课形式、授课内容、考核方式进行了一系列改革,并取得了一定的效果,逐步提升人才培养的质量。

[关键词] 工程师;课程改革;考核方式;培养质量

0 背景和意义

当前,我国正处于工业化进程中期,国家做出了走新型工业化道路的战略选择。面对我国经济发展转型升级与全面提升国际竞争力的紧迫要求,培养造就一大批创新能力强、适应我国经济社会发展需要的各类工程技术人才,是增强我国核心竞争力、建设创新型国家、走新型工业化道路的必然选择。为此,教育部决定实施卓越工程师培养计划,其是正在制定的《国家中长期教育改革和发展规划纲要》中的重要内容。

能源与动力工程专业作为我校唯一参与卓越工程师培养计划的专业,其培养计划改革与实施决定了人才培养质量的高低。在卓越工程师培养计划实施过程中,随着课程体系的改革,出现了一些以前没有或者不曾关注的问题,亟待解决。

(1)课程内容更新问题。随着知识的快速更新,授课内容的更新略显滞后,需要不断补充前沿的以及工程背景的知识到教学内容中。

(2)专业英语以及双语教学的开发亟待深化。通过调研发现,学生普遍对专业英语的掌握程度不高,很多专业词汇都是在继续深造中重新学习的。

(3)课程考核方式模式的探索。如何能够配合考核方式的改革,提升学生对知识的理解与把握需要不断改革与探索。

本文正是基于上述问题,开展卓越工程师培养计划课程改革,以期达到提升人才培养质量的目的。

---

* 刘圣春,教授,博士,硕士生导师,副院长,研究方向:制冷系统节能技术、自然工质替代技术、相变储能及新能利用。

1 研究内容

1.1 校企联合授课模式的建立与深化

随着知识的更新,教材内容的跟进速度略显迟缓。那么,如何提升理论授课内容的先进性呢?引进企业以及行业协会的智力资源,协调与理论授课教师的授课内容的关系,建立新的理论授课模式,是一项重要的改革内容。

1.2 双语教学以及专业外语授课模式的有效实施

专业外语的授课不佳一直是教师和学生共同面临的问题,专业外语的效果对于学生以后的深造十分重要。采用良好的教授环节,让学生提升学习兴趣、强化学习效果是需要重点研究的内容。通过国外进修教师的国外学习,在专业课授课中采用双语教学,是教学改革中的一项重要内容。

1.3 强化过程考核,注重能力培养

以往的考核方式均采用期末考试加平时成绩的模式,为了提高学生学习的主动性,同时便于掌握学生学习的动态,应加强过程考核。借鉴国外大学授课的经验,将考核过程放在平时,严格要求,强化学习效果,是需要研究的一项重要内容。

2 改革过程分析

2.1 校企联合授课模式

为了进一步提升理论授课知识的前沿性与实用性,与国内相关企业和行业建立"校企联合授课"的教学模式。聘请企业的工程师担任理论授课过程中某一章节或某一部分内容的授课,将工程师的实践知识引入课题,提升学生的学习兴趣,以及对理论知识的理解。通过聘请大金空调(中国)投资有限公司(见图 1)、丹佛斯等知名公司的工程师走进课堂,为学生讲授专业知识,取得了良好的效果。学生能够积极与工程师进行沟通和交流(见图 2)。

图1　大金空调工程师在为学生上课

图2　学生积极主动与工程师交流

　　中国制冷空调工业协会秘书长张朝辉和学校杰出校友、中国制冷空调工业协会副秘书长刘晓红分别作了"制冷空调行业制冷剂替代进程与发展动态"和"我国制冷空调产业发展状况简析"的专题报告,丰富了教学的内容(见图3)。

图 3　中国制冷空调工业协会主题报告会

2.2　双语教学及专外授课模式的改革

专业外语的授课摆脱以往的授课模式,教师讲授行业专业词汇后,脱离教材本身,让教材只是作为学生学习资料之一,通过布置学生不同方面的外文资料,让学生自行学习,然后学生自己用外语讲授所学内容,达到专业外语的训练目的。同时,利用现有的资源,由外籍专家授课(见图4),国内老师作为辅助教师来完成相关的授课内容,更好地提升了学生学习的主动性和积极性。(见图5)

图 4　专业外语外教授课

在专业基础课"工程热力学"以及专业课"制冷原理与设备"中,尝试采用双语教学、英文幻灯片、中文讲授,或中文幻灯片结合英文讲授(见图5)。

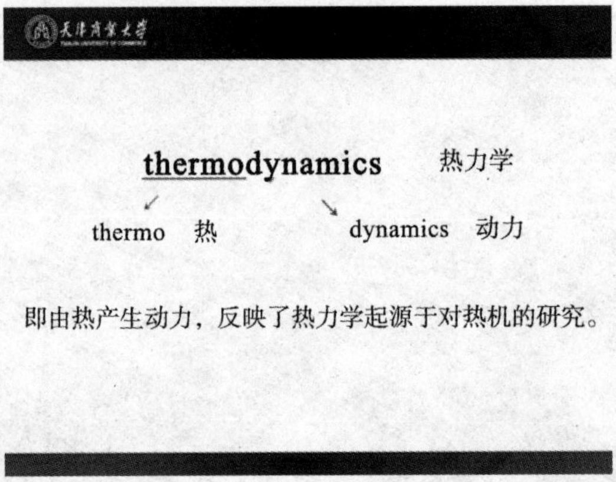

thermodynamics 　　热力学

thermo　热　　　　　dynamics　动力

即由热产生动力，反映了热力学起源于对热机的研究。

图 5　双语教学幻灯片

2.3　课程考试方式的改革

以往的考核方式均采用期末考试加平时成绩的模式，为了提高学生学习的主动性，同时便于掌握学生学习的动态，加强了过程考核。以"工程热力学"为例，平时的考核由 3 次考试构成，每次时间为 45 分钟，每个小测验的分值为课程总成绩的 10%，期末考试占课堂总成绩的 70%。课堂总成绩占 75%，实验成绩占 10%，实践成绩占 15%，调动了学生的学习主动性，取得了很好的效果。课程成绩单如图 6 所示。

天津商业大学学生成绩登记表
2016-2017学年春(两学期)
工程热力学【确定】

课程号:1240414103　课序号:01　学分:4　　任课教师:刘圣春(920122335)　　第1页，共1页

序号	学 号	姓 名	班 级	课堂成绩				实践成绩	实验成绩				总成绩	特殊原因	录入状态	备注
				平时成绩	期中成绩	期末成绩	总成绩		平时成绩	期中成绩	期末成绩	总成绩				
1	20150652	王镜	卓能源1501	89		78	81.3	89			78	78	82	·	确定	
2	20150702	陈丽锦	卓能源1501	94		94	94	92			82	82	93		确定	
3	20150731	王心仪	卓能源1501	93		87	88.8	92			81	81	89		确定	
4	20150883	苏宇飞	卓能源1501	90		78	81.6	90			73	73	82		确定	
5	20151006	仇兆敏	卓能源1501	84		62	68.6	89			76	76	72		确定	
6	20151484	丁燕	卓能源1501	89		83	84.8	93			81	81	86		确定	
7	20151499	张文杰	卓能源1501	87		71	75.8	90			75	75	78		确定	
8	20151504	古保婷	卓能源1501	93		84	86.7	89			83	83	87		确定	
9	20151506	周志超	卓能源1501	92		89	89.9	89			80	80	89		确定	
10	20151507	张鹏	卓能源1501	87		85	85.6	90			77	77	85		确定	
11	20151512	张书源	卓能源1501	88		66	72.6	91			80	80	76		确定	
12	20151519	龙治平	卓能源1501	86		80	81.8	91			80	80	83		确定	
13	20151542	李陆伟	卓能源1501	91		96	94.5	91			78	78	92		确定	
14	20151547	袁野	卓能源1501	86		72	76.2	91			74	74	78		确定	
15	20151548	雉家彬	卓能源1501	87		73	77.2	91			73	73	79		确定	
16	20151554	尹春梅	卓能源1501	92		77	81.5	93			81	81	83		确定	
17	20151575	唐超仪	卓能源1501	91		85	86.8	93			83	83	87		确定	
18	20151578	王厚林	卓能源1501	91		94	92.5	91			82	82	91		确定	
19	20151611	周苏青	卓能源1501	88		94	92.2	89			83	83	91		确定	
20	20151616	刘阳	卓能源1501	92		94	93.4	90			79	79	91		确定	
21	20151621	郭振杰	卓能源1501	89		81	83.4	92			78	78	84		确定	
22	20151628	李小龙	卓能源1501	93		77	81.8	92			81	81	83		确定	
23	20151629	刘洋	卓能源1501	91		88	88.9	91			79	79	89		确定	
24	20151639	李倩	卓能源1501	92		86	87.8	89			86	86	88		确定	
25	20151641	董泽浩	卓能源1501	92		66	73.8	93			82	82	78		确定	
26	20151644	杜晓录	卓能源1501	92		92	92	92			84	84	91		确定	
27	20151645	葛新宇	卓能源1501	90		73	78.1	93			77	77	80		确定	
28	20154039	冯士喜	卓能源1501	89		67	73.6	90			78	78	77		确定	
29	20155318	许海星	卓能源1501	91		76	80.5	90			81	81	82		确定	

应考人数:29　　　　实考人数:29　　　　　　　　平均成绩: 84.34

任课教师签字：　　　　　　　　　　　　　　院（系）教学主任签字：

总成绩=课堂总成绩*75.00%+实践成绩*15.00%+实验成绩*10.00%

其中（课堂总成绩=课堂平时*30%+课堂期中*0%+课堂期末*70.0%)

说明：手写成绩无效　　　　　　　　　　　打印时间：2017-07-10 11:40:16

图 6　课程成绩单

3 改革成效

(1)修订了 2017 版的卓越人才培养方案,增加了专业基础课和专业课的实践环节。

(2)聘请近 30 位企业兼职教师为学生授课。

(3)本科生承担国际会议会务工作,体现出专业外语的培养效果。

(4)考试环节趋于合理,过程考核效果逐渐显现。

对建环专业"传热学"课程改革的探索与解析

刘泽勤[1,2]*　丁　曦[1]**

(1.天津商业大学机械工程学院,天津,300134;
2.热能与动力工程国家级实验教学示范中心、冷冻冷藏技术教育部工程研究中心,
天津,300134)

[摘　要]"传热学"是建筑环境与能源应用工程专业的主要专业基础课程,培养现代建环专业学生的应用能力离不开专业基础理论的学习,学生对专业基础课的把握程度直接影响到对其应用能力的开发和拓展,因此,进行"传热学"课程改革对提高学生的实际应用水平和培养其创新能力具有积极意义。根据"传热学"课程理论实践性强、课程内容重要而又难学的特点,本文提出采用"以师生为主,教学手段为辅"的开放式教学改革方法,加强学生对基础知识的应用能力,培养工科应用型创新人才。教师通过互动式教学模式、多媒体教学和双语教学结合、实施开放性实验教学、优化考核机制等手段来培养符合当前社会需求的应用型人才。

[关键词]建筑环境与能源应用工程;应用型人才;传热学;课程改革

0　引言

为了全面提高工程教育人才培养质量,教育部提出"卓越计划",要求在教学过程、教学方法、实践过程和考核方法等人才培养过程中,体现大工程观意识,以社会需求为导向,以实际应用工程为背景,拓展工程教育基础,拓宽工程教育视野,着重培养学生创建和运作新产品、新流程和新系统的能力[1~5]。"传热学"是建筑环境与能源应用工程专业的基础课程,其理论与现代科学技术的各个领域都有密切的联系,但在以往的教学过程中,大部分教师只讲解教材中的理论部分而不联系生产实际情况。为了满足我国工业不断发展对生产技术人员的大量需求,本文将深入探索如何将"传热学"课程与应用型人才的培养结合起来。

纵观"传热学"课程改革的发展史,早在 20 世纪 90 年代傅维栋就提出精选教学内容、改革教学组织和教学方法的思想[6]。此后的 20 多年来,不断有学者探索"传热学"课程的改革方法和实践教学。杨绍辉提出建筑环境与设备工程专业本科人才培养应重在

---

　　* 刘泽勤,教授,博士,硕导,研究方向:人工环境控制、城市与区域生态功能和规划、商业规划的生态功能及规划、建筑节能等。

　　** 丁曦,硕士,研究方向:人工环境控制。

　　基金项目:天津市委教育工委 2018 年天津市教育系统调研课题。

"应用",为地方经济建设服务[7]。阮芳提出从教育心理学角度探讨"传热学"课程课堂教学方法[8]。李新禹提出教师可采取精讲法、背诵法、重复法、体系总结法、CAI课件教学等多种方法及其组合[9]。温小萍提出了传热学实验室开放性教学改革的目标和思路,论述了开放性实验室的分类管理、实验项目步骤及实验考核与奖励等实施办法[10]。杨昆提出了传热学的教学要实现从"以教师为中心的教育"向"以学生为中心的教育"的转变[11]。赵斌提出构建传热学研究性实践教学体系分为实验教学和计算机教学两部分[12]。刘彦丰提出课堂教学应以知识传授为载体,树立培养学生的独立学习能力、分析问题能力和创新能力的教学指导思想[13]。曲明璐提出了优化教学内容,引入工程案例的教学方法[14]。笔者认为,培养现代建环专业学生的应用能力离不开专业基础理论的学习,学生对专业基础课的把握程度直接影响到对其应用能力的开发和拓展的培育。

1　课程简介

传热学是研究由温差引起的热能传递规律的一门科学,也是建筑环境与设备工程专业的主干专业基础课之一。传热学的研究内容主要是热量传递的三种基本方式,以及由这些方式组合而成的传热过程及其分析,其课程主线图如图1所示。

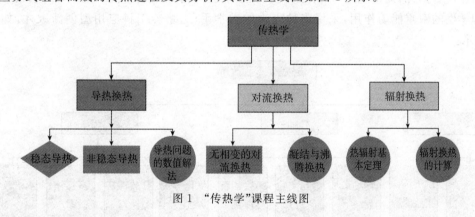

图1　"传热学"课程主线图

2　教学中存在的问题

2.1　课程内容繁杂

大部分学生反映"传热学"课程难学,造成这一问题的主要原因有三个:首先,传热学不仅概念和公式多,而且与其他基础课程联系紧密,用到的数理基础知识深而广,学生难以将其熟练掌握;其次,不同换热涉及各种研究方法、计算公式、经验式,单独讲解公式只会让课程枯燥无聊;最后,计算难度较大,如数值计算需用计算机编程计算,计算量大而且大多数学生不会计算机编程,上机操作环节形同虚设。

2.2　教学实践环节缺乏创新性

"传热学"实验课程多为有固定结果的验证性演示实验,基本上都是教师先讲解实验原理,学生根据实验说明书和实验设备,对实验结果和现象进行观察、采集数据,从而完成实验报告。在这种实验教学模式下,学生往往都是被动参与,不能培养学生的动手设计和独立完成实验的能力。学生实验成绩的评价只是由实验教师根据实验报告来进行判断打分,很难对学生的实验能力做出一个具体的考核评价。

3　课程改革实践思路与方法

在课堂教学中,"既要保证出勤率,也要提高抬头率",即教师要将课上好,让学生喜欢上课。传统教学模式是以教师为中心的模式,教学过程的主体是教师而不是学生,学生在此过程中基本上是被动地接受知识。课堂上教师与学生之间缺乏互动,一些教师在上课的时候只注重讲解课程内容,缺乏对学生学习情况的了解。而"传热学"是一门理论性很强的课程,如果学生不能理解课堂上的内容,就会跟不上学习的进度,进而丧失学习的积极性。为此,提出采用"以师生为主、教学手段为辅"的开放式教学改革方法,发挥教师和学生的双重能动作用,采用多种先进的教学手段,培养工科应用型创新人才,如图2所示。

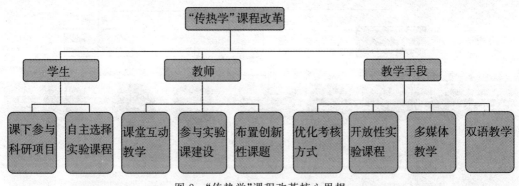

图2　"传热学"课程改革核心思想

3.1　"以师生为主、教学手段为辅"的开放性教学改革方法,培养工科应用型创新人才

3.1.1　采用互动性教学模式,激发学生学习兴趣

"兴趣是最好的老师",课堂教学要激发学生的学习兴趣。对于"传热学"这类理论性较强、难学的课程,在每个教学环节中均可采用互动式的教学,加强教师与学生之间的沟通。教师可以先对内容进行概述,讲清物理问题和分析的大致思路,再由学生对具体的过程进行推导,或通过对例题的分组讨论来进一步加深理解,提高学生的学习兴趣。比如单层平壁的导热问题,首先介绍单层平壁导热问题的数学描写,然后确定边界条件,进

一步求解得到稳度分布,最后代入傅里叶定律中得到通过单层平壁的导热量的计算公式。思路给学生讲清楚了,接下来就可以让学生推导通过多层平壁的导热量的计算公式,对个别同学在推导过程中出现的问题进行及时指导,这样的教学方式加深了学生对内容的理解,课堂互动性大大提高。教师还可以把自己的科研项目与课程相结合,例如在讲到热交换器的时候,教师可带着学生去参观实验室最新的热交换器设备,让学生看到空气热交换器与基础传热学之间的联系,理论与实际相结合,加强了对学生工程应用能力的培养。

3.1.2 理论课教师参与实验课设

实验教学在整个"传热学"教学中占有重要的地位,高校的实验室基本都是由专门的实验课教师管理的,理论课教师对实验设备不熟悉,也不参与到实验室的建设中,不能够实现理论课与实验课的有机结合。因此,理论课教师也应该参与实验课的教学工作,这样更有利于实验室的科学建设,也有利于学生对于所学内容的进一步理解。

3.1.3 教师布置创新性设计课题

实验课课程锻炼了学生的动手能力和数据分析的能力,但是难以培养学生的创新思维和团队协作精神。对此,教师布置创新性设计课题,比如在讲授完导热模块的理论知识后,就布置诸如"iPhone 手机外壳的散热设计"等创新性课题,并让学生自由组队,在 2 个月内完成,在学期末每个团队向其他同学展示整个课题解决的思路,并接受教师和学生的问答。在这个过程中,学生通过组队模拟了将来走上工作岗位的团队合作模式,同时此类设计课题容易激发学生的求知欲望,激发学生潜在的能动性,实现了创新性思维的培养。

3.1.4 调整考试手段

众所周知,考试是目前检验学生学习效果的最有效手段。根据学生学习状况,选择合适的考试手段则成为每个教师必须严阵以待的一个重要问题。"传热学"课程一般都采用闭卷考试。闭卷考试有着鲜明的优点:一是学生通过考前背诵与复习,能够熟练掌握本课程的基本概念以及基础知识;二是学生不会心存侥幸,为了通过考试,考试前必定会做一定程度的复习。但是闭卷考试也有其不可避免的劣势,由于"传热学"课程经验公式以及半经验公式较多,这些公式无法在试卷中列出,而学生又无法全部背出且也无这个必要,所以试卷的出题范围就受到了很大的限制,导致试题难度较低,不能客观地衡量学生真实的学习状况。因此,可采用闭卷考试加"一页纸"的新型考试手段。"一页纸"是指允许学生将印有学院考试专用图章的纸带入考场,这张纸上允许学生记录对答卷有帮助的公式、解题方法或重要结论。

3.2 采用多种先进的教学手段，激发学生的主观能动性

3.2.1 传统教学和多媒体教学相结合

传热学是一门集理论知识、工程应用为一体的专业课程，经常涉及一些物理现象和工程案例，但用传统的板书教学方式难以将课程内容完美地呈现。随着多媒体在课堂教学中的地位愈加重要，笔者认为在进行理论推导部分的教学时，可采用传统的板书教学为主，然后辅以多媒体教学课件的方式。例如在讲解沸腾传热部分的时候，可以采用动画或视频来说明沸腾过程的机理和基本特点，给学生留下深刻的印象。

3.2.2 采用部分双语教学，提高学生科技英语水平

教育部高教司于 2001 年 8 月颁发的《关于加强高等学校本科教学工作提高教学质量的若干意见》中明确提出："本科教育要创造条件积极推动使用英语等外语进行公共课和专业课的教学。"为了适应新时期对学生科技英语水平的要求，教师可在传热学的教学中采用部分双语教学。采取的方法是教师给出有关科技术语的英文单词，每章的小结采用英语进行，将传热学和专业英语的学习相结合，让学生在学习的过程中熟练掌握常见的技术术语，丰富学生的科技英语词汇。在课堂的讲授中，一些基本词汇重复出现，如导热、对流、辐射、换热器、传热过程等贯穿课程的始终，所以学生不需要死记硬背也能将这些术语强化记忆，实现了知识从有意识到无意识的转化。此外，教师在平时的课后作业和考试中可酌情增加一些英语题目检验学生的学习成果，使学生能够应用英语这种国际学术语言进行思考，为之后专业英语课的学习打下坚实的基础。

3.2.3 实施开放性实验课程

教师在实验前讲解实验要求、基本原理以及实验所用设备后，要求学生自行设计实验方案以达到实验目的。实验时，学生按照自己设计的实验方案操作，并且通过实验发现问题、解决问题，修改实验方案，最终提出一套正确、可行、完整的实验方案。在设计实验方案的过程中，学生可以查询各种资料，与同学讨论或求教于教师。而教师在实验期间维护学生安全，解答学生的各种问题，并在实验最后总结归纳实验精髓。通过此举培养学生独立设计一套完整实验方案的能力，以及主动发现问题、动手解决问题的能力。

3.2.4 考核机制的优化

课程考核方式的改革是为了检验课程学习的效果，同时在考核中体现学生的创新和创业思维，传统的传热学课程考评通常以期末考试成绩为主。以天津商业大学建筑环境与能源应用工程专业为例，总成绩中期末考试成绩占 60%，考勤及作业成绩占 30%，实验成绩仅占 10%。这样的考核机制导致学生只重视考试，对书本知识死记硬背，甚至有些学生指望考前突击。为了改变这一现状，笔者建议对现有的考核机制进行一定优化，具体的优化方案如下：

(1)适当削弱期末考试成绩所占比重，例如从原来的 60% 下降到 40%。

(2)加大开放性实验课程成绩所占比重,例如从原来的 10％增加到 20％。

(3)考核加入创新性设计课题的成绩,例如比重可占 10％。

4　结论

　　随着传热学学科的不断发展,教学内容日益增多,而当前的教学模式无法满足社会对应用型人才的需求,传热学教学改革势在必行。本文提出采用"以师生为主、教学手段为辅"的开放性教学改革方法,增强学生的应用能力,采用多种先进的教学手段,培养工科应用型人才。一方面,教师参与到实验课的建设中来,改变传统的课堂教学模式,通过布置创新性设计课题、双语教学和多媒体教学等方法,来培养学生分析问题和解决问题的能力。另一方面,学生课上要积极参与互动,课下要参加学校或者教师安排的科研项目,为以后的工作或者进一步学习打下坚实的基础。

参考文献:

[1] 胡志刚,任胜兵,陈志刚,等.工程型本科人才培养方案及其优化——基于 CDIO-CMM 的理念[J].高等工程教育研究,2010(6):20-28.

[2] 王文福.基于卓越工程师培养诉求的教学改革的理性思考——面向 CDIO 理念的地图学教改构想[J].测绘科学,2011,36(3):247-249.

[3] 许勇,张季超,王可怡.基于 CDIO 理念的"工程结构设计原理"课程创新与实践[J].东南大学学报(哲学社会科学版),2012,14(S2):253-255.

[4] 薛铜龙,王小林,巩琦.基于卓越工程师培养的"机械设计"课程教学改革[J].中国大学教学,2013(3):57-58,48.

[5] 付祥钊,孙春华,蒋斌.建筑环境与设备工程专业教学内容调查研究[J].高等建筑教育,2009,18(5):57-60.

[6] 傅维栋.传热学教学改革的初步实践[J].高等建筑教育,1990(4):46-49.

[7] 杨绍辉.浅谈"建筑环境与设备工程专业"发展趋势与人才培养[A].第五届全国高等院校制冷空调学科发展研讨会论文集[C],2008.

[8] 阮芳,龙激波,王平,等.传热学课程教学方法的研究与实践[J].高等建筑教育,2015,24(6):93-96.

[9] 李新禹,李莎.传热学教学方法改革初探[J].职业教育研究,2004(4):32.

[10] 温小萍,张素梅.传热学开放性实验教学改革与探索[J].中国现代教育装备,2008(10):109-110.

[11] 杨昆,王嘉冰."以学生为中心"的传热学教学研究[J].化工高等教育,2016,33(6):74-77.

[12] 赵斌,梁精龙."传热学"研究性实践教学体系的构建[J].中国电力教育,2009(13):123-125.

[13] 刘彦丰."传热学"课程课堂教学方法研究与探索[J].中国电力教育,2008(15):90-91.

[14] 曲明璐,王丽慧.基于工程人才培养的传热学教学改革策略[J].西部素质教育,2017,3(21):143.

IEET 工程认证下建环专业课程体系和教学评价的探讨

江燕涛*　赵仕琦　杨艺

（广东海洋大学，广东湛江，524088）

[摘　要]工程教育认证是工科专业促进专业发展，提高人才培养质量，增强人才行业适应性的必然趋势。以 IEET 工程认证规范为背景，本文就认证规范下专业培养目标、毕业要求和课程体系等各要素之间的关系，IEET 工程认证规范与建环专业评估课程体系的差异，整合课程的功能和设置，教育评价的内容和方式等方面进行了深入分析和探讨，为建环专业的人才培养体系设计和工程认证提供参考。

[关键词]IEET 工程认证；建环专业；课程体系；教学评价；总整课程

0　引言

1989 年，由美国、英国、新西兰等 6 个国家的民间团体发起和签署了《华盛顿协议》。协议详细规定了达到各层级工程师标准所应具备的能力与知识标准，以科学的标准弥合各国工程教育过程的差别，但却要在培养结果上达到统一指标，从而实现工程师资格的国际互认。

2013 年 6 月，国际工程联盟大会经过正式表决，全票通过接纳中国科学技术协会为《华盛顿协议》预备会员。这标志着我国高等工程教育专业认证体系得到了国际认可，推动了我国工程科技人才培养质量评价标准与国际接轨。

但目前每年教育部接受工程认证的专业非常有限，使得大部分学校参加工程认证的专业时间变得遥遥无期。由此，广东省高教厅从 2016 年起推动广东省高校参加中华工程教育学会（Institute of Engineering Education Taiwan，IEET）工程认证，也称"IEET 工程认证"。

IEET 于 2003 年成立，2004 年启动工程教育认证，是中国台湾地区三大专业评鉴机构之一，参与了多个国际认证的协定，其中包含《华盛顿协议》，在专业认证上具备国际认可的资质。IEET 推动的工程教育认证目标与教育部工程认证相类似，是以学生学习成果为导向确认专业的教育质量，亦即据培养学生的成果确认专业是否能够持续达成自订的

---

　　* 江燕涛，副教授，硕士，研究方向：建筑环境评价和节能研究。

　　基金项目：2017 年度广东省本科高校高等教育教学改革项目（No. GDOU2017041203）、广东省战略性新兴产业专业建设项目（No. GDOU2015041301）、广东海洋大学教学建设专项（No. XJG201676）。

教育目标及其毕业生具备专业所需的能力,鼓励通过认证机制维持教育质量并持续改善。

由于 IEET 工程认证与传统教育在培养目标、毕业要求、课程体系、教学评价方式等方向都与我国本科工程专业的传统教育,乃至《高等学校建筑环境与能源应用工程本科指导性专业规范》存在差异,因此有必要分析两者的差别,对专业培养方案、课程教学等方面做出相应的调整[1~6],并建立良好的教学评价机制,为提高建环专业人才培养质量奠定基础。另外,在工程认证规范中要求对高年级大学生开设总整课程(Capstone Courses,美国称为"巅峰课程")。该课程是一个能给学生提供统整、深化四年所学知识的整合性实践过程[7~12],该课程难以直接等同现有某门理论课程或实践课程,因而很有必要对该课程进行深入了解。

1 IEET 工程认证规范和传统教育的差异

1.1 培养方案的区别

IEET 工程认证规范下的专业培养目标、毕业要求和课程体系等各要素之间的关系如图 1 所示。以学校和专业的角度出发,学校和专业以需培养的人才订出培养目标,再依照培养目标拟定核心能力,然后根据核心能力构建相关课程,帮助学生培养各项核心能力,再借助各种评价方式检查学生的学习成果,最后评价结果能够反馈培养目标的内涵,由此对培养目标进行修改调整。这一连串的流程形成一个反馈圈,通过不断循环进行,使得专业的培养目标与核心能力更趋确实与完善。另外,培养目标是由国家社会及教育发展需要、行业发展及职场要求、学校定位及发展目标、学生发展及家长校友期望等因素决定的,同时培养目标还决定着毕业要求。培养方案的制订要通过成立咨询委员会来吸纳行业、企业、高校等多方参与,如表 1 和表 2 所示。

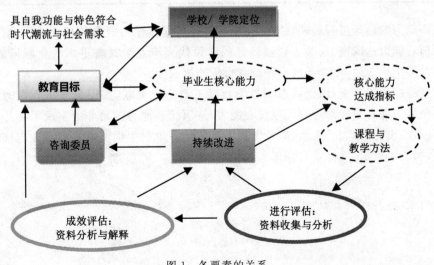

图 1 各要素的关系

表 1 传统培养方案和工程认证标准的区别

项目	传统培养方案	工程专业认证标准
培养目标	毕业时应掌握的知识、能力与素质；能从事哪类岗位，期许成为何种人才	对毕业生在毕业后 3～5 年可以达到的能力和专业成就的概括，培养目标不需反映毕业要求
毕业要求	侧重以知识领域与知识点为核心构建课程体系	按专业水平、专业能力、社会需求三要素描述，毕业要求明确指向解决复杂问题的能力
课程体系	侧重以知识领域与知识点为核心构建课程体系	强调根据毕业要求，按照基于学习成果导向反向设计，以能力为核心构建课程体系

表 2 IEET 工程认证规范核心能力的内容

核心能力	规范内容
1	运用数学、科学及工程知识的能力
2	设计与执行实践，以及分析与解释数据的能力
3	执行工程实务所需技术、技巧及使用现代工具的能力
4	设计工程系统、组件或制程的能力
5	项目管理（含经费规划）、有效沟通、领域整合与团队合作的能力
6	发掘、分析、应用研究成果及应对复杂且整合性工程问题的能力
7	认识时事议题，了解工程技术对环境、社会及全球的影响，并培养持续学习的习惯与能力
8	理解及应用专业伦理，认知社会责任及尊重多元观点

核心能力的培养过程反映在学生在校时教师对学生学习成果的评价，随之毕业时的毕业生核心能力达成度，反映了通过认证的学位代表毕业生具备进入专业职场的能力，而最终对学生毕业后 3～5 年的考评教育目标的达成度。

在核心能力指导下，课程体系和教学目标三者形成关联，如课程和核心能力的有连性反映在某门课必须能培养哪几项核心能力，某项核心能力的培养上实现了哪几项培养目标，并明确表达，如表 3 所示，以及课程各章节和评价学生学习方式都明确与核心能力的关系，如表 4 所示。

表 3　核心能力和课程、培养目标的关联性

课程	核心能力 1	核心能力 2	…	核心能力 8
流体力学	√	√		√
空调工程用制冷技术	.	√		
…				

核心能力	培养目标 1	培养目标 2	…	培养目标 n
核心能力 1	√	√		√
核心能力 2		√		
…				

表 4　课程章节、评价学生学习方式对核心能力的培养

项目	核心能力 1	核心能力 2	…	核心能力 8
周 1 章节	√	√		√
周 2 章节	√	√		
…				
作业	√	√		
测验	√	√		
期中考		√		
期末考		√		√
…				

可见,IEET 工程认证比传统高等教育更强调以学生为中心、教研合一,以及课程与人才培养的关系。由于认证随国际要求变化,使教师掌握了人才培养的趋势;鼓励学生主动学习,教师教学更有动力;系统整合教学和评价,彰显学生成果,反思学生学习,反馈到教学以持续成长。对于产业界,由于产业界参与培养方案,缩短了学用落差,并且通过认证后,培养成果可使新进员工的软实力增强,实际操作能力提高,降低了企业成本。另外,员工学历受国际认可,强化了国际布局;认证重视产业界的参与,增进了校企互动。

1.2　课程体系的差别

课程体系是实现知识体系教学的基本载体。在课程类别的划分上,传统的课程类别与 IEET 有些差别,例如《高等学校建筑环境与能源应用工程本科指导性专业规范》中对专业的知识体系的内容及其教学类别的基本设置主要包括:通识知识课程教学、自然科学和工程技术基础知识课程教学、专业基础知识课程教学和专业知识课程教学(专业基础课、专业核心课、专业选修课),并明确了知识体系包括的主要知识领域和知识单元(见表 5)。明确核心课程是进行本专业知识体系教学设置的基本课程,规范中列出的知识单元主要对应专业基础知识与专业知识,并作为各校设置核心课程的必修内容。各校在课

程体系中可以按本规范规定的知识单元内容进行核心课程设置,可以根据本校实际情况分设课程或合并课程进行设置[13],但没有明确规定各类别课程或者核心课程的学分数。

表5　专业的知识体系与教学类别的关系

序号	教学类别	主要知识领域和知识单元
1	通识知识	外国语、信息科学基础、计算机技术与应用、政治历史、伦理学与法律、管理学、经济学、体育运动及军事理论与实践
2	自然科学和工程技术基础知识	数学、普通物理学、普通化学、画法几何与工程制图、理论力学、材料力学、电子电工学、机械设计基础、自动控制基础
3	专业基础知识	工程热力学、传热学、流体力学、建筑环境学、热质交换原理与设备、流体输配管网、建筑概论
4	专业知识	建筑环境控制系统、冷热源设备与系统、燃气储存与输配、燃气燃烧与应用、建筑设备系统自动化、建筑环境与能源系统测试技术、工程管理与经济

专业规范指出,实践课程包括实验、实习、设计、科研训练等方式。实践教学的作用主要是培养学生具有实验基本技能、工程设计和施工的基本能力、科学研究的初步能力等,包括课程设计、各类实训实习以及毕业设计或论文,并对各类实践课程建议了学分。

(1)实验。公共基础实验参照学校对工科学科的要求;专业基础实验、专业实验可设置专门的实验课程或随课程设置,实验课程学分不低于2学分。

(2)专业实习。金工实习一般不少于2周,认识实习一般不少于1周,生产实习一般不少于2周,毕业实习一般不少于2周。

(3)专业设计。专业课程设计总周数一般不少于5周,毕业设计(或毕业论文)一般不少于10周。

IEET工程认证将课程分为四类,如图2所示。四类课程如建筑一般,奠基石(Cornerstone)则为建筑底部角落的柱石,用以支撑整体建筑结构。核心石(Keystone)为拱门顶端的楔形石头,用以使整体结构紧密衔接。合顶石(Capstone)指的是建筑最顶端、最后一块石头,用以稳固建筑结构,使其顺利完工。将这些词放在高等教育的脉络下,也有其相对应的含义。基础课程(Cornerstone course)则指共同课程、领域基础课程等,为未来的学习打好扎实的基础。核心课程指专业领域的核心课程,为专业学习最重要的部分。总整课程指大学教育最后、最巅峰的学习经验,使学生能够统整及深化大学所学,让学习稳固完成。IEET将基础课程又分别命名基础课程和数学及基础科学,因此形成了四类课程,包括基础课程、数学及基础科学、核心课程和整合性课程(Capstone Course,简称"总整课程")。

第一和第二类与专业规范的通识知识课程、自然科学和工程技术基础知识课程对应,但又不完全一样。(1)IEET认证中通识教育不包含外国语、政治历史、体育运动及军事理论与实践,所指的通识课程是与专业领域所需具备的。(2)IEET对数学有9学分以上的要求。核心课程与传统体系的专业基础课和专业课对应(见表6)。而最大区别在于 IEET 工程认证规范要求设置整合性课程。具体如表2所示,规定了课程的要求。

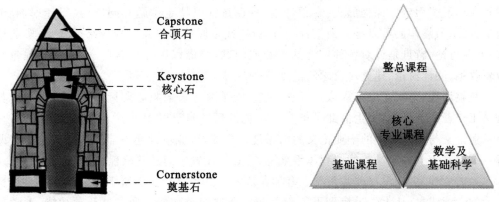

图 2　建筑和 IEET 工程认证课程类别

表 6　IEET 工程认证规范 4 内容

规范 4　内容	
4.1.1　数学及基础科学课程至少各 9 学分,且合计须占最低毕业学分的 20% 以上	1. 最低毕业学分以 130 学分计。(与我国最低学分涵盖课程内容有所不同)
4.1.2　工程专业课程须占最低毕业学分的 45% 以上,其中须包括整合工程设计能力的专题实作	2. 专业的课程(包括实践实习课程)能培育所要求的毕业生核心能力,且每项核心能力至少有 2~3 门课程培育
4.1.3　通识课程须与专业领域均衡,并与专业教育目标一致	

对实践课程的区别在于,建环专业规范明确有各类实践的最低要求,IEET 在 4.2 规范内容中指出:"课程规划与教学须符合产业需求,并能培养学生将所学应用在工程实务的能力。"在佐证材料中规定:"1)课程规划与教学能满足产业发展的需求(包括反映咨询委员会或建教合作单位提供的回馈意见、课程委员会开会成果等)。2)专业如何透过外界人士的演讲、校外观摩、实习、竞赛及业界参与等,让学生体验产业界情况与其执行成果"。

2　IEET 工程认证的总整课程

总整课程的来由是,自 1990 年开始,社会对于大学绩效责任的要求和企业对于大学毕业生素质感到不满,认为学生在毕业前应有总结先前所学的机会,并为衔接未来就业和未来做好准备,于是美国的大学逐渐体会到大四经验非常重要,兴起了"强化大四经验的运动"。总整课程成为大四经验中的典型模式之一,也使得总整课程成为扮演检视学习成果的重要工具之一。

总整课程在已修完多数课程(包含"基础数学""基础科学"等课程)和具体专业领域一定的知识和技能后开设,通常在第7学期或第8学期开设,课程长度1~2学期,班级规模视课程形式而定。课程形式:专题计划,特性是针对特定主题和问题,执行计划,寻求解决方案,最终作品可以是书面报告,并以口头或多媒体等方式呈现成果或产品;毕业论文;专业讨论,特点是针对各种广泛的主题或问题,并借以延伸整合所学知识,过程包含资料收集、阅读讨论、建立对议题的论点等;实习。

总整课程特点:对应多数或全部核心能力;强调与未来职业衔接,直接应用所学,与现场工作者交流经验,学生借此了解自己角色及反馈自己学习经验。这四类形式中,只有毕业论文与建环专业的毕业论文的内涵是一样的,毕业设计还不能直接认为是总整课程。因而对于大多数学校的课程体系来说,有必要设置一门总整课程。

如前所述,大四学习非常重要。有学者认为应具备整合大学所学、总结大学学习、反思大学学习成果、从大学过渡到下一阶段的职涯这四个功能。通过这几项功能,大学教育才算完整地完成。整合,能促使学生整合大学所学,让大学学习并非只有一块块独立的知识,而是完整的专业体系和能力培养,并非只是学分的积累,而是有意议的整体学习经历。总结,为大学经历画上句号。反思,提供机会让学生反思大学四年学到了什么,还有什么不足。过渡,协助学生顺利连接大学经历与毕业职业生涯。对于教师,通过这个课程,了解学生学习情况,验收学习成果,也给授课教师提供反思的机会,例如课程安排、教学方法与评价方式的适当性,课程内容与核心能力的相关性,改善课程的措施等。对于专业和学校,提供了检查专业和学校核心能力培养的最好机会,学生整合大学所学,他所展现的成果正好可以作为学习成果的证据,而学习成果可成为专业作为课程规划和教学修正的依据,成为非常宝贵的资料。

3 教学评价

IEET工程认证要求认证专业满足认证规范9.1~9.3要求的机制与措施。对于9.1中"须持续确保学生在毕业时具备核心能力",专业应制定定期反馈评价方式的机制。该机制可确保毕业生核心能力的养成。对于9.2中"课程与教学须持续符合产业需求,及培养学生工程实务能力",专业应通过定期召开咨询委员会及其他方式,反馈课程与教学是否符合产业需求及培养学生工程实践能力,这种机制能确保课程和教学活动满足以上的需求。对于9.3中"其他持续改善之机制与成果",专业应有其他规范的重要反馈、改善工作及成效。

可以将以上教学评价分为两类:一是毕业生核心能力的评价,二是培养目标的评价。核心能力的评价是针对课程制定的短期目标的评价,和关于学生于毕业时应具备的知识、技术、态度的评价。其可以是关于总整课程对核心能力的评价(直接评价),也可以是在校即将毕业的学生的问卷调查(间接评价)。

培养目标的评价是针对课程制定的长期目标的评价,以及学生毕业后3~5年在业界应具备的知识、技术和态度的评价。它由用人单位对毕业生的评价(直接评价),和毕业生对自己的评估(间接评价)构成。

校友的问卷调查和用人单位的问卷调查的评价内容和方式是一样的,围绕"具备基本的专业知识及技能""具备实务执行的基本能力"和"具备服务社会的能力"三个方面反馈各项教育目标的重要性和达成度。重要性的评价采用 5 级标准,即非常重要(5 分)、重要(4 分)、普通(3 分)、不重要(2 分)和非常不重要(1 分),达成度的评价也采用 5 级标准,是非常满意(5 分)、满意(4 分)、普通(3 分)、不满意(2 分)和非常不满意(1 分)。

对将要毕业的在校生核心能力的调查有两项:一是对总整课程核心能力培养的评价,二是对大学教育所达到的核心能力的自我评价。

有关总整课程的核心能力评价对象是根据课程内容和考核方式而定的,可以是对学生个人的评价也可以是对小组的评价,但都无一例外是对 8 项核心能力的评价。例如,对学生个人,是以 8 项核心能力为评价标准,并对各项能力设置权重,学生的某项得分再乘以权重得到权重得分,累加 8 项权重得分后获得总分。对小组,可以设计为表 7 模式,并且由统计结查可以显示核心能力的弱项。核心能力 3 和核心能力 8 全班平均分数较低,须加强训练和培养。

表 7 总整课程评价

核心能力	权重	A 组	B 组	C 组	…组	全班平均
核心能力 1	10%	90	85	90		88
核心能力 2	20%	85	90	87		90
核心能力 3	15%	73	70	84		75
核心能力 4	8%	93	85	90		91
…						
核心能力 8	7%	60	78	76		72
各组总分	78	83	86		80	

对将毕业的在校生核心能力的问卷调查可设计成表 8 模式,将具备核心能力的程度分为五级,由高、中上、中、中下、低分值分别是 5、4、3、2、1。例如,以问卷或者其他方式采集的有效样本为 100 人,若核心能力 1 得分 5、4、3、2、1 的比例分别是 26%、25%、30%、15%、4%,则分权平均分数为 3.54。

表 8 毕业生具备核心能力的程度评价

程度	高/5	中上/4	中/3	中下/2	低/1	平均分数
	学生百分比					
核心能力 1	26%	25%	30%	15%	4%	3.54
核心能力 2	36%	38%	16%	6%	4%	3.96
核心能力 3						
…						
核心能力 8						

通过这两项调查,可以得到核心能力较弱项,反思培养对应核心能力的相应课程,对课程和教学内容进行调整。

总体来说,依据教学目标问卷调查查结果、核心能力评价结果、课程委员会决议及咨询委员会建议,对人才培养方案、课程、教学方法和评价方式进行改进,最终形成一个如图 1 所示的关系。

4 结论

工程教育认证是促进工科专业建设、提高人才培养质量、增强人才行业适应性的重要途径,已经成为我国高教评估制度的重要组成部分。广东省高教厅根据近年教育部工程认证的形势,从 2016 年起推动广东省高校参加中华工程教育学会的工程认证。由于该学会参与了《华盛顿协议》,所以其认证标准和教育部工程相类似。

文中就 IEET 工程认证与传统教育在培养目标、毕业要求、课程体系与我国建环专业评估标准作了比较,分析了差别,介绍了工程认证的总整课程形式和内容,对 IEET 工程认证教学评价方法和设计举例说明,并对教学评价结果的应用进行了说明。通过以上方面的深入分析和探讨,为建环专业的人才培养体系设计和工程认证提供参考。

参考文献:

[1] 赵永辉,刘淑玉.高校工科专业工程认证背景下教学改革探讨[J].科教文汇,2017(10):397-399.

[2] 何永明,裴玉龙,张丽莉.基于工程教育认证的交通工程专业培养方案修订研究[J].黑龙江教育(理论与实践),2017,1239(3):26-29.

[3] 曾寿金,江吉彬,黄卫东,等.工程认证背景下应用技术大学机械专业人才培养体系构建[J].教育教学论坛.2018(12):86-88.

[4] 韩峰,姚德新,王丹英.以工程教育专业认证为导向的测绘工程专业建设研究[J].高等建筑教育,2015,24(2):21-24.

[5] 武广臣,刘艳.基于工程教育认证的学生能力达成度评价体系设计[J].考试周刊,2016(54):152,166.

[6] 欧红香,葛秀坤,邢志祥.毕业要求达成度评价体系探究——以安全工程专业认证为例[J].黑龙江教育,2015(10):4-5.

[7] 刘小强,蒋喜锋.质量战略下的课程改革——20 世纪 80 年代以来美国本科教育顶点课程的改革发展[J].清华大学教育研究,2010,31(4):69-76.

[8] 刘宝存.全人教育思潮的兴起与教育目标的转变[J].比较教育研究,2004,172(9):17-22.

[9] 卢晓东.本科教育的重要组成部分——伯克利加州大学本科生科研[J].高等理科教育,2000(5):67-74.

[10] 田学红,刘徽,郑碧波.马斯洛高峰体验学说及其对教学的启示[J].浙江师范大学学报(社会科学版),2004,29(132):86-88.

[11] 董圆媛.美国大学本科顶峰课程研究[D].济南:山东大学,2015.

[12] 张佩华,WILLIAM P. WEISS,LOWELL T,等.美国高校总整课程(Capstone Courses)概况及启示[J].中国农业教育,2014(5):21-24.

[13] 高等学校建筑环境与设备工程学科专业指导委员会.高等学校建筑环境与能源应用工程本科指导性专业规范[M].北京:中国建筑工业出版社,2013.

"燃料电池原理与应用"课程建设与体会

韩吉田[*]

(山东大学能源与动力工程学院,山东济南,250061)

[摘　要] 清洁能源和燃料电池技术领域专门技术人才的培养和知识传播与普及具有重要意义。本文根据多年来为本科生开设"燃料电池原理与应用"课程的具体实践,介绍该课程的教学目的、主要内容、教学形式和体会,为清洁能源和燃料电池技术领域及相关领域的课程建设和教学提供参考。

[关键词] 燃料电池;清洁能源;氢能;电化学

0　引言

作为继火电、水电和核电之后的第四代发电技术,燃料电池技术被认为是 21 世纪最有发展应用前景的高效清洁发电技术。与现有基于燃烧和热机过程的能源利用技术不同,燃料电池是一种不经过燃烧和热机过程而直接以电化学反应方式将燃料的化学能转变为电能的电化学发电装置,因而其发电效率不受卡诺循环限制,能量转换效率高,是目前唯一同时兼备无污染、效率高、适用广、无噪声和模块化的动力装置,在民用电力、国防、航天、电动汽车、计算机与通信等众多领域具有非常广泛的应用前景和巨大的市场潜力。

随着清洁能源和燃料电池技术的发展日益成熟,燃料电池技术领域高级专门技术人才的培养和知识传播与普及具有越来越重要的意义。由于燃料电池技术是一门涉及电化学、电催化、电极过程动力学、新材料、电力电子、热科学、燃料科学、化工、微纳米、先进制造、自动检测与控制等众多学科和技术分支的复杂多领域交叉学科,因而,目前国内高校尚没有与其对应的专业设置和培养体系。

与国内其他大学类似,目前山东大学能源与动力工程学院能源动力类教学与实验体系主要是针对传统的基于燃烧和热机过程的能源利用技术相关的课程而设置的,不能满足燃料电池技术有关课程课堂和实验教学的要求。因而,需要从课程设置、教学内容、教学理念和教学手段等方面进行探索创新。因此,为了瞄准国内外能源动力学科的发展前沿,根据燃料电池技术及清洁能源的发展动向和要求,培养我国适合 21 世纪的能源动力

---

* 韩吉田,教授,研究方向:分布式供能系统仿真、设计优化与集成等。

基金项目:高等学校能源动力类新工科研究与实践项目(No. NDXGK2017Y-15)。

类专业技术人才,建设符合能源动力类专业要求的燃料电池技术课堂和实验教学体系具有重要的意义。

自 2003 年以来,笔者为山东大学部分专业的本科生开设了"燃料电池原理与应用"课程,发展了燃料电池特性仿真教学实验软件,收到了较好的教学效果。本文主要根据多年来我们为本科生开设"燃料电池原理与应用"课程的具体实践,介绍该课程的教学目的、主要内容、教学形式和体会。

1 教学目的和内容

"燃料电池原理与应用"定位为四年制能源与动力工程类及相关专业的一门限选专业课。通过本课程的学习,要求学生能够了解电化学热力学基础、电化学催化和电极过程动力学等基础知识,了解基于电化学原理发电技术的基本原理和技术,掌握燃料电池的特性参数、性能指标及其测试方法,掌握燃料电池的基本原理、系统构成和结构特点,重点掌握碱性燃料电池、磷酸型燃料电池、质子交换膜燃料电池、直接甲醇燃料电池、熔融碳酸盐燃料电池和固体氧化物燃料电池五种主要燃料电池的工作原理、结构与系统构成,了解燃料电池技术的现状、发展前景和基于燃料电池的分布式发电技术,了解燃料电池在固定电站、电动车、军用和航天动力装置、移动电源、分布式供能等领域的应用和发展方向,了解氢的制备、储存和运输方法,了解氢能经济等知识。

2 教学形式

本课程采用课堂教学、课堂专题讨论为主,并辅以实验教学的形式。通过对基于燃烧和热机过程的传统能源利用模式存在的能效低和污染重等缺点的深入剖析,将电化学、电催化、电极过程动力学、新材料、微纳米、先进制造等学科的新知识和思想引入教学中,丰富教学内容,开阔学生视野。

在课堂教学之外,通过专题讨论、让学生阅读课外资料、自己查阅文献和撰写读书报告等方式,激发学生学习的主动性,让学生积极主动地学习和思考。

为了克服燃料电池教学中缺乏实物和实验装置等的不足,我们收集了可供教学用的图片、演示动画等展示给学生,另外也自行制作了部分演示动画。

3 体会

(1)由于燃料电池是涉及众多基础学科和技术分支的典型交叉学科,其本科教学内容的选择及其深度的把握尤为重要,宜坚持"有所为,有所不为"的原则,合理确定教学内容和深度。

（2）采用课堂专题讨论、读书报告等形式，有利于激发学生学习的积极性和主动性。

（3）将计算机仿真模拟、计算机多媒体等先进技术和教学手段应用到教学中，强化教与学的互动，激发学生的积极参与和创新意识，提高教学效果。

（4）自主开发了基于 Matlab 和 VB 的燃料电池特性仿真实验教学软件，为学生提供了一个进行实验教学的平台，较好地解决了本课程实验教学需要昂贵硬件设备的难题。

（5）将科研工作与教学相结合，做到教学与科研相互促进和补充。

4 结语

随着燃料电池技术的不断发展，燃料电池技术领域专门技术人才的培养和知识传播与普及日益重要。该领域本科生的教材和实验教学设施建设亟待加强，我们在本科生的"燃料电池原理与应用"课堂和实验教学方面做了一点尝试，虽然收到了一定的教学效果，但很不成熟，有待于进一步的实践和探索。

参考文献：

[1] 林维明.燃料电池系统[M].北京:化学工业出版社,1996.

[2] 衣宝廉.燃料电池——原理·技术·应用[M].北京:化学工业出版社,2003.

[3] 李瑛,等.燃料电池[M].北京:冶金工业出版社,2002.

[4] 黄倬,等.质子交换膜燃料电池的研究开发与应用[M].北京:冶金工业出版社,2000.

[5] [日]石井弘毅.图说燃料电池原理与应用[M].白彦华,杨晓辉,译.北京:科学出版社,2003.

[6] HAN JITIAN, WANG ZHEN, WANG JIHAO, et al. Simulation for Characteristic Parameters of Proton Exchange Membrane Fuel Cells Based on MATLAB [C],ISTAI,Beijing,2006.

[7] 韩吉田,王振,王济浩,等.质子交换膜燃料电池仿真实验软件的研究[J].实验室研究与探索.2007,26(5):30-33.

[8] 韩吉田,王振,王济浩.质子交换膜燃料电池动态特性仿真实验方法研究[J].实验技术与管理,2007,24(8):73-77.

"换热器原理与设计"课程建设

（河北科技大学机械工程学院,河北石家庄,050018）

[摘　要] "换热器原理与设计"课程是能源与动力工程专业主要的专业课之一,本文以河北科技大学为例介绍了本课程在教学内容、教学方式、实践教学、教学队伍建设等方面的一些经验,希望对其他院校本课程的建设工作具有一定的借鉴意义。

[关键词] 换热器;原理;设计;课程建设

1　前言

"换热器原理与设计"是能源与动力工程专业的专业课[1]。该课程以各种类型的换热器为研究对象,主要讲述换热器设计及计算的基本原理及结构设计,涉及多学科知识的交叉运用。由于目前国内各高校都在压缩学时,使得"换热器原理与设计"课程原有的教学内容、教学方法、实践教学等方面都难以适应,需要进行改革和创新[2,3]。本文主要结合河北科技大学能源与动力工程专业的"换热器原理与设计"课程开展关于教学内容、教学方法、实践教学、教师队伍等方面的研究与探讨工作,具有一定的意义。

2　建设内容

2.1　教学内容

我校"换热器原理与设计"课程的主要教学内容包括换热器概述、换热器的传热及阻力计算、高效无相变换热器、蒸发器、冷凝器、管壳式换热器等。

2.1.1　换热器概述

这一部分主要介绍换热器的分类方法、各类换热器的优缺点和主要应用对象、各类换热器的基本结构、换热器设计的常见标准等方面的内容和知识。

---

* 郭彦书,教授,硕士,研究方向:换热设备强化传热、余热回收利用研究。
基金项目:河北科技大学理工学院教学研究课题(No. 2017Z06).

2.1.2　换热器的传热与阻力计算

这一部分主要讲授换热器传热计算基本方程、换热器传热热阻及翅片效率、传热计算基本方法、换热器传热壁面的换热特性、换热器热流等方面的内容。这部分内容是进行换热器设计的理论基础,虽然各类换热器的传热设计方法不完全相同,但都具有一定的关联性。

2.1.3　高效无相变换热器

这一部分主要讲授板翅式换热器结构特点及制造工艺、无相变传热、板翅式换热器压损计算与结构设计、板翅式换热器强度校核、板翅式换热器设计计算、板式换热器、翅片管式换热器等方面的内容。

2.1.4　蒸发器

这一部分主要讲授蒸发器类型、基本构造及工作原理、制冷剂在水平管内的沸腾换热、冷却空气型蒸发器的设计与计算、冷却液体型蒸发器的设计与计算等方面的内容。

2.1.5　冷凝器

这一部分主要讲授冷凝器的类型、基本构造及工作原理、制冷剂冷凝式的表面传热系数、冷凝器设计与计算等方面的内容。

2.1.6　管壳式换热器

管壳式换热器是目前应用最为广泛的换热器形式。这一部分主要介绍管壳式的传热计算和主要结构零部件的相关知识。

2.2　教学方法

由于"换热器原理与设计"课程相关的知识和技能非常复杂,与流体流动与传热、机械结构的强度、腐蚀与疲劳、流体诱导振动等多方面的知识相关,因此,要想完全具备换热器设计的能力所需训练太多。针对能源与动力工程专业的需求和本校的培养培养目标,选择合适的教学方式方法对于本课程的教学效果十分重要。

2.2.1　目标导向原则

要根据换热器在不同领域的应用进行有针对性的讲授。如本校学生的主要培养目标为热力发电厂高级专门人才,由于热电厂用换热器通常某一测得换热介质为烟气含尘量较大,难以采用翅片强化,因此应该把授课的重点放在无强化管式换热器方面,如管壳式换热器、釜式蒸发器等。在换热器结构形式介绍时,应该重点介绍电厂用各类加热器等,以适应学生未来的需求。如果学生的主要培养目标为制冷、空调类人才,则应该把授课的重点放在各类蒸发器、冷凝器上,以保障学生走上工作岗位后能够应对各类不同的工作对象。

2.2.2　流动传热计算与结构设计并重原则

在过往的教学过程中,学生往往关注传热和流动的计算,而对于结构设计重视不足。然而,结构与传热是换热器相辅相成、相互制约的两个方面,虽然能源与动力工程专业毕业生直接从事换热器结构与强度设计的机会比较少,但至少应该了解结构的形式和设计中需要注意的事项,具备设计简单换热器的能力。

2.2.3　多样化的授课方式

本课程的授课方式以讲授为主,但学生应该通过多种方式来进行学习。目前,我校与智慧树、学堂在线、超星泛雅等平台签订了合作协议,学生在课余时间可以借助相关平台进行自学和知识拓展。另外,还应该进一步拓展课堂的维度,可以将课堂搬到实验室、工厂等教室以外的地方。在授课方式方面,还可以采用案例剖析、课堂讨论、现场参观等多样化的教学方式。

2.2.4　综合利用多种现代化教学手段

采用包括多媒体课件、视频、虚拟仿真软件等现代化教学方式提高课堂教学效果。多媒体课件可以用于展示一些文字、图片、动画等信息;视频可以用于展示换热器制造、安装、管理维护等企业现场信息;虚拟仿真软件可以帮助学生了解换热器的零部件和整体,可以帮助大家更好地记住换热器的结构形式。

2.3　实践教学

实践教学是工科教学必不可少的环节。"换热器原理与设计"是一门实践性很强的课程,因此,实践教学在本课程中占据特别重要的地位。除了课堂教学之外,多种多样的实践教学才是提高学生学习效果的神兵利器。

2.3.1　课程设计

开展换热器的课程设计是提高本课程教学效果的重要手段。可以要求学生在 1～2 周的时间内,针对特定的换热要求选择出合理的换热器形式,并通过换热与流动阻力运算得到换热器的基本结构,如果时间允许可以让学生从事简单的结构设计,并进行前度校核。

2.3.2　虚拟装配

当学生掌握换热器的结构以后,可以要求学生采用三维造型软件完成换热器的虚拟装配工作。在条件允许的情况下还可以进行部分零部件或整体的快速成型加工,进一步帮助学生加深印象。

2.3.3　现场参观

现场参观主要解决学生对换热器制造过程中的一些疑问,通过参观工厂大型换热器的制造、组装、实验、运输等方面的工艺和操作,可以帮助学生更加清楚地了解换热器的制造过程。

2.4 教学资源与团队

严格地说,教学团队属于软件教学资源。本课程的教学资源主要包括各类实验装置、教学案例、教案、幻灯片、试题库、教材等方面的建设。通过多方面筹措资金,完善实验条件,通过在工作中不断修订,建立适用于本校专业特点的幻灯片和教案可以帮助学生更好地学习本课程。

教学团队的建设包括教学团队延续性的建设,教学应该具有良好的学缘结构、年龄结构、职称结构、合理的知识体系。在教师队伍建设中,应该发扬"传帮带"的传统,工程检验丰富的老教师应给予年轻教师帮助和指导;年轻教师也应该奋发图强,通过各种手段开展学习,提高自己的知识水平和教学能力。

3 结束语

"换热器设计与原理"课程是能源与动力工程专业的重要专业课程。本文在课程建设的各个方面进行了剖析,提出了我校主要的教学内容与教学方法,并对实践教学和教学资源、团队等方面的建设情况和建设要求进行了归纳总结。

参考文献:

[1] 童军杰,童巧珍."换热器原理与设计"教学方法探讨与思考[J].装备制造技术,2011(7):222-224.

[2] 崔晓钰,孙慎德,徐之平,等."换热器原理与设计"课程建设与改革[J].中国现代教育装备,2011(13):58-60.

[3] 崔晓钰,孙慎德,王妍."换热器原理与设计"课程网站的建设[J].中国教育信息化,2013(5):56-58.

"建筑环境控制系统"课程改革研究与实践

张妍妍*

(山东华宇工学院,山东德州,253034)

[摘　要] 结合建筑环境与能源应用工程专业人才培养目标,我们将实际工程案例引入课堂,对专业课程"建筑环境控制系统"的教学内容、评价方式进行了课程改革,调整了教材章节内容并减少理论讲解,采用了过程性考核评价方式并取消期末一张卷的考试方式,切实提高了学生实际工程能力,培养了学生可持续发展能力。

[关键词] "建筑环境控制系统"课程;工作任务;教学改革实施

0　引言

根据教育部16号文中"针对区域经济发展的要求,灵活调整和设置专业,是高等教育的一个重要特色"的要求,结合德州及周边地区行业发展趋势,我院建筑环境与能源应用工程专业主要培养能够从事以下三方面的专业技术人才:

(1)能从事建筑物采暖、空调、通风除尘、空气净化和燃气应用等系统与设备以及相关的城市供热、供燃气系统与设备的设计、安装调试与运行工作。

(2)能够以工程技术为依托,以建筑智能化系统为平台,对工业建筑及大型现代化楼宇中环境系统和供能设施的设计、安装、估价、调试、运行、维护、技术经济分析和管理。

(3)能适应低碳经济建设与社会可持续发展的需要,具备建筑节能设计、建造、运行管理的基本理论与专业技能,知识面宽,具有向土建类相关领域拓展渗透的能力,以及适应能力和实际工作能力。

结合建筑环境与能源应用工程专业人才培养目标,我们将实际工程案例引入课堂,对专业课程"建筑环境控制系统"的教学内容、评价方式进行了课程改革,调整了教材章节内容并减少理论讲解,采用了过程性考核评价方式并取消期末一张卷的考试方式,切实提高了学生实际工程能力,培养了学生可持续发展能力。

---

* 张妍妍,讲师,研究方向:暖通空调。

1 课程改革内容与实施

1.1 课程介绍

"建筑环境控制系统"这门课程是建筑环境与能源应用工程专业主干专业课程之一，涵盖了原三门专业课——供热工程、通风工程和空气调节工程的主要内容，主要阐述创造和维持建筑热、湿、空气品质环境的技术。

本课程的主要专业基础课是"建筑环境学""热质交换原理与设备""流体输配管网"等。学生在紧密联系上述课程基本理论的基础上，系统学习采暖、通风与空调技术的基本原理与应用，并辅以一定的实践环节训练后，使学生初步具有分析和解决建筑环境控制系统中实际问题的能力，为学生将来能从事工程设计、施工、运行管理、工程监理等方面的技术工作提供必需的专业技术知识。

1.2 课程改革内容

（1）根据工作岗位需求调整课程内容，侧重工程能力训练。

改变传统的教学模式，充分体现学生为主体、教师为主导的教学理念。对与供热工程、流体输配管网、工业通风、建筑环境学重合的内容减少理论讲解，注重培养学生自我学习能力；引入与本课程相关的工程设计和验收规范、设计手册、产品样本等，结合设计规范和课程汇总理论部分进行学习，让学生了解国家规范用途，在学习过程中提醒学生施工中的注意事项，侧重工程应用指导，培养学生在工程中的应用意识。

（2）结合实际工程任务进行章节整合，调整为七个工作任务。

以实际工程任务为课程主线，将原本教材中的 14 个章节，根据控制环境所采用的方法，整合为 7 个工作任务（即不同工作方向的工程实例，即设计基础任务、集中式空调系统设计任务、半集中式空调系统设计任务、VRV 空调系统设计任务、通风除尘系统设计任务、洁净空调系统设计任务、辅助设计任务。

从室内外参数确定开始，把任务布置给学生，每部分内容都和课程设计对应，让学生掌握理论应用与实际应用，促使学生在应用过程中发现问题、解决问题，帮助他们提高实际工作中解决问题的能力，从而引导学生思考以后的就业方向。

（3）改革评价方式，注重过程性，重视学生综合素质和能力培养。

在学业评价方法、手段、评价实施过程上进行大胆有效的改革，由 1 次闭卷考试变为"7 次施工图纸设计＋设计答辩"的方式，实现课程评价方式工程化、过程化，侧重学生施工设计答辩过程，注重表达能力培养，从而达到新模式下增强学生实践创新能力，实现我校应用技术型、创新型人才培养目标。

（4）改变学习方式，促进学生个体全面发展。

在传统的教学过程中，教学内容、教学方法、教学步骤甚至是课堂活动的细节都是由老师安排的，学生只是被动接受。将实际工程任务融入教学过程中，学生不再是被动的接收器和知识灌输的对象,而是课堂学习的主题和知意义的主动构造者;教师不再是知识的灌输者和课堂的主宰者,而是教学的组织者、指导者,学生构建意义的帮助者、促进者。激发学生的学习动机,积极主动参与到学习过程中来,由"要我学"变为"我要学"。

(5)进一步加强与企业的联系,成果服务企业并解决企业工程实际问题。

根据专业自身特点和教学要求,充分发挥企业办学优势,加强与德州亚太集团有限公司的联系与沟通,了解企业诉求,充分发挥学院教学资源的作用,将企业实际工程项目作为教学任务下发给学生,通过学生的设计、Fluent 软件模拟运行,服务于企业并解决工程中的实际问题,为企业节省施工成本,提高企业技术水平。

1.3 课程改革实施情况

我们在 2014 级建筑环境与能源应用工程专业进行了"建筑环境控制系统"课程改革试点。通过两个学期的改革试点,目前已完成以下内容:

(1)课程完成了三级一体化改革,将整本教材整合为七个工作任务。

任务化教学内容的开发,改变了课堂教学环节的设计过程,系统构建了能力递进式课程改革模式。分段、递进实施教学,将工作任务贯穿人才培养全过程,满足学生职业生涯及可持续发展的需求。

(2)通过"专家请进门,教师走出去,广泛参考、严谨论证"三项措施,完成了课程教学目标论证。

(3)进行了专业师资模块化改革,鼓励模块主讲人组建兴趣组、参与工作室运行、承接社会业务单子。

(4)采用四步教学法、任务驱动法、项目实施法进行了教学方法和教学手段改革。

以往课堂教学环节的过程是:教师教授—学生被动接受—期末固定试卷评价。现在将实际工程项目融入教学过程中,将被动接受变为主动学习,使学生树立正确的学习观。充分顾及社会各方面,使教学过程变为:公众崇尚的能力行为—调查社会各用人单位发展战略—竞争对象形象战略—完成实际工程任务—学生参与—评价。参与活动的学生量增加。

(5)对学生评价方式进行了改革,强化项目驱动教学过程的评价环节。

强化工作任务完成过程中的责任性,创设交流情境,变"个人竞争"为"集体合作"。有计划地组织学生们讨论,为他们提供思维摩擦与碰撞的环境,就是为学生的学习搭建了更为开放的舞台。学生在独立思考的基础上集体合作,有利于其思维的活跃。创造心理学研究表明:讨论、争论、辩论,有利于创造性思维的发展,有利于改变"喂养式教学"格局。因此,在教学中我们要创设多种形式、多种目标的交流情境,以发展学生的创造个性。这一过程实质上是强化项目驱动教学活动的参与过程,从而淡化终结性评价。

2 课程改革取得的成效

2.1 教师熟悉了课程改革完整建设流程

课程改革的主体和中坚力量是教师,教师的能力和水平是改革成败的重要因素,课程的剖析、进程的拟定、技能的确定、大纲的制定、教学过程的组织都离不开教师。但教师的能力水平不平衡,个体差异较大,同时教师的职业技能不足,具有实际工作经验的教师短缺。教师的这种职业技能局限,影响到改革的持续发展。因此,通过本次课程建设,我们还要进一步加强教师队伍的建设,提高教师的核心教学能力,让更多教师参与到课程改革与建设中来。建设流程如图1所示。

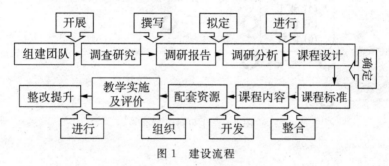

图1 建设流程

2.2 通过工程实例帮助学生树立了正确的就业观,增加了就业资历

首先在实际工程设计的完成过程中,学生对自己进行了就业定位,降低了心理门槛,树立了"先就业、后择业"的观念。其次在课程中完成的所有成果都可以在就业面试中作为一种资历证明,可直接上岗就业,实现了学生毕业、就业的无缝对接。

2.3 加深了校企直接的沟通合作,实现了课程改革的四个对接

通过课程改革中与企业的沟通合作,深化了产教融合模式,保证课程教学内容与职业标准、行业标准和职业岗位的融合对接(见图2)。

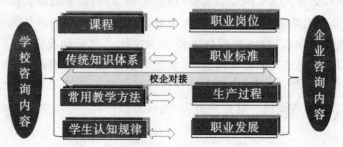

图2 校企对接框架

2.4 多元化评价方式培养了学生的可持续发展性

多元性化评价的目的在于通过识别学生的优势智能领域,为学生提供发展自己优势智能领域的机会;引导学生扩展自己的学习内容领域,开拓与多元智能结构相匹配的信心活动;教学评价要让学生发现自己的优势领域,同样认识到自己的不足,从而协调地发展自己,尽可能使自己在多方面得到充分发展,形成可持续发展的内驱力(见图3)。

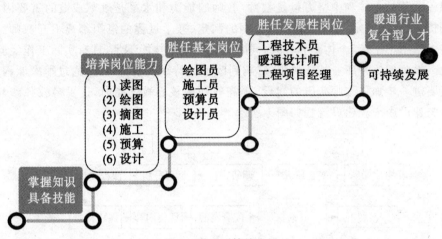

图 3   学生可持续发展

3   结 论

从开始酝酿建筑环境与能源应用工程专业课程改革,至今已经接近一年时间了。在近一年的时间里,建筑环境与能源应用工程专业课程改革如火如荼地开展,步入了正常发展的良性轨道,各项改革工作正有条不紊地进行着。课程改革虽然取得了一定的成绩,但我们的改革正处于起步阶段,不可避免地也存在一些不足,需要我们在以后的运行过程中加以改进。

随着课程改革与研究的不断深入,笔者更加清楚地认识到:教育的意义在于引导和促进学生的发展和完善。学生的发展需要目标,需要导向,需要激励。因此,在课程改革上,我们充分考虑学生基础能力形成的实际需要,有效兼顾学生的具体需要和实际情况,以适应社会需求为目标,以培养应用技术能力为主线,以"基础充实、理论够用、以实为本、以能为主"的主体思想为宗旨来构建"工程化""任务化"课程模式,只有打破填鸭式教育的束缚,建立全新的教育体系,才能为课程改革提供强大的推动力。我们坚信,在改革的推动之下,课程改革的步伐一定会更坚实、更有力!

参考文献:

[1] 杨春宇."建筑环境控制"课程教学改革研究[J].高等建筑教育,2013(6):75-77.

[2] 陈富于."暖通空调"课程教学改革与实践[J].沈阳农业大学学报(社会科学版),2017(3):324-328.

[3] 王清树."暖通空调"课程教学资源多元化改革探索[J].教育教学论坛,2015(52):131-132.

[4] 郭明."暖通空调系统"课程教学改革与实践[J].教育教学论坛,2015(21):130-131.

[5] 孙志高.工程技术人才职场能力培养路径研究——基于建筑环境与能源应用工程专业的探索[J].内蒙古师范大学学报(教育科学版),2015(1):98-100.

[6] 舒海文,端木琳,李祥立."做中学"理念在暖通空调课程教学中的探索与实践[J].高等建筑教育,2016(6):95-99.

[7] 王宴平.基于市场需求的建环专业复合型人才培养模式探讨——"暖通空调"课程教学改革与学生能力培养[J].中国西部科技,2013(3):96-98.

[8] 邓永辉.精品开放课程背景下"暖通空调"课程教学方法研究[J].电子制作,2013(12):181.

[9] 王志勇.建筑环境与设备工程专业空调课程群建设的研究与实践[J].湖南工业大学学报,2009,23(2):89-91.

[10] 舒海文,李祥立.暖通空调课程的任务驱动式研究型教学实施方法探讨[J].高等建筑教育,2008(4):98-101.

"传热学"课程考核改革分析研究

李 琼* 刘宏伟 朱鸿梅

(华北科技学院,河北三河,065201)

[摘 要]通过大量收集试题素材,在十多年本科教学过程中,笔者根据建筑环境与能源应用工程专业的培养目标和教学要求,本着注重教学和学生能力的培养,紧跟本学科发展趋势,形成了传热学试题库。本文借助 ePaper 软件平台和微信"雨课堂"公众号,针对"传热学"专业基础课程开发建设试题库,具体分析 2016~2017 第二学期"传热学"试题库应用效果,分析试卷结构、考点分布、难易程度等;结果体现了教学成果,达到了教学大纲、教学计划要求的既定目标,实现了全面课程考核;能够为下一步"传热学"精品课程的建设提供基础素材。

[关键词]传热学;试题库;ePaper 软件;微信"雨课堂";课程考核

0 引言

在网络信息的冲击之下,教育教学工作普遍面临着瓶颈,如课堂教学墨守成规、枯燥乏味,老师与学生缺乏互动、自说自话,考评死板、没有实效等。同时,随着人才培养目标的改变,传统的教学方式日益暴露缺陷。适应素质能力培养要求,改革教学与考试方式势在必行。

数据显示,截止 2017 年 12 月,微信全球用户突破 10 亿,而新兴的公众号平台拥有 1000 万个,"90 后"用户占 42.5%。微信已成为大学生最重要的一种社交信息平台。改善教育教学工作的效果,我们只能顺势而为,充分运用在网络时代兴起的新事物,掌握信息技术并应用于课程教改,发挥网络信息技术的优势,与学科教育教学工作相结合,尊重学生的主体地位,注重师生互动,提高教学实效性,从而推进网络时代的学校教育教学工作改革。各高校已有大量关于教考分离工作要求的试题库建设经验。王婷探讨了大学英语的教考现状,并就存在的一些问题提出了建设完善的大学英语试题库的必要性[1]。傅军指出,要实行标准的教考分离,必须建立由计算机管理的试题库[2]。国内很多高校专门研究并编写了试卷生成软件程序[3~5],但是考虑到非计算机专业教师不具备自己写程序、编软件的能力,试题库的建设需要结合自身专业课程特点,借助成熟软件平台开发

---

* 李琼,副教授,博士,研究方向:隧道通风。
基金项目:华北科技学院高等教育科学研究课题(No. HKJY201423、No. HKJYZD201319)。

试题库的效率更高。

传热学是研究在温差作用下热量传递规律的一门学科。从现代楼宇的暖通空调到自然界风霜雨雪的形成,从航天飞机重返大气层时壳体的热防护到电子器件的有效冷却,从一年四季人们穿着的变化到人类器官的冷冻储存,无不与热量的传递密切相关。我校"传热学"是建筑环境与能源应用工程、安全工程等专业必修的一门专业基础课。该课程于 2006 年开始本科授课,2010～2013 年已作为建筑环境与能源应用工程专业的核心课程进行精品课程建设。目前已经建设的内容包括课程电子课件、部分主讲教师授课视频、各个章节电子教案核心内容、各个章节作业及试题库。目前,我校正在进行课程考核改革,已有的精品课程资源已不适应全授课过程的课程考核要求。

针对目前学生需求通过手机和网络就能实现的、随时随地的在线自主学习方式,适应我校课程考核改革、加强课程的过程管理的要求,本文基于 ePaper 软件平台建设期末试卷库,并基于微信"雨课堂"公众号开发课堂练习试题库、改革实践经验进行分析总结。"传热学"课程考核建设成果将为普通高校课程建设和课程过程管理方法提供实践参考依据,为大学生在线自主学习提供丰富有效的课程资源。

1 "传热学"试题库建设

"传热学"是研究热量传递规律及其应用的一门学科。本课程是建筑环境与能源应用工程专业的一门专业基础课。"传热学"这门课程经专任教师多年教学积累和对各高校相关硕士研究生专业考试真题的收集,已经建立 10～15 套内容覆盖面广、题型多样、难易分配合理、可供随机选择的试卷,这为试题库的建立奠定了必要的基础。从申请试题库建设项目开始,用了两年时间组织学科专任教师自己命制,广泛收集、整理在各类书籍、考研真题、注册设备师试题等方面有价值的试题和已被其他学校相关学科课程考试广泛使用的试题。在此基础上,采取题卡分类编码的方式,建立起数量较多、题质较好的初级题库。初级试题库建立起来后,需要用更长一点时间(6～10 年)对原来已建立起来的试卷或题库,通过考试实践的检验,留优汰劣,适时增补新试题。在试题的质量和数量达到一定的水平和规模之后,再组织有关专家审核论证,借助试题生成软件,建立标准题库。

1.1 试题库建设思路和方法

试题库建设总体思路如图 1 所示。

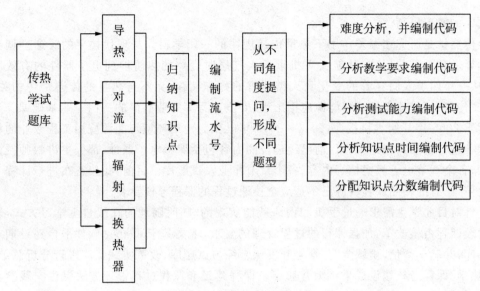

图 1   试题库建设总体思路

在精品课程建设中,参考了如上海交通大学、哈尔滨工业大学、西安交通大学等相关院校的"传热学"课程的试题,并在了解出题学校教材的基础上,课题组编写了此试题库。由于本试题库的使用者要参加研究生入学考试,本试题库收集了部分研究生入学考试的相关资料。"传热学"是一门实践性、基础性很强的课程,在试题库的编写过程中要特别重视自然现象及生产生活中的实际传热问题,力求让学生学会用专业的知识解释身边的现象,提高学生灵活应用知识的能力。"传热学"试题库是从近十年本科教学过程中提炼出来的。经过每年对所用试卷进行分析,不断改进试卷内容,考试结果体现了教学成果,达到了教学大纲、教学计划要求的既定目标,并且考试结果呈正态分布。

1.2   试题库建设过程

"传热学"试题库建设的主要过程如下:

(1)研究教学大纲,从而明确考试大纲。由命题小组集体审查。审查通过的考试大纲标准是:题意准确、科学、合理、不超纲;文字通顺,数据相符,表达准确,标点无误;成套试题规范,题量适宜,难易适度,题型多样;答案正确、全面、简洁、规范。

(2)细化知识点,作为出题依据,形成考点。

(3)确定题型、题量、分值和考点分布;通过 ePaper,用户可以建立和管理特有的、符合自身实际需求的题库。

(4)选编题目,形成试题素材。

(5)做出标准答案及评分标准;试题素材及标准答案可以从 Word 文本导入 ePaper 软件。

(6)应用 ePaper 软件,生成题库;ePaper 可以通过自动随机和手动挑选的方式来生成试卷。得到的试卷可以通过内部模板或者用户自己定义外部模版保存为特定样式的 Word 文件。如图 2 所示。

(7)题目测试和分析。

（8）修改完善题库。

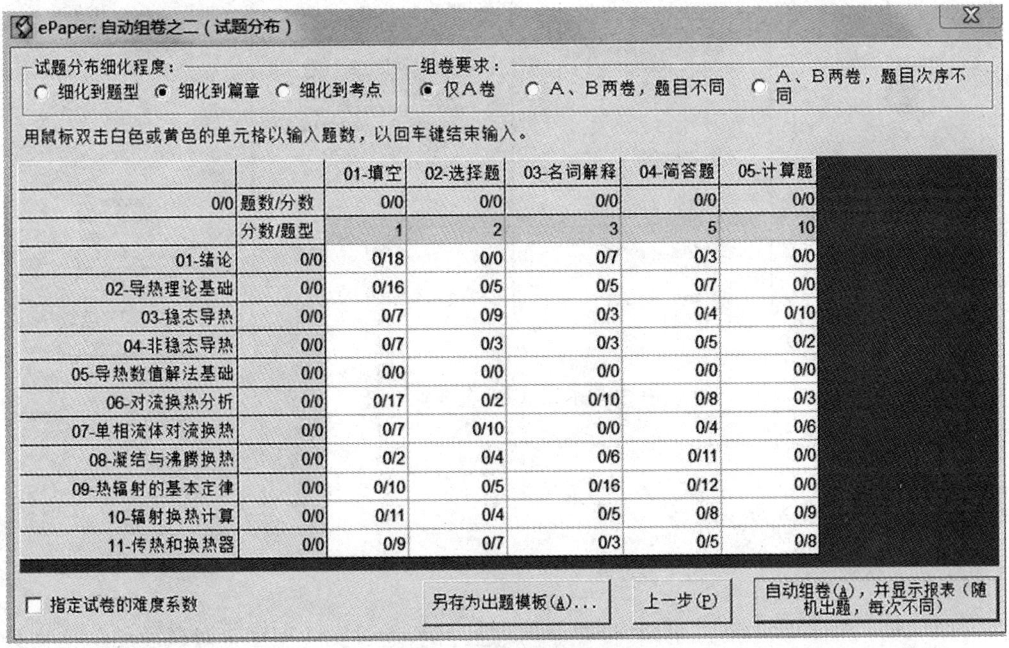

图（ePaper 自动组卷之二（试题分布）界面）：

试题分布细化程度： ○ 细化到题型 ● 细化到篇章 ○ 细化到考点　　**组卷要求：** ● 仅A卷　○ A、B两卷，题目不同　○ A、B两卷，题目次序不同

用鼠标双击白色或黄色的单元格以输入题数，以回车键结束输入。

		01-填空	02-选择题	03-名词解释	04-简答题	05-计算题
0/0	题数/分数	0/0	0/0	0/0	0/0	0/0
	分数/题型	1	2	3	5	10
01-绪论	0/0	0/18	0/0	0/7	0/3	0/0
02-导热理论基础	0/0	0/16	0/5	0/5	0/7	0/0
03-稳态导热	0/0	0/7	0/9	0/3	0/4	0/10
04-非稳态导热	0/0	0/7	0/3	0/3	0/5	0/2
05-导热数值解法基础	0/0	0/0	0/0	0/0	0/0	0/0
06-对流换热分析	0/0	0/17	0/2	0/10	0/8	0/3
07-单相流体对流换热	0/0	0/7	0/10	0/0	0/4	0/6
08-凝结与沸腾换热	0/0	0/2	0/4	0/6	0/11	0/0
09-热辐射的基本定律	0/0	0/10	0/5	0/16	0/12	0/0
10-辐射换热计算	0/0	0/11	0/0	0/5	0/8	0/0
11-传热和换热器	0/0	0/9	0/7	0/3	0/5	0/8

□ 指定试卷的难度系数　　　另存为出题模板(A)...　　　上一步(P)　　　自动组卷(A)，并显示报表（随机出题，每次不同）

图 2　ePaper 自动组卷（试题分布）

1.3　建设成果

1.3.1　试卷库

题目选编，形成试题素材。试题共计 308 道。填空题：102 道；选择题：48 道；名词解释：50 道；简答题：68 道；计算题：40 道。不重复试题可以组卷 10 套以上。

试题库建设总结如下：

（1）经试题库选取试卷，严格按教学大纲编写，考点的分布均匀、合理，覆盖面广。

（2）题目的难易程度、学生完成时间分配合理。

（3）能够使学生成绩呈正态分布。

（4）做到教考分离，同时促进教学方法、教学手段的改革与提高。

1.3.2　课堂习题集

针对"传热学"知识体系，建立四块课堂习题模块，利用微信"雨课堂"公众号发布习题（见图 3），从而加强自主学习和学习过程考核。客观题能够直接批阅给出成绩，主观题学生可以拍照上传作业，或者语音说明，学生作业回答完成后能看到正确答案，学生成绩自动汇总后可以发成绩单给任课老师，"课前"—"课中"—"课后"全过程辅助教学。

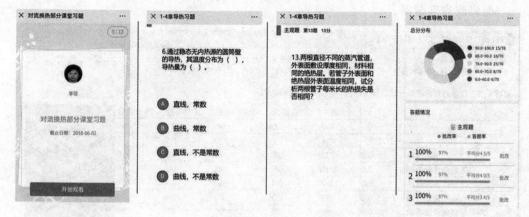

图 3 "雨课堂"发布课堂习题

2 试卷生成与分析

以 2016～2017 学年第二学期"传热学"试题为例,通过图 4 至图 7 对试卷结构比例分析可知,本次试卷较符合教学大纲和考试大纲的规定;需要掌握和理解的知识比例较大;较难和很难的试题比重稍大;能够全面反映传热学学科知识特点。在一般的教学质量检测中,一份试卷的平均难度应在 0.4～0.6。只有适中的难度,才能使试题产生区分不同程度考生的最大效果。两个班的平均难度为 0.6,符合要求。

图 4 题型结构比例分布图

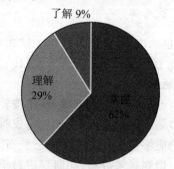

图 5 教学要求层次比例分布图

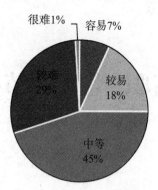

图 6　知识块比例分布图　　　　　图 7　难度级比例分布图

3　学生答题情况分析

　　学生对填空题及选择题总体答题正确率仅为 50％左右,说明对知识点的理解和掌握不够充分;名词解释正确率为 70％,说明大部分人较好地掌握了基本概念;简答题和计算题正确率均为 62％,基本具备分析问题的能力和计算能力。

　　学生对导热部分掌握良好;对流换热部分掌握一般,个别概念理解不透;多数学生对辐射换热部分基本概念及计算没能很好掌握;传热与换热器部分计算不够准确。学生对基本概念和基本原理掌握良好,但计算能力还应加强,分析问题和解决问题的能力有待提高。

4　教学分析和改进方向

　　以上分析较全面反映出了教学中教的问题、学生学的问题以及试题库中试题质量问题。反映出来的疑难点集中在以下知识点:

　　(1)导热微分方程。

　　(2)非稳态导热。

　　(3)各对流换热流态判断、准则方程及换热强度比较。

　　(4)辐射基本概念及换热计算。

　　(5)换热器热工计算。

参考文献:

[1] 王婷.浅论"教考分离"下加强大学英语试题库建设的必要性[J].科学大众,2010(3):106.

[2] 傅军.完善教考分离加强试题库建设与管理[J].考试周刊,2007(49):2-3.

[3] 谢志强.题库系统中试卷生成与分析的研究[D].湘潭:湘潭大学.2005.

[4] 李大可.考试分析系统和标准化题库的设计与实现[D].成都:四川师范大学,2004.

[5] 宋庆红,朱建.题库系统的研究和实现[J].信息技术,2002(1)7-9.

高职"空气调节技术"课程教学改革方案

狄春红[*]

(阜新高等专科学校,辽宁阜新,123000)

[摘　要]"空气调节技术"是高职制冷与空调技术专业的一门专业主干课。随着大中型空调系统在实际生产生活领域的广泛应用,结合高职学生自身的特点,笔者尝试对空气调节技术课程进行教学改革:调整教学内容、改革教学方法、改革评价体系。

[关键词]制冷与冷藏技术;空气调节技术;课程改革

"空气调节技术"是高等职业院校制冷与空调技术专业的一门主干专业课,主要讲述空气调节系统的组成、工作原理和设计计算方法[1],向学生传授中央空调系统基本的设计理论和培养学生实际设计中央空调系统的基本技能。这是一门理论与实际联系较为密切的课程。为了调动学生学习兴趣,提高教学效果,笔者在教学中采取了一些有效的改革措施。

1　教学内容的改革

1.1　理论教学内容的改革

1.1.1　删减有度,凸显特色

传统的教学内容喷水室部分做了非常细致的讲解,由于在实际民用或工业建筑中它的应用不是很广,为此在教学中只介绍它的结构、工作原理、水系统、空气处理过程、影响热交换效率的因素,删去喷水室的热工性能设计计算。空气净化处理部分删去空气净化系统。这样使得高职学生容易接受,也使得教学内容以"必须够用"为主得以实现,凸显高职特色。

1.1.2　补充新知,拓宽视野

传统的教材往往跟不上空调技术的发展,为了让学生尽可能多地知道新知识、新技术、新方法,在教学中与时俱进地补充内容,如近年来兴起的 VRV 系统的组成及工作过

---

* 狄春红,副教授,研究方向:制冷与空调技术及高职制冷专业教学。

程、冰蓄冷空调系统、地源热泵、水源热泵、蒸发式冷气机、多联机等空调系统的原理、鸿业暖通软件的使用等,使学生能对空调发展的新技术、新知识、新方法有所了解。教学中采用图片或多媒体课件的方式对学生进行讲解。使教学内容和空调行业更加紧密地结合,开拓学生的视野,提高学生的工作岗位适应力。

1.2 实践教学内容的改革

1.2.1 课前看系统

传统的教材都设有绪论部分。在传统的教学模式中,此部分内容在教室或多媒体教室讲解。笔者在讲解本门课时,直接将学生拉到校内的中央空调实训室讲述绪论部分。先让学生看设备,认识设备,然后一一清点设备;接下来带着学生把系统流程理顺出来;再启动设备,让学生通过眼看、耳听、手摸去进一步熟悉系统、熟悉设备。

这样做,一方面可以增加学生的感性认识,激发学生的学习兴趣;另一方面再回到课堂讲解涉及某一设备的某一知识点时,学生能在感性认识的基础上从多渠道、多方位、多角度上升到理性认识,便于学生理解问题、分析问题、解决问题,使得学生想学习、爱学习。

1.2.2 课中进现场

一般在课程中间阶段,讲完普通集中式空调系统、半集中式空调系统后,会安排2~3周的生产实习。生产实习一般安排在市内的大型酒店、大型商场的中央空调工程部或者正在施工中的空调工程现场。

实习时,我们要求学生遵照企业的时间上下班,直接深入中央空调运行或施工现场,随师傅跟班劳动,有问题随时向师傅请教,并要求学生经历生产实习全过程,一切要求由校企双方共同制定。

通过生产实习,学生深入到企业一线、车间一线、生产一线,经历了认识并熟悉中央空调系统的过程,经历了系统的开、关机操作过程,经历了与车间师傅融合的过程,经历了企业奖惩分明的过程,经历了企业文化渗透的过程,经历了实际职业岗位能力提高的过程,经历了问遍师傅、翻遍书的过程,经历了自己画不出原理图、抄画的过程,经历了答辩讲不出、主动找同学问的过程。

通过学生全程参与生产实习的过程,使学生对所在空调单位的系统有了一个比较清晰的了解,提高了学生的实际操作技能,培养了学生的专业综合能力,同时也让学生在现代企业感受到了企业制度、企业文化的氛围,加强了时间观念、纪律观念、质量观念。

1.2.3 课后做设计

课后做设计是指本课程的讲解结束后,运用本课程的知识,进行中小型空调系统的课程设计。目前,我校"空气调节"课程设计一般在2周内完成。课题是某综合楼空调系统的设计,任务是设计计算书1份,一号图纸2~3张。

通过课程设计,一方面提高了学生的终身学习能力,如查阅制冷空调设备有关数据、空调工程设计手册、与空调行业相关的一些国标文件、翻阅参考书、上网搜集资料等,另一方面使学生的专业能力有所提高,如空调的负荷计算和设备的基本热力计算;根据不同空调建筑的要求,科学合理地确定空调方案;能进行中小型空调系统的施工图或竣工图设计,为提高学生的就业竞争力打下良好的基础。

2 教学方法的改革

在改革教学内容的同时,教学方法的改革也非常重要,两者相辅相成。如何实现由以教师为主体转变以教师为主导、学生为主体,由"我能为学生讲点什么"转变为"学生能学点什么",实际上已经对教师提出了更高的要求,仅仅是老师在上面讲、学生在下面听已经满足不了学生的学习,而且也激发不了他们的学习兴趣。因此,教学方法的改革势在必行。在本门课的教学中,笔者主要采取了以下几种教学方法。

2.1 多媒体教学法[2,3]

随着空调技术在我国的大力发展,空调新产品、新技术层出不穷,为了能让学生了解空调、知道空调、熟悉空调,在教学中注意搜集厂家的最新设备图片、新技术的工作原理,制作成多媒体课件。采用多媒体教学法进行讲解,直观形象,使空气调节课内容变静为动,变微观为宏观,变抽象为直观,变低速为高速,变困难为容易,收到了较好的教学效果。

2.2 图表教学法

图表法是通过各种信号,简要地把学生所需要掌握的知识表现出来。课程中最重要的图表是焓湿图,如何能让学生掌握这个图并予以应用成为教学中的难点。在教学中注意梯次教学。如在分析窗玻璃是否会结露这个问题时,先教学生利用焓湿图查出室内窗玻璃周围空气对应的露点温度,再将其与玻璃窗表面温度相比较,最后得出结论。通过这样的教学方法,使学生不但强化了记忆图表,而且学会了用图表解决实际问题。

2.3 讨论式教学法

讨论式教学法是为实现一定的教学目标,通过教师预先的设计与组织,启发学生就特定问题发表自己的见解。教学中提前把问题布置给学生,让学生通过互联网、图书馆等途径查找资料、归纳资料、总结资料,再把总结后的资料带到课堂上互相交流,最后经过教师点拨评价,得出结论。通过此教学法,培养了学生自学、探究问题的能力,锻炼了学生的胆量、语言表达、团结协作、沟通能力,为将来的再学习和走向工作岗位奠定了坚实的基础。

2.4 自主学习法[4]

自主学习法不是由教师直接告诉学生如何解决面临的问题,而是由教师向学生提供解决该问题的有关线索,并注重培养学生的自主学习能力。当今时代,随着智能手机的普及,QQ、微信的利用已非常普遍,甚至有的学生机不离手。利用学生这方面的需求,及时地把专业相关的网站、国家级制冷空调专业资源库、微信公众账号(如制冷空调网、暖通空调网、暖通吧、制冷百科、筑龙暖通)等告知给学生,利用强大的网络资源去充实自己,拓展自己的专业知识面,使学生的学习分散在零散的业余时间。零散时间集中化,为学生了解专业发展现状、新技术、新产品开辟渠道。

当然,每次课的教学不一定局限于一种方法,这就要求教师最大限度地调动学生学习的积极性,综合运用多种教学方法。

3 课程考核方法的改革

传统的课程考核方法往往是一张试卷评定学生的最后成绩,单一的理论考试不足以反映本课程的最终结果。为了调动学生学习的积极性,培养学生的工程素养,本门课程的考核注重加大过程性评价力度,且过程性评价占据总体成绩60%的比重,期末部分占40%的比重,其中学习态度占5%,出勤占5%。平时的一次课一个小作业,一个阶段一个大作业,包括最后的课程设计汇总起来共占50%,期末考试占50%,而且考试题目侧重培养学生分析问题、解决问题的能力。采取这样的评价方式,学生学习的积极性明显有变化,学习更积极、更主动,甚至有的学生主动来找老师要些专业方面的资料。

经过几年的教学改革实践,教学中注重理论联系实际,采用多种教学方法和手段,改革传统的评价体系,学生对"空气调节"内容的掌握有了明显的提高,初步具备了中小型中央空调工程的设计能力,实践技能得到了加强。近年,我校制冷专业的毕业生从事空调行业能很快就胜任工作[5,6]。主要岗位有中央空调的运行维护、中小型空调系统销售方案、空调设计、预算、技术支持等,甚至有的学生在公司得到重用,成为设计主管、车间主任、能源工程师、项目经理等。

参考文献:

[1] 朱立.空气调节技术[M].北京:高等教育出版社,2008.

[2] 赵连俊."教学做"一体化教学的探索与实践[J].辽宁高职学报,2009(5):28-29.

[3] 狄春红.高职制冷与空调专业教学法探讨[J].辽宁高职学报,2009(8):39-40.

[4] 张蕾,魏龙,张国东.项目教学法在高职制冷与空调专业中的应用[J].制冷与空调,2009(8):121-123.

[5] 徐杰.高职暖通空调专业"准员工2+1"人才培养模式的改革与实践[J].武汉船舶职业技术学院学报,2013(5):58-60.

[6] 林永进.高职空调专业人才培养模式改革[J]教育教学论坛,2012(18):27-28.

实践性教学环节改革与创新

刍议科技竞赛对高校师生发展的重要意义

陈焕新[*]　袁　玥　郭亚宾　石书彪　寻惟德

（华中科技大学,湖北武汉,430074）

[摘　要]科技竞赛对高校师生发展具有重要意义。一方面,科技竞赛培养了参赛学生的素质,激发了大学生科技创新灵感,提高了大学生实践操作能力,培育了大学生团队协作精神,增加了大学生就业竞争优势;另一方面,科技竞赛提升了承办高校学生的素养,锻炼了承办高校学生的组织能力,开阔了承办高校学生的视野,扩大了承办高校对优秀学子的吸引力。同时,科技竞赛为校际师生交流提供了平台,不仅增进校际师生之间的沟通,而且促进了大陆、台湾两岸的学术交流。

[关键词]制冷空调;创新能力;综合素质;大学生科技竞赛

0　引言

日益增多的大学生科技竞赛为当代大学生提供了一个参与科研创新和探索学习的平台。大学生科技竞赛作为课堂的补充和延伸,可以激发大学生的学习兴趣和潜能,为高校师生的实践能力和创新能力发展提供一个平台[1]。这类科技竞赛包括制冷空调行业比较有影响力的,如"MDV"中央空调设计大赛、"艾默生"杯数码涡旋中央空调设计大赛、大学生制冷空调科技竞赛、全国高等学校人工环境学科奖等[2]。本文以中国制冷空调工业协会和教育部能源动力类专业教学指导委员会联合举办的中国制冷空调行业大学生科技竞赛为例,浅谈科技竞赛对师生发展的意义。2007年至今,中国制冷空调行业大学生科技竞赛已经成功举办了10届,给行业、大学生及高校教育都带来了深远的影响[3~10]。该大赛在华中赛区已经成功举办了5届,其影响面覆盖华中地区5000余名师生,为该地区近二十所高校的师生提供了一个交流学习的平台。本竞赛为高校素质教育的发展送来了一缕新风,对各高校制冷空调专业的大学生产生了积极的影响,加强了各高校师生的交流合作,不仅提高了大学生的综合素质,而且对于学校的学风也起到了积极的促进作用。

---

* 陈焕新,教授,研究方向:制冷及低温工程。

1 科技竞赛培养了参赛学生的素质

科技竞赛本身就是一项富于创造性和挑战性的劳动,参与科技竞赛等活动,可以培养大学生执著、自信等良好的个人品质,也可以提高大学生独立思考、自主作业的个人能力,同时要求师生之间建立良好有效的沟通与互动。最终,对学生的集体荣誉感和团体意识也有较明显的激发作用。

1.1 激发了大学生科技创新灵感

科技竞赛可以解放大学生专业思维的束缚,使大学生们通过该比赛打开思路,迸发出一些新奇的想法,并通过团队协作的方式,发现问题、解决问题,最终做出成果。可以使同学们学习到课本上没有的知识,极大地提高了大学生的创新能力。

创新能力是在日常课堂中难以培养和提高的一种素质,而这种素质又是科学研究中必不可少的一种基本要求。所以通过科技竞赛这种形式,大学生的科技创新灵感得到了显著的激发和提升。通过大学生科技竞赛,学生们的动手能力、实践能力、团队合作意识都得以提升。有别于课堂学习的传统模式,竞赛这样丰富多元的教学形式也可以激发学生们对于本专业知识的学习热情,从而提高高校教学质量。

一直以来,由于学科专业等原因,高校学生科技创新工作一直存在着基础不扎实、普及率不高、大学生科技创新的积极性低等现象。自华中地区开始举办中国制冷空调行业大学生科技竞赛后,引起了社会强烈的反响,同时也带动了华中地区学生科技创新的一个高潮,对于培养各高校创新氛围、建立良好的创新气氛起到了推动的作用。大赛激励了学生的科技创新热情,提高了学生对科技创新的认识,使他们积极配合并参与科技创新活动,努力做到学以致用,使理论学习和实践相结合,全面发展学生素质。

1.2 提高了大学生实践操作能力

科技竞赛是提高大学生实践能力的有效手段。参加比赛不仅培育了参赛学生的创新思维,而且锻炼了参赛学生的动手能力。以第八届制冷空调行业大学生科技竞赛华中赛区为例,HUST 能源小分队参赛团队巧妙地利用制冷剂的热效应,将太阳能转换为制冷剂的热能,从而产生推动气缸活塞的压力差,通过齿轮条传动机构,使太阳能接收平板转动,跟踪太阳位置,从而提高太阳能接收率。通过参加比赛,他们将两个领域的知识结合在一起,创新性地设计了一种太阳能跟踪装置。通过大赛,打破了参赛学生的思维局限,激发了他们的创造力,同时也提高了他们的科研能力和专业知识水平。

同学们进行实际操作、作品展示和知识竞答环节的比赛。通过比赛,同学们从动手到动脑各个方面进行了学习,提升了自身的实践能力。正如华中科技大学能源与动力工程学院副院长成晓北所说:"大赛为各个高校提供了一个良好的、开阔的交流与学习的平台,促进学生把理论知识与实际结合,提升专业技能,促进行业培养优秀的后备人才。"

1.3 培养了大学生团队协作精神

大多数比赛的参赛作品并不是一个人可以完成的,而是需要通过一个团队的齐心合力来完成。一个参赛作品,从课题的选择、实施方案到完成作品,需要一个团队的成员互相讨论、分工合作来共同完成。制冷空调行业大学生科技竞赛特别设置了实践环节,需要参赛团队完成一些行业内基础的动手操作项目,类似于抽真空、充氟的项目,更是为锻炼参赛团队的协作能力。通过大学生科技竞赛,可以提高参赛学生的团队协作能力。

1.4 增加了大学生就业竞争优势

参加科技竞赛,不会像在学校参加考试一样,只是通过试卷来评价学习的好坏,而是通过创新的想法、动手的能力和最终展示答辩等综合指标来评价一件参赛作品的好坏。通过参加科技竞赛,使学生更加注重实际,也具有更强的动手能力。而这些优良的素质,更是企业需要的。他们更倾向于寻找那些有想法、有能力和具备团队协作能力的大学生。参加科技竞赛,也会使大学生提升心理素质和展示自我的能力,从而在招聘面试过程中不怯场,从而更出色地展示自己的能力,并最终获得一份理想的工作。调研的数据表明,有竞赛经验的学生在企业招聘时会受到更多用人单位的青睐[11]。

2 科技竞赛促进了承办高校学生的发展

2.1 锻炼了承办高校学生的组织能力

对于参赛学校而言,受到条件限制,能够接触大赛的学生人数有限,而对于承办高校的学生来说,则可以从组织、安排、参赛、观摩等更多方面更直观地接触本次大赛,受益人数大大增加。

制冷大赛不仅对参赛学生是一次挑战,对于承办组织本次大赛的同学而言,也是一次难得的锻炼机会。从前期宣传工作、会场布置、主持司仪到联系接待,大赛方方面面无不是个人能力和才华的展现。华中科技大学作为比赛的承办方,参与组织比赛相关事宜的同学得到了很大的锻炼。他们很多都是第一次参与并组织大型赛事,他们的组织、安排、沟通能力得到了提高。比赛中的主持人、礼仪都是同学们自己通过训练后担任的,因此对于他们来说,丰富了自己的能力,提高了自信心。

2.2 开阔了承办高校学生的视野

与不同高校的师生、企业人士交流沟通,不仅扩大了自己的眼界,同时也需要多方面运用知识和全面解决问题的实践能力,为将来走入社会打下了能力基础和人脉基础。

2.3 扩大了承办高校对优秀学子的吸引力

大学生科技竞赛不仅增加了老师、学生们之间的交流,而且扩大了承办单位学校的影响力和知名度。以华中赛区为例,参加比赛的许多同学正是因为参加了中国制冷空调行业大学生科技竞赛,才深入了解了华中科技大学,并最终通过保研或者考研来到华中科技大学继续深造。

同时,承办比赛的同时也起到了宣传推广的作用,吸引到了更多优秀的人才来到这里学习研究。

3 科技竞赛为校际师生交流提供了平台

3.1 增进校际师生之间的沟通

指导老师通过参加比赛可以和同行业其他高校的老师交流和讨论,为以后的合作奠定了基础。通过制冷空调大学生科技竞赛,参赛同学不仅可以锻炼动手能力,而且可以学习到书本上没有的知识,同时也可以提前与行业内的专家、企业等进行交流,扩大自己的知识面和视野。因此,大学生科技竞赛是一个良好的促进交流、开阔视野、学习锻炼的平台。

表1 历年华中赛区一等奖获得院校

年份	2012	2013	2014	2015	2016
本科生组	湖南大学 河南科技大学	湖南大学 南昌大学	华中科技大学 华东交通大学	湖南大学 武汉纺织大学	郑州大学 中原工学院
研究生组	湖南科技大学	华中科技大学	华中科技大学	河南科技大学	华中科技大学

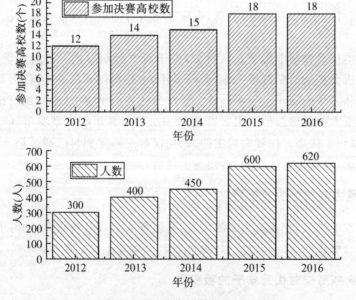

图2 历年华中赛区参赛人数和高校数量变化

3.2 促进大陆、台湾两岸学术交流

一方面,通过比赛,不仅为大陆地区的参赛高校提供了交流的平台,甚至也让参加比赛的台湾高校和华中地区的高校加深了彼此之间的了解。双方以制冷空调行业大学生科技竞赛为契机,互相邀请知名教授为各自的高校进行讲学。2013 年第七届制冷空调行业大赛华中赛区首次邀请来自宝岛台湾的勤益科技大学参赛队伍参加比赛。更加扩大了中国制冷空调大赛的知名度和影响力。通过本竞赛,为两岸同学学习、创业和交流提供了更多机遇,创造了更好的条件。耳听为虚,眼见为实,通过比赛期间同学们和老师们的短暂交流和相处,两岸的师生也建立非常深厚的友谊,在比赛之后也进行了学术和生活上的交流。

另一方面,通过制冷空调大赛,大陆的大学生也了解了台湾高校的教学情况。有两位同学在台湾勤益科技大学进行了交流,并有一位同学在台湾攻读学位,加深了台湾高校和大陆高校的合作交流。源于比赛,不局限于比赛。赛后,华中科技大学多次邀请台湾勤益科技大学的师生参加华中科技大学暑期两岸大学生交流活动,进一步加深了双方的友谊。

总之,科技创新,是一个民族进步的不竭动力,更是当代大学生朝气蓬勃、奋发有为的重要体现。以科技竞赛为依托,不仅能全面提高大学生独立思考、勇于探索、敢于创新的科学钻研能力,更能促进高校教育资源的充分配置,谋求更长远的发展。制冷空调行业大学生科技竞赛在华中赛区已经成功举办了 5 届,其已经成为制冷空调行业华中赛区非常重要的赛事,为华中地区的企业、高校、学生之间搭建了一个沟通的平台,对大学生综合素质的发展和高校教育改革起到了积极的推进作用。

参考文献:

[1]杨旭.竞赛对大学生发展的影响分析[D].南昌:江西财经大学,2015.

[2]王琳,张冰,徐卫星,等.浅议大学生科技竞赛活动对学生综合素质的影响——以制冷空调行业大学生科技竞赛为例[J].亚太教育,2015(22):183-240.

[3]白俊文.2015 中国制冷空调行业大学生科技竞赛总结会在郑州顺利召开[J].制冷与空调,2015(12):93.

[4]《制冷与空调》编辑部.实践与创新并举,促进行业可持续健康发展——第九届中国制冷空调行业大学生科技竞赛决赛胜利举办[J].制冷与空调,2015(7):98-104.

[5]晏祥慧,马国远,白俊文,等.构建中国制冷空调行业大学生科技竞赛平台[J].制冷与空调,2014(5):48-49,53.

[6]李嵩.定位公益活动推动优秀人才培养——第八届中国制冷空调行业大学生科技竞赛启动仪式与新闻发布会召开[J].制冷与空调,2014(5):78.

[7]晓月.第八届中国制冷空调行业大学生科技竞赛决赛成功举办[J].电器,2014(8):37.

[8]《制冷与空调》编辑部.重视实践,促进绿色可持续发展——第八届中国制冷空调行业大学生科技竞赛决赛胜利举办[J].制冷与空调,2014(7):58-63.

[9]"格力杯"大学生科技竞赛决赛成功举办[J].供热制冷,2014(8):75.

[10]白文.中国制冷空调行业大学生科技竞赛研讨会举办[J].制冷与空调,2014(1):18.

[11]陈铭,吴挺,丁岩,等.竞赛对大学生就业的影响研究[J].新校园(阅读),2016(1):165.

能源动力类大学生工程实践
与创新研究能力培养

李舒宏* 王明春 肖 睿 钟文琪 朱小良

（东南大学能源与环境学院，江苏南京，210096）

[摘 要] 分析能源动力类专业在实践教学中面临的主要问题，指出工程创新能力培养是影响能源动力类专业创新型人才培养质量的重要因素。本文通过探索新的能源动力类大学生实践教学新体系，重构主线明晰、理论与实践相结合的工程创新型课程体系；建设多层次、开放性校内外一体化的实践教学平台；创设"以科研项目为载体，以自主研学为手段，以创新能力培养为目标"的研学一体化的培养模式。多年的教学实践表明，大学生的工程创新研究与实践能力得到了提升，教学改革取得了有益的成效。

[关键词] 能源动力类；工程创新；课程体系；校内外一体化；虚实结合；人才培养

0 引言

大学生作为中国青年中的优秀群体，其创新能力的高低将在一定程度上影响到中国未来的整体创新能力[1]。在国家科教兴国、人才强国的战略背景下，大学生创新能力提升成为高等学校内涵式发展的重要战略举措。中国工程教育近年来发展迅速，工程教育认证得到广泛地推广，工程实践能力培养成为工科专业创新人才培养的关键。其主要目的就是要强化培养学生的工程实践能力和创新能力，更好地满足企业和社会对新型人才的需求。

培养具有创新意识和创新能力的新型人才是目前高等教育面临的重要挑战。在新的社会需求驱动下，注重基础理论和专业知识传授的传统教育模式正在向提高工程实践能力的新型教育模式转变。高校作为培养和造就创新人才的重要摇篮，必须更新教育观念，优化教学方法，注重个性培养，培养出具有创新精神、创新意识和创新能力的创造性人才[2]。实践教学作为高等院校工程实践教育的主要环节和手段，在工程创新型人才培养体系中的作用日益突出。实践教学改革需要以学生为主体，以学生自主选题、自主研

---

* 李舒宏，教授，博士，博士生导师，副院长，研究方向：制冷、热泵与空调系统及设备的优化与节能，以及太阳能热利用、热驱动制冷技术、工业过程能源有效利用、建筑围护结构热湿传递。

究为基础,以调动学生的主动性、积极性和创造性为出发点,以激发学生的创新思维和创新意识为目标,切实锻炼和培养学生的科研能力和创新素养。

在能源动力类专业的实践教学中,由于受到学校条件限制,教学内容理论讲授较多,难以在校内开展能源动力大型设备与系统上的实习与实践[3],企业实践也以观摩为主,动手参与少,学校实习实践以验证为主,创新研究实践项目严重不足。这些问题已经成为影响能源动力类专业创新型人才培养质量的重要因素。

我校素有重视教学改革与建设的优良传统,重视大学生创新能力和工程实践能力的培养,不断深化实践教学改革。经过多年的探索,结合专业特点和学校学科优势,构建了基于工程创新研究的能源动力类大学生实践教学体系,其主要特点为:理论与实践相结合、课内与课外相补充、虚拟与现实相支撑、综合与创新相融合。该项目重构了主线明晰、理论与实践相结合的工程创新型课程体系;打造了多层次、开放性校内外一体化的实践教学平台;创设了"以科研项目为载体,以自主研学为手段,以创新能力培养为目标"的研学一体化的培养模式。

1 存在的主要问题

在能源动力类专业本科生实践教育中,仍存在以下教学问题:

(1)能动类大学生的课程设置中,涉及的基础理论内容多,而工程综合实践类的内容少。国内各高校开设的理论课程十分丰富,涵盖"工程热力学""传热学""流体力学""燃烧学""自动控制"等基础课程,目的是让学生理解和消化吸收本专业的基础理论知识。而由于实验条件和实验安全的制约,工程综合实践类的内容严重缺乏[4]。因此,学生缺少必要的训练,无法对大型能源系统形成系统的、全面的认识,学生的工程实践能力有待提高。

(2)在教学安排上,课堂教学多,实验实践少,学生工程实践能力弱。国内高校开设的课堂教学学时占多数,而实验项目的课时则占比较少。由于实验投入高、运行风险大、设备利用率低、学生受益面小等诸多原因,国内许多高校不愿意或者无能力设置更多的工程实践项目。

(3)教学与工程实际脱节,企业实践以观摩为主,能源系统运行实践操作环节缺乏,工程实践与研究型训练平台不够丰富。复杂的实验系统和高昂的实验运行维护费用,限制了工程实践环节的开展。在实际教学过程中,常常是教师或企业导师演示,学生观看,或者是一次实验全班学生都参加,实验过程中学生亲自动手操作的机会很少。

(4)传统的能源动力专业实践课程教学对学生创新能力的培养不突出,学生参与的验证性实践多,工程与学科前沿创新研究少,学生自主创新热情不高。究其原因,主要是能源动力类专业属于传统机械专业,基础知识过于"经典"和"陈旧",实验设备老化陈旧现象严重,实验项目更新较慢,实验教学内容相对落后,无法体现本领域当前的技术发展情况,难以满足实验教学需要。许多院校都认识到了这个问题,也愿意将科研成果转化为新的实验教学内容,但实验台架建设费用高,运行维护的投入也很大,限制了综合类实验教学项目的发展[5]。

2 基于工程创新研究的能源动力类大学生实践教学改革

我国能源领域变革对能源动力类专业大学生的创新与研究能力的培养提出了新的要求。东南大学基于"顶层设计、分级建设、虚实结合、创新研究"的理念,探索了新的能源动力类大学生实践教学体系(见图1),其主要特点为:理论与实践相结合,课内与课外相补充,虚拟与现实相支撑,综合与创新相融合。

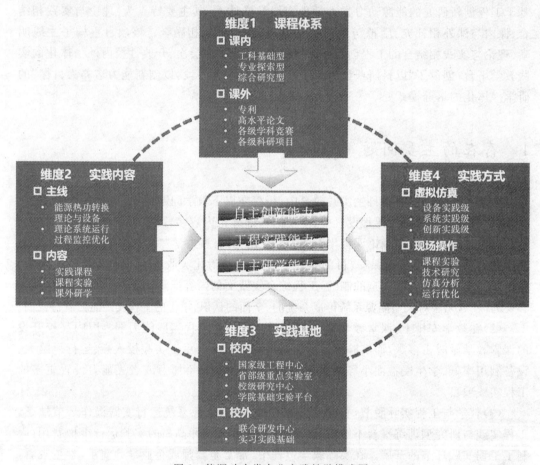

图1 能源动力类专业实践教学模式图

2.1 重构课程体系和内容,突出理论和实践相结合

解构原有以专业方向划分的分立、条块化的实践课程架构,建构全新的、将理论与实践相结合的工程创新研究型实践课程体系(见图2)。

(1)课程内容按照"能源热功转换理论与设备"以及"能源系统运行过程监控优化"的主线,使学生理解、验证、巩固、掌握、提升课内所要求的教学内容。

(2)理论课程与实践训练在各学年相互贯通,按照工科基础、专业探索、综合研究逐层递进,提升综合创新能力。

(3)课外自主研学既联系课程内容,又紧密结合工程实际与教师科研,有助于全面地培养学生的工程创新能力,满足学生个性化发展的需要。

增加了联合循环、高效发电等前沿内容,增设核电/生物质能/太阳能/风能等研究型课程(20门),设置热力发电厂、核电机组、太阳能发电等实践性课程(15门),将毕业设计、课外研学与教师科研紧密结合,形成主线清晰、知行相融、逐层递进的工程创新型课程体系和内容。

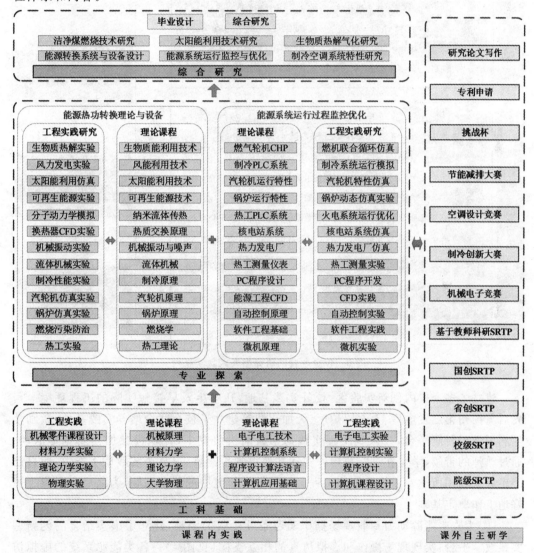

图 2　主线明晰、理论与实践相结合的工程创新研究型实践课程体系

2.2　建设多层次、虚拟与现实相支撑的开放性校内外一体化实践平台

(1)为了将研究与创新融入工程认知、课程实验、工程体验与综合实践环节中,搭建了校内"科研中心＋基地"与校外"联合工程中心＋实习实践基地"结合的多层次实践教

学新平台[6]（见图3）。平台包括5个基础实验平台、4个校级研究中心、6个省部级重点实验室和国家级工程中心、10多个联合研发中心、20多个校企联合基地。

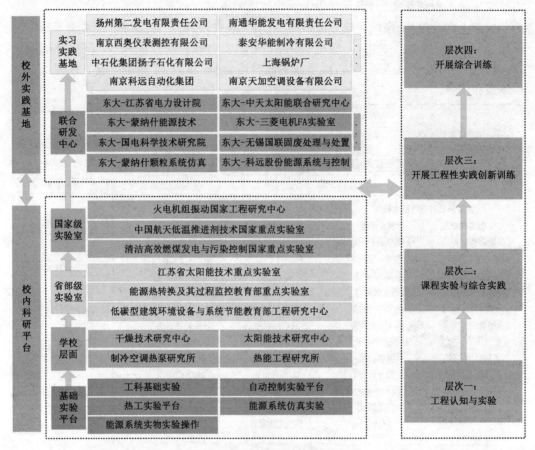

图3　校企融合的研究型实践教学平台

建立了多个校内创新实验区、校外实践基地，让学生及早接触实际的工程环境[7,8]。先后与扬州第二发电厂、上海锅炉厂、天加空调等建立了校企联合培养实践基地，激励学生利用学校科研平台，投入到工程实践与学科前沿研究中，并积极参加创新竞赛活动。通过教师的带领，学生在这些校内外实践基地得到了锻炼，提高了实践动手能力，使自己能更好地利用所学专业知识解决工程实际与科学研究中的复杂问题，为之后在岗位上更好地工作奠定基础[9]。

（2）为克服能源动力专业现场操作实习条件受限的困难，建立了虚实结合的创新型实践教学平台，实现现场操作和虚拟仿真的相互支撑（见图4）。各类能源系统的虚拟仿真平台可开展多工况综合仿真实验教学，确保能源动力行业新技术及时进入实践教学，保证实践教学的先进性[10,11]。利用能源系统虚拟仿真平台，学生无须到大型火力发电厂等能源设备现场也能观察大型流体机械设备在运行中的参数变化；学生对设备内部参数分布的认知比工程现场更加真实与清晰；学生可以对系统与设备的改进进行研究分析，实现了实物实验不具备或难以完成的研究型教学功能[12,13]。

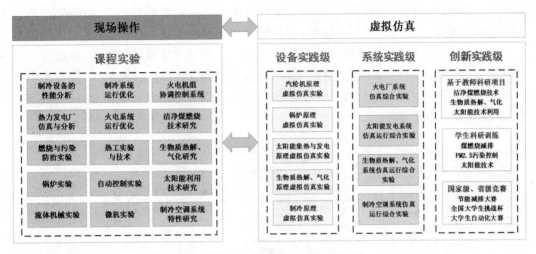

图 4　虚实结合的创新型实践教学平台

为充分实现虚拟仿真与实物实验操作相结合,提出了可以进行多种科学测试的实验系统(见图 5)。以多功能空调设备实验平台为例,基于该平台的开放性,可以在此基础上进行多项制冷设备与空调设备的研究与开发工作。通过该实验装置,不但可以加深学生对制冷系统和设备性能的理解,增强学生的动手能力,而且还可以为学生进行发明性、创新性实验提供实验平台。

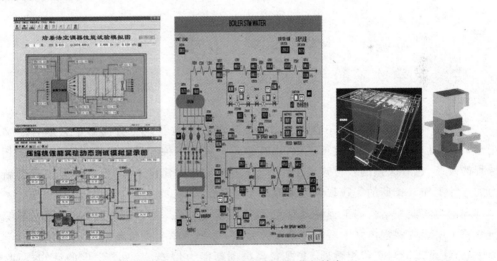

图 5　虚拟仿真与实物实验操作相结合

2.3　创设"以科研项目为载体,以自主研学为手段,以创新能力培养为目标"的工程创新人才培养模式

建构起"以科研项目为载体,以自主研学为手段,以创新能力培养为目标"的研学一体化的培养模式,多层级、多渠道地引领学生参与科研活动,提升创新能力(见图 6)。将科学前沿和工程一线热点问题融入课堂,吸引学生进入教师科研团队,开启自主创新研究,并获得立项资助。此举拓展了本专业学生参加工程研究训练、教师科研、国家级竞赛

的规模。"研学一体化"的培养模式,将学生科研训练计划与教师科研项目相结合,确保"做学研创"贯穿学生四年学习全过程,改变灌输与强制的学习状态,促进学生主动创新意识的培养,保障了工程创新研究的可持续发展。针对不同年级的特点:一年级开设新生研讨课,使学生了解行业前沿,启迪创新灵感;二年级开展课外科研训练,使学生参与科研创新训练;三年级深入开展工程与前沿课题研究;四年级通过毕业设计,结合教师科研,完成综合性工程研究。

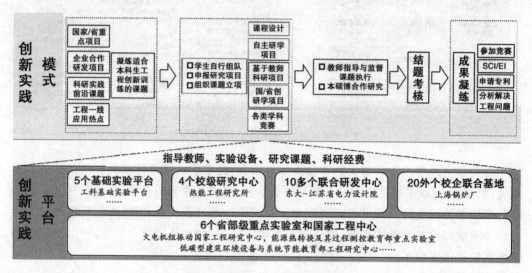

图6 "研学一体化"的培养模式

3 实践教学改革的初步成效

自 2007 年起,东南大学在能源动力类专业的实践教学改革方面做了大量有意义的工作,其中既有校内的教学改革工作,也有面向全国的各种教学改革研讨活动;既有相关课程的改革,也有大量的教材建设工作;既有实践平台的建设工作,也有学生工程创新能力的培养工作。长期的实践教学改革取得了丰硕的成果。

理论与实践相结合的工程创新研究型实践课程体系,在工科基础、专业探索与综合研究三个层级的课程体系中融入创新实践元素,增强了学生的创新意识。该体系以学生为中心,注重理论与实践相融通,重视综合与创新能力培养,遵循了学生的认知规律,提高了学生的探究意识、创新观念和动手实践能力。

"校企融合、虚实结合"的实践教学平台,支持了工程创新研究人才培养的实现。将教师科研实验室与实验平台向所有学生开放,通过虚拟仿真技术建立了物理模拟和数字仿真相结合的能源动力系统与设备仿真平台,提升了实践教学的先进性、综合性和创新性,提升了学生创新能力。

"研学一体化"的培养模式,确保了工程创新研究人才培养的生态可持续。以教师科研项目为载体来提高学生自主创新能力,激发学生创新潜力;以自主研学和科研立项为手段,强化学生原创动力,提高学生实践和协作能力;以创新能力培养为目标,将学生的自主创新和实践能力培养贯穿始终。

以上改革使得本科生工程创新能力得到了有效提升,参加课外研学训练的学生比例从原来的不足 10% 增加至现在的 100%,每年 SRTP 申报人数 230 人左右,批准立项并完成项目的学生数超过 80%。2007 年以来,获得国际、国家和省级各类竞赛奖 121 项,其中特等奖 6 项,一等奖 34 项;学生以本科阶段科研成果发表论文 33 篇(73 人次),获国家专利授权 36 项(75 人次),其中国家发明专利 26 项。毕业生就业率始终保持在 99% 以上,用人单位普遍反映"理论基础扎实、工程素质过硬、创新能力强",众多毕业生迅速成为业务骨干,涌现出如文昌航天发射场副总工程师、中国火箭最年轻指挥官、长征五号运载火箭首飞任务"01"指挥员胡旭东等具有杰出创新能力的毕业生。

实践教学改革成果得到较好评价与认可。成果于 2017 年获得东南大学教学成果一等奖,于 2018 年获得江苏省教学成果特等奖。

4　小结

新时代能源变革对研究型工科类高校人才培养提出了新的要求和挑战。大学生工程实践能力与创新研究能力的培养是研究型工科院校中能源动力类专业人才培养的重要着力点。东南大学针对人才培养需求,经过持续多年的探索与研究,对基于工程创新研究的能源动力类实践教学进行探索和改革。

重构了"能源热功转换理论与设备"以及"能源系统运行过程监控优化"为两条明晰主线的理论与实践相结合的工程创新型课程体系,同时建设了多层次、开放性校内外一体化的实践教学平台,建立"以科研项目为载体,以自主研学为手段,以创新能力培养为目标"的研学一体化的培养模式。

实践教学改革有力地促进了学生工程创新能力的培养,培养的学生多次参加国内外的重大科技创新赛事并屡获大奖;实践教学改革的成果取得了有益效果。

参考文献:

[1] 康贝贝,张艳,石宏. 影响大学生创新能力提高的客观因素及对策思考[J].高等农业教育,2004 (11):20-22.

[2] 刘一飞,张景华,俞海洋. 实施大学生创新性实验计划,构建基于能力培养的创新人才培养体系实践与探索[J].实验技术与管理,2012,29(7):21-23.

[3] 贾冯睿,李焱斌,孙文卓. 能源与动力工程专业创新型人才培养方案的探索[J].石油教育,2013(6):44-45.

[4] 韩响玲,金一粟,穆克朗,等.以实践创新能力培养为核心全面推进实验室面向本科生开放[J].实验技术与管理,2013,30(2):10-13.

[5] 费景洲,曹贻鹏,路勇,等.能源动力类专业创新型人才培养的探索与实践[J].实验技术与管理,2016,33(1):23-27.

[6] 李科. 高校重点实验室开放与本科生实践和创新能力培养模式探讨[J].课程教育研究,2014(11):

227-228.

[7]陈志刚,吴海江,袁文华,等.基于校企合作的机械类应用型人才培养模式研究与实践[J].轻工科技,2015(8):150-151.

[8]周东一,石楚平,袁文华.校企合作培养能源与动力工程专业人才工程创新能力的研究与实践[J].高教学刊,2016(2):175-177.

[9]周东一,袁文华,石楚平,等.基于加强创新能力的校企合作培养能源与动力工程专业人才的研究与实践——以邵阳学院能源与动力工程专业为例[J].教育教学论坛,2015(40):153-154.

[10]韩芝侠,魏辽博,韩宏博,等.仿真虚拟实验教学的研究与实践[J].实验技术与管理,2006,23(2):63-65.

[11]鹿晓阳,李明弟,李轶.创新实验教学体系的研究与实践——国家虚拟仿真实验教学中心和国家实验教学示范中心建设[J].山东高等教育,2015(3):42-46.

[12]万桂怡,崔建军,张振果.高校虚拟实验平台的设计及实践[J].实验室研究与探索,2011,30(3):397-400.

[13]杨磊.虚拟实验及其教学管理平台的设计与研究[D].西安:陕西师范大学,2006.

面向就业的建环专业本科毕业设计(论文)分层次个性化培养的教学实践

吴延鹏* 李长洪 朱维耀 范慧方

(北京科技大学土木与资源工程学院建筑环境与能源工程系,北京,100083)

[摘 要]本文针对高校毕业设计存在的学生投入精力不足以及个性化培养不够这两个比较突出的问题,结合北科大建环专业的实际,构建了基于就业需求的分层次、个性化培养的毕业设计质量全过程控制体系。通过制定并实施建环专业毕业设计细则、提前进入毕业设计预热环节、实行分层次个性化指导、毕业设计题目与就业紧密结合以及重点加强毕业设计前半部分管理和做好毕业设计后评估工作,充分保证了毕业设计质量,实现了学生的分层次、个性化培养,毕业生的综合能力和就业率显著提高。

[关键词]毕业设计;分层次;个性化;后评估;就业

毕业设计(论文)是本科教学计划中最后一个重要的综合性实践教学环节,要求学生在指导教师的指导下独立完成毕业设计(论文)。通过工程设计或专题研究,培养学生综合运用所学基础理论、专业知识和基本技能的能力,以及独立分析和解决工程实际问题的能力,培养学生的团队精神和创新意识,提高对未来工作的适应能力。教育部教高函[2018]8号文件《教育部关于狠抓新时代全国高等学校本科教育工作会议精神落实的通知》明确指出,修订完善本科毕业设计(论文)管理制度,强化指导教师责任,加强对选题、开题、答辩等环节的全过程管理。要严格实行论文查重和抽检制度,建立健全盲审制度,严肃处理抄袭、伪造、篡改、代写、买卖毕业论文等违纪问题,确保本科毕业设计(论文)质量。《普通高等学校本科专业类教学质量国家标准》中"土木类教学质量国家标准(建筑环境与能源应用工程专业)"规定建环专业毕业生应具有综合运用所学专业知识与技能,提出和合理选择工程应用的技术方案、进行工程设计以及解读本专业一般工程问题的能力;具有使用本专业常规测试仪器仪表,以及应用图表、计算机和网络技术等进行工程表达和交流的基本能力[1]。《高等学校建筑环境与能源应用工程本科指导性专业规范》规定建环专业毕业设计(论文)要求学生掌握综合工程方案设计的方法、建筑负荷计算、设

---

* 吴延鹏,博士,研究方向:建筑环境与节能。
基金项目:北京科技大学本科教育教学改革与研究重点项目(No.JG2017Z07)、面上项目(No.JG2016M14)。

备选型、输配管路设计、能源供给量等的计算方法、工程图纸正确表达工程设计的方法；熟悉工程设计规范、标准、设计手册的使用方法；在对用户需求分析、资源分析、技术经济分析的基础上，能够进行方案论证选定，并做出运行调节方案；了解所设计暖通空调与能源应用工程系统的设备性能、所做工程设计的施工安装方法及所做工程的投资与效益[2]。

目前，高校本科生毕业设计存在两个突出问题：毕业设计期间学生面对找工作的压力，把更多的时间投入各种面试之中，无法把全部精力投入毕业设计；毕业设计期间的分层次个性化培养不够，毕业设计题目脱离学生的实际，能力不足导致毕业设计效果不理想。针对以上情况，笔者构建了建环专业基于就业需求和分层次个性化培养的毕业设计（论文）质量全过程控制体系。

1 以《毕业设计（论文）细则》规范毕业设计（论文）的全过程管理

《北京科技大学本科生毕业设计（论文）管理规范》（校教发[2015]2号）对本科生的毕业设计（论文）作出了统一规定。为了做好建筑环境与能源应用工程专业本科生毕业设计（论文）工作，结合建环专业的实际，依据《建筑环境与能源应用工程专业毕业设计（论文）教学大纲》制定了本专业毕业设计（论文）细则。细则包括毕业设计分组的说明、指导教师资格和指导学生数的说明、选题及工作内容、工作量的要求、任务书的要求、选题报告的要求、中期的要求、毕业设计论文的撰写要求、毕业答辩的要求、对师生的要求、签字的要求等。相比学校的规范更加细化，更加具有针对性和可操作性。

2 面向就业的本科毕业设计（论文）分层次个性化培养的措施

2.1 提前进入毕业设计（论文）的预热环节

"凡事预则立，不预则废"，本科毕业设计（论文）也不例外。从大三开始调研学生的就业去向，对专业某一领域的兴趣，一对一座谈，充分了解每一位学生的学习基础，为毕业设计的个性化培养做准备。在本科生第七学期末确定毕业设计（论文）分组名单和指导教师，以方便师生尽早做好毕业设计准备工作。毕业设计（论文）分组名单坚持公开、公正、透明的原则，综合考虑每位教师的工作量等情况，由系领导讨论分配教师毕业设计（论文）所带学生的限额，在限额范围内由学生自主选择指导教师。

第八学期开学第一周的前两天召开毕业设计（论文）工作动员会，将相关要求告知全体指导教师和学生。

2.2　指导教师和学生做到充分了解，双向选择，分层次、个性化指导

大四第一学期临近期末，让学生充分了解指导教师的研究方向和特长，让学生根据教师拟定的毕业设计题目选择导师，以便于毕业设计(论文)的个性化培养，学生选择好导师后，系主管教学的主任根据导师的研究基础和业务能力，在咨询教师的基础上对选题名单进行适当调整。北科大建环专业现有 17 位专职教师，分为流体力学、建筑环境和建筑节能三个大的方向，布置毕业设计(论文)任务时，充分评估学生的学习基础，比如保送到清华大学、天津大学等知名高校读研的学生，每年都布置挑战性的研究类题目，让学生提前进入科研训练，为将来从事高水平的科研工作打下良好的基础。一些数理基础较好的学生布置理论分析、数值模拟类的研究类题目，动手能力强的学生布置以实验为主的研究类题目，善于与人沟通、活动能力强的学生布置调研类的题目，对 CAD 绘图熟练、在设计院实习过、有一定工程基础的学生布置暖通空调设计比较复杂的题目，个别基础比较差的学生布置相对简单一些的工程设计类题目，但是也必须达到北京科技大学和建环专业毕业设计的基本要求。通过这种分层次的培养，做到了因材施教、有的放矢，各种层次的学生在毕业设计(论文)环节都感觉收获满满。

2.3　毕业设计(论文)题目和学生的就业和未来发展方向密切结合

第七学期将毕业设计(论文)题目确定好，其中工程设计类题目占 70%，科研类论文题目占 30%，题目与学生的读研或工作以及未来的发展方向紧密结合。寒假前把毕业设计任务书发给学生，让学生有一个寒假的思考和准备时间(文献调研、翻译等完成)，这样可以避免学生盲目选题导致做不下去的情况或者对老师给的题目不感兴趣，如果发生这种情况，第八学期一开学还有充分的修改题目的时间，充分保证毕业设计(论文)的进程不受影响。

近年来，建环专业的毕业生就业率显著提高，一次就业率达到 97%，毕业三个月后就业率达到 100%，很多学生通过毕业设计(论文)环节找到了自己理想的工作。

2.4　重点抓好毕业设计(论文)工作的前半部分

结合往年指导毕业设计(论文)的经验，很多学生在毕业设计(论文)工作一开始抓得不紧，导致毕业设计(论文)后期加班加点，经常熬夜作战，这种前松后紧的现象难以保证毕业设计(论文)的质量。按照北科大的毕业设计进度，第一周下达任务书，第五周上交选题报告，第十周进行中期考核，因此，第十六周的毕业设计(论文)重点抓好前十周直接决定毕业设计(论文)的成败，如果前十周松松垮垮，后六周想补回来难于登天。我们要求指导教师要详细了解学生毕业设计(论文)进展情况，至少与学生每周沟通一次，及时给予具体指导，指导教师要重视对学生独立分析问题、解决问题和创新能力的培养。

3　做好毕业设计(论文)质量后评估工作

本科毕业设计(论文)质量后评估是指在毕业答辩结束后邀请校外专家对毕业设计

(论文)质量进行评估,提出毕业设计(论文)的修改意见交由学生再次修改,使毕业设计(论文)质量全面提升并与全国领先水平看齐。本科毕业设计(论文)质量后评估是建环系严把教学质量关的一次有益尝试。如 2018 年毕业设计邀请了北京工业大学陈超教授作为本科毕业设计(论文)的后评估专家,就本科毕业设计的组织安排、选题来源、质量控制等进行了深入的探讨。陈超教授毕业于日本九州大学,此前一直在湖南省建筑设计研究院工作,具有扎实深厚的理论功底和丰富的工程实践经验。陈超教授和老师们分享了自己多年指导毕业设计的经验,并结合自己主编的《课程设计·毕业设计指南》一书介绍了北京工业大学建环专业毕业设计的一些成功做法。陈超教授仔细审阅了建环 2014 级的毕业设计,提出了很多宝贵的修改意见。陈超教授还专门对青年教师进行了一对一辅导。

建环系对今年的本科毕业设计(论文)进行了严格的质量控制,制订了《建筑环境与能源应用工程专业毕业设计(论文)细则》,经系务工作会讨论通过后发全体师生严格遵照执行。在毕业设计(论文)任务书下达后,召开了毕业设计(论文)辅导讲座,请指导毕业设计经验丰富的老教师分别就供暖设计和空调设计进行了系统且深入地宣讲,全体指导教师和学生参加。2018 年,建环专业强化了选题报告、中期考核等环节,学生的选题报告、中期考核表进行了多次的修改和完善。特别是毕业答辩环节进行了大胆的改革,安排了一次答辩、二次答辩和小学期补答辩三个环节。对毕业答辩资格严格审查,有 2 人未达到毕业设计标准不允许参加一次答辩。一次答辩结束后有 10 人未通过,学生经过紧张地认真修改后,二次答辩仍有 5 人未通过,在暑期的小学期中进行补答辩。经过这三个环节,毕业设计(论文)质量得到了明显提高,二次答辩后通过率 77.4%,优良率 61.3%,优秀率 16.1%。特别是赵晟同学,创造了 97 分的建环专业毕业设计(论文)历史最好成绩,除了论文工作完成非常出色外,还以第一作者发表了学术论文一篇,参与申请国家发明专利两项。

4　结论

北京科技大学建环系基于本科生就业需求,在毕业设计(论文)环节进行分层次个性化培养,通过有效的本科毕业设计(论文)质量后评估工作,构建了毕业设计(论文)质量全过程控制体系,取得了良好的效果。

(1)减少了毕业设计的盲目性,更加体现了因材施教,强化了学生的分层次、个性化培养。

(2)学生的就业率显著提高,近年来一次就业率 97%,毕业三个月后就业率 100%;很多学生通过毕业设计环节找到了自己理想的工作。

(3)通过质量后评估工作毕业设计(论文)质量大幅度提升,指导教师的责任心更强,学生感觉学到了真本领,提高了对未来工作的适应能力。

参考文献：

[1]教育部高等学校教学指导委员会．普通高等学校本科专业类教学质量国家标准［M］.北京:高等教育出版社,2018.

[2]高等学校建筑环境与设备工程学科专业指导委员会．高等学校建筑环境与能源应用工程本科指导性规范［M］.北京:中国建筑工业出版社,2013.

制冷与冷藏技术省级示范专业建设
——以阜新高等专科学校为例

狄春红[*]

(阜新高等专科学校,辽宁阜新,123000)

[摘　要]阜新高等专科学校在制冷与冷藏技术省级示范专业建设过程中,完成了校企合作建设机制创新、人才培养模式与课程体系改革、师资队伍建设、评价模式与质量监控体系建设、实训基地与数字化校园资源建设等五方面的工作。

[关键词]制冷与冷藏技术;示范专业建设

2013 年 10 月,阜新高等专科学校制冷与冷藏技术专业被评为省级职业教育示范专业。在三年的专业建设过程中,主要完成了校企合作建设机制创新、人才培养模式与课程体系改革、师资队伍建设、评价模式与质量监控体系建设、实训基地与数字化校园资源建设等五大子项目、四十个任务的建设任务。具体如表 1 所示[1]。

表 1　制冷与冷藏技术省级示范专业建设项目明细表

建设项目	建设子项目	建设任务
制冷与冷藏技术省级示范专业建设	校企合作建设机制创新	组建专业建设校企合作机构(校企合作共同制订)
		制定企业评价制度(校企合作共同制订)
		新建 6 家校外实习实训基地
		退役士兵职业技能培训及校企合作就业协议书 5 家单位
		企业调查问卷 5 家单位
	人才培养模式与课程体系改革	《制冷与冷藏技术人才需求分析报告》
		2013 届毕业生就业情况调查报告
		2014 届毕业生就业情况调查报告
		2015 届毕业生就业情况调查报告
		《制冷与冷藏技术"2+1"人才培养方案》
		《制冷与冷藏技术"4+1"人才培养方案》
		精品课建设 1 门课程
		课程标准 9 门课程

---

*　狄春红,副教授,研究方向:制冷与空调技术及高职制冷专业教学。

续表

建设项目	建设子项目	建设任务
制冷与冷藏技术省级示范专业建设	师资队伍建设	《制冷与冷藏技术专业带头人培养计划》
		《制冷与冷藏技术专业骨干教师培养计划》
		企业挂职锻炼记录
		名校访问
		精品课建设
		企业技术专家及专业技术人员聘任
		企业专家校内讲座
		企业兼职教师管理制度
		社会服务能力
		制冷教学团队教学、科研汇总
	评价模式与质量监控体系建设	教学督导、评价制度
		教学督导职责
		系部主任副主任职责
		主任、副主任、教研室主任听课记录
		毕业生基本信息
		学生顶岗实习手册
		教师回访记录
		教师业务档案(听课记录、教案、教学任务书)
		青年教师培养方案
		学生座谈会记录
		督导评课、听课记录
		就业讲座
		创业讲座
		职业技能大赛方案、获奖名单
		职业技能鉴定成绩单
		毕业生跟踪调查记录
		职业生涯规划书
	实训基地与数字化校园资源建设	校内实训基地建设(采购合同)
		校外实习实训基地管理办法

1 校企合作建设机制创新

多年来,制冷与冷藏技术专业秉承工学结合、校企合作的人才培养模式,一直将校企合作工作作为专业建设的重中之重。原有合作企业有阜新双汇肉类食品有限公司等四家单位,新建合作企业九家,共十三家单位。这些合作企业能够为专业建设发展提供专业建设、校外实习实训基地建设服务,满足制冷与冷藏技术专业教学需要等。

1.1 组建制冷与冷藏技术专业建设校企合作机构

为加强专业建设,随时跟踪专业的岗位变化、技能需求、专业发展动态,成立了校企合作机构,参与我系各专业人才培养方案的制订和调整,协助学校确立校外实习、实训基地。

1.2 已有校外实习实训基地深度合作,制定企业评价制度

制冷专业三年制的学生在前两年的学习过程中,充分利用校外实习基地开展认识实习和生产实习,第三年利用省内外的实习基地开展为期一年的顶岗实习。实习过程中,与企业深度合作,将企业评价纳入学生成绩评定。通过三段校外实习培养学生职业素质、动手能力和创新精神,使学生成为用人单位所需要的合格职业人,实现零距离就业。

1.3 新建校外实习实训基地若干家,七家签订校企合作协议

两年来,新开辟上海前川迈坤机械设备有限公司、麦克维尔空调有限公司沈阳分公司、青岛海尔开利冷冻设备有限公司、绥中县辉达制冷有限公司、沈阳国祥空调工程有限公司、沈阳元宏翔商贸有限公司、广东欧科空调制冷有限公司、鞍山双桥空调设备有限公司、沈阳北工华泰有限公司等公司作为制冷专业学生的顶岗实习实训基地。其中已签订协议的有沈阳海新昌制冷空调设备有限公司、阜新市海州区鸿鑫源空调销售中心、阜新市海州区志强电子制冷商店、沈阳长丰空调设备工程有限公司、沈阳国祥空调工程有限公司、沈阳市大东区明翰新制冷维修部、沈阳市大东区仁和制冷维修行等七家校外实习实训基地。

1.4 开展退役士兵职业技能培训

根据阜新市民政局需求,申报制冷与冷藏技术专业为义务兵培训专业,目前已做好联系接收学员实习基地情况:2014年9月,联系沈阳市大东区明翰新制冷维修部、广东欧科空调制冷有限公司、维克天津有限公司、辽宁日盛机电设备有限公司、阜新市海州区鸿鑫源空调销售中心等五家公司90余人的接收学员实习基地,以保证培训工作的扎实推进。目前已完成两批共计30名学员的培训考证任务,并组织编写中级《制冷工程》校本教材一部。

1.5 扎实推进市场需求调研,着重开展企业岗位问卷调研

为使制冷专业学生毕业后能适应岗位需求,建立完善的人才培养模式,充分利用校企合作的机会开展五家企业问卷调查。最终确定本就业岗位为大型冷库、中央空调、小型制冷设备的安装、运行、维护、维修等三类。

2 人才培养模式与课程体系改革

2.1 人才培养模式[2~5]

根据省内五家企业、2013~2015届三届毕业生就业情况调查问卷,完成制冷专业人才需求分析报告,制订"2+1"和"4+1"人才培养方案,完成"制冷原理"等九门课程标准的制定,完成"制冷技术"等一门校级精品课程建设。

2.2 课程体系改革

以"服务为宗旨、就业为导向"的高职教育方针为指引,进行课程体系的改革,强化实践环节,通过认识实习、生产实习和顶岗实习增强学生就业能力。实行一年的顶岗实习,与企业联合、共同进行课程的研制和开发,在对职业岗位需要的理论基础和专业技能进行调查分析的基础上制订教学计划。

3 师资队伍建设

制冷与冷藏技术专业现有专任教师13人(副教授6人、讲师3人、助教4人),其中具有多年企业实践工作经验的教师5名,被企业长期聘为"专业技术支持"的教师4名,兼职及校外兼课教师若干名。经过专业建设,制冷与冷藏技术专业已形成一支师资结构合理、具有丰富教学经验和实践经验的"双师结构"教学团队。按照《阜新高专"双师型"教师队伍培养方案》要求,学校根据教师的专业特点,有方向、有计划、有步骤地组织中青年专业教师通过各种渠道进行培训,鼓励教师理论实践"双肩挑",既负责专业课的理论教学又负责相关的实习实训指导,让理论教学深入实践教学中。本专业教师"双师"的比例达到了100%。

3.1 专业带头人、骨干教师的选拔与培养

确立了一名"双师"素质教师作为专业带头人,从事专业教学方向,参加制冷专业国家级培训项目,制订《制冷与冷藏技术专业带头人培训计划》,到企业完成挂职锻炼,到国内名校访问、学习等。选派三名青年教师作为制冷专业的骨干教师,制订《制冷与冷藏技术专业骨干教师培养计划》。利用制冷专业学生在企业生产实习和顶岗实习的机会,分

期分批到企业挂职锻炼一个月。指派 1～2 名骨干教师到同类院校进行技术交流。通过培训和交流,教师提高了专业技术素质,解决了教学中遇到的疑难问题,积累了实训教学需要的技能和实践经验,学习了先进的职业教育理念和技术。骨干教师参与"制冷技术"等精品课程建设,使骨干教师的教育教学水平、把握专业的能力有所提升。

3.2 行业企业技术专家、企业兼职教师的聘任及社会服务能力

聘请辽宁日盛等单位五名企业专业技术人员、六名企业兼职教师,为学生认识实习、生产实习、顶岗实习中中央空调、大型冷库、小型制冷装置装配与维修做现场讲解,实行现代学徒制。为辽宁日盛机电设备有限公司员工做有关制冷压缩机、空气调节、制冷原理等专业知识的培训。开展两次阜新市退伍士兵中级制冷工培训工作,并编写校本教材《制冷工程》(中级)。

两年来,制冷团队的教师科研、教学、就业工作成绩硕果累累。共完成新型实用专利(一种高压齿轮油泵)1 项,市级课题《阜新高职教育的现代学徒制研究——以阜新高等专科学校机械系为例》等 4 项,发表国家级、省级论文加强制冷与冷藏技术专业学生工程能力培养等 26 篇,出版《制冷技术》《电工电子技术及应用》《制冷工程中级》教材 3 部,并有三人次 6 个项目获得阜新市科学技术协会一、二、三等奖,制冷团队获得校级优秀就业、优秀教研室等称号,一人获得辽宁省就业先进个人称号。

4 评价模式与质量监控体系建设

4.1 规范岗位职责

进一步明确系部主任、副主任、教研室主任、教学督导岗位职责,建立课程督导、评价制度。

4.2 顶岗实习过程管理

建立 2014 届毕业生联系机制,做好实习生顶岗实习管理。跟踪学生整个实习过程,每名学生安排专业指导教师,指导实习,跟踪岗位调整,及时做好回访,便于解决学生实习过程中出现的一切问题,做好学生与学校、学生与企业沟通的桥梁与纽带作用。

4.3 教师教学水平监督与评价

建立健全的制冷专业教师业务档案、制订青年教师培养方案、定期召开学生座谈会、建立校系两级督导检查制度,学校督导办对机械系青年教师重点听课、评课,并对每位青年教师给予基本功和教育教学方法的指导、评价。

4.4 提高就业质量和就业率措施

为制冷专业学生进行大学生就业心理指导和创业指导讲座、GYB 等创业培训。激发

学生的职业生涯规划意识,帮助学生认清了自我,开拓学生就业渠道,使学生明确就业、创业方向。

4.5 职业技能大赛与职业技能鉴定

制冷专业学生积极参加阜新市制冷工职业技能大赛和校级制冷工技能大赛,以及机械系主办的机械制图大赛、空调系统图绘制大赛、钳工大赛、维修电工大赛、生产实习成果展,取得了优异成绩。学生在校期间主要考取制冷工高级证书,选考维修电工中级证书。2011 级制冷五年制、2012 级制冷、2013 级制冷、2014 级制冷工通过率分别达到80%、95%、95%、100%;维修电工通过率达到 83.3%。为制冷与冷藏技术专业学生将来走上工作岗位开辟了绿色通道。

5 实训基地与数字化校园资源建设

5.1 引入行业先进软硬件资源,完善部分校内实训室

完善 CAD 实训中心、增设新型压缩机模型、增加先进故障诊断装置完善电冰箱空调器实训室、新建 PLC 实训室、新建通风工、新增管道工实训项目。

5.2 与技术领先企业合作,加强校外实训基地建设

针对行业新设备、新技术、新材料的推广应用,与辽宁日盛等单位工学结合,进一步加强校外实践教学基地建设。校企双方共同参与管理,建立以企业督导为主、学校管理为辅的管理机制;建立和完善顶岗实习的考核机制、质量管理制度、实习标准。

5.3 数字化教学资源建设

按学生数量配备电化教学教室,教学用的电脑能满足教学需要,有多媒体教学资料,有一定数量的教学光盘、三维影视教学资料,并不断更新,鼓励教师充分运用数字化教学手段帮助学生紧密追踪行业发展轨迹,并逐渐掌握行业常用软件的使用方法。

6 项目建设经验与成效

6.1 硬环境建设

省财政投入 80 万元完全用于专业实训室设备投入,增强了制冷专业的实训能力,提高了学生的就业筹码,增强了制冷专业学生的竞争意识。

6.2 软环境建设

建立校企合作机制,重构工学结合的"2+1""4+1"人才培养模式,建立 9 门课程标

准,加强校外实训实习基地建设,实现第三方管理,完善校内生产性实训与校外顶岗实习的有机衔接与融通、顶岗实习管理机制与运行机制,建立数字化校园,培养100％的双师团队。

6.3 带动学校、地区专业建设

CAD扩建、PLC新建实训室可以开展校内两个系部6个专业的实训教学,带动学校机械类专业发展。我校牵头成立阜新职教集团,共有13家高中等职业院校、30家大中型企业、4家协会加盟。省级品牌专业的建立,可以更好地带动集团内中职院校的相关专业发展,提升学校现代理工专业群的层次,为学校专业建设起到模范带头作用。

6.4 拉动省市地区经济发展

为阜新农产品加工产业集群输送大批制冷与冷藏技术专业高素质的技能型人才,双汇制冷工全部是高专毕业生,为制冷相关的成员企业服务,带动地方经济发展。另外,我校是全省招生,毕业生遍布全国各地,有一些已成为我国制冷、空调界的骨干力量,自己创业、开公司,为城市经济发展做出贡献。

参考文献：

[1]王保华,张婕.关于特色专业建设的几个理论问题[J].中国大学教学,2012(5):30-34.

[2]狄春红.现代学徒制在高职制冷与空调专业中的应用——以阜新高等专科学校制冷与空调技术专业为例[J].辽宁高职学报,2016(11):17-19.

[3]狄春红.加强制冷与冷藏技术专业学生工程能力培养——以阜新高等专科学校为例[J].中国培训,2015(5):44-45.

[4]狄春红.高职制冷与冷藏技术专业教学改革的深化[J].辽宁高职学报,2013(10):37-38.

[5]狄春红.制冷专业实践教学体系的构建与实施[J].中国培训,2011(2):56-57.

实践引领专业人才培养

——中国制冷空调行业大学生科技竞赛

姜明健* 马国远 周 峰

(北京工业大学,北京,100124)

[摘 要]中国制冷空调行业大学生科技竞赛从创办至今已经 11 年了。11 年来,竞赛规模迅速发展。从 2007 年作为尝试性的校级竞赛项目第一次在北京工业大学成功举办(当时只有北京工业大学环能学院和建工学院的 44 名大学生参加),到参赛院校扩展到北京高校,再到赛区扩展为京津冀赛区、沪苏浙赛区,之后进一步扩大为华北、华东、华南、华中、西部和东北 6 个赛区,覆盖全国,包括港台地区高校。到 2018 年,竞赛已经成功发展成 107 所大学、4008 名大学生参加的全国性竞赛,并且得到了业内著名专家教授的指导、多家知名企业的支持与赞助。

[关键词]科技竞赛;实践创新;人才培养

0 学生强则行业强,竞赛发起初衷

为实现"制冷空调行业由大到强",专家提出"学生强则行业强",但面对如何结合行业与市场需要培养符合发展需求的复合型人才这个问题,可以说竞赛成功走出了一条成功的探索之路。竞赛的发展在推动着整个行业的发展。与制冷空调行业最为直接或关联性强的学科为新能源科学与工程(制冷)和建筑环境与能源应用工程(暖通)这两个专业。现今参与到竞赛中的一百多所学校中,已经基本包括了全国拥有这两个专业 90% 的高校。

首届竞赛在制冷空调协会的支持下,由北京工业大学组织发起。从最初就构建起了"三三制"竞赛体系,即创新设计、实践操作和知识竞答三个竞赛模块;初赛—预赛—决赛三级赛制及三名选手组成团队的要求。竞赛以"团队合作、快乐参赛;学以致用、实践创新;提升能力、服务行业"为竞赛理念。竞赛的最大特点是综合性和互动性。知识、技能、

---

* 姜明健,高级工程师,研究方向:制冷空调技术。

基金项目:教育部高等学校能源动力类新工科研究与实践项目(No.NDXGK2017Y-13)。

创新三位一体；同学与专家面对面互动交流，既是竞赛，又是课堂。通过竞赛，同学们可以运用所学知识针对实际工程问题提出自己的解决方案，升华了知识，检验了能力，找出了不足。

图1 大学生科技竞赛华北赛场

1 创新设计，全周期研发过程

竞赛的创新设计部分是展示学生自主设计完成的作品。作品包括制冷空调方案或产品等，是学生长期参加实践活动的成果。在这个全周期的创新实践过程中，学生在创新意识、工程认识等各方面的工程能力都得到了提高。

学生从一年级起就可以进入导师的实验室，从认识、熟悉入手，到渐渐与导师的科研课题相结合，并作为科研助手参与其中。在老师的启发下，去寻找和发现自己身边与专业有关的有趣问题，例如雾霾空气的高效净化、浴室废水的热回收、电热杯是否可以做成电冷杯等。有了问题后，鼓励学生查找资料和文献，尝试找出这些问题的解决办法。在项目或导师的资助下，将设计变为模型或样品，并进一步将其升级为参加科技竞赛的作品。

在这些学生的创新成果中，有些还获得了发明专利，甚至得到了转化应用。如"朝暮清风"团队2014年获奖作品水洗空气净化器，完善后的试制产品已在本校使用；张思朝2012年获奖作品——房间双向换气装置获得专利后已经转让给企业。

制冷专业朱玉鑫、王钰、杜墨团队在总结参加制冷比赛时的收获中谈道："在整个创新实践过程中会发现很多问题，很多环节都会和自己的设想有差异，例如我们团队设计制作PM2.5净化系统时，遇到吹气效果不理想、净化效率低等问题，有时候发现问题在哪儿比解决问题更难，我们从开始一步步向后检查，并对所有可能的部分进行替换对比，才最终将问题定位。整个过程锻炼了我们的实践能力。"

2　实践操作，真刀枪接触实物

竞赛的实践操作环节考查学生对于制冷空调设备或系统的基本操作以及故障分析和排除技能等，培养学生解决实际问题的工程实践能力，甚至包括日常生活中的冰箱故障检修等制冷维修技能。很多参与比赛的同学都对这部分内容印象深刻。

"我们在天津丹佛斯压缩机厂进行竞赛的技能考查环节，记得题目分为两个"北京工业大学制冷专业学生魏川铖总结道，"一个是用万用表和欧姆表检查压缩机线圈的好坏，另一个是根据一套正在运行的演示实验装置，绘制目前运行状态对应的制冷循环的压焓图。单独使用万用表或欧姆表问题不大，但和实际问题联系起来，难度就提升了，要求我们了解制冷压缩机的常见故障以及检查故障的方法。而绘制压焓图过程看似比较简单，却考查了我们对知识点的深入理解，例如所读出的表压并不能当成绝对压力直接绘图等细节。通过这次比赛，让我知道了在今后的学习中应把每个知识点都搞透、吃透并消化。"建环专业陈青欣、邢毕成、李昱岑团队则总结道，因为之前并没有见过真正的压缩机，实操环节大大锻炼了他们的动手能力。"我们的任务是组装活塞、拆解压缩机，其中最难的是把活塞从活塞连杆上拆下来，我们不断摸索位置。通过这个环节，我们对压缩机的结构、活塞的运动原理有了更加清晰的认识。"

图 2　学生在比泽尔制进行工程实践

3　知识竞答，全方位扎实基本功

竞赛的知识竞答模块重点考核学生对制冷、空调、节能等基础理论知识、标准规范和政策法规等方面的掌握程度。在一定程度上让同学们有了将课堂书本中的理论知识与实际生活联系起来的概念。邢毕成总结道:"知识竞答环节都是多选题,考的是能否对一个概念全面掌握。比如有一道题考查的是冷负荷的概念,不仅仅是我们之前所理解的空调书上的概念,而冷负荷还有很多其他层面的意思,比如投入到实际生活中的解释:冷负荷也是满足人员热舒适所需要的负荷、冷负荷和热负荷可以高度相关联等等。通过这个环节,我们认识到,学习制冷知识,不仅仅是背书上的概念,还要把这些学术名词在实际生活中的含义理解。"

为了补充这些书本上的理论知识,专业设立《制冷新技术》专题讲座,邀请校内外知名专家和大金、格力、比泽尔、丹佛斯等支持竞赛的国际知名企业一线工程技术人员,为本科生讲解当前行业的前沿技术、新产品、新工程和新工艺,以及设计方法、产品标准和研发心得,扩大学生的信息量和知识面。

"师者,传道授业解惑。"学生参加比赛是要求教师全程参与其中的。在带队参赛的同时,特别是一些青年教师,他们的工程能力和学生一起得到了提高,使得教师可以将比赛中的所学在课堂上传递给更多的学生。

4 参观实习,进一步对接社会

通过竞赛,学校与这些国际知名企业合作建立了校外实习基地,开展认识实习、生产实习、社会实践和毕业设计等实践教学活动。几年来,其中的大金公司已从校级校外实习基地升级为市级基地,北京建筑大学、北京科技大学等众多兄弟院校也加入了进来。

从学生刚入学起的认识实习,专业就组织学生参观大金、远大等知名制冷企业,达到让学生直观认识制冷行业的目的,让学生看到光明的专业前景,萌发对专业的学习兴趣。学生在参与一系列校内实践活动的基础上,还有机会去到知名企业参与实习活动,不断检验所学知识的实用性,更好地与社会对接。

图3 学生在校外实习基地大金公司

　　参观日本大金制冷空调公司时,除了参观大金制冷空调设备、产品,学生还可以进到日籍总经理办公室在内的所有办公场所,有机会和总经理及已经在大金工作的师兄座谈交流,可以询问包括薪金等一切关心的问题。参观我国著名的远大中央空调公司时,学生可以聆听我校 2005 届制冷专业毕业生冯阳——现远大北京公司副总经理的报告,从中不但可以了解远大和远大节能产品,还能收获学长结合自身经验总结的人才成长道路。

　　2010 届制冷专业的同学大一试读,但通过参加制冷空调科技竞赛、到菲斯曼供热有限公司暑期社会实践和毕业设计,努力学习,毕业时获北京市优秀毕业生,并到菲斯曼供热有限公司就业。

5　结语

　　正如老师、同学与我们分享的,竞赛这个平台,不仅着眼于专业教学改革,鼓励学生动手能力和创新意识的培养,重要的是使学生的工程能力得到了提高,学校培养的人才越来越受到社会的认可。

参考文献:

[1]姜明健,等.能源动力类学生创新创业能力培养实践的研究与探索[A].全国能源动力类专业教学改革会议[M].沈阳:东北大学音像出版社,2016.

[2]姜明健,等.通过工程实践指导学生发展的研究与实践[A].制冷与暖通空调学科教育教学研究[M].洛阳:中国电力出版社,2016.

[3]周峰,等.制冷空调专业本科生创新实践教学探索与研究[A].制冷与暖通空调学科教育教学研究[M].洛阳:中国电力出版社,2016.

[4]姜明健,等.培养大学生实践创新的能力[J].制冷与空调,2013(4):21-23.

[5]晏祥慧,等.构建中国制冷空调行业大学生科技竞赛平台[J].制冷与空调,2014(5):48-49.

[6]周峰,等.发挥科技竞赛在大学生创新实践中的平台作用[J].制冷与空调,2016(6):14-17.

以制冷竞赛为载体的本科创新实践探索与研究

周 峰* 马国远 姜明健 晏祥慧 刘中良 孙 晗

（北京工业大学，北京，100124）

[摘 要] 本文介绍了北京工业大学制冷与低温工程系在本科创新实践过程中开展的探索与研究。在实验、实习、毕业设计等常规本科实践教学环节基础上，充分利用创建的中国制冷空调行业大学生科技竞赛和构建的"三三制"体系，以制冷空调科技竞赛为载体，将实践创新环节前后衔接起来，将竞赛中的企业人员、技术、产品等资源同时引入竞赛前端，通过"双导师、双结合、双导向"的方式，引导学生利用企业的优势资源，开展持续的、主动的课余实践创新活动，最后通过参加中国制冷空调行业大学生科技竞赛来呈现，从而初步建立起校企协同育人、深度参与、资源共享的创新实践新模式。

[关键词] 制冷空调科技竞赛；校企协同；本科教学；创新实践

0 引言

当前，世界各国在工程、科技等领域的竞争日趋激烈，背后归根结底是具有高度创新精神和实践能力的高层次人才的竞争。人才的培养主要是通过高等教育来实现的，因此，高等教育必须适应科技进步和社会发展的需要。在工科高等教育的过程中，创新实践是人才培养的重要环节，因此，卓越工程师教育培养计划、本科专业教学评估、高等工程教育认证等，无一例外地均剑指本科实践创新环节。在制冷空调行业，我国的综合技术水平与发达国家仍存在较大差距，这对人才资源，特别是高校毕业生，提出了更高的要求。但从行业用人单位反馈的结果来看，目前毕业生存在实践经验少、动手能力弱、团队精神缺乏等不足，特别是将所学的理论知识与实践相结合去系统性解决实际问题的工程能力不强等。

从内因来看，在强调"重基础、宽口径"的大形势下，培养计划中大幅度压减专业教育模块，致使许多专业课程和实践环节排不进课表。另外，学生在校完成逐个课程和实践

---

* 周峰，助理研究员，博士，研究方向：制冷及低温工程教学与科研。

基金项目：教育部高等学校能源动力类新工科研究与实践项目（No.NDXGK2017Y-13）。

单元等学习后,很难体会到其间的有机联系,致使学习热情不高。从外因来看,市场化的企业不愿接待高校的实习、实践等,学生接触的生产实际越来越少。虽然教育主管部门要求在教学计划修订时须增加2~4学分的创新环节,但由于认识和条件的限制,缺少合适的平台和纽带,创新环节在实施过程中常令教师无所适从,学生也缺乏热情和主动性,往往流于形式。

在课内学时受限的情况下,如何激发学生的学习热情和兴趣,为学生提供"实战"机会和平台,使他们获得运用所学知识进行实践和创新的满足感,更多地接触企业、产品和行业专家,全面提升工程能力和综合素质,已成为高校工科专业人才培养的重中之重。

1 我校已有的改革举措

我校制冷专业成立于1990年,在前辈教师的带领下积极进行教学改革,结合学校"立足北京、服务北京、辐射全国、面向世界"的定位,不断探索适应北京经济发展的专业人才培养模式。以"更好地服务社会"为思路[1,2],依托北京市热能与动力工程实验教学示范中心、校内制冷专业技能培训基地、校外实习基地、科研项目、服务支撑等平台,我校制冷专业在本科实验、实习、毕业设计等常规环节之内和之外,不断摸索创新,融入新的想法、理念和尝试,取得了一些成效。

1.1 创建中国制冷空调行业大学生科技竞赛

中国制冷空调行业大学生科技竞赛最早源自2007年北京工业大学第一届制冷空调科技竞赛,是由我校马国远教授倡议发起组织的,最初的目的主要是为本科生提供一个展示、交流、比较和促进的平台,提高知识兴趣和动手能力[3]。之后由中国制冷空调工业协会主办,中国制冷空调工业协会和北京工业大学共同组织,2014年起教育部能源动力类教学指导委员会作为指导单位、联合主办单位成为构建本竞赛的核心成员,有力地促进了竞赛的水平提高和影响扩大。目前,经过11年的推进和发展,竞赛已覆盖全国,形成华北、华东、华南、华中、西部和东北6个赛区。从2007年发起时的一所学校44名学生参加,发展到2017年参赛学生4000多人、参赛高校100多所,取得了良好的社会效果[4]。

1.2 构建中国制冷空调行业大学生科技竞赛"三三制"体系

我校和中国制冷空调工业协会共同起草了《大学生制冷空调科技竞赛章程》,提出"团队合作、快乐参赛;学以致用、实践创新;提升能力、服务行业"的竞赛理念,构建出"三三制"的竞赛体系与平台,即竞赛分为三个模块:创新设计、实践操作和知识竞答,分别与工科专业大学生"厚基础、强实践、善创新"的培养目标相对应,体现竞赛的综合性[5]。每个模块单独比赛,最后按照比例加权得出参赛队伍的总成绩。竞赛要求三名选手组成团队,以团队形式参加。三名选手各有所长,相互配合才能取得优异成绩,这样可以有效地培养学生的组织协调能力和团队精神。"初赛—预赛—决赛"的三级竞赛机制,充分体现了竞赛的群众性和竞争性,有效提高了专业学生的参赛热情和积极性。初赛以学校为单位,预赛以省市为基础,决赛分赛区进行。旨在配合高等学校实施素质教育,培养大学生的学习热情和良好方法,培养创新意识和团队精神。

1.3 我校制冷专业本科实践教学

(1)实习。修订2012版教学大纲时,新增4个学分、为期4周、集中的工作实习,实习模式调整为集体入厂实习,安排整班编制的学生在统一时间集中进入厂区[6]。通过学生分组穿插和轮换的形式,先后进入主机车间组装线、调试班组、末端车间、技术部实验室、换热器车间等进行动手实习。与行业内知名企业共建校外实习基地,开展生产实习,将本科生专业教学和实践、校内和校外有机衔接起来。

(2)毕业设计。为加强理论与实践的结合,我校通过学科平台、科研项目、服务支撑等途径和方式,积极拓展与企业(如中国家用电器研究院、清华同方、大金、比泽尔等)合作培养人才的机制。本科毕业设计有15%的学生到企业进行,约90%的毕业设计题目来源于真实课题,超过60%的题目为工程设计和技术开发项目。

(3)此外,针对本科生全面开放实验室资源,设立制冷新技术专题讲座课程,邀请企业一线技术人员讲解新产品、新工程和新工艺,分享研发心得。鼓励本科生申报"星火基金""国家大学生创新创业计划""杰出学子计划"等各类创新实践项目。在新生入学时,实行校内导师制,每位本科生配备1名指导教师,每位指导教师负责指导2~3名学生,鼓励学生开动脑筋,积极参与创新实践活动。鼓励学生积极参与制冷展和科技竞赛等实践创新活动,组织学生参加在北京举办的中国制冷展,组织学生参加中国制冷空调行业大学生科技竞赛。在学生取得成绩的同时,也提高了学生的参与度和获得感。

总体来看,目前我校本科培养计划内的实践教育活动多数是基于校内自有资源开展的,仅在实习和毕业设计环节利用了企业的人力和场地资源,手段单一、资源有限,而企业独有的从产品构思到实现的全链条优势资源没有得到有效利用;学生缺少有效组织和目标驱动,无法激发学生的学习热情和创新动力。而培养计划外创建的中国制冷空调行业大学生科技竞赛平台,有效发挥了企业在技术人员、实践基地、实际产品等方面的优势,但仅面向竞赛期间,学生接触时间有限,对企业的产品研发思维无法深入体会,缺乏深入一线的现场学习。

2 关于校企协同、深度参与、资源共享新模式的探索

在现有本科实践教学基础之上,若能将竞赛环节企业的人员、技术、产品和生产线等资源同时引入竞赛前端并深度发掘,给予学生充分的接触时间,使其沉下心、深入一线、现场学习,引导学生利用企业的各类优势资源(包括实际部件等),开展持续的、主动的课余实践创新活动,最终成果通过中国制冷空调行业大学生科技竞赛平台来呈现,则可以实现校企协同育人、深度参与、资源共享的新模式,能够成为现有本科实践教学环节的有益补充。在这方面,笔者作了初步的探索与研究。

以参加中国制冷空调行业大学生科技竞赛为目标导向,采取"双导师、双结合、双导

向"方式,即为学生配备校内和企业双导师、结合科研项目和生产实际、采用问题导向和需求导向的方法,充分利用企业自有资源,引导学生深入现场,积极、主动、持续地参加实践创新活动。具体过程(见图1)为:首先,新生入学后,为学生分别配备校内和企业导师,校内和校外培养双管齐下。校内导师给学生讲清楚培养目标和培养方案之间的内在联系,在培养目标驱动下开始课程学习;在课余时间,进入校内导师的实验室,与导师课题相结合,参与具体的科研项目中进行科研训练;在导师启发下去寻找和发现与专业有关的实际问题,以问题为导向逐步切入科技创新活动。企业导师结合认识实习,在课外为学生讲解企业运行和产品研发流程,帮助学生厘清与校内知识学习的区别;利用企业员工内部培训模式,引导学生转换思维,锻炼动手操作能力;通过接触真实的生产环境,调动学生的兴趣和求知欲,强化书本概念与产品实际的紧密联系,提升学生阶段性的成就感和满足感;与企业用户实际需求相结合,跟踪产品研发全链条活动,进行实践训练;在企业导师的引导和启发下,探寻客户实际需求,以需求为导向,逐步介入企业产品研发创新环节。

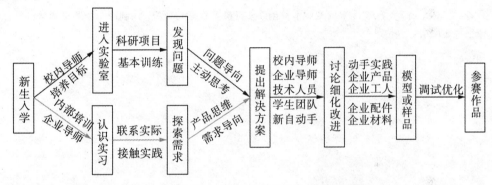

图1 双导师、双结合、双导向的实践创新过程

在此双重训练基础上,引导学生自发组成团队小组,从实际需求和问题出发,主动思考、协同探索出解决所发现问题的初步方案,并在校内导师、企业导师的指导下,讨论细化和改进所提出的方案,完成方案的可行性设计,以方案设计为基础,利用企业的条件、产品、配件、材料等资源,与企业技术人员和工人面对面交流,鼓励引导学生亲自动手实践,将方案变为模型或样品实物,让他们亲历完整的工程训练全过程。在专业课程学习后,进一步将模型或样品调试优化升级为参赛作品,参加中国制冷空调大学生科技竞赛。从目前实施情况来看,学生的主动思考、动手实践能力得到了提升,师生和企业在其中收获良多。

3 结语

北京工业大学制冷与低温工程系非常重视本科教学过程中培养学生的实践能力和创新意识,探索了一些改革的措施,并取得了一定的成效,后续还将结合新的形势和学生的时代特点,强化现有举措的深入开展,持续关注和大胆改进本科创新实践教学,不仅培养学生的动手能力和理论联系实际的能力,而且培养高素质、满足社会需求的创新型人才,从不同视角、不同维度在培养应用型专业人才的道路上不断探索和尝试。

参考文献:

[1]马国远,姜明健,刘忠宝,等.利用综合试验装置培养本科生的实践创新能力[J].制冷空调学科教学研究进展,2010.

[2]姜明健,郭航,李红旗.开设家用空调器模拟生综合实验培养制冷专业大学生应用能力[J].家电科技,2006(6):47-48.

[3]姜明健,胡兆奎,马国远,等.培养大学生实践创新的能力——浅析中国制冷空调行业大学生科技竞赛的影响[J].制冷与空调,2013,13(4):21-23.

[4]周峰,马国远,姜明健,等.发挥科技竞赛在大学生创新实践中的平台作用[J].制冷与空调,2016,16(6):14-17.

[5]晏祥慧,马国远,白俊文,等.构建中国制冷空调行业大学生科技竞赛平台[J].制冷与空调,2014,14(5):48-49.

[6]周峰,马国远,孙晗,等.制冷空调专业本科创新实践教学探索与研究[J].制冷与暖通空调学科教育教学研究,2016.

提高本科生毕业论文质量的思考

孙 晗* 郭 航

(北京工业大学环境与能源工程学院制冷与低温工程系,北京,100124)

[摘 要]本科毕业设计是实现人才培养目标的重要教学环节。毕业论文可以部分反映学生的培养质量。但近年来,虽然在不断强调要重视毕业设计环节,重视毕业论文质量,但本科生毕业论文质量仍然难以令人满意。本文分析了问题出现的原因,提出了解决问题的一些建议并介绍了初步做法。

[关键词]本科生培养;毕业设计;教学质量

0 引言

毕业设计和毕业论文是实现本科人才培养目标的重要实践教学环节,在培养大学生探求真理、强化社会意识、进行科研基本训练、提高综合实践能力等方面具有不可替代的作用,是教育与生产劳动进而社会实践相结合的重要体现,是培养大学生的创新能力、实践能力的重要环节。同时,毕业设计和毕业论文的质量也是衡量学生在校学习效果、专业教学水平等的重要依据[1]。本文结合北京工业大学新能源与科学专业制冷方向毕业设计的实际情况,分析毕业论文中常出现的问题及其原因,提出解决问题的一些建议,开展初步尝试。

1 毕业论文质量不高原因简析

1.1 教师方面

由于目前高校在考核、晋升、奖励等环节的政策所具有的指挥棒效应,很多教师的科研任务繁重。此外,有的教师对本科教学工作的责任意识不强。主客观因素叠加,使得相当一部分教师本人投入本科生毕业设计指导的时间相对不足。部分教师将指导本科

---

* 孙晗,博士。

生的任务交给研究生,有的指导教师甚至没有时间通读和修改学生的论文。

此外,有的年轻教师指导毕业设计的经验不足,或选题缺少实际意义,或内容不足,或难度不合适,影响了毕业论文质量。

1.2　学生方面

毕业设计一般安排在第 8 学期,是学生毕业前的最后一个学期。在目前就业形势日趋严峻的大环境下,很多学生投入大量的时间和精力找工作及实习,时间安排上常常与毕业设计的时间发生冲突。当学生本人对毕业设计的必要性认识不足时,在这个环节上的投入程度可想而知。

部分学生的分析总结及写作能力还有待进一步提高。有的即使完成了不错的工作,却写不出文字流畅的论文;有的行文过于口语化;有的学生不能用专业术语准确地描述自己的研究方法;有的不能用简洁清晰的图表描述研究结果,不能透彻解释图表的意义;有的文字和图表不规范;有的不会写摘要和结论,不知道如何选择合适的关键词等。个别学生的论文错别字较多、语句不通顺,排版上也经常出现一页空半页的情况。

2　提高毕业论文质量的建议和尝试

2.1　及时更新完善毕业设计管理制度

北京工业大学根据近年来教育教学的新情况,在充分调研兄弟院校的基础上,于2017 年颁布了新版的毕业设计管理条例,并要求各学院针对本院的具体情况制定补充细则,学院所属各系则完善了相关执行程序和规定[2]。比如我校制冷与低温工程系对指导教师须完成论文审阅的时间、论文提交后的保管人、论文评阅分配原则和流程、答辩分组规则、综合评定合议等都作出了规定,这些制度的完善使各个环节有规可依,促进了毕业设计的全程规范化。

2.2　加强学生写作方面的指导和训练

"他山之石,可以攻玉。"笔者调研了美国高校的情况,发现很多学校有专门的写作中心(Witing Center),比如芝加哥大学、布朗大学、普渡大学等。写作中心往往有老师或研究生,甚至是有经验的本科生免费为寻求帮助的学生修改简历或论文。另外,写作中心往往开设面向不同层次学生的、不同类别的写作选修课。

还有一些美国高校,可能没有专门的写作中心,但把优秀的写作能力作为自己学校毕业生必须具备的能力,所以美国很多高校把写作课列为必修课。通常大学一年级就要选择写作课,系统学习写作。例如伊利诺伊大学香槟分校(UIUC)是美国一所著名的公立综合型大学,它的工科很强,通常排在全美前五名左右。在 UIUC 的网页上,可以看到UIUC 认为通识教育(General Education)是为了让学生在专业知识以外获得宽广的知识。通识教育的内容包括人文和艺术、社会和行为科学、自然科学和技术、数理逻辑、作文/写作、文化研究几个方面。其中写作作为通识教育中的必修类型出现。UIUC 在对本科生的毕业要求中强调，所有毕业生必须具备令人满意的写作沟通能力。写作能力可通过完成一学期的通识教育的"作文Ⅰ"，即修辞学 105（写作和研究），修辞学 101（写作的原则）和修辞学 102（研究的原则）及修辞学 100 教程或交流 111 和 112（口头和写作表达Ⅰ和Ⅱ）来完成。由此可见其对学生写作能力的培养极为重视。如果我们的通识课程也能增加写作方面的培训，应该有助于学生提高毕业论文的撰写水平。

2.3　加强毕业设计课题的选题把关

根据我系的经验，毕业设计课题一般主要来自指导教师的科研项目、指导教师与企业或设计院的合作或教师自拟课题。来自科研项目的课题或校企合作的项目，一般研究或设计的目的和内容明确，通常没有大的问题。教师自拟的课题往往具有探索性质（也很好），但偶尔也会出现研究内容缺少研究价值的问题。

教师申请课题阶段，教学主任应对所有申报的课题进行认真审核，对于不合适的选题，应及时与指导教师协商修改或更换课题，确保在毕业设计课题申请阶段就保证选题质量。

2.4　双向选择，确定学生课题

我校规定第七学期的第十三教学周指导教师申报课题结束，第十五周审批课题结束，向学生公布课题。为保证学生选到自己感兴趣的课题，教师申报课题时，申报课题数比实际指导课题数多 1 个。每个学生根据自己的兴趣报 5 个志愿，教学主任根据学生的志愿情况，按尽量满足学生第一志愿的原则，再依次满足学生第二、三、四、五志愿的顺序，初步制订课题分配方案，同时与指导教师沟通，如果学生之前就长期跟随一个指导教师做科研，并向此指导教师表达毕设仍然愿意跟此指导教师，并报了此教师的课题为第一志愿，此学生就被优先分配到此指导教师处。如果指导教师认为初次按志愿分配的学生能力有限，完成有难度的课题会有困难，会从申报此课题的其他学生中再选择一个合适的人选，分配方案会做微调。课题分配方案确定后，先向老师公布，看还有没有问题，如果没有问题了，再向学生公布。

在分配毕设题目时，除根据学生的志愿，应尽量让能力强的学生安排做较有难度和挑战性的课题，让能力较差的学生做难度较小的课题，这样执行起来效果更好。能力强的同学更有成就感，有可能申请优秀论文。能力弱的同学也可以较好地完成自己的课题，教师指导起来也较省力，效率较高。

2.5　让学生提前进入毕业设计环节

针对指导教师和学生在第八学期时间不充足的情况，毕设可在第七学期毕设课题确定后就提前开始，这样教师和学生的时间较充裕，能避免第八学期时双方时间不足问题。另外，如果学生从大二、大三就进入指导教师的课题，对老师的研究方向越来越熟悉和深入，毕设继续做相关题目，有利于做出高质量的毕业论文。

2.6　指导教师指导学生修改论文

学生完成论文初稿后,指导教师需要通读学生论文,发现问题,提出修改意见。如果指导教师能认真修改学生论文,学生的论文质量会有一定程度的提升。

2.7　对教师和学生加强教育,严格要求

要求教师安排时间,每周定期对学生开展见面指导。每周指导次数不能少于 1 次,每次指导内容计入毕设小黄本,毕设结束后,小黄本与毕业论文一起装入档案袋。学生毕业后,每年秋季随机抽取部分毕业论文送至高水平大学同行手中盲审(后盲审),将盲审结果与我校给出的评审结果比较,找出差距,力促消除校内评分虚高的现象。同时要求学生投入足够时间和精力在毕业设计环节上。对于申请优秀论文的同学,毕业论文要查重。

2.8　注重教学反馈,促进持续改进

为了实现闭环反馈、持续改进,我们在毕业设计环节做了多层次的工作。首先是组织学生开展期中自查,将自查结果反馈给指导教师。其次组织校院两级教学督导专家开展期中抽查,检查学生的工作进度和导师指导情况,将检查结果反馈给学院分管院长和各系。再次是期末组织毕业生教学反馈座谈会,请他们给包含毕业设计在内的大学阶段的教学工作提意见和建议。最后是将后盲审结果及时向教学主管领导和指导教师反馈。

3　结　语

毕业设计是本科人才培养的重要环节。针对近年来本科生毕业论文中出现的问题,本文分析了其原因,提出了解决问题的一些建议,开展了初步尝试。其中最重要的还是学生和指导教师需要加强时间和精力的投入。

参考文献:
[1]北京工业大学.北京工业大学本科毕业设计(论文)管理条例(内部文件).
[2]北京工业大学.环境与能源工程学院《北京工业大学本科毕业设计(论文)管理条例》补充细则(内部文件).

建环专业实践教学环节的认识误区及改革措施分析

王立平* 沈致和 刘向华

(合肥工业大学土木与水利工程学院建环系,安徽合肥,230009)

[摘 要]实践教学是人才培养的重要环节,通过对当前实践环节存在的各种问题的分析,发现其根源在于教育工作者自身认识上存在误区。充分发挥实践环节在人才培养中的作用,首先需要教育工作者自身转变认识,深入分析实践教学环节,从目标与内容、管理方式、校园风气、学生发展、教育导向等方面探求改善实践教学效果的措施。

[关键词]实践教学;认识误区;改革措施;教学目标;校园文化

合肥工业大学建筑环境与能源应用工程(简称"建环")专业起源于 1988 年设立的暖通专科,至 1999 年专科生停止招生。2001 年设立建筑环境与设备工程本科专业,2002年开始招生。2006 年开始招收硕士研究生,2011 年开始招收博士研究生,2017 年通过专业评估。经过 20 多年的办学沉淀,建环专业形成了以"绿色建筑能源与应用"为方向,以土木、建筑学、动力工程与工程热物理、安全科学与工程、测绘科学为支撑的多学科交叉的专业特色,形成了"工程基础厚、工作作风实、创业能力强"的应用型、创新型人才培养特色。其中,实践教学扮演了不可或缺的角色,是学生理解和掌握专业理论、培养动手能力和创新能力的重要环节。

根据所处阶段、目的和作用,实践环节可以分为课程实验部分、工程实践训练部分和课程设计部分。受到硬件条件、教学经费、教师工程背景等诸多因素的影响,实践环节一直是制约学生能力提升的短板。针对实践环节教学中存在的问题,很多教育实践者进行了探索,提出了很多的解决方案[1~6]。合肥工业大学建环系对此也进行了专门的探索[7],但随着时间的推移有些问题依然存在,特别是两个方面的问题最为突出:(1)设计课程未能发挥应有的作用,在毕业设计阶段指导教师需要给学生大量补习基础知识,无法达到升华和提高的作用;(2)实习、实验课程指导难度大,学生认可度和参与度均较低。建环系通过多次分析讨论发现,教育工作者(包括专业教师、教学管理部门、学生、学生管理部

---
* 王立平,硕士,研究方向:建筑能量系统分析与优化。

基金项目:建筑环境与能源应用工程专业综合改革试点(No.2016ZY099)、建筑环境与能源应用工程卓越工程师教育培养计划(No.2018ZYGC023)。

门、教育研究者等)对于实践环节在认识上存在的误区是产生这一现象的原因之一。其他因素还包括时代思潮、社会影响等。本文针对教育工作者自身对实践环节的认识误区进行分析,以期端正认识,从根源出发进行教学改革,摆脱"头痛医头、脚痛医脚"的尴尬局面。

1 明确实践目标,合理设计教学内容

在所有与实践环节相关的教育活动参与者中,学生作为受教育者所具有的选择权通常较少,甚至是被动地从事某些实践环节。实践环节的设定者是作为教育者的专业教师和基层教学管理人员。二者对于实践环节的认识不清会直接造成整个实践环节的目标偏离,在实际操作中的表现有以下三点:

1.1 实践环节求新求全

在实践环节,尤其是实习环节,过分强调实践内容的新潮、前沿、高科技和全覆盖。以实习为例,地点必然选择经济发达城市,尤其是北京、上海、广州、南京等一、二线城市,参观对象务求重点建筑、重大项目、科技前沿,未考虑专业特点、学生实际认识和接受能力与就业需求。

物质世界是不断发展的,是客观的,是有规律的,技术的发展也是有规律可循的。能力培养才是教育的根本目的,知识学习只是能力培养的一个阶段,试图通过全方位覆盖的形式安排实践教学内容,是对事物发展规律的漠视,是知识传授教学方式的具体体现。将所有的知识在短短的几个星期内全部教完是不现实的,更重要的是帮助学生掌握学习的能力。

1.2 照搬照抄名校经验

在课程设置和教学设计方面,照搬照抄所谓名校已制订的教学方案,未能根据各高等学校自身学校定位、教师水平、教学条件和学生素质等特点进行调整。在教学改革中也全盘借用别人的方式方法,只得其形而不得其神,没有学习到改革的核心内容和理念,致使改革没多久就偃旗息鼓,或走起了回头路。

立足实际,实事求是,因地制宜,是教学改革的根本出发点。改革方案若不加以实践,只是照搬照抄肯定不会成功。另外,只有在实践中不断发现问题,再根据实际情况将改革方案进行不断的修正和改进,才能真正获得教学改革的成功,这个过程其实是将理论与实践完美融合的一个过程。通过借鉴他人已有的成功经验可以大幅降低这一过程所需要的时间,在借鉴的基础上进行创新是教学改革的正确途径,也是特色凝练的必由之路,不假思索地进行照搬照抄往往"画虎不成反类犬",徒然浪费人力物力。

1.3 以科研训练代替工程实践

以科研训练代替工程训练是近年来新出现的一种形式,其原因有三方面:一是在工程训练难以获得较好效果的情况下,通过科研训练弥补实践环节的不足;二是过度追求

"研究型大学",使得工程技术人才在高校中的生存环境和晋升道路非常狭窄;三是迎合社会思潮,社会对工程师的认可明显低于科学家,甚至很多传统老牌工科院校都不再宣传是"工程师的摇篮",这一社会认识虽然与工程行业的自身现状相关,同样也与工程教育有紧密关联。

以上现象具有的共同点是对于实践环节的目标不明确或认识不深入,缺少高等学校本应具备的探究和坚持精神。端正认识,明确目标,是改善实践教学效果的必由之路。实践环节对于各个专业,尤其是工程类专业,是必不可少的。实践环节内容设置需要根据专业特点、学校特色和学生就业走向等因素综合分析。以建环专业为例,以掌握供暖、通风、空气调节、燃气输配等基本系统为出发点,向工程应用和技术前沿扩展,恰当分配工程训练和科研训练的比例,精心制定实践环节教学大纲,并与大学生创新、互联网+等实践活动相关联,提高实践教学对于能力训练的系统性、针对性和实效性。坚持以学生为本,尊重学生个性差异,增加实践环节的可选择性,注重因材施教,发挥学生特长,支持和鼓励学生大胆创新,积极为学生个性发展创造条件,为培养创新型人才搭建平台。

2 理论实践并重,推进能力培养

认为实践环节仅仅是理论教学的辅助是实践环节的另一个认识误区。"重理论、轻实践"在宏观层面的体现就是对实践能力的培养不够重视,未能认识到实践验证理论这一重要特性。在课程设置上过分注重理论知识的系统性和完整性,实践环节所占的学分和学时偏少,并且沿用过去几十年的教学模式,缺乏必要的创新和改变,理论教学与实践环节融会贯通的教学模式没有形成。在教师队伍建设上,中青年教师普遍缺乏工程实践经历和指导过程实践的经验,难以自觉采用工程思维方式对学生进行引导。

"重理论、轻实践"是传统思想、固有观念、现行体制、教育方法等若干因素综合作用的结果。我国传统观念中一直有"学而优则仕""劳心者治人,劳力者治于人"等说法,历来有轻视体力劳动,不重视技能、技巧的训练等,虽然近年来国家大力宣扬工匠精神,但传统观念的改变需要一定的时间。近代以来,我国科技发展水平落后于西方国家,"先理论、后实践"的思路在过去曾发挥出积极作用,助力于知识的普及和传播,但当今我国的科技水平已不再落后于西方国家,人民群众的文化水平与过去不可同日而语,综合国力与日俱增,是时候转变教育模式了。在教育内容的选择上偏重于知识的传授,教学方法也以讲授、灌输为主,考核更多的是以学术对知识的掌握多寡为标准,造成教育知识化的倾向。相对应的效果评价也模仿理论教学,结果和过程都追求同一性,以实验为例,实验指导书、实验报告都有标准格式和内容,其中的原理、方法、步骤等都是经过预设的,所谓实验不过是学生机械地重复,设计、实习等环节也有类似的现象出现。

传统教育模式忽视了学生独立学习、独立思考的能力培养,对于综合素质的提高极为不利,导致学生难以适应毕业后的社会分工。在当今科学技术飞速发展、知识量急剧膨胀的时代,以传授知识为目的的教学活动早已不适应时代的要求,面对"这些东西学了有什么用"的质疑,迫切地需要教育工作者转向"授人以渔",而非依然"授人以鱼",培养大学生发现问题、提出问题、分析问题和解决问题的能力,注重辩证思维能力、创造性思维能力的训练。在此过程中,实践环节应该并且可以承担更多的责任。

3 遵循教学规律,实施科学管理

加强和改进实践教学管理对于提高学校的教学质量和管理水平有着重要的作用。管理方式僵化、评价标准缺乏可操作性是管理层面造成实践环节问题的主要原因。

实践教学管理模式整齐划一,学生按班级上课,每门课的设计、实验、实习学时数及每个实验项目的学时数都有严格限定,缺少灵活变通,不利于培养学生的创新意识。同时,为了保证学生顺利毕业,在创新学分认定方面也存在一些不合理的设定,不利于学生主动地参与实践环节。

评价标准缺乏可操作性,包括实践教学工作量统计的一刀切和学生成绩认定标准模糊两个方面。在工作量认定方面,未区分不同实验室之间实验设施的差异、设备台套数的差别,不同专业之间实践内容和形式的区别,单纯地按照教学大纲规定的课时数计算工作量,影响教学人员对实践环节的投入热情。成绩评定方面只有"表现优秀""图面较好"等模糊的标准,缺少具体可执行的明确标准。实践过程中只由任课教师具体判断,带有极大的主观性,容易出现标准不统一的现象,最终考评结果之间也难以产生区分,极易影响学生对实践环节的认可,进而影响后续教学环节包括理论课程的教学效果。

虽然专业之间存在差异,难以制定完全统一的标准,但是从大类出发,依据各自特点是可以制定各具特色、科学合理兼具高度可操作性的评价机制的。在此基础上,逐步探索教师、学校、政府和社会多层面的、多角度的成绩评定依据,使得成绩评定科学合理、有章可循。

在教学管理过程中,高校教学管理工作者应客观分析实践教学环节面临的新形势、新问题,深入思考其对学生、教师和学校的影响,遵循教学规律,以创新的理念和思路探索实践教学管理机制和模式并在实践中修正,及时总结教学改革成果,形成新的理念,制定一系列关于与实践教学实施形式相配套的实践教学管理规范制度,从制度层面保障实践教学环节的顺利开展。

4 营造良好校园风气,引领正确的价值观

通过对本专业历年学生调查发现,学生对于学习的认知两极分化严重。部分学生学习主动、认真思考和查找资料,积极与老师或同学交流讨论,并通过实践环节训练与理论知识融会贯通。相反地,有些学生在学习专业课时缺乏动力,积极性不高,不参与老师或同学的课堂讨论,实践环节参与热情不高。出现这种现象的原因包括:无法适应独立、自由的学习生活习惯,不能充分利用实践;无法调节生活、学习中遇到的挫折等,思想认识上出现误区;学习目标不明确,对成功、对未来没有正确的认识;没有形成正确的人生观、世界观。

　　成功观是人价值观的重要组成部分,受价值观的影响和决定。追求成功本质上是人的一种生存方式,它根源于人类生存的矛盾,是人们对现实的批判、超越和对理想社会的向往和追求。大学生应树立正确的成功观,克服浮躁的成功观,树立求真务实、积极进取的心理,充分认识成功追求过程的长期性和艰巨性。成功的经验可以借鉴的意义,但成功是没有捷径可循的。每个人的人生中都会有成功,也会有失败,大学生活也不例外。刚从封闭的中学生活走过来的大学生,容易被现实的不如意、社会中的各种不良风气等因素影响,学校有责任也有义务对学生进行世界观、人生观和价值观的引导,只有掌握正确的价值观,使他们具备全方位面对和思考学习生活中各方面问题的能力,才能战胜形形色色的错误理论和思潮,进而学会正确处理一系列复杂的现实问题。

　　价值观的形成不仅有利于学生在校期间的学习和管理,终生都有积极意义。培养正确的价值观短期可以通过强化思想道德修养方面来提升,长期则需要通过校园文化建设、营造良好的校园风气、形成独特的大学精神来完成。良好的环境对于青年学生具有潜移默化的作用。优良的校风和学风,是高校的精神和灵魂,是提高教育教学质量的外在环境保障。学风与校风是一所学校整体精神风貌的综合体现,它们反映了学校的办学宗旨、思想作风、治学态度和组织管理等多方面的内在特性,也是一所学校展示自身形象、体现综合实力的重要表征。校园文化的建设要注重人文关怀,将人文与科学精神相融合,为培养具有完整人格、身心健康的人才创设优良环境。校园文化建设更要注重领导正气的培养,从导向上为校园建设树立正确的风向标。在优良的校风和校园文化的引导下,学生更容易确立富有现实意义的职业目标、树立积极进取的态度、形成协作的气氛、养成严谨求实的作风。

5　结语

　　实践能力是学生综合素质的一个重要方面。在改善实践教学环节水平这一问题上,理清思路、端正认识是其中必不可少的一个环节。只有正确的理论才能引领教育工作者选择实践教学改革的正确方向,设计适应学生需要、满足社会需求的教学内容和教学方法,培养出综合素质高、工作能力强的优秀人才。通过正确理论的引导,明晰教育工作者在实践教学认识上的误区,及时调整工作思路,采取切实可行的措施加强实践教学,解决教学工作中的实际问题,改善教学效果。

　　(1)强化教育理论学习,在专业技能学习、教学方法研究、思想政治学习的基础上增加教育理论学习。除了教育学相关专业以外,相当部分教育工作者仅仅在获取教师资格证或相关入门条件时进行了教育理论的学习,了解教学工作的流程、掌握一定的教学方法、具备教授专业知识的能力,达到教育工作者的"最初级"状态,能依照已有的方法和经验按照一定的程序完成教学互动相关工作。但教育工作者不能仅仅解决"怎么做"的问题,更要去关心"为何做"和"做得更好"的问题,这就需要深入学习和研究教育理论。

　　理论具有指导实践的作用,加强教育理论学习,有利于教育工作者提升教育理论水平,提高教育实践的自觉性,明确教育活动的目的以及实现途径,有利于提升对高等教育宏观层面的理性审视和把握,提升教育工作者的信心,有利于规范教学活动,提升教学质量,促进科研教研的深化强化,有利于课程建设和专业建设的加强,从根本上提升教学水平。

(2)盘活现有资源。与实践教学相关的资源包括两个方面。一类是仪器设备之类的实物资产。以本专业为例,评估建设过程中购置了相当数量的仪器设备,但设备的利用率较低。在解决了"有没有"的问题之后需要关注"怎么用""用得好"的问题。其他类似的问题还包括部门之间壁垒分明、仪器设备流通困难,甚至需要重复购置等。对此,可以通过开放实验室等方式,鼓励学生主动验证、分析学习和生活中遇到的各种专业相关问题,提高设备使用率,做到物尽其用。另一类是指各种实践教学相关的教学研究成果。及时总结各级各类教学研究成果并将其用于指导实践教学过程,逐步改变教学过程中不适应现实情况的环节,提升实践教学水平,促进学生能力和素质的提升。

(3)优化教学设计。高等教育具有明显的时代性,优化教学设计也要从这一特点出发,包括以学生需求为出发点和以教育发展方向出发两个方面。

在智能机器时代,人的品质也朝着多样化、个性化方向发展。"这些人很复杂、很独特,他们以自己与众不同为傲"[8]。同时,高等教育也具有社会性,在当前的高等教育模式中,个体的自由权利虽然获得了更多的尊重,但却依然是建立在个人的责任和义务基础上的。因此,当个体权利与群体权利、个人利益与社会利益发生冲突的时候,教育依然强调个人利益要服从于群体利益、个人权利要让位于社会责任。通过学生对于理论与实践课程的态度不难发现,可选择性的缺乏是实践环节存在问题的原因之一。依据目前的学分制,学生在课程的选择上存在一定的自由,但主要是在课堂教学环节,除了毕业设计的环节之外的诸如设计、实习、实验等环节则没有任何选择性可言,忽视了学生的权利,导致学生权利与责任的失衡,制约了学生个性的发展。用发展的眼光看待教学内容和学生需求之间的辩证关系,创新实践环节的教学方法和教学内容是改革的必由之路,如让学生按自己发展方向,适当自由选择到若干企业进行实习、实践,自由选择适合自身的设计题目等。

培养复合型、创新型、"点面结合"的综合型人才是当前社会所需要的。作为教育部直属全国重点大学、"211工程"重点建设高校、"985工程"优势学科创新平台建设高校、"双一流"建设高校,合肥工业大学承担着为社会培养精英的责任。现在人们大多认为大类招生培养模式是培养复合型、创新型、"点面结合"的综合型人才的必要平台和基本途径[9]。大类招生和培养旨在保持知识的统一性、彰显学生的主体性、满足社会的新型发展需求。在培养目标上期望学生既熟悉行业全产业链组织过程,又精通行业专门技术或管理,成为"能适应和引领行业未来的人"。作为土木大类学科之一,建环专业的实践环节也需要从这一目标出发,开展面向大类的专业认识实习和面向实际的专业综合实习,并将于2018年开始执行。面向大类的认识实习是指实习内容面向土木大类,既有助于学生既熟悉行业全产业链组织过程,又可以为学生后续专业选择提供借鉴。而面向实际的专业综合实习则是与生产企业合作,学生亲身参与生产过程,同时完成学业,摒弃走马观花式的实习模式。

参考文献：

[1]王志勇,刘畅荣,寇广孝．基于工程教育专业认证的建环专业实践教学体系改革[J].高等建筑教育，2015,24(6):44-47.

[2]张东海,黄炜,黄建恩．建筑环境与设备工程专业实践教学体系构建探讨[J].高等建筑教育,2010,19(6):127-131.

[3]陈世强,张登春,于琦,等.建环专业测试技术实践教学环节研究[J].高等建筑教育,2008,17(1):118-121.

[4]谭洪艳,樊增广,郭继平,等.建环专业人才培养实践教学体系构建[J].辽宁科技大学学报,2014,37(1):109-112.

[5]李灿,欧阳琴,谭超毅,等.湖南工业大学建环专业实践教学基地建设研究[J].中国电力教育,2014(2):193-195.

[6]钱付平,陈光,黄志甲．建环专业教育评估与实践教学环节的改革创新[J].高等建筑教育,2009,18(5):122-125.

[7]王立平,张爱凤,刘向华,等.普通高校建环专业实践环节改革探索——以合肥工业大学为例[J].合肥工业大学学报(社会科学版),2014(2):127-130.

[8]托夫勒,黄明坚．第三次浪潮:The Third Wave[M].北京:中信出版社,2006.

[9]李斌,罗赣虹．高校大类招生:精英教育的一种推进模式[J].大学教育科学,2012,5(5):11-16.

建筑与土木工程专业学位研究生
实践能力结构及培养研究

杨美媛[1]* 张振迎[1] 龚 凯[2] 宋士顺[3]

(1.华北理工大学建筑工程学院,河北唐山,063210;2.华北理工大学校园规划处,
河北唐山,063210;3.华北理工大学矿业工程学院,河北唐山,063210)

[摘 要]面对当代研究生能力培养问题,本文对反映专业学位研究生实践能力的要素进行分析,建立专业学位研究生实践能力结构。根据专业学位研究生实践能力结构的研究结果,在培养目标、课程体系设置、培训基地设置、导师团队设置、完善监督体系等方面进行完善,从而提高专业学位研究生实践能力。

[关键词]建筑与土木工程;专业学位;实践能力

0 引言

随着研究生招生名额扩大,专业学位的比重也越来越大,并且处于一直上升的趋势。而专业学位研究生的招生对象是具有一定的理论基础,但是缺乏实践锻炼的本科学生。所以,专业学生研究生培养的重中之重就是提升其实践能力。经济的快速发展,使得土木行业也随着时代的变化,对于高层次应用型人才需求迫切。如何提升专业学位研究生的实践能力,突出建筑与土木专业的专业特色,是各大高校和政府关注的问题。

1 实践能力

培养专业学位研究生实践能力,就需要有明确的培养目标。培养目标既是研究生实践能力培养的前提条件,也是研究生实践能力培养的指明灯。在国内外的研究学者中,美国心理学家斯腾伯格对于实践能力(Practical Intelligence)这一词是这样解释的:"是

* 杨美媛,助教。

基金项目:2016年华北理工大学研究生教育教学改革项目、华北理工大学青年基金(No.Z201712)、河北省高等教育教学改革研究与实践项目(No.2018GJJG213)、教育教学改革研究与实践项目(No.Y1841-14)、河北省高等教育教学改革研究项目(No.2018GJJG220)、河北省专业学院研究生教学案例库建设项目(No.KCJSZ2018060)。

能够更好适应环境、能够确定如何达到目标、能够向周围世界展示自己意识的能力"[1]。傅维利教授指出,把影响实践能力的要素分为四个:实践动机、一般实践能力、专项实践能力和情境实践能力[2]。李丽萍在多次问卷调查中发现,问卷中包含的 17 种实践能力要素可归纳为适应能力、创新能力、工作能力[3]。实践能力要素是确定培养目标的基础。

2 土木工程专业专业学位研究生的实践能力培养

土木工程专业由于行业的性质需求,专业学位硕士研究生最需要提升解决实际问题的能力。笔者充分分析了建筑与土木工程专业的特点及当代就业需求,通过大量的阅读文献资料,从培养目标、课程体系设置、培训基地设置、导师团队设置、完善监督体系等方面对研究生的实践能力培养进行了研究,进一步提升专业学位研究生实践能力。

2.1 培养定位

全日制建筑与土木工程专业学位研究生的培养对象大部分为缺乏工作经验的应届本科生,只具有基础的理论知识。暖通空调专业是土木专业的二级学科,根据行业需求,其培养目标是培养具有较强专业能力和更高的职业素养、在工作上具有创新性的高层次应用型人才。针对专业硕士特点,培养期限为三年。随着土木行业的发展,专业学位研究生的培养定位也应逐步优化。

2.2 课程体系设置

学术型学位的课程设置与专业型学位的课程设置不同。学术型学位主要以科研为目标,而专业型学位以实践能力培养为重点,侧重于解决实际问题的能力。课程体系是实现专业学位研究生培养目标的基础。根据建筑与土木专业的各研究方向,突出理论课程的实践性。把学生课程分为公共必修课、专业必修课以及选修课。随着时代的发展,国际化交流越来越多。英语作为国际交流的重要语言,依旧扮演着重要角色。提升研究生外语交际能力也是课程设置的需要。在专业必修课方面,增加学生与业内专家及工程师交流学习的机会,多开设形式多样的课程、讲座沙龙等,拓宽学生的专业事业,培养、提升学生的独立思考与表达能力。

对于选修课的设置,加强多专业互相交流,以多专业互通发展的角度,扩充项目管理内容,夯实职业道德与素养的理论基础,加强报告写作技巧的锻炼,鼓励学生接触职业资格,并将职业资格证用于辅助教学。以消防工程师为例,对于建筑与土木工程专业的学位研究生而言,在学习基础课程的同时,接触消防实际工程,在理论与实际工程情景下提升实践能力,不仅能够增强学生学习知识的实用性,而且能够培养学生对于工作环境的适应性。课程设置不是一成不变的,随着行业的发展与需求,需要实时调整内容。

2.3 培训基地设置

目前,我国大多数高校的实践培养基地还不完善,建筑与土木工程专业硕士的实践基地基本以设计院、施工单位为主,培养基地较为单一,并且由于培养基地规模数量的限制,提供学生实践的机会非常有限,不能满足不同方向的研究生实践需求。这就需要采用灵活方式建立实践基地,不能仅仅依托于学校,要建设学校、学院和导师不同层次的实践基地。

通过依靠学校优秀校友、合作单位以及学校的地域性与学科多元化优势,建立面向多个学院的综合校级实践基地。各学院针对学院自身学科特点,各自建立院级实践基地。也可以依靠导师与企业合作的横向课题,增加学生实践基地数量。同时通过聘请优秀工程师进课堂,或采用与兄弟院校联合分享实验基地的模式,互聘教授和工程师,充分利用各高校教育教学资源,提高各基地的利用效率,提供给学生更多的实践机会。

2.4 导师团队设置

提高学生实践能力的关键主要依靠具有工程实践经验和扎实理论基础的导师队伍作为保障。建立一种校内导师、校外重点院校导师以及优秀企业专家联合培养的三导师协作模式。在培养专业型学位研究生的过程中,校内导师能够在专业方向定位、课程设置以及基础理论上给予指导。校外重点学校导师则可在培养过程中拓宽学生眼界、锻炼学生自身素质,起到拔高的作用。企业专家直接参与研究生的培养,既可以锻炼专业型学位研究生的专业实践能力,又可以根据企业自身需求培养相关人才,同时增加了学生的就业机会和更快地适应工作环境。企业家处在行业发展和应用的实践位置,了解专业的发展动态和需求,了解最新的行业资讯,在研究生培养方案的制订、实践指导、论文选题、行业需求等各方面都有着不可替代的作用。

强化与校外导师、优秀企业家的沟通联系,加大校外导师在学生工程实践环节的指导地位和作用。校外导师提供更多的机会和平台,让研究生参与实际工程项目的设计、施工、调试、验收的机会,锻炼和培养学生撰写工程项目报告、专利文件、行业标准、技术要求等,有效地将理论知识和工程实际相结合。通过校内外三导师制,可以充分发挥导师各自优势,取长补短,协同培养高层次应用型人才。

2.5 完善监督体系

建立健全的实践质量监控体系,是提升学生实践能力的有效保障。学生实践质量监控体系可分为实践初期、中期、末期三个阶段。实践初期,导师可以充分利用 QQ、微信、微博等软件给予指导与实践考核,并且监督学生的实习情况。学校要督导导师不定期到现场了解学生的实习情况。在实践中期和末期,学生可以分别通过书面报告、幻灯片汇报、现场答辩、提交实践报告等方式向导师汇报实践期间的成果和收获。

在学生实践结束后,学校要组织校内导师、实践单位以及实践考核小组对于学生的实践报告、答辩表现、企业和校内导师评价成绩等多方面进行考核,实践成绩纳入专业学位研究生考核总指标。根据《关于试行工程硕士不同形式学位论文基本要求及评价指标的通知》(教指委[2011]11号),形成多元化学位论文模式。学生在工程实践过程期间所完成的优秀工程设计、产品研发、创新成果、优质工程等,可以作为学位论文。这有利于提高学生论文水平与实践质量,建立多元学位论文质量评价体系。

3 结语

我国建筑与土木工程专业培养的专业学位研究生主要是高层次应用型人才。研究生的工程实践能力最重要,但是不能降低对学生研究能力以及专业素质的培养。笔者通过实践能力要素分析,从研究生的培养定位、课程安排、校内外师资队伍建设、实践基地建设、实践质量监控体系等不同方面对研究生的实践能力培养进行探讨,摸索出一套完整的、提高专业学位研究生实践能力的方案。

参考文献:
[1]张楠. 教育技术学硕士研究生实践能力培养的问题与对策[D].长春:吉林大学,2010.
[2]刘磊,傅维利. 实践能力:含义、结构及培养对策[J].教育科学,2005(2):1-5.
[3]林丽萍. 专业学位研究生实践能力结构研究[J].现代教育管理,2013(8):99-103.

虚拟实验技术在制冷与低温学科
教学实验中的应用

张兴群* 侯 予 刘秀芳 刘 晔

（西安交通大学能源与动力工程学院，陕西西安，710049）

[摘 要]利用虚拟实验技术，可充分利用计算机资源，将仪器硬件通用或软件化。本文概述了虚拟实验技术在制冷与低温学科实验教学中的应用现状，并以实例说明了其在教学中的应用。结果表明：虚拟实验技术可节省实验成本，学生接受度好，有较大的推广空间。

[关键词] 虚拟实验；制冷；低温；教学

0 引言

虚拟实验是指借助于多媒体、仿真和虚拟现实（又称"VR"）等技术，在计算机上营造可辅助、部分替代甚至全部替代传统实验各操作环节的相关软硬件操作环境。实验者可以像在真实的环境中一样完成各种实验项目，所取得的实验效果等价于甚至优于在真实环境中所取得的效果。

虚拟实验的实现将有效缓解很多高校在经费、场地、器材等方面普遍面临的困难和压力，而且开展网上虚拟实验教学能够突破传统实验对"时空"的限制。无论是学生还是教师，都可以自由、无顾忌地随时随地进入虚拟实验室操作仪器，进行各种实验，有助于提高实验教学质量。

虚拟实验室的开发与应用将会对实验教学改革产生变革性的影响。

1 虚拟实验技术的应用现状

杨南粤等提出一站式虚拟实验平台设计与建设方案[1]。利用现代信息技术搭建一

---

* 张兴群，高级工程师，博士，研究方向：制冷与空调系统节能。

个集教、学、考于一体的一站式虚拟实验平台,为开放性实验教学和优质教学资源的建设提供平台。该平台具有教学过程和教学资源的"整合性"与"共建共享性"等特点。实践证明,该实验平台能整合职业院校多种专业的实验"教"与"学"资源,为学生多样化的技能训练提供较全面的一体化实践平台,同时提高了优质信息化资源的覆盖率和利用率。

王亚瑟等根据蒸气压缩式制冷机性能实验台的原理、结构,通过编程仿真,利用软件对其进行模拟,从而使学生在电脑上就可以进行实验,提高了开放实验的效果[2]。

蒋赟昱基于桌面仿真的制冷空调虚拟实验系统基本框架的构建,为虚拟实验概念向制冷空调行业的进一步引入提供了依据[3]。在此基础上,以多媒体网络教学需要为依据设计的制冷空调多媒体虚拟实验教学系统可有效节约教学成本、提高教学质量,是制冷空调虚拟实验系统框架的一个应用实例。该框架构造下的制冷空调虚拟实验系统经扩展和完善,还可在更多方面发挥巨大作用。

徐坤豪的多翼离心风机在车用空调系统中有着广泛的应用,对空调性能影响显著[4]。以参数化设计和数值计算为基础的虚拟实验逐渐在产品的设计和优化中受到了重视。在总结前人工作的基础上,对车用空调离心风机虚拟实验台的搭建进行了实践,并对其可行性进行了实例验证。

王家生主要从实验形式和实验室管理这两个方面进行实验室数字化的研究,并分别构建了实验室的信息和实验平台以及数字化管理系统[5]。

姚哲卿以压缩式制冷系统为研究物理模型,建立了虚拟数值实验平台[6]。此平台包括系统实验装置、控制台系统、测试系统(部件测试和系统测试)、数值模拟结果在线显示以及提交实验报告等几部分。对冷凝器和蒸发器的动态特性进行了较为深入的分析和研究,对压缩机、膨胀阀模型中的特性参数进行了修正,分别得出了它们的特性曲线。本文还通过各部件模型的数值实验结果与实际实验结果的对比进一步验证了部件模型的准确性和可靠性。在上述部件模型研究的基础上建立了虚拟制冷系统实验平台,并对系统进行了数值实验,对系统启动过程的相关动态特性进行了理论上的探讨与研究。借助此虚拟实验平台,较为详尽地分析了一些结构参数和运行参数对整个系统性能(制冷量、压缩机耗功和能效比)的影响情况。

余敖构建了一个基于"系统建模与仿真"课程的在线实验平台,建立了迟滞 ELM 模型和迟滞 BP 模型,建立了超市制冷系统模型,开发出在线实验平台[7]。

2 太阳能溴化锂吸收式制冷机的虚拟仿真实验

计算机控制系统可分为独立的单机系统和多机网络监控系统。本控制系统是由 PLC 构成的、基于单机的控制系统,包括硬件系统和软件系统两部分。控制功能和控制效果是由硬件系统和软件系统共同决定的。

2.1 实验平台

实验平台的硬件主要由主机、接口电路、终端设备和传感变送元件等组成。检测参数通过传感器采集,并由变送器转换成统一的电压或电流信号,通过一个多路开关将各检测参数分别与 A/D 转换器相连。另外,被调参数是连续变化的,而 PLC 采集数据是断续的,要求检测参数未被采样时仍能维持一个定值,所以在多路开关后应设数据来样器和信号保持器。该信号由 A/D 转换器转换成数字量,进入 PLC 系统进行运算处理。运算后得出的控制数据由 D/A 转换器转换成模拟量输送给执行元件,同时还输出各种控制信号,并利用终端设备对机组的运行参数进行显示、打印、报警或更改设定参数等。

2.2 实验过程

由图 1 可知,实验中新型太阳能溴化锂吸收式空调装置由计算机模拟,参数输出依照性能仿真中的数据。其中 TE 表示温度传感器,LE 表示液位传感器,DE 表示流量传感器,CM1、CM2、CM3 表示调节间执行器等。实验中选取三种状态下的运行模式,得到制冷机组的控制结果,以反映不同要求下的控制需求。PLC 实验平台的结构如图 2 所示。

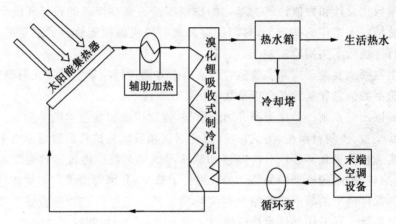

图 1　太阳能溴化锂吸收式空调原理图

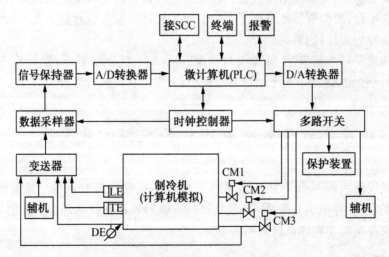

图 2　PLC 实验平台结构示意框图

2.3 实验结果

不同状态下的实验数据记录如表1所示。

表 1 实验结果

项目	设备名称	状态 1	状态 2	状态 3
工作状态	发生器泵	运行	运行	运行
	蒸发器泵	停止	运行	运行
	热水阀	30%	56%	80%
	高压发生器液位	偏低	正常	偏低
冷媒水	进口温度(℃)	15	15	15
	出口温度(℃)	13	10	8
	水流量(kg/h)	2875	3438	0
冷却水	进口温度(℃)	32	32	32
	出口温度(℃)	36	36	36
	水流量(kg/h)	773860	773860	0
热水	温度(℃)	86	90	92
	流量(kg/h)	961.75	2113.7	1865.4
冷剂水	蒸发温度(℃)	7	7	7
	储存量(kg)	0	245.66	195.22
高压发生器出口浓溶液	流量(kg/h)	187.22	437.59	352.14
	储存量(kg)	1497.7	3500.7	83.954
	温度(℃)	78.782	82.552	0
	制冷量(kW)	0	20	
报警	指示灯	亮		亮

在 PLC 控制系统实验平台中,用计算机模拟代替实际样机,分别选取三种不同状态模式进行试验,得到控制结果。结果显示:当任何一个泵状态呈现异常状态或工作介质断流时,相应的热保护继电器断开,警示电铃报警,同时 PLC 控制整个系统停机;当任何一个阀门需要调节时,PLC 控制相应线路中的接点动作,间门相应被关小或开大;冷媒水的出口温度信号送入伺服放大器后通过 PLC 控制执行机构对热水阀门的开度进行调节。

3 结 论

本文介绍了虚拟实验技术的基本原理与方法,并概括了其在制冷与低温领域的研究现状,以太阳能吸收式空调系统为例,介绍了其具体应用。可以得出虚拟实验与专业实验的比较如表2所示。

表 2　虚拟实验与专业实验的比较

项目	专用实验室	混用实验室
优点	1. 有利于形成实验教学的专门课堂 2. 学生在这种实验室任务单一 3. 有利于教学评估时专家的考查和认同 4. 有利于兄弟院校的参观访问	1. 可利用原有计算机资源和场地资源,节约成本 2. 学生可以将虚拟实验和真实实验有机结合起来,达到印象深刻的目的
缺点	1. 要占用专门的房间 2. 要占用专门的设备资源 3. 投资较大	1. 容易和真实实验造成冲突,比如,老师在让学生做真实实验时,学生却自己做虚拟实验 2. 不利于专家评估 3. 不利于参观访问

　　虚拟实验的开发与设计需要相应的专业知识及一定的计算机及数学能力,因此,前期需要投入大量的时间成本,这一点限制了其在教学中的应用。

参考文献：

[1]杨南粤,李争名,戚宇恒. 一站式虚拟实验平台的设计与建设[J].中国教育信息化,2016,370(7)：74-77.

[2]王亚瑟,靳光亚,许小刚,等.蒸气压缩式制冷机性能测试虚拟实验台的建立[J].实验室科学,2009,51(1):118-119.

[3]蒋赟昱,张小松. 制冷空调多媒体虚拟实验系统的构建及教学应用[A].第四届全国高等院校制冷空调学科发展与教学研讨会[C],2006.

[4]徐坤豪,陈江平,陈芝久. 车用离心风机性能虚拟实验平台的搭建[J].流体机械,2006,(11):23-27.

[5]王家生. 智能建筑专业实验室数字化的研究与实现[D].西安：长安大学,2008.

[6]姚哲卿. 虚拟制冷实验平台与数值实验[D].南京：东南大学,2005.

[7]余敖.“系统建模与仿真”在线实验平台研究与开发[D].上海：东华大学,2016.

暖通空调实验的设计及虚拟

张绍志* 王 勤 金 滔

(浙江大学制冷与低温研究所,浙江杭州,310027)

[摘 要]暖通空调实验课是暖通空调教学中的重要环节。本文介绍了自行开发的暖通空调实验平台的软硬件系统以及实验课的设计,并针对虚拟技术在该实验课中的应用进行了相应软件的开发。

[关键词]实验平台;暖通空调;虚拟技术

1 引言

"暖通空调"是浙江大学能源与环境系统工程专业制冷与人工环境及自动化方向的核心课程之一。与制冷与低温研究所所开设的"制冷原理""低温原理"等核心课程相比,"暖通空调"开设时间相对较晚,开设的初衷是让毕业生有更好的知识储备去应对就业市场(设计院、房地产开发公司等单位)的挑战。作为"暖通空调"课程的配套,不少兄弟院校都建立了实验平台,包括综合性平台、实训平台、仿真平台[1~11]。这些平台不仅在平时教学中,在学生实践创新活动中也发挥了十分积极的作用[12]。本校的暖通空调实验课自2006年起开设,是专业实验课之一。下文将介绍笔者研制的暖通空调实验平台、利用该平台进行试验教学的思路设计以及在实验课中应用虚拟技术的尝试。

2 暖通空调实验平台

实验平台由保温室、空气处理系统、水系统及测控系统等四部分组成。保温室采用冷库库板搭建,配套冷库门。空气处理系统如图1所示,空气处理箱包含混合段、过滤段、冷却段、加热段、风机段,处理过的空气送入保温室顶部,通过孔板送入室内,回风则通过百叶风口完成。水系统流程如图2所示,包括冷水循环和热水循环,冷水由置于室外的风冷冷水机组制取,其通过表冷器的流量由电动三通阀调节,热水则以电加热的方

---

* 张绍志,副教授,研究方向:制冷与空调。

基金项目:能源动力类新工科研究与实践项目《能源动力类卓越工程师培养新机制探索研究》。

式得到,加热量用固态继电器控制。图 3 给出了测控系统的原理,计算机数据采集使用安捷伦数据采集仪 34970A,配 1 块 34901 采集卡。采集的数据包括冷热水温度、保温室内温湿度、环境温湿度、保温室内正压。此外,冷热水的流量使用自带显示的涡街流量计测量,冷热水泵出口压力用机械式压力表显示,控制输出采用研华公司的 ADAM4022T 模块。控制软件界面使用 VB6.0 编制,如图 4 所示,在界面上可以进行电动三通阀和电加热的手动或自动调节。

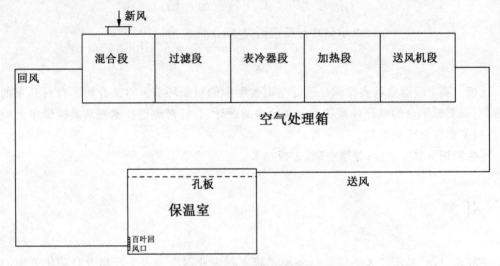

图 1　空气处理系统流程

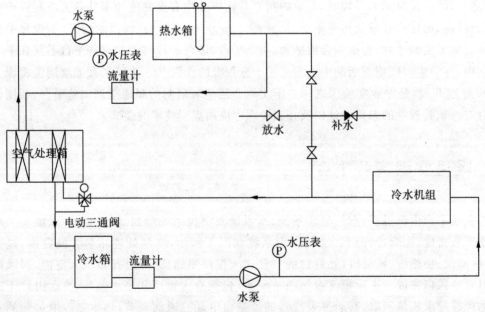

图 2　水系统流程

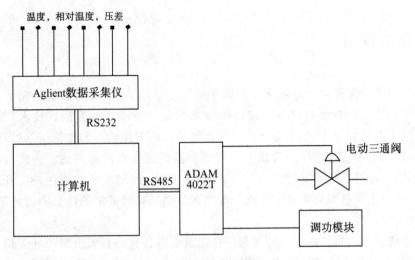

图 3 测控系统原理

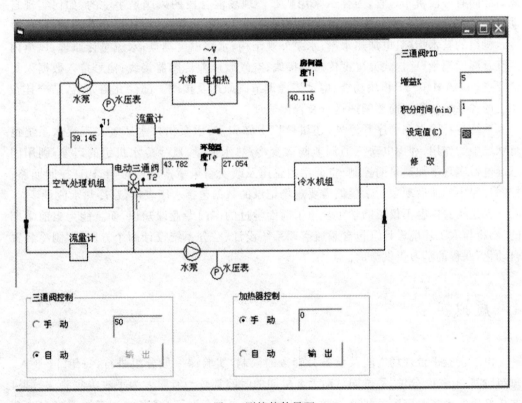

图 4 测控软件界面

3　实验课设计

暖通空调实验课开设于专业学习的四年级上半学期,学生此前已经学完了"暖通空调""制冷原理""制冷与低温设备""流体输送及控制""制冷与低温测试技术"等专业课程。实验的主要目的有:让学生温习全空气空调系统的工作原理和常规空气处理箱的结构;让学生熟悉温度、湿度、压力等湿空气状态参数的测量和控制方法。为此,将实验课分为两段:第一段结合现场实物介绍空气系统、水系统、控制系统各部件;第二段进行系统运行,结合数据显示和采集讲解要点。学生在拿到计算机采集的数据和现场笔记的数据后,完成实验报告。

空气系统介绍的重点在空气处理箱。在保温室内备有一套未组装的处理箱,可以分段观察和讲解,并采取现场提问的方式增强学生们的印象。例如风机段的风机出口到出风口之间有一段帆布风管,为什么采用帆布?现场混合段的风阀是手动的,如何实现自动?系统部件介绍包含如下内容:空气处理箱各段的结构和功能;孔板和百叶风口;风冷冷水机组的技术指标;电加热水箱;水泵外观结构;水路温度测点;水流量计原理;风道内温度及湿度测量;壁挂式温湿度传感器接线;空气微压差传感器接线;信号接入数据采集仪要点;ADAM4022T 模块功能;电动三通调节阀原理及接线。部件介绍完后,结合挂在墙上的各系统流程图简要阐述运行及控制原理。

系统运行除强调顺序开停外,还讲解以下知识点:水泵出口水压表在观察水系统运行状况中的作用;利用电动三通调节阀改变冷/热水流量;风冷冷水机组的启停;利用固态继电器实现电加热量的控制;空调室内正压及改变新风量造成的影响;PID 控制回路;控制过程中的滞后现象。学生们需要现场记录的数据包括水压表读数、冷热水流量。

上述实验内容不仅帮助学生复习了前面学过的多门专业课知识,而且能为当前学期的"制冷与人工环境设计"(包含暖通空调系统设计、空分系统设计两个方向)、"制冷装置自动化"课程的学习提供帮助。

4　虚拟实验

由于实验平台现场空间及设备台套数的限制,实验课一般分组进行,每组 6~8 人,每组时间 60~90 分钟,每位同学动手和提问的时间都较为有限。为了改善实验课效果,并更好地实现实验资源的共享,我们委托某科技公司开展了"暖通空调系统原理实验数字化资源开发"项目,进行了实验虚拟化工作。所开发软件具有场景漫游、实验设备认知、实验流程教练考、实验报告提交及批改等教学功能模块。学生操作软件具有以下运行模式:

(1)练习模式:学生们可在教学模块过程中切换练习模式,即演示和操作练习可以随时转换;人性化的操作方式,简便、快捷、明了,例如通过单击物体、选择工具、输入参数、旋转旋钮等闯关方式来融入实验当中,充分体验学习的乐趣,并有充分的提示引导信息,如部件高亮或说明文字提示下一步操作。

(2)考试模式:模拟真实实验过程,使学生们在没有提示的情况下,独立完成实验步骤,回答关于实验装置系统、部件的问题,软件进行自动记录、评估、计分,并输出和提交详细的报告单。

(3)漫游模式:通过视角切换让学生们有身临其境的感觉,近距离观察实验设备。

教师登录进去后有可以查看学生的报告单及评分。图5给出了实验设备认知的样例画面。

图5　暖通空调实验虚拟软件设备认知画面

通过虚拟实验,能将上述实验内容的绝大部分内容(部件及系统介绍、实验步骤、一部分结合系统运行讲解的知识点)很好地完成,并能较为全面地检测学生的学习效果。与传统实验教学相比,虚拟实验给学生带来的好处有:对部件和系统的讲解更为全面;可以反复实验;实验时间机动;对知识点的掌握程度可自行检测。给教师带来的好处有:节省处理分析实验报告的时间;更全面地了解学生知识掌握情况,为后续教学工作提供依据。虚拟实验可以作为共享资源单独开设,对于本校学生可将其作为现场实验的补充。

5　结束语

笔者建立的暖通空调实验平台在投资和场地都极为有限的情况下,实现了空调的空气处理系统、冷/热水系统、测控系统等系统原理、系统部件的运行展示。从过往的开展情况看,暖通空调实验课不仅能增强学生的工程意识和动手能力,帮助实现专业培养方案的相应目标,而且为学生自行开展创新实验打下了良好基础。通过虚拟暖通空调实验,一方面能提高课程的教学效果,另一方面能实现教学资源的共享。

参考文献:

[1]田浩,李丽萍,袁小平.一个基于 Niagara 平台的暖通空调自控演示实验系统[J].高校实验室工作研

究,2014(2):38-40.

[2]王雅丽.中央空调实验教学仪器的改进[J].实验室科学,2008(6):161-162.

[3]于梅春,李春娥.《空气调节》课程实验教学研究[J].当代教育理论与实践,2009,1(6):55-58.

[4]王兴.基于风机盘管加新风系统的空调系统自动控制实验室设计与建设方案研究[J].制冷与空调(四川),2010,24(6):107-110.

[5]李庆海.中央空调实训教学系统的设计与实现[J].轻工科技,2011(9):114-115.

[6]张东海,黄炜,张建功,等.暖通空调多功能综合实验台研制[J].实验技术与管理,2013(12):87-90.

[7]孙育英,刘景东,王伟,等.虚拟仿真技术在建环专业实验教学的应用[J].教育教学论坛,2016(5):106-107.

[8]丁艳,金蕊.应用型本科制冷与空调专业校内实训建设与探索[J].中国现代教育装备,2017(13):9-11.

[9]曹正杰,刘成刚,肖聪.基于BACnet及VLC可编程控制器空调系统仿真实验台的设计研究[J].电气应用,2018(2):62-69.

[10]刘清,吴学谦,张小燕,等.自制小型恒温恒湿空调实验台设计与实现[J].机电信息,2015(30):142-143.

[11]姜国伟,赵薇,赵辛.中央空调实验平台的设计与开发[J].科技创新与应用,2014(11):40-41.

[12]张小松,蔡亮,李舒宏,等.综合性制冷空调设备多功能实验平台的创立与实践[A].全国高等院校制冷空调学科发展研讨会[C].2008.

科研成果向本科实验教学转化的探索与实践

阚安康* 王 为 章学来 曹红奋

（上海海事大学商船学院,上海,201306）

[摘 要]将高校研究成果转化为本科生实验教学内容,建立科研成果与教学资源联合机制,是培养创新型专业人才的有效途径,也是各高校人才培养模式研究的重要课题。结合我校在科研成果向实验教学转化实践过程中的具体实施情况,本文探讨了该转化过程中存在的主要问题、实施的具体组织形式及推动成果转化的措施。

[关键词]高等学校;科研成果;实验教学;创新模式;转化

0 引言

高校承担着科研和教学的两大基本任务,科研能有效地促进教学水平的提升,而教学又是科研之基础,如何将科研成果转化为教学资源,目前已经成为各高校的追求和治学理念[1]。实验教学作为高校,尤其是理工类高校人才培养不可或缺的重要一环,在承担人才创新能力培养及提升、验证已知、探索未知等活动中与科学研究存在着密切的联系[2]。美国哈佛大学文理学院院长亨利·罗索夫斯基认为:"科研和教学是相互补充的;大学等级的教学如果没有科研提供新的思想和启示,其教学水平是难以提高的。"德国学者雅斯贝尔斯进一步指出,尤其重要的是教学要以研究成果为内容,因此教学与研究并重是大学的首要原则。但目前在各大高校中,尤其是地方院校中,实验室建设经费和实验经费的投入有限,各校更强调将它投入基础实验教学上,这与厚基础、宽专业的办学思路相一致[3]。然而很多院校专业实验室在目前所开设的实验项目中,除常规的基本操作实验项目外,有很大一部分实验从内容到操作及设备的使用均十分陈旧,滞后于科技发展。针对现状,国内各大院校和教育研究机构对此进行了深入的研究和探索,其研究方向主要集中于实验教学体系、过程和方法的改革[1~11]。

探讨专业实验教学与科研的关系,建立一种专业实验教学与科研相结合的模式,是实验教学改革的有益尝试[12,13]。上海海事大学热能与动力工程实验室在建设大学生科技创新基地的基础上,吸纳科研教师参与专业实验教学,充分利用已有的先进科研设备,将科研课题的研究内容和取得的科技成果有效地转化为专业实验教学项目,使专业实

---

* 阚安康,高级工程师,博士后,研究方向:多孔介质传热传质、低温与制冷技术等。

教学内容紧随科技的发展,进而达到提高专业实验教学质量的目的。

1 科研成果转化为实验教学存在的主要问题

教师通过科研,了解该学科领域的科技发展最新动态及趋势,了解本专业的发展方向与最新研究成果;可以不断更新自己的知识结构,充实教学内容,进行教学改革;有了科研之源,教师在教学中所讲授的课程内容会更生动,资料会更丰腴翔实,重理论联系实际,会赢得学生好。故而,在教师拥有一定科研成果时,应该重视科研成果有效地向教学转化。但目前科研成果向教学内容转化存在一系列问题。

1.1 科研成果向教学内容的转化率较低

一线教师大多都既要承担教学任务,又要从事一定的科研工作,这使得一些教师认为教学与科研是互相制约、此消彼长的,很难处理好两者之间的关系。在科研课题选择上,追求的价值取向是科研成果的先进性和学术价值,强调的是先进性和独特性,而对科研成果向教学转化、丰富教学内容的可行性缺乏必要的论证,致使科研人员在选择科研课题和开展研究时,很少考虑能否用于教学。目前,高校对教师的考核机制强调科研,注重论文、专利及奖励的数量及质量,而弱化了教学的分量,也普遍缺少激励机制,致使教师将科研成果转化为教学内容的积极性不高[14]。而事实上,学校承担科研项目较多,可转化为教学内容的项目的占比相对较高,而在实际转化中,整体转化率偏低;在可向教学转化的项目之中,已经转化的项目数量比例更低。

1.2 科研成果转化为教学内容的转化绩效不高

就教学内容转化的受益对象及范围来看,研究生是参与教师科研项目的主体,因此研究生教学所占比例较大,本科生参与教师科研项目的机会较少,故而成果涉及本科教学所占比例较低,实践课程应用比例也较低,总体上的转化绩效不高。

1.3 科研成果向教学内容转化的形式单一

在科研成果转化形式中,比较规范地转化为教学教材、参考资料、实验条件、教学手段的比例较低,部分内容作为课程章节内容、多媒体课件的比例也不是很高。

2 科研成果转化为教学内容的具体组织形式

2.1 构建大学生科技创新平台

实施梯队式培养、指导教师负责制,构建大学生科创平台,吸引学生参与教师团队科研课题,从创新项目和学科竞赛中培养创新思想。通过开展相关科技创新活动,为学生提供锻炼和展示机会,促使学生形成团队合力。组建了以蓄冷技术、冷藏运输技术、先进制冷技术为主题和特色的创新实践平台,建成了有特色、高水平创新基地,为创新教学提供了有力支撑和保证。积极引导和鼓励学生从事科研创新活动,积极引导和鼓励学生加入教师科研团队,与教师、研究生一起从事科学研究活动。

2.2 以科研活动为载体,以科技竞赛为动力,注重科研成果向教学成果的转化

专业建立了以科技创新团队、开放实验室、创新基地和科技竞赛平台为依托的大学生创新能力培养体系,全面提高了学生的创新能力。学生自主申请上海市科技创新类项目 41 项,校级科创项目 57 项,与此同时取得全国节能减排大赛、全国交通科技大赛、全国制冷空调大赛等重要奖项累计 52 项。在此基础上,以创新平台为基础的科技成果获得第十八届中国国际工业博览会高校展品一等奖、上海市科技进步奖、浦东新区科技进步奖、上海市优秀发明选拔赛奖等奖项。

将部分科研成果设计为本科生创新性实验,实验主要以验证理论、掌握基本实验技能为主,而以培养学生创新能力为目的的实验较少。近年来,学院进行了实验教学改革,建立了专业多层次、特色突出的"一个体系、一个平台、一支队伍"为导向的实验教学体系,并采取措施激励教师及时将科研项目或企业技术服务成果转化为本科生专业创新实验和课外创新性实验项目,组织学生进行讨论,拟定实验方案,在规定时间内完成实验内容。近年来,科研教师积极开展科研成果转化为本科实验内容,新增由科研成果转化而来的创新性实验项目 15 个。按照实验管理处要求,基础实验内容以验证性、综合性和设计性实验为主,占 72.5%,而以创新性实验为辅。

3 科研成果转化为教学内容的举措

3.1 营造良好科研成果转化为教学内容的氛围

高校教师从事科研工作,有利于提高高校办学理念、培养人才、学科创新以及学校的综合水平,也是对教师的综合素养、理论实践等能力提高的一条有效途径[15]。要帮助高校教师树立正确的价值观,牢固树立科研为教学服务的思想,牢固确立教学工作的中心地位,增强转化工作的自觉性,把科研工作和追求科学真理,以及为国家培养创新型人才联系起来重视和加强本科教学工作,联系教学实际搞科研,通过科研来提高自身素质,切实提高教学质量。

灵活选择教学转化的形式及多样性,以促进科研成果向实验教学的转化,以规范化的教材、参考资料的形式供学生学习。注重创新思维、系统集成、试验验证等方法创新的转化,通过将科研成果转化为典型创新案例、实验方法,为学生提供系统、真实的思维方法、实验技能等学习内容。为学生提供充分的技术、技能训练和实践锻炼,强化其掌握新装备、新设备、新工艺的能力。

鼓励教师通过科研项目培养学生的创新能力,以科研工作促进教学工作,注重基础

理论知识的学习[16]。教师从创新型人才培养目标的要求出发,改进教学方法与手段,运用先进的教学技术,来促进科研与教学工作的融合发展。通过对科研项目和本学科最新发展成果的深入了解,在实验教学实践中丰富教材,充实教学内容,激发学生对本学科前沿知识的求知欲望,课程教学质量才能得到提高。

3.2　建立以科研成果转化为教学内容的管理机制

建立适合的管理机制非常重要。教师可以在整个管理机制的框架内灵活安排教学任务,也可以在无后顾之忧的前提下专攻科研。若教师教学任务完成良好,对教师的奖励机制应与科研一致,这有利于教师提高教学质量,合理分配教学、科研时间,还可以满足教师的科研意愿。

建立完善的评价机制。目前,我校对于科研项目、学术成果鉴定以及科技转让等均有比较成熟的评价机制,故而对于教学相关的有效评价机制也应该参考科研项目来制定。

建立健全激励机制。利益分配是保障科研优势转化为教学优势的物质基础,学校应不断出台激励措施与政策,并使之覆盖学校各个专业学科及各个学术层次,以提高教师的工作积极性。

3.3　调动学生与教师的各自积极性

教师把科研和教学结合起来,学生把科研和学习结合起来,形成一个紧密的"科研—教学—学习一体化"。这样可以把学生从原来作为单向学习的接受者转变为探究新知识的研究者。加大学生课外参加学术和科研活动的机会,引导学生参与教师科研项目的活动,由教师指导其实践科研项目工作。另外,目前上海市及各高校、均设有本科生科研活动经费,由学生提出科研项目方案,遴选出较好的项目给予资助,教师给予指导并对结果进行评价,让学生在充分的学习阶段夯实科研基础。

教师是教学与科研活动的载体。教师在教学评价和奖励标准上应平衡教学、研究和公共服务之间的关系,将精通自身专业领域发展、持续学习并能向学生出色地传递前沿知识的教师奉为大学教师的理想形象。高校对教师的教学与研究在时间上也应该做合理安排,给教师开展研究和教学活动的时间和机会,使教学与研究既分离、互不干扰,又使他们最大限度地把科研成果积极主动地转化为教学内容。

4　具体实施案例

多孔介质真空绝热技术及其应用研究获得上海市自然基金、博士后基金等资助,取得了一定成果,研究内容获得上海市科学技术进步奖、上海市浦东新区科学技术进步奖等多项奖励。目前,将成果转化为创新性实验教学内容,针对卓越工程师班级开放。根据实验教学内容,2013 级本科生 7 位同学参与了我所研究的课题,自主申请了 2016 年度大学生科技创新项目《环形真空绝热板的设计及其在电饭煲中的应用》,获得上海市大学生科创一等资助。该学生在微尺度空间结构与真空度对多孔介质真空绝热性能的影响方面展开了相应的科学研究工作,充分利用了我课题组拥有专业的扫描电镜、真空包装机、平板导热仪等设备,成功研制了环形和开孔形的真空绝热板,申请了国家专利,发表了学术论文。

5 结论

大学科研成果转化为教学资源是提升大学教学质量和人才培养素养的关键。科研成果的转化不仅涉及成果获得者个人,还需要科研管理部门和教学管理部门相互协作、共同完成,是一项复杂的任务。科研成果转化成创新性实验教学,让学生对实验过程与结果都有一定的掌握,让教师对学生提出的问题也能有针对性的指导,学生也能通过有限的时间体会完整的创新实验过程,增强他们的创新积极性。本文结合我校科研成果向教学成果的转化实施情况进行了阐述,并且探析出科研成果向教学资源转化中存在的问题,提出了相对完善的科研成果转化举措。

参考文献:

[1]周智华,李国斌,唐安平.高校教师科研成果转化为本科教学资源的形式[J].当代教育理论与实践,2017(1):65-67.

[2]徐杰,祁红岩.科研成果转化为教学资源的策略研究[J].黑龙江教育(高教研究与评估),2016(1):6-7.

[3]林跃强,刘晓东,李建.科研成果转化为实验教学内容之探索[J].实验室研究与探索,2015(5):144-146,181.

[4]王远立,吴迪,裴宏.院校科研成果向教学内容转化问题研究[J].科技信息,2011(20):536-537.

[5]王华,姚光庆,李江风.科研成果转化为教学资源是发挥国家级教学团队作用的重要途径[J].中国地质教育,2010(4):96-100.

[6]张军香,董韶鹏,袁梅.科研课题向实验教学的转化模式研究[J].实验技术与管理,2010(5):18-22.

[7]周权锁,马宗骏,高彦征.科研内容和成果向专业实验教学项目的转化[J].中国农业教育,2009(5):59-61.

[8]于晓霞,康学伟.教学型大学科研成果转化为教学资源可行性与必要性分析[J].辽宁教育研究,2007(10):87-88.

[9]刘京丽.关于高校教学科研成果转化的几点思考[J].长春中医药大学学报,2007(3):93-94.

[10]吴音,刘蓉翮,李亮亮.科研成果转化为综合性实验教学探索[J].实验技术与管理,2016(8):162-164.

[11]刘晓楠,尹美娟,曹路佳.探索高水平科研团队科研成果向教学转化的科学转化机制[J].中国电子教育,2015(3):6-11.

[12]唐淑艳.科研优势转化为教学优势路径探索[J].高校科技,2015(10):49-50.

[13]解璞,赵锦成,刘艺.科研成果向研究生课程教学资源转化方式研究[J].科技风,2015(11):261-262.

[14]黄佳．高校科研成果转化为教学资源的机制研究[D].武汉:武汉理工大学,2014.

[15]扈旻,邓北星,马晓红,徐淑正．科研成果转化为实教学内容的探索与实践[J].实验技术与管理,2012(10):21-23.

[16]谢晓鹏．科研转化教学的探索与实践[J].河南教育(高校版),2010(2):55-56.

制冷空调专业实践环节改革体系的探索

于　丹*

（北京建筑大学，北京，100044）

[摘　要] 现阶段我国高等教育的主要目标是培养应用型人才，以便为用人单位输送更多高素质的专业人才。培养应用型人才对高校教育提出了更高的要求，高校教师应该注重加强实践教学环节，提高学生的实践能力。本文阐述了实践环节对高校教育的重要性，指出了高校实践环节存在的几点不足，并提出了多层次系统性实践环节体系的设置，对制冷技术实践环节的改革进行了探讨。

[关键词] 应用型人才；实践环节；多层次系统

0　引言

早在 1997 年，联合国教科文组织颁布的国际教育标准分类（ISCED）[1]中，明确提出了高等教育培养应注重应用型人才的培养。《国家中长期教育改革与发展规划纲要（2010－2020）》[2]中也指出，创新人才培养应是今后我国高等教育改革的基本价值取向。《国家教育事业发展"十三五"规划》[3]中再一次强调了要加强应用型人才的培养。因此，培养应用型人才的目标对高校实践环节的教学提出了更高的要求。

近年来，众多工科院校都已经认识到实践教学的重要性，并开始进行相应的实践教学改革。制冷空调专业是建筑环境与能源工程学院的重要专业之一，其实践教学环节的改革也是大家关注的重点。刘佳霓针对制冷空调专业出了"三线并行，二层深入"的人才培养模式的构建和实践[4]。黄秀芝给出了高职制冷与空调技术专业人才培养体系创新的具体措施[5]。刘孝刚探讨了制冷与冷藏技术专业的实践教学考核方式的改革措施[6]。陈杨华提出了制冷空调专业"3+1"教学改革培养模式[7]。

本文深刻研究了制冷空调专业实践改革中的现状，指出了高校实践环节存在的几点不足，并提出了多层次系统性实践环节体系的设置，对实践环节体系的改革进行了探讨。

---

* 于丹，副教授，博士，研究方向：建筑节能与空气环境。

1 实践教学环节在高校的重要性

联合国教科文组织颁布的国际教育标准分类(ISCED)中指出,所谓"应用型人才"是指将专业知识和技能应用于社会实践的专业人才[1]。《国家中长期教育改革与发展规划纲要(2010-2020)》中提到,培养大批的创新人才应该成为面向未来十年中国教育改革与发展的重大目标[2]。《国家教育事业发展"十三五"规划》中再一次明确指出,人才供给和高校创新能力的明显提升是国家教育的主要目标,要使创新型、复合型、应用型和技术技能型人才培养的比例显著提高,人才培养结构更趋合理[3]。

由此可见,培养创新型、复合型和应用型人才是接下来高校教育的重要目标。高校教师要注重加强实践教学环节,提高学生的实践能力,以便为用人单位输送更多高素质的应用型的专业人才。

2 传统实践教学存在的不足

目前,高校传统实践教学环节通常包括课堂实验、工程实习、课程设计及毕业设计等。尽管各高校已经进行了相应的实践教学改革,但是与国家教育目标的培养要求相比,还存在着一些不足,主要体现在以下几点:

(1)实验教学并未形成体系。目前,高校的实验教学多是各门课程的配套实验,实验多为1~2个,实验课程单一,实验室孤立,实验教学设备陈旧,符合社会用人单位的实验课程数量较少,实验资源未整合,也未形成共享体系。

(2)缺乏设计性课程实验。目前,高校的课程实验大多为演示性实验或验证性实验。有的学校实验课采用教师口头教授,做示范性操作,学生只是参观、记数据、写实验报告,无法达到提高实验能力的目的。有的学校学生根据教师设计的实验内容,做简单模仿操作实验,验证实验结果,而无法亲自设计实验过程,实践能力提高有限。

(3)设计环节多为虚题假作。高校的课程设计或毕业设计多为指导教师提出的虚题,学生根据设计手册和工程案例等,通过学习和查阅资料,进行设计计算和设计图纸,完成设计任务,其设计成果与实际工程有一定的脱节。

(4)高校教师自身实践能力不足。目前,高校教师多为博士学历,有多年的学习和科研经历,但是缺少工作经历,缺乏具体工程设计和实践能力,难以承担实践教学环节,也难以保证这部分教学的质量。

高校要真正培养出适应社会需要的应用型人才,必须改革实践教学环节,提高学生的实际应用能力,达到国家教育的培养目标。

3 多层次系统性的实践教学体系

本文提出的多层次实践教学体系,将实践教学内容设置得既有系统性、通用性,又有层次性和综合性,并结合高科技信息化手段,赋予实践教学环节新的活力。

3.1 加强课堂教学的实践性

课堂教学是一切教学环节的基础,也是获得实践知识的首要渠道。制冷空调专业的课程教学内容涉及许多专业知识,包含很多的概念、专业名词,专业术语。这些内容非常抽象,不容易理解。教师应充分并适当地利用现代化的多媒体教学手段,将专业知识生动、直观地展示出来,以提高课堂教学的趣味性,加深学生对专业知识的理解和掌握。

教师也可以改变传统的"教师讲、学生听"的教学方法,利用信息技术提升教学水平、创新教学模式,积极开展丰富多彩的课堂活动,开展即兴讨论、专题讨论和学术交流等形式,既活跃了课堂气氛,又启发了学生的创新性思维。慕课[8]、微课[9]、翻转课堂[10]等作为新兴的课堂教学形式,与传统的课堂教学相比有许多优势,我们可以充分利用这些资源改善课堂教学,提高学生学习的积极性。

3.2 改革实验教学的设计性和共享性

制冷空调专业的实验环节可以增加设计性、探索性的实验内容,开发"自主设计式"创新实验模式,对传统的验证型实验模式进行改革[11]。由学生选择某个或某几个实验项目,根据教师提供的文献或资料,自主地制订实验方案、设计实验内容,同时在教师的指导下,在实验室亲自操作实验仪器和设备,以培养学生的实验设计能力和动手能力。

高校的实验教学资源包括人力、物力、财力等各个方面,实验室的实验设备与场地、实验资金、实验管理人员等资源,都可以采取开放的方式实现共享,并制定相应的实验室教学资源共享管理制度[12],以实现实验室资源的最大利用。

3.3 提高工程实习的高质量效应

"十三五"规划中进一步指出,要加强应用型高校建设,重点加强实验实训实习环境、平台和基地建设,鼓励吸引行业企业参与,建设产教融合、校企合作、产学研一体的实验实训实习设施,推动技术技能人才培养和应用技术创新。

加强应用型高校建设,必须加强校内外实习相结合的实践教学[13],完善校内实习基地的建设。高校教师应认真开展实习宣教工作,就学校实习相关规定、毕业实习计划、就业的选择、实习注意事项等进行实习实训动员,提高学生的实习积极性。同时坚持实习实训的高标准,努力创造高质量的实习条件。学生每天认真做好实习日志,分析所实习的系统的优势与不足,并提出合理化建议,最后撰写实习报告。

3.4 提高毕业设计(论文)的实用性

毕业综合课题是制冷专业教学体系的关键环节[14],其形式有两种:毕业设计和毕业论文。通过毕业设计或者毕业论文使学生真正掌握工程设计或科学研究所需要的方式、方法与步骤,培养学生文献查阅能力、分析和解决问题能力,使学生获得毕业设计或论文的文档撰写、数据整理分析及图纸绘制技能,达到杰出工程师的培养目标。

毕业论文的选题,应该是教师的具体科研项目,而不是虚拟的研究;毕业设计的选题,也应该是实际的工程项目,而不是真题假做。同时积极培养优秀青年教师的实践能力和工程实际能力,让中青年教师尽快成为专业建设的杰出人才,从而提升专业教师的专业设计水准。

3.5 科研能力的培养

高校科研能力的培养主要包括竞赛、大学生科研立项等。教师根据竞赛的要求提出竞赛题目,或者从自己研究的科研项目中,建立适合大学生的科研立项。学生可根据自身的科研能力选择参加相应的项目,并由专业指导教师针对学生所研究的项目进行专业指导。

多开展理论和实际紧密结合的"创新型"技能大赛[15],同时考查学生的理论和技能两方面的能力,以更好地培养学生的动手能力、创新能力和沟通表达能力等,同时使学生在竞赛中享受创新的乐趣,全面提升学生的综合素质。

4 结论

为了满足社会对应用型人才的需求,高等教育必须探索出合适的应用型人才培养模式,改革实践教学环节的内容,提高实践教学环节的质量,以满足社会对应用型人才的大量的需求。

参考文献:
[1]联合国教科文组织.国际教育标准分类[Z],1997.
[2]教育部.国家中长期教育改革与发展规划纲要(2010~2020年)[Z],2010.
[3]国务院.国家教育事业发展"十三五"规划[Z],2017.
[4]刘佳霓.制冷与空调技术专业人才培养模式改革与实践[J].武汉商业服务学院学报,2009,23(1):68-70.
[5]黄秀芝.高职制冷与空调技术专业的人才培养体系创新[J].现代职业教育,2016(31):62.
[6]刘孝刚.制冷与冷藏技术专业实践教学考核方式改革实践[J].职业,2014(33):119.
[7]陈杨华.制冷空调专业"3+1"教学培养模式的改革实践[A].第五届全国高等院校制冷空调学科发展研讨会论文集[C],2008.
[8]严三九,钟睿.教育资源的公平共享与可持续发展:慕课[J].中国人口资源与环境,2015,25(2):176-178.
[9]钱芳芳,钱凯.微课与传统课堂对比研究[J].江苏科技信息,2015(28):24-25.
[10]叶青,李明.高校传统教学与翻转课堂对比的实证分析[J].现代教育技术,2015,25(1):60-65.
[11]刘永娟,张蕾,冯爱红."环境工程自主设计式"创新实验教学模式的实践与探索[J].技术与创新管

理,2014,35(6):651-653.

[12]佟小娟.高校实验教学资源开放共享管理模式研究[J].时代教育,2017(11):51-52.

[13]杨先亮.制冷专业实践教学的改革[A].第四届全国高等院校制冷空调学科发展与教学研讨会[C],2006.

[14]冯立岗.高职工科专业毕业综合课题改革与实践——以制冷专业为例[J].黑龙江科技信息,2012(35):190.

[15]刘群生,程花蕊,董生怀.高职院校"创新型"技能大赛的改革与实践——以制冷与冷藏技术专业为例[J].制冷与空调(四川),2015,29(1):102-105.

基于回归工程及多元化资源协同育人的实践教学改革研究

王　宇* 　李艳菊　张楷雨　由玉文　张丽璐　李宪莉

（天津城建大学能源与安全工程学院，天津，300384）

[摘　要] 通过综合实验系统的完善与建设，实现了实验教学与科研活动及工程实践的有机结合，将工程实践、社会应用融入实验教学活动中，学生创新意识大为加强；多方面开展社会合作完善实验系统建设，注重将工程应用类和创新类相关的科技成果向实践教学内容转化，拓展了综合实验系统的工程实训、科学研究功能；充分利用学校、企业与科研单位等多种不同的教育环境和教育资源，建立实践创新教学基地，促进了实践教学与科学研究、工程训练、社会应用相结合；多渠道鼓励和吸引热爱教学工作且实践经验丰富的专业人员参与专业实践教学，为培养学生的工程实践能力提供了有力教学保障。

[关键词] 回归工程；多元化；协同育人；实践教学

0　引言

工程教育呈现出“回归工程”的总体趋势。这种回归不是复原式的回归，而是螺旋式地回归到整体工程观指导下的当代工程实践。从社会各界对课程改革未来的诉求来看，工程教育的利益相关者也认为课程回归工程是必然方向。工程回归并不是意味着放弃过去强调的“工程以科学与技术知识为基础”，而是寻求理论与实践的平衡点，在动态调试中实现结合、转换与超越。[1,2]

卓越工程师教育培养计划的核心是以社会需求为导向、以实际工程为背景、以工程技术为主线，强化学生的工程意识和实践能力。作为典型的工科专业，建筑环境与能源应用工程专业在教学培养过程中需要逐步实现由“知识导向型”与“科学导向型”向“能力

＊ 王宇，副教授，博士，研究方向：建筑环境与能源应用工程。

基金项目：天津市本科教学质量与教学改革研究计划重点项目子课题《能源与安全及相关专业的共享工程实践教学平台建设》(No.171079202C-3)、天津城建大学教育教学改革与研究重点项目《面向回归工程的实践教学改革及创新平台建设研究》(No.JG-ZD-1505)、天津城建大学教育教学改革与研究项目《以空调工程为核心的课程群整合与优化》(No.JG-YBZ-1520)。

导向型"与"实践导向型"转变,专业实践教学无疑是提升工程实践能力的关键[3~5]。按照社会需求和学生成长规律,创建相应的实践教学环境,实施工程教育改革,促进教学、科研与工程实践相结合,转变教学方式,建立与社会协同培养人才的合作机制,培养符合社会需要的高水平工程人才,是实践教学新体系的构建思路。

1 回归工程的实践教学培养目标分析

通过现代工程人才能力结构分析,明确面向工程回归的实践教学目标,如图1所示。

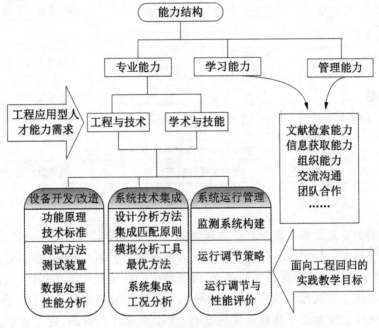

图1 回归工程的实践教学目标分析

2 实践教学新体系框架

实践教学体系是提升学生能力的主要载体,其教学设计理念应明确回答两个问题:一是培养目标,即"培养什么样的工程实践能力";二是培养方案,即"怎样培养这种能力"。作为培养学生工程能力和提高综合工程素质的重要途径,实践教学是一项系统工程。需要以实践教学平台建设为支撑,明确教学目标,设计培养方案,进而构建起实践教学体系,如图2所示。

从实验、实习、课程设计、毕业设计到各类课外实践活动,实践教学的各环节之间体现出阶段性和层次性。通过能力培养目标的分析,根据学生成长各个时期的学习规律,合理设计出由单一到综合、由认知继承到研究创新的实践教学培养方案。三类实践环节均可分为三个层次：

(1)通过基础实验、认识实习、工程调研达到培养学生认知能力、自主学习能力及工程实践基本技能的教学目标。

(2)通过提高型实验、生产实习、课程设计及学科竞赛等科技活动达到培养知识综合运用能力、工程初步设计能力的教学目标。

(3)通过研究创新型实验、毕业实习、毕业设计及工程实践项目、科研项目达到培养工程实践能力与团队合作意识的教学目标。

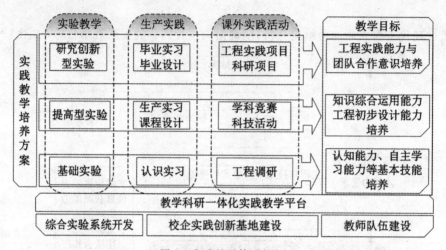

图 2　实践教学体系框架

培养方案的有效实施及教学目标的最终实现需要依托实践教学平台的建设：开发的综合实验系统贴近工程实际和科技前沿。一方面承担实验教学任务，主要复现理论教学中的规律，使学生更好地接受相关的概念、分析解决问题的技术方法；另一方面体现专业相关的典型系统工艺流程和调控方法，可承担相关的实习实训教学活动。同时，综合实验系统作为硬件支撑与企业及科研院所合作，吸引整合社会资源，建立校企实践创新基地，承担实习、设计及课外实践等教学任务，促使学生参与工程实践、科学研究，逐步具备专业实践能力和协作创新能力；建立实践创新基地的同时注重聘请企业及研究院所高级技术、研究人员担任实验兼职教师，参与综合实验系统开发、实践创新基地规划建设，指导学生科技创新活动，整体提升实践教学水平。实践教学平台保障了实践教学活动的系统性和完整性。

3　实践教学内容整合优化

实践教学应以教学与科研、生产实习、社会实践相结合为核心，同时注重理论知识系统性和实践技能的关联渗透，按照循序渐进、由浅入深的原则，分层次或阶段安排实验项目，并结合定期的实习环节，使实验教学内容与工程实践及科研密切联系，形成良性互动，缩短学用差距，加强对理论知识理解，强化学生分析、解决实际问题的能力[6~12]。因而,实践教学内容体系构建需要根据教学目标划分为不同的学习阶段,整合优化各个实践教学环节的教学内容,如图 3 所示。

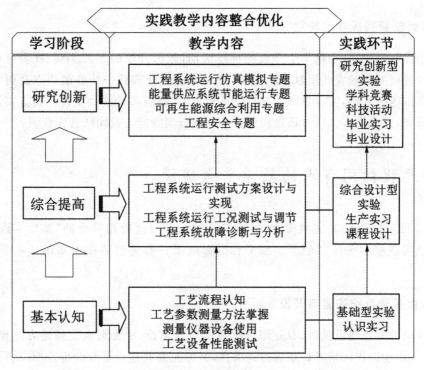

图 3　实践教学内容整合优化思路

3.1　基本认知实践学习阶段

结合基础型实验内容及认识实习内容,联系专业基础课程"建筑环境学""热质交换原理与设备""流体输配管网"等知识要素,主要开展建环专业典型系统热、质输配流程认知、热质交换设备、流体输配装置性能测试分析,以及建筑环境评价、建筑供能系统工况测试内容相关的实践项目,主要促使学生了解典型供热、空调、制冷系统的工艺流程,掌握主要设备的工作特性测试方法,明确各个参数的实际测量意义,巩固数据处理方法,并掌握常用仪器仪表的合理选择及正确使用方法,具备基本实践技能。

3.2　综合提高实践学习阶段

根据专业理论课程的教学目标要求及教学进度安排,依托各专业课程及建立的综合实验系统,由浅到深、循序渐进地设置专业实验实训项目。专业综合性实验主要建立专业基础课知识与专业课程知识之间的联系,通过典型系统(空调系统、供热系统、制冷系统等)的工况调节,在加强学生实际操作技能的同时,便于学生建立局部设备到整体工程系统的深入认识,加强对专业理论课程("供热工程""空气调节""制冷原理与设备""建筑设备自动化"等)中相关的技术原理、工程分析方法的掌握;实训项目中,通过测控方案的设计与实施对工程系统进行运行调节分析和运行效果评价,包括各种测控方法在工程测试中的对比应用。注重培养学生对相关工程概念、方法的综合应用能力及专业实践技能。

3.3 研究创新实践学习阶段

对于高年级学生,根据学生开展的科技活动,教师开展的工程实践、社会合作、科研项目等设置研究创新实践项目,项目内容针对专业工程实践中面临的热点及前沿问题,由学生自由组织选题,实验教师引导设计实验方案,结合实验平台条件调整方案,最终完成测试研究,提交报告。通过该过程培养学生综合实践能力及团队合作意识。

4 多元化协同育人的教学平台建设

构建了与工程认知、实境操作、创新实践这一学习过程相符合的"基础实践教学平台""专业实践教学平台""创新实践平台",形成了一套完整的技术知识体系学习训练平台。

4.1 综合实验系统完善与开发

依托品牌专业建设项目、专业综合改革示范点建设、中央财政支持地方高校实验室建设项目、卓越工程师培养计划等建设项目,努力完善并建设了专业覆盖面广、科研承载力强、具备专业特色的综合实验系统,为建环专业应用型工程人才培养创造有利的教学环境(见表1和表2)。

表1 进行完善的综合实验系统

系统名称	功能与特点	实验教学承载力	科研承载力
供热管网综合实验系统	模拟城市集中供热系统,翔实展现集中供热系统的主要形式和基本组成。配备了先进的监测控制系统,可对管网系统进行实时的工况监测和运行调节	该系统所开设实验项目涉及"热质交换原理与设备""流体输配管网"等专业基础课程以及专业课程"供热工程"	水力平衡技术研究、管网可调节性、管网稳定性分析等
空调净化实验系统	将理论教学中讲述的空气处理方法、净化措施等内容实物化、模型化,在实践教学过程中可进行具体设备的工作性能及系统运行工况的测试分析	开设实验项目涉及"热质交换原理与设备""流体输配管网"等专业基础课程以及"空气调节""洁净室技术"等专业课程	洁净区域压力梯度控制等
燃气输配综合实验系统	包含燃气输配与燃气具测试系统,可提供高质量的测试手段	开设实验项目涉及"流体输配管网""燃气输配"等专业课程	管网压力调节策略、管网泄漏监测分析等

续表

系统名称	功能与特点	实验教学承载力	科研承载力
制冷热泵及换热设备综合实验系统	该系统可翔实体现制冷热泵的主要设备组成及工艺流程,可实时监测和调节运行工况中的制冷热泵	开设实验项目涉及"热力学"等专业基础课程以及"制冷原理""空调用制冷技术"等专业课程	部分负荷热泵系统能效分析等
小型中低温制冷系统	小型中低温制冷系统,可满足食品冷冻冷藏对空调房间提出的特殊制冷要求,集中体现较深制冷程度实现的技术措施和控制策略	开设实验项目涉及"热力学"等专业基础课程以及"制冷原理与设备""制冷装置自动化"等专业课程	食品冷藏空间温湿度分布及控制研究
空调末端综合实验系统	模拟供热用散热器、空调用末端设备等形式多样的末端设备,可评测现有的散热装置在多种设计工况下的工作特性	开设实验项目涉及"热力学""传热学"等专业基础课程以及"热工测量及自动控制""空气调节"等专业课程	末端设备多工况运行特性分析
风光互补发电的实验系统	实验系统由小型气象数据监测站、风力发电机与光伏电池板、电源管理系统等组成,可测试并掌握实验地点全年风力、太阳辐射变化,合理调节发电系统运行工况,得出蓄电池平衡电力参数,监测发电状态并调控发电设备,输出高品质电流	该实验系统可实现学生对新能源小型独立运行电源系统的设计、设备选型及运行管理的学习和认知	设备容量优化选型设计及运行效率优化控制研究
太阳能/地热能复合热泵系统	设置了多冷热源和多种采暖空调末端装置,可进行供热空调运行能效分析研究	为多种低品位能源综合利用研究提供实验平台,为学生开展开放性创新实验提供实验系统与技术支撑	多能互补分布能源系统设备容量优化及运行控制研究
变风量空调实验系统	构建的变风量实验系统可直观地展示全空气空调系统全貌,可实施监测不同空调位置的运行状态,自动控制系统运行,可依照工程需要实际使用	便于学生了解变风量装置的结构,以及安装方式、控制的特点,还便于学生分析和掌握变风量系统的运行规律	变风量末端能控性、变风量风系统特性研究等

制冷及暖通空调学科发展与教学研究
——第十届全国高等院校制冷及暖通空调学科发展与教学研讨会论文集

表 2　新建综合实验系统

系统名称	功能与特点	实验教学承载力	科研承载力
流体热工基础实验平台	实验平台配备温度、湿度、压力、流量测量仪等仪器设备，为学生开设多种方法、多种技术手段的测量与对比测量等实验	开设实验项目涉及"流体力学""工程热力学""传热学""热工测量技术"等专业基础课程	热工参数测量装置或测量系统的标定与校验
制冷循环实验平台	通过实验更好地掌握和理解制冷原理等多方面的理论知识，培养学生的动手能力和实践能力	测试制冷（热泵）机组的整机性能；测试压缩机、蒸发器等部件性能，为本科生"制冷原理与设备""制冷压缩机""空气调节""热能测试技术"等课程开展了综合性实验	模拟制冷系统及部件的各种工况，测试制冷系统及部件的各种参数和性能
燃气燃烧与应用综合实验系统	满足燃气燃烧与应用方向本科教学的基础实验，还可以开展民用燃烧器、工业燃烧器的开发性实验，同时可以开展燃气燃烧设备整机性能测试以及配气和气质分析。为开展低排放燃气燃烧用具的研发提供实验平台，为学生开展开放性创新实验提供实验系统与技术支撑	测试燃烧器的火焰稳定性和污染物排放特性，优化燃烧器的运行工况；对燃具的互换性进行实验设计与研究，理解和掌握燃气互换性的概念和判断依据。使学生了解燃气燃烧应用过程中，试验气的配气基本原理，掌握配气的计算方法和配气的主要技术构成，提高学生对气源特性的认识以及掌握从事开发研究的实际操作能力	预混燃烧器火焰稳定性测试、燃气配气测试、燃烧器互换性测试
燃气管网模拟测试系统	模拟燃气管网运行，采用压力变送器、差压变送器、涡轮流量计等设备采集燃气管网模拟运行工况，并远传至计算机进行数据存储及分析，可为燃气管网水力工况相关研究提供数据及技术支持	开设实验项目涉及"燃气输配""燃气测试技术"等专业课程	城市管道泄漏故障诊断技术研究，燃气管网泄漏特征向量的研究，燃气管网泄漏检测及安全防护技术开发与应用

4.2 校企实践创新基地建设

加强产学研密切合作,整合行业资源,拓宽育人新模式。坚持双赢原则,深化与社会、行业以及企事业单位合作建设校内外工程训练基地的机制,强化产学研模式对实践教学创新活动的促进作用;通过创新实践基地,提高学生的创新精神与实践能力,从而实现与企业互惠互利、合作共赢。

学校、企业需要在学生工程实践能力与创新能力培养等方面各尽其职、紧密合作,共同打造工程人才培养体系。充分利用学校与企业、科研单位等多种不同的教育环境和教育资源,进行有效整合,建立联合实验室、研究室等合作实体,并在此基础上构建校企实践创新基地(见图4),促进专业实验与科学研究、工程训练、社会应用相结合。一方面可加强校企合作研究工程技术的关键问题,实现相关的社会效益;另一方面为学生开展研究创新型实验实训项目提供有利的教学环境。

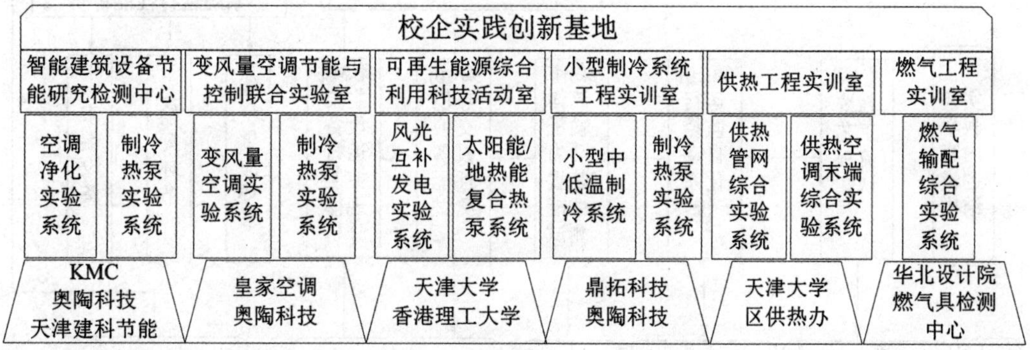

图4　建环专业实践创新基地架构体系

4.3 教师队伍建设

采取"培养进修和引进相结合""教学与科研、工程实践相结合""专职岗位与兼职岗位相结合",打造一支结构合理、作风务实的高水平实验教学师资队伍。积极开展对外交流,先后指派多名教职人员到国内外知名高校及行业内具有影响力的科研单位和企业进行访问学习和实习,为开展研究创新实验教学建立了广泛的社会合作。通过多种途径和形式向行业聘请具有宽厚而扎实的基础理论知识、精通本专业业务、有丰富实践经验的高水平专家担任兼职实验教师,指导并参与实验教学改革及相关实验平台建设,推动研究式实践教学,提高学生理论与实践相结合的能力。

通过实验教师与理论课教师的互补机制优化师资队伍结构,通过"引进、培养、培训"等措施提升师资队伍水平,形成了一支能够教书育人、管理育人、服务育人的高水平师资队伍。初步形成了学科建设与实验教学相互促进、科学研究与创新性实验教学相互促进、科学研究成果与实验教学相融合、专业基础实验与优势特色实验相结合的实验教学发展模式。

5　回归工程的教学组织及质量控制

　　以工程实践能力培养为核心目标,充分联系建环专业所涉及的主干课程知识,结合已建设的综合实验系统,按照工程素质养成的要求设置教学项目,组织实验教学。内容分为供热工程实验、制冷工程实验、空调工程实验、燃气工程实验、建筑设备自动化实验五个系列,每个系列实验内容体现出模块化,分为系统工艺认知、测量控制、典型设备工况测试分析、系统验收调试或运行调节测试评价等方面(见图5)。

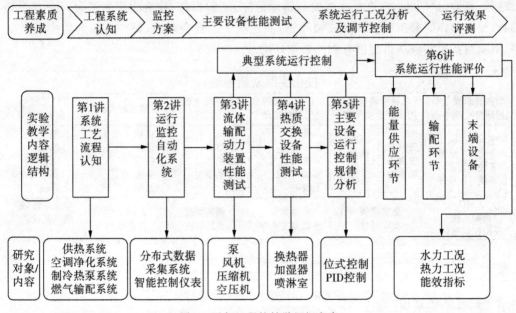

图 5　回归工程的教学组织方案

　　实践教学紧密结合相关专业的科技发展,围绕学生工程应用能力培养,突出以学生为中心,根据不同类型的实验实训项目形成了自主式、合作式、研究式的教学组织方式,统筹考核实验实训过程与结果,提高实践教学质量。

　　系统化开展专业实验实训项目,设立综合实践教学周,在供热、空调、热泵、燃气输配管网等综合系统上,系统性地开展系统调试、检测等综合设计型实验实训项目。教师给出实验目标,主要由学生根据任务目标完成实验的各个环节,如资料查阅、实验方案设计、仪器准备与调试、实验测量与数据处理等,培养学生的工程应用能力(见图6)。

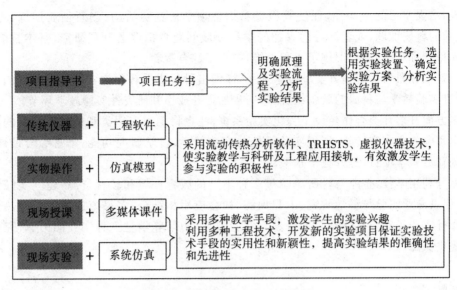

图 6　系列化专业实验实训方案

创设研究式教学环境和教学氛围,采用工程案例分析讨论等方式进行研讨式教学;完善信息平台,采用课内外相结合的多元化实践方式,充分调动学生学习的积极性和主动性,向研究式教学模式转变,培养学生的综合分析能力、研究创新能力(见图7)。

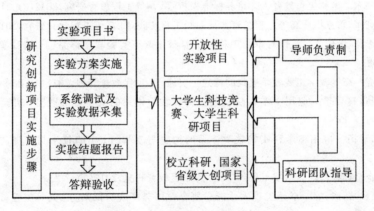

图 7　研究创新项目教学方案

6　结论

以工程应用型人才培养为目标,加强实验教学研究与改革。探索先进的教学方法和教学模式,建立科学、合理的教、学考评机制和教学质量监控保障体系,不断提高实验教学质量。

通过实验内容整合优化,注重与科学研究及工程实践结合,促进相关成果转化为实验教学资源,不断增设综合性、创新性实验项目,调动学生们从事科学研究及工程实践的积极性,增强学习的主动性,促使其积极参加各项学科竞赛活动、创新创业训练计划项目、教师的科研课题,或者针对感兴趣的学科领域问题自拟课题开展研究,基本技能、基本操作得到训练的同时,锻炼了工程思维,提高了综合素养。

有效依托科研优势提升实验教学水平,探索出科研成果转化为实验教学内容的新模式,促进实验教学与科研的紧密结合,进一步加强开放性和研究性实验教学环节。

多方面开展社会合作建设工程化实验系统,注重将工程应用类和创新类相关的科技成果向实验教学内容转化,拓展实验系统的实验教学、科学研究功能,丰富综合设计型、研究创新型教学项目,提升教学水平。

充分利用学校、企业与科研单位等多种不同的教育环境和教育资源,建立实践创新基地,促进专业实验与科学研究、工程训练、社会应用相结合;多渠道鼓励和吸引热爱教学工作且实践经验丰富的专业人员参与实验教学,为培养学生工程实践能力、研究创新能力提供保障。

参考文献:

[1]崔军.中外高等工程教育课程研究[M].南京:南京大学出版社,2013.

[2]林健.卓越工程师培养——工程教育系统性改革研究[M].北京:清华大学出版社,2013.

[3]戴波,纪文刚,刘建东,等.以工程能力培养为主线建构专业人才培养模式[J].高等工程教育研究,2011(6):136-140.

[4]陈国松,许晓东.本科工程教育人才培养标准探析[J].高等工程教育研究,2012(2):37-42.

[5]王存文,韩高军,雷家彬.高等工程教育如何回归工程实践[J].高等工程教育研究,2012(4):34-39.

[6]张林香,王忠德,王俊文,等.针对卓越工程师培养深化改革实验教学体系[J].教育学术月刊,2012(1):107-108.

[7]刘芙,王韶春.高等教学实践教学模式的构建于实施[J].现代教育管理,2011(3):88-90.

[8]潘宏利,卢超,赵登攀.应用型本科院校创新实验教学体系的构建与实践[J].实验技术与管理,2011,28(9):28-30.

[9]沈奇,张燕,罗扬.应用型本科实践教学体系的构建与改革[J].实验技术与管理,2010,27(10):36-38.

[10]林健.校企全程合作培养卓越工程师[J].高等工程教育研究,2012(3):7-23.

[11]余建星,徐斌,靳楠,等.卓越工程人才产学研合作培养模式的探索[J].高等工程教育研究,2012(1):24-27.

[12]董华青,周震,艾宁,等.融通式工程实践教学体系建设[J].高等工程教育研究,2013(3):168-171.

全方位开展专业实践教学环节
提升本科阶段创新创业能力

——以天津工业大学建筑环境与能源应用工程专业为例

李　莎* 　杜晓刚　苏　文　李新禹

（天津工业大学机械工程学院建筑环境与能源应用工程系,天津,300387）

[摘　要] 探析建筑环境与能源应用工程专业在本科阶段的各种专业实践教学内容和形式,提出以全方位符合实际工程要求为核心、分阶段追踪实际工程为方法、提高创新创业能力为目标的实践教学模式。实际工程不仅是专业实践教学核心,也是实践教学切入点,将实践教学和专业理论知识有机结合,培养具备理论扎实和适应社会发展要求的创新创业工程技术人才。

[关键词] 实践教学;实际工程;分阶段追踪;创新创业能力

1　实践教学的重要性

　　建筑环境与能源应用工程专业属于土木建筑范畴的工程应用型学科。自 2012 年起,建筑环境与设备工程、建筑节能技术与工程、建筑设施智能技术(部分)等合并为建筑环境与能源应用工程专业(简称“建环专业”)。建环专业主要培养能够从事建筑物采暖、空调、通风除尘、空气净化和燃气应用等系统与设备以及相关的城市供热、供燃气系统与设备的设计、造价、安装、调试与运行维护等工作,并具有向土建类相关领域拓展渗透的适应能力和实际工作能力[1]。

　　目前,课堂教学是大学教学的主要形式[2],但一直以来诸多原因使得教学中存在着“重理论、轻实践”的现象,实践教学环节在高校人才培养中普遍比较薄弱。要培养出多能力的复合型工程人才,仅仅靠课堂教学、靠理论知识是远远不够的[3],更重要的还需要把实践教学应用起来,就是教师与学生一起参与的各种实践教学。一方面能加强动手操作能力,在实际问题面前可以发挥学生的个性和潜能,使得创新能力和节能意识不断提高[4],另一方面针对实际问题教师与学生可以一起讨论、研究、解决,培养学生对实际工

---

　　* 李莎,副教授,博士,研究方向:建环专业课教学研究。

程问题主动思考、主动解决问题的能力,从而培养出高端的能力型应用人才。因此,在课堂教学的基础上必须重视和加强各级各类实践教学。

2 提升创新创业能力的分阶段追踪实践教学形式和内容

我校建环专业的实践教学环节形式从单一到综合,从孤立到系统,随着专业的发展逐步丰富和完善。专业方面的实践教学目前包括认识实习、专业实习、贯穿课程的课内实验、暑期夏令营、课程设计以及毕业实习和设计等。提出“分阶段追踪实际工程”,且不同阶段需要掌握的知识和技能分阶段贯穿到不同的实践环节中。

2.1 认识实习

由于学习时间和学分的限制,以前没有认识实习,第四学期的金工实习结束后,第五学期一开学就是两周专业实习。学生反映对专业的系统性、工程性没有整体印象,不利于提升专业实习的效果。于是从 2008 年开始增加了认识实习。认识实习安排在第四学期开始,虽然只有 1 周的时间,但内容丰富,主要包括专业实验室参观、学校典型实际工程参观、专业软件介绍等内容。

充分利用学校资源,带领学生参观专业实验室、学校教学楼、体育馆、游泳馆等建筑,对如何设计人们所需要的建筑环境建立定性的概念。并首次观看纸质工程图纸,了解图纸是工程设计阶段的成果形式,了解为了绘制工程图纸需要掌握的专业知识和手绘或计算机绘图技能。学生通过工程实体追踪到工程设计阶段表现的内容,不仅更了解了专业的功能,而且认识到专业学习的各种任务。例如图纸中设计内容需要学习哪些专业课程,许多设备如何选型等。针对每天的参观内容进行汇总,写认识实习报告,从整体上、工程角度上对专业有一个由外到内的轮廓上的认识。

2.2 专业实习

专业实习安排在第五学期开始,“传热学”“工程热力学”“流体力学”等专业基础课都已经结束理论学习。专业实习的主要内容是专业三大基本设备:空调器、风机和水泵的原理和拆装练习,通过对设备的运行进而了解其原理,通过对设备的分部件拆开再重新组装,可以细致地了解设备的结构,对每个构件的功能和改进有明确的方向。专业实习为即将开始的第五学期专业课程的学习先打好一个基础。传统模式的专业实习环节没有认识实习的引导做铺垫,学生只见树木不见森林,孤立地完成设备的拆卸安装。经过认识实习的引领后,学生对专业的发展和重要知识点以及总体任务有了一定了解,这时的实习不仅仅停留在设备的安装和拆解,而是通过在建施工项目的参观来追踪工程施工阶段的管道布置、设备安装等。学生通过工程施工阶段的实习对实际工程所用的设备安装调试和系统等有了全面的了解,使得参与各种行业竞赛活动时更有优势。

2.3 贯穿专业课程的实验教学

传统的实验教学基本是在学校的实验室完成的。所有的专业课程都安排了课内实验,供热工程有水压实验等大型实验台,空气调节有空气参数的测量、空调设备运行测试等,制冷技术有蒸发压缩式制冷原理,工业通风有风管风量分配实验,锅炉与锅炉房设备有锅炉演示实验等。目前,建环专业专业课程的实验教学通过和虚拟网络结合等方法正在不断改进中。

2.4　课程设计

以前传统的课程设计强调的是课程的基本原理、系统结构特点、设计计算、校核计算等形成一个个独立封闭的体系。每门主干专业课都有课程设计,而且安排在课堂教学结束之后的下一个学期开始,在第六学期开始和第七学期开始都有两个为期两周的课程设计,学生先经历四周的自由学习生活,再进行课堂教学需要一个过渡期,不利于教学效果。

为此,课程设计的环节也在深化和改进,课程设计进行了大幅度调整。目前,针对主要专业课程——"供热工程""通风工程""空气调节""制冷技术""锅炉与锅炉房设备""给排水工程"都安排了课程设计,而且针对某一具体工程来完成这六方面的设计任务。最重要的是课程设计不再集中安排在教学周,而是随着课程的教学进度,逐步推进课程的内容。任务安排到整个学期,教学进度到哪里,课程设计做到哪里。针对学习的内容不仅有温习巩固的作用,而且由于在工程设计实践中即学即用,存在的问题当时就可以得到讨论解决,非常有利于提高专业课的学习效率和学生的解决问题能力。

2.5　暑期夏令营

一般在第六学期末的暑期推出暑期夏令营课堂。专业课教师上报方向和题目,有行业工程设计大赛、某个工程项目的运行维护测试等,有兴趣的学生需要报名参加。暑期夏令营为对专业充满兴趣的学生提供了实战的机会,培养了学生掌握实际工程问题的分析方法和设计思路,同时潜移默化地培养了学生的创新创业节能环保意识。

2.6　毕业实习

我校毕业实习安排在第八学期开学,一般是为期两周的集中毕业实习。如果学生已经联系好用人单位且参加用人单位的试用实习,并开具实习证明,可以申请免参加学校组织的集中实习。集中实习以参观天津市地标建筑的暖通空调系统为主,组织学生到相关企事业建设单位、建筑施工行业等单位建立的实习教学基地,请暖通空调系统运行管理的工程师现场讲解,积极参与到"为节能运行献计献策"等活动中。同时,请大设计院总工来学校作专题报告。针对每一个参观的系统,在运行维护人员的讲解下,要求学生画出基本的流程、掌握系统设计的主要形式,并根据建筑功能和系统特点写出该工程设计运行的优势和不足。总工专题报告安排在参观结束后,要求学生们带着问题听,然后在提问环节和总工面对面交流。

2.7　毕业设计

毕业实习结束后就进入毕业设计阶段,从第七学期末指导老师就开始报题目,这些题目都是实际的工程项目,每个学生选自己的一个题目。

通过追踪工程运行管理阶段来进行毕业实习和毕业设计,可以使学生通过动手了解如何进行日常的暖通空调系统的运行管理以及优化、系统的故障诊断等,掌握各种专业理论以及运行过程中的测试与评价等内容。例如通过学生对学校教室、宿舍等暖通空调环境的实地测试,了解学生对环境舒适性的评价和要求,为学校和其他单位的暖通空调系统运行管理提供优化运行方案和节能措施。

2.8 其他实践活动

积极组织学生参加各种专业设备展览会和学术会议。天津制冷学会两年一次赞助学校常规性地组织学生到北京参观中国国际制冷、空调、供暖、通风及食品冷冻加工展览会,参加天津本地有关的设备展览和论坛,使学生近距离接触各种制冷空调设备,开阔了学生的眼界,了解了本学科的最前沿技术等。参展之后结合专业学习情况写出心得体会,非常有利于提高学生的专业认知感以及了解专业中的热点问题。

本校教室有全年中央空调系统,宿舍冬天有地采暖,所以每一届学生都会随着课程分组对学校教室、办公室、宿舍等暖通空调环境做实地测试,一方面熟练仪器的使用,另一方面了解对环境舒适性的评价和要求,为学校和其他单位的暖通空调系统运行管理提供优化运行方案和节能措施。

同时,我系一直积极组织学生参加制冷空调中高级技术人才培训,使学生在就业时成为具有毕业证、学位证,职业资格证的复合型人才,增强了学生的就业能力及工程师工作适应能力。

2.9 科技竞赛活动

多年来,我系一直组织学生参加各种学科竞赛,如清华同方组织的"人环奖"竞赛、挑战杯大学生科技作品大赛、节能减排大赛、天津市制冷空调设计大赛、天津市机械设计创新大赛、"比泽尔"杯空调设计大赛等,积极参与和获奖的学生人数年年攀升。

3 总结

传统的理论学习和实践训练就像两条各自平行发展的线,怎样才能给学生提供理论和实践结合的空间,使得他们相互促进,呈螺旋上升呢?经过探讨和实践,利用和工程项目建设不同阶段的结合,鼓励学生自主参与工程项目的进展过程,通过亲身的实践启发引导学生主动思考分析、查阅资料、计算或绘制图纸、解决工程问题等形式来系统掌握专业知识。推行全体专业基础课和专业课教师全程参与实践教学体系的模式,既深入提高学生对专业课程的认识和掌握,培养出既有工程应用能力又有创新创业能力,也让教师更全面地了解学生,从而更有针对性地提高授课水平。

目前,在大量压缩专业学分比例的形势下,专业课程占的学分比重也在不断压缩,但行业是需要"专才"的。因此,需要将专业课程的一些内容嵌合到实践课程中。所以我们充分利用实践教学环节来弥补被压缩掉的专业课学时,把与实际工程息息相关的一些内容或者更适合在现场教学的内容转到实践环节中来,不仅能够提高专业知识的教学效率和质量,又能够适应全国高等院校教学改革的要求。

提出"分阶段工程追踪"的实践教学模式,探讨建环专业本科阶段的实践环节,将认识实习——专业实习——毕业实习和工程项目的设计阶段、施工阶段、运行管理阶段对接起来,培养了学生对实际工程问题主动思考、主动解决问题的能力,从而培养出既有工程应用能力又有创新创业能力的专业技术人才。目前,建环专业的本科就业率在我校名列前茅。

参考文献:

[1]朱光俊.提高大学课堂教学质量的途径分析[J].教育与职业,2011(1):161-163.

[2]付详钊,等.培养建筑环境与设备工程通识型人才的探索[J].高等建筑教育,2008(17):30-34.

[3]李炎锋,等,建筑环境与设备工程专业培养学生建筑节能观念的探索[J].中国电力教育,2012(29):21-22.

[4]刘玉峰,丛晓春.建筑环境与设备工程专业教与学的思考[J].高等建筑教育,2009,18(1):77-80.

多个制冷系统虚拟仿真实验教学项目建设

邹同华* 刘兴华 孙 欢 朱宗升

（天津商业大学机械工程学院,天津,300134）

[摘 要] 随着制冷技术的发展,各种制冷方法均得到了不同程度的应用。虽然相关制冷技术在制冷专业方向核心课"制冷原理与设备""制冷压缩机""制冷装置设计"等课程内容中都有一定程度地讲解,占比也较大,但是有些内容由于比较抽象,没有实物进行对照,学生比较难以掌握。特别是一些大系统,由于实验条件限制,很多学校都难以开出相关制冷技术方面的真实实验项目,因此,加强相关制冷技术虚拟仿真实验教学显得尤为重要了。本文主要介绍了我校制冷专业方向在多种制冷系统虚拟仿真实验教学项目建设方面取得的一些成果,供各位老师和学生参考。

[关键词] 制冷系统;虚拟仿真;实验教学

0 引言

随着国民经济的快速发展和人民生活水平的提高,社会对制冷空调的需求急剧增长。近年来,各类制冷技术与装备发展迅猛。特别是随着冷链物流行业的发展,与之相对应的大型冷库和冷藏运输等产业日益扩大,国内冷链设备将呈年均 $15\% \sim 20\%$ 的稳健增长趋势[1]。另外,随着房地产市场的复苏,空调需求量成倍增长,因此,制冷空调行业所消耗的能源越来越大。然而,随着能源发展与环境保护之间的矛盾逐渐显现,特别是温室气体排放和臭氧层破坏两个突出问题,制约着制冷技术与装备的进一步发展,采用对自然界无破坏作用的天然工质和提高能源利用效率是制冷技术与装备发展的一个重要方向。氨、二氧化碳、水等天然工质制冷技术以其强大的应用潜力不但在冷冻冷藏方面占有很大的比率,而且在越来越广泛的领域（如中央空调、商场的大型食品展示柜等）中得到应用[2]。尽管世界上的氨制冷系统已拥有丰富的运行经验和良好的安全记录,但是氨制冷具有潜在的泄漏爆炸和中毒危险,特别是前几年在上海、辽宁等多地就发生了几起严重氨泄漏事故[3,4],说明氨制冷系统安全永远是氨制冷发展重中之重的课题。随着氨制冷技术的革新与改进,高安全性、高经济性、长寿期、高密封性等已成为目前氨制

---

* 邹同华,副教授,研究方向:制冷系统节能与优化方向研究。

基金项目:天津商业大学教改重点研究项目《氨制冷系统虚拟仿真实验教学项目开发》(No.60203-15JGXM40)。

冷技术发展的重要特征。这对制冷专业人才培养模式和教学内容提出了新的要求,毕业生除应具有较好的专业技术能力之外,还需要掌握现代化系统设计方法,以适应技术创新和国际竞争的需求,虚拟仿真技术为制冷专业人才培养提供了有效手段。

近年来,虚拟仿真技术发展迅速,已广泛应用于各行各业,如加工制造[5]、建筑施工[6]、列车运行[7]、卫星研究[8]、船舶制造[9]等行业均开展了虚拟仿真技术应用和研究。特别是教育行业,虚拟仿真技术更是作为一项重要的教学质量工程在全国高校推广,现已建成了 300 个国家级虚拟仿真实验教学中心,在大学物理[10]、电工电子[11]、医学[12]等基础学科方面都得到了应用,在专业课程的教学方面也不断开展深入研究。2017 年,高校又开始了虚拟仿真实验教学项目的建设,又掀起了虚拟仿真实验教学项目建设的热潮。本文以多种制冷系统为例,综合制冷专业方向的核心课程"制冷原理与设备""制冷压缩机""制冷装置设计"等内容,介绍我校制冷专业虚拟仿真实验教学项目的建设成果,以提高制冷技术知识的教学效果,供同行参考。

1 制冷系统虚拟仿真实验教学项目开发的基本架构

1.1 平台架构

制冷技术与装备虚拟仿真实验教学平台采用多种基础的算法库,包括流网矩阵数值模拟算法库、传热学算法库、流体力学算法库、泵与风机算法库、各种工质的物性库等。这些算法库将计算结果输入核心的数据库(Teaching Lab 数据库)。核心数据库与三维模型、UNITY 程序共同组成了虚拟实验教学平台。平台架构如图 1 所示。

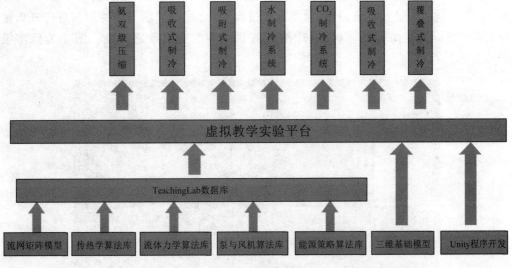

图 1 平台架构

1.2　平台关键技术

　　虚拟仿真实验的主要观察对象就是数据。因此,数据的真实性一直是我们追求的目标。对于底层算法,则完全采用了机理的物理模型,用数值模拟的算法对实验数据进行计算。通过多年的项目实施,已经积累了很成熟的流网计算模型、传热算法库、基础物性库。

1.3　平台数据可靠性

　　虚拟仿真实验平台采用的基础物理模型均符合质量守恒、动量守恒、能量守恒等物理定律。采用的物性库亦经过美国国家标准 NIST 认证,并已经经历了多个项目的检验,可以保证计算误差在 1% 以下。由于使用了符合机理的物理模型,在虚拟实验中,实验过程并不要求学生按照既定的顺序进行操作。每个实验都有多种操作方式,只要在原理上没有问题的操作,都能够获得正确的实验结果。

　　对于错误的操作,整个实验系统也会给出相应的变化,得出错误的实验结果。

2　制冷系统性能测试虚拟仿真实验项目

2.1　功能简介

2.1.1　机房漫游

　　机房漫游的目的在于让学生对真实的大型冷库机房布局有一个直观的了解,并且在本场景中学生可以通过电脑操作,对压缩机进行起停操作,对场景中的阀门进行开启度调整。在进行上述操作的同时,制冷剂氨的状态参数也会随之改变。图 2 为机房漫游图。

图 2　机房漫游图

2.1.2　冷库漫游

　　冷库漫游的目的在于让学生对真实的大型冷库的冷间有一个感官上的认识。在漫游过程中,学生还可以通过电脑操作看到蒸发器结霜溶霜的现象。图3为冷库漫游图。

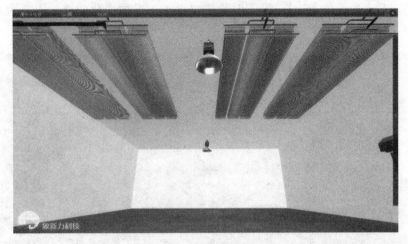

图3　冷库漫游图

2.1.3　设备原理展示

　　在实际生产过程中,由于绝大多数制冷设备都是焊接制作的,无法拆解,学生很难通过实习来直观地了解其内部构造。由于制冷系统工况常伴随着高压、低温等非正常环境条件,也无法实现用有机玻璃、钢化玻璃等材料制作成透明的、可观察的实验设备(无法确保安全性)。而在本虚拟仿真实验室中,采用3D剖视以及粒子特效的技术,再配合语音文字讲解,使学生能够详细地观察设备的内部结构、工质走向以及状态变化。图4为中间冷却器的结构展示。

图4　中间冷却器

2.1.4 设备性能曲线绘制

实际冷库中有多种多样的设备,每一种设备的工况、变化规律都有所差别。在实际实验中,学生需要进行大量的调节实验才能绘制出某一个设备的状态变化曲线。而在本软件中,基于后台数值仿真计算,可实时绘制出设备工况的变化曲线。图5为某测点温度和压力的实时变化图。

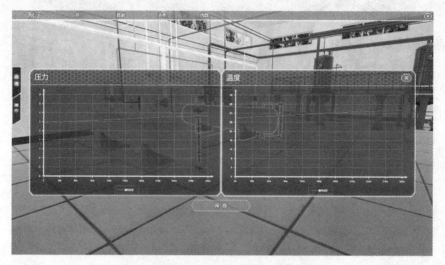

图 5　某测点温度和压力的实时变化图

2.1.5 设备调节

在实际实习过程中,由于机组常常处在运行过程中,加之制冷机组有危险制冷剂,常常不允许学生现场操作系统。本实验软件提供学生实时调节反馈机制,学生可以在虚拟场景中对阀门进行操作,对设备进行启停操作。图6为对阀门进行开度调节。

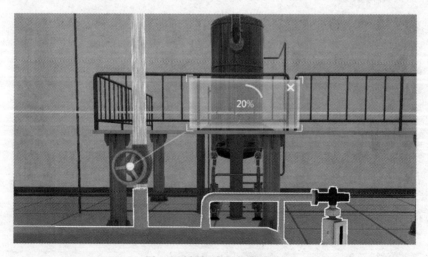

图 6　对阀门进行开度调节

2.2 不同类型制冷系统性能仿真测试实验

2.2.1 氨双级制冷性能变化实验

图 7 为氨制冷双级压缩系统,学生可以做氨制冷双级压缩系统性能测试实验,了解双级压缩基本原理、系统组成等。仿真系统可以让学生选择不同的工况来模拟制冷系统的运行,且最终会输出数据和实验报告。

图 7　氨制冷双级压缩系统

2.2.2 吸收式制冷原理实验

图 8 为吸收式制冷系统,学生可以做吸收式制冷系统性能测试实验,了解溴化锂吸收式制冷机组的基本原理、系统组成等。仿真系统可以让学生选择不同的工况来模拟制冷系统的运行,且最终会输出数据和实验报告。

图 8　吸收式制冷系统

2.2.3 吸附式制冷原理实验

图 9 为吸附式制冷系统,学生可以做吸附式制冷系统性能测试实验,了解甲醇活性炭吸附系统基本原理、系统组成等。仿真系统可以让学生选择不同的工况来模拟制冷系统的运行,且最终会输出数据和实验报告。

图 9　吸附式制冷系统

2.2.4 二氧化碳制冷系统性能实验

图 10 为二氧化碳引射式制冷系统,学生可以做二氧化碳引射式制冷系统性能测试实验,了解引射器、空气冷却器等重要设备的基本原理、系统组成等。仿真系统可以让学生选择不同的工况来模拟制冷系统的运行,且最终会输出数据和实验报告。

图 10　二氧化碳引射式制冷系统

2.2.5　水制冷系统性能实验

图 11 为水制冷系统,学生可以做水制冷系统性能测试实验,了解拉瓦尔喷管、蒸发器等重要设备的基本原理、系统组成等。仿真系统可以让学生选择不同的工况来模拟制冷系统的运行,探索最高效率方案,且最终会输出数据和实验报告。

图 11　水制冷系统

2.2.6　覆叠式制冷性能实验

图 12 为复叠式制冷系统。在实际运行中,中间温度的选择对复叠式制冷系统的效率影响巨大。在这里,学生可以进行覆叠式系统性能测试实验,了解蒸发冷凝器等重要设备的基本原理、系统组成等。仿真系统可以让学生选择不同的工况来模拟制冷系统的运行,探索最高 COP 实现方案,且最终会输出数据和实验报告。

图 12　复叠式制冷系统

2.2.7 空气制冷系统性能实验

图13为空气制冷系统。在实际运行中,空气制冷系统可实现更低的温度,可以实现系统的简化,就是某些状态点难以把握到位。学生可以进行空气制冷性能测试实验,了解透平能量回收机构等重要设备的基本原理、系统组成等。仿真系统可以让学生选择不同的工况来模拟制冷系统的运行,探索最高 COP 实现方案,且最终会输出数据和实验报告。

图 13 空气制冷系统

3 结论

通过虚拟仿真实验平台的构建,开发了氨制冷系统、二氧化碳制冷系统、水制冷系统、空气制冷系统、吸收式制冷系统、吸附式制冷系统、复叠式制冷系统等多个虚拟仿真实验教学项目,解决了很多实验室实物实验台和实际大型制冷系统无法实现的教学要求。利用这些开发出的虚拟仿真实验教学项目,学生可以对各种制冷系统的整体和内部结构及相关理论知识有更进一步的了解,且学习自由,可以在课下进行不断重复地自学,同时觉得学习起来也比较轻松愉快,动画效果好,对各种制冷技术知识的掌握起到了很好的促进作用。

参考文献:

[1]庞彪.冷链设备产业前景广阔[J].中国物流与采购,2014(15):30-32.

[2]申江,张于峰,李林,等.氨制冷技术研究进展[J].化工学报,2008,59(S2):29-36.

[3]周峰.某涉氨制冷企业液氨储罐泄漏事故的后果分析[J].浙江化工,2014,45(11):39-42.

[4]马一太.基于氨制冷事故的摩菲定律分析——热力学第二定律的另一个表述[J].制冷技术,2014,34(3):53-56.

[5]王伟,张鹏,刘庆云.制造业中虚拟仿真技术的发展研究[J].组合机床与自动化加工技术,2013,(7):1-4.

[6]郑亚文.虚拟仿真技术在建筑施工中的应用研究[J].施工技术,2009,38(12):114-117.

[7]黄友能,唐涛,宋晓伟.虚拟仿真技术在地铁列车运行仿真系统中的研究[J].系统仿真学报,2008,20(12):3208-3211.

[8]蒋国伟,周徐斌,申军烽,等.卫星微振动虚拟仿真技术研究及应用[J].计算机测量与控制,2011,19(9):2206-2209.

[9]谢荣.船舶虚拟仿真技术在船舶建造评估中的应用研究[J].船舶工程,2011,33(5):65-68.

[10]周燕.虚拟仿真技术在大学物理实验教学中的应用[J].合肥工业大学学报(社会科学版),2008,22(5):106-109.

[11]杨蕊,王晓燕,杨婷.基于 Multisim 虚拟仿真技术的电工电子实验室建设[J].实验技术与管理,2015,32(10):129-131.

[12]王文军,李冰,安川林.虚拟仿真技术在医学教学中的应用初探[J].中国医学教育技术,2008,22(3):230-232.

工程热力学/热工学综合实验方案设想与探讨

张光玉* 郑 旭

(浙江理工大学,浙江杭州,310018)

[摘 要] 从理论联系工程实践、培养高素质工程科技人才出发,本文提出了基于综合实验的工程热力学教学设想,分析了现行建工版工程热力学教材,将工程热力学理论教学内容归纳为工质热物性、热—功能量转换规律以及热力循环三大板块,后者为前两者的工程实现和应用。根据三大板块之间的内在联系,提出了能覆盖课程主要内容的综合实验系统,讨论了实验装置设计的要点。本文的讨论有助于工程热力学/热工学的课程教学。

[关键词] 工程热力学;教学;实验

0 引言

节能减排、保护环境是当前产业升级转型背景下我国正面临的双重任务,无论是发展绿色建筑、推动建筑节能,还是开发利用风能、太阳能等可再生能源,都离不开制冷、空调等能源应用领域高素质创新创业人才的培养。改进教学方式,提高教学质量,为社会培养高素质工程与科技创新人才,满足社会对高素质人才的需求,是包括工程热力学等在内的课程教学以及制冷空调专业人才培养的题中应有之义。

工程热力学是研究热—功转换规律的科学[1,2],在能源应用工程领域居于核心、基础地位,是建筑环境与能源应用工程以及机械、能源、动力类专业的必修课,属于核心课程之一,其教学质量和教学效果对学生掌握基础理论知识和分析问题、解决问题的技能至关重要,将在以后的职业生涯中长期发挥作用。

笔者近两年承担了本校建环专业的本科工程热力学教学工作,通过两年的教学体会,加上自己学习和工作中应用工程热力学相关理论知识的些许经验,初步形成了一个基于综合实验的工程热力学教学改革思路,希望通过与同行的交流讨论,获得有益的启发,完善教学改革方案,使之更切实可行,避免出现不良后果和不必要的风险。

---

* 张光玉,副教授,博士,研究方向:热泵与蓄能。

1 问题的由来

1.1 实践和认识的辩证关系

现行本科工程热力学讲述的主要是基于宏观方法，从宏观现象出发，对热现象进行直接观察和实验而总结出的普遍规律[3]，其正确性虽已被无数经验所证实，但对尚无多少科学研究和工程实践经验的低年级大学生来说，这些理论知识仍然属于间接经验，理解概念和定律的字面意义也许问题不大，但能否通过听讲和解题练习就真正掌握并灵活运用则是大有疑问的。"纸上得来终觉浅，绝知此事要躬行。"事实上，不少学生反映，很多概念比较抽象，难以理解，这从作业和考试中也能得到间接证实。

若有相应的实验过程作为辅助，则可获得第一手的实践经验，对理解概念、掌握规律无疑大有帮助。对于广为接受、又经自己亲自检验的理论，运用起来自然放心大胆。与此相近的例子是在工程上，未经实际使用的技术和设备，无论原理多么完美，人们对于它的使用总是心存疑虑，勉强使用也必然是问题不断。

1.2 提高专业趣味的需要

由于信息技术特别是移动互联网的普及，信息的获取传播异常便捷，大量的体育娱乐内容充斥互联网，相对来说，工程热力学本身的内容抽象、枯燥，很难保证学生注意力不被吸引而分神，从而降低学习效率，影响学习效果。

相反，若有实验、测试环节，由于与工程实践紧密联系，无疑会提高学生学习兴趣，对实验过程中问题和现象的讨论也会激发学生学习研究热力学的热情，这对提高教学效果是非常有利的，所谓"兴趣是最好的老师"，而精心设计、紧密联系理论和工程实践的实验环节，是激发兴趣的催化剂。

1.3 开展研究式自主学习的必要

如前所述，信息的获取异常便捷，娱乐八卦如此，科学知识亦是如此。增加实验研究环节，促使学生展开自主学习，探索热力学的基本规律，互联网在其中可以发挥有益的作用。编纂图文并茂，易于理解的教科书尚有待时日，但互联网则已能提供大量有助于理解热力学问题的图文，甚至视频资料。这些资料有助于自主学习的开展。

1.4 改善教学条件的时机成熟

中国已成为世界第二大经济体，经济的发展使教育事业投入的增加成为可能，这反过来又将促进经济的发展，形成良性循环。在当前条件下，集思广益，设计开发供教学用工程热力学实验装置，成本有限而意义深远，值得努力。

2　工程热力学基本教学内容的分析

2.1　教学内容分析

目前,我们采用建筑工业出版社《工程热力学》第六版作为教材。根据建环专业培养方案,除第六章"热力状态参数的微分关系式"、第十二章"化学热力学基础"以及第十三章"溶液热力学基础"进行一般性学习外,其余内容需全面学习掌握。

根据笔者的理解,第一章为基本概念,总领全书,难以分类,其余内容可以很粗略地分为三大块。

一是热物性,包括第二章"气体的热力性质"、第六章"热力状态参数的微分关系式",以及第七章"水蒸气"、第八章"混合气体及湿空气"。第九章"气体和蒸汽的流动"只涉及状态变化而不涉及做功,也可简单地归入其中。

二是能量转换规律,包括第三章"热力学第一定律"、第四章"理想气体的热力过程及气体压缩",以及第五章"热力学第二定律"。上述章节从不同层次论述了热力过程中能量转化的基本规律。

三是热力学理论的工程应用和实现,包括第十章"动力循环"、第十一章"制冷循环"。

2.2　核心内容提炼

受课时及实验条件所限,所有教学内容通过实验进行是不现实的。根据专业要求,精心设计实验以覆盖基本教学内容的主要部分,即可达到以实验为基础的教学改革目标。为此,需要根据现行教材内容结合专业培养要求,进一步对上述教学内容进行提炼。

笔者认为,反映能量守恒定律的开口系统稳态稳流能量方程及其应用和气体的压缩过程是热力学最基本的内容;动力循环和制冷循环则是热力学理论用于分析研究热力装置的实例,是课程的最终归宿点;对于建环等制冷空调类专业,湿空气性质自然也十分重要;热力学第二定律对于提高热功转化效率、合理利用能源具有重要的指导意义,当然属于重点、核心内容。

以上内容中,气体压缩、稳态稳流实验开展相对较易,制冷循环的实验也较易开展,只有动力循环和热力学第二定律,前者涉及高压甚至高温,实验不易,后者较抽象,难以直接验证,教材上也是采用反证法论证的。

目前,我们有二氧化碳 PVT 状态变化实验观察装置、空气比热测定、热电偶标定三个实验,似偏向热物性部分,对于能量转化与利用部分似未覆盖到,有必要增加相应的实验内容,以完善实验教学。

3　实验方案

根据前述分析,笔者拟适度拓宽范围,兼顾能源领域发展动态,如太阳能等可再生能

源的利用、储能技术的应用等为思路,初步设计了一个综合实验方案,其主要内容如下:

(1)以制冷循环为核心,在满足制冷循环这一章教学需要的同时,在其高低温热源(蒸发器、冷凝器)上进行创造性实验设计尝试。

(2)集成基于布雷顿循环的动力循环。这是因为布雷顿循环以空气为工质,与水蒸气动力循环、ORC等不同,不涉及工质产生的泄漏、高压等问题。为减小设备设计制造以及安全运行方面的困难和风险,循环以低参数、小容量为宜,若能实现空气循环制冷则更理想。拟采用微型涡轮增压器稍作改造近似模拟。

燃烧室的加热功能则考虑与制冷循环及其他辅助热源或蓄热装置组合使用。

压气机吸气端可以进行加热、冷却等操作,以通过改变入口参数改变循环的性能。冷却加热可以采用蒸发器冷却,也可采用直接/间接蒸发冷却。

若能成功地集成上述功能,则可基本覆盖工程热力学除热物性以外的核心内容,实现动力循环和制冷循环、湿空气热力过程以及气体压缩、开口系统稳态稳流等工程热力学基本内容的实验研究与测试,笔者认为这对建筑环境与能源利用工程专业打好基础、学习后续课程是非常有益的。

4   总结

本文结合专业培养方案分析了工程热力学基本教学内容,提出了一个综合实验教学方案,以增强这门课程学习的趣味性、探索性,提高教学效果。需要强调的是,提出综合性实验教学,并不是不重视理论教学和学习,更不是否定,而是为了使学生能更深刻地理解和掌握工程热力学的基本理论,并能恰当运用。

由于我们从事工程热力学教学时间不长,经验非常有限,思考和认识也不全面,设想与方案也远非完善,希望得到同行专家们的批评指正。

参考文献:

[1]何雅玲.工程热力学精要解析[M].西安:西安交通大学出版社,2014.

[2]谭羽非,吴家正,朱彤.工程热力学[M].北京:建筑工业出版社,2016.

[3]童钧耕,范云良.工程热力学学习辅导与习题解答[M].北京:高等教育出版社,2008.

建环专业实验室安全措施与实践

詹淑慧* 孙金栋

(北京建筑大学环境与能源工程学院,北京,100044)

[摘 要]建筑环境与能源应用工程专业实验室是师生开展教学和科研活动的重要场所,实验室的安全必须要引起高度重视。借助北京建筑大学两校区布局之机,本文分析了建环专业实验室应用现状和特点,有针对性地提出了实验室安全管理举措,通过管理措施、技术措施、教育措施三个方面的建设提高实验室安全管理水平。通过这些措施的实施,有效保障了实验室的安全运行。

[关键词]安全措施;实验室安全;实践

0 引言

实验室是学校重要的教学与科研活动场所。随着高等院校办学规模的不断扩大和招生人数、科研项目的增加,高校实验室的安全问题日益突出,安全管理工作面临着新的挑战。

北京建筑大学环能学院建筑环境与能源应用工程专业(简称"建环专业")实验室,借助学校更名、两校区布局和燃气实验室改造之机,在分析专业实验室特点的基础上,对实验室安全管理措施进行了探讨与实践,全面提升了实验室的安全管理水平。

1 实验室特点

1.1 实验室功能的多样化

北京建筑大学建环专业实验室主要承担专业课程相关的教学实验和教师科研项目的研究试验,也作为在校学生创新及竞赛项目的试验基地。同时,作为中小学科普教育基地对社会开放。实验功能的多样化,使得实验室安全管理必须注重针对性和有效性。

---

* 詹淑慧,副教授,研究方向:燃气输配、燃气安全。

1.2　实验用品及过程的多样性

在教学实验和科研试验过程中,可能使用到具有一定危险性的物品,如化学药品、易燃易爆燃气、压缩气体、低温液体、挥发性物质及压力容器等。这样实验用品分散在两校区的多个实验室中,既使同一实验空间,也可能需要放置多种或多台实验设备。

此外,实验与试验涉及点火、燃烧、化学反应等多种过程,产生噪音,排放一定的危险性物质。

1.3　使用人员的多样化

使用实验室的人员主要包括教师、研究生、本科生及少量其他单位人员。

教师中除少数专任实验教师接受过一定的培训、教育以外,大部分教师只对自己课程的相关实验和研究课题相关的试验比较了解,对实验室环境与设备缺少全面的认识。

本科生在教学实验过程中,几乎每一次面对的都是新的设备、新的实验过程,很多设备材料只接触一次;研究生对实验室的利用程度较高,但人员更替速度也是很快的。很多时候,学生刚刚熟悉了实验设备和过程,就已经完成学业了。

2　实验室安全措施与实践

针对我校建环专业实验室的特点,在两校区实验室调整改造过程中,环能学院把实验室的安全管控问题作为一项重要工作,组织相关人员进行了专门分析研究。

首先结合培养计划的调整和教师科研试验情况的变化,对实验室布局进行分析、探讨,查找实验室管理与使用中存在的问题,评估安全状况;制定系列化的安全措施并加以实施;检查实施效果并持续改进。

制定并实施的安全措施主要有管理措施、技术措施和教育措施三个方面。

2.1　管理措施

安全管理是以安全为目的,进行有关的决策、计划、组织和控制方面的活动。在实验室安全管理方面,我们采取了制定完善规章制度、编制应急预案,以及实施对实验室人员、环境及过程的管控等措施,以达到防范事故、安全运转的目的。

2.1.1　安全检查与评估制度

建立安全检查与评估制度,可以及时发现问题及事故隐患,及时整改。实验室确立了定期进行水气电等设备设施专项、专业化检查评估的制度;学校相关部门、学院领导和实验室管理人员定期检查制度,发现问题,及时整改。

2017 年,在对实验室安全状况的检查中,我们发现实验室专用的燃气调压站和燃气管道均建成于 1985 年,使用时间已经超过 30 年,且期间出现过燃气调压站阀门井漏气和楼内燃气管道阀门脱落的情况。我们主动报告属地燃气公司,外请专业人员对实验室燃气系统进行了检查评估。学院根据专业评估意见,提出了燃气调压站及管道更新改造的建议要求。在学校经费的支持下,2018年已经完成了燃气调压站及管道的更新改造。

2.1.2　完善应急预案及管理制度

在梳理实验室相关管理制度及要求的过程中,我们修订、完善了一系列的规章制度;依据安全评估与安全检查的结果,制定了多项应急预案;将简明扼要的基本要求牌板化,张贴告知。比如,燃气泄漏事故应急预案(见图1)就张贴在燃气实验室附近的楼道内,告知当实验室发生燃气泄漏时的应急对策及报告、联系方式。

图1　公示张贴的实验室燃气泄漏事故应急预案

2.1.3　研究型试验的登记审核制度

针对部分研究型试验过程中可能发生的意外情况,我们制定并实行研究型试验登记、申报制度:由试验人员提出申请,明确试验涉及物品及试验过程的危险性,制定防护及应急措施;由项目负责人(教师)审核;实验中心主任审批后方可在申报批准的时间、地点进行试验。

2.1.4　对人、物、环境的管控制度

建立和完善对实验室人、物、环境的专项管控制度,只有对人、物、环境实施有效管理,才能切实保证实验室安全。

在对人的管控方面,我们制定了多项措施,其中包括对于重要的实验室设置门禁系

统,对出入和使用实验室的人员实施授权管理。

在对物品的管理方面,对化学药品、危险物品进行采购、进出、使用及报废登记制度;为压力容器定制固定框架,固定存放地点等。

对于实验室环境的管理方面,进行了实验区域合理划分,地面标示人员通道,完善提示及警示标志标识。实验室燃气专用调压箱的警示标志如图2所示。

图 2 实验室燃气重要调压箱的警示标志

2.2 技术措施

技术措施是防范事故的重要手段。通过技术手段可以防止人员操作失误及设备故障引发的事故。

在实验室专用燃气调压站和燃气管道改造过程中,我们尽量采用技术手段,实现本质安全化。在满足实验要求的前提下,将原有中低压燃气调压站更新为体积小、安全系数高的燃气调压箱(见图3);建筑物内燃气管道改造的两个重要变化是:一是将使用燃气的实验室尽量集中设置,以减少楼内燃气管道的长度和设置燃气管道的房间数;二是增加燃气浓度检测装置、泄漏报警及紧急切断装置,当发生燃气泄漏时,可以利用技术手段切断气源,降低风险。室内燃气浓度检测装置如图4所示。

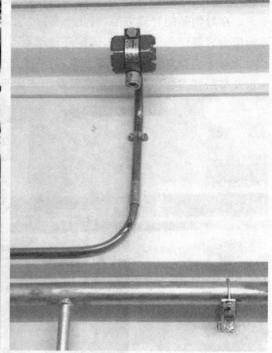

图 3　改造以后的实验室专用燃气调压箱　　　　图 4　室内燃气浓度检测装置

　　在实验室装修过程中,增加了电路系统保护,增设了监控探头、烟雾报警等装置,提高了实验室安全技术水平。

2.3　教育措施

　　教育措施是规章制度及要求得以落实的必要环节。我们安排并实施了一系列的实验室安全教育措施。

　　对专任实验教师,完善并实施培训和继续教育计划,帮助教师取得必要的许可及特种设备操作证书等。

　　对学生的安全教育,按教育时间点,我们将实验室安全教育分为五类:入学安全教育、每个学期初的安全教育、每次实验课前的安全教育、新设备使用前的培训及其他专项教育等。这五类安全教育的重点和目的不同,内容互补。部分培训教育还要配合演练及考核,以保证安全教育的有效性。

　　在本科生及研究生的入学教育中,必须保证有一定学时的安全教育,以提高安全意识、普及通用安全知识为主。在每个学期初,我们也要安排至少一次的安全培训活动,保证安全教育不断线,并持续提高安全技能。每一次教学实验之前,我们要求实验指导教师都必须重申安全纪律要求,并简明扼要地介绍本次实验涉及物品及过程的危险性、意外应对措施等。为保证新的实验设备顺利投入使用,针对新设备的师生培训在我们实验室已经常规化、制度化,并取得了良好的效果。

　　实验室系列安全教育的内容及要求如表1所示。

表1　系列安全教育的内容及要求

安全教育时间点	教育重点	教育目的
入学时	安全基础知识、实验室管理制度、通用设备与电气设备的正确使用、自救互救及避险逃生技能、报警常识等	使学生了解实验室特点,学会报警及报告,提高安全意识
每学期初	结合教学计划安排,分析实验危险有害因素,培养安全技能	持续强调安全的重要性,强化安全理念与事故预防
每次教学实验前	明确纪律要求,简要说明本次实验的可能危险性及意外应对措施	严格要求,防范意外,科学应急
新设备使用前	结合设备的技术特点,培训正确使用及意外应对措施	主动、实时安全教育
其他专项教育培训	燃气及特种设备(压力容器、气瓶等)的使用、化学药品的使用与管理等	深入了解危险物质特性、危害及紧急应对措施等

3　结论

　　北京建筑大学建环专业实验室坚持对实验室安全给予高度重视,通过近年多项安全举措的实践,师生的安全意识普遍得到提高,实验环境不断改善。实验室在保证安全的前提下,在提高实验室利用程度方面也会继续做出努力。

参考文献:

[1]罗云.现代安全管理[M].北京:化学工业出版社,2017.
[2]周艳,孙学珊,魏利鹏.实验室安全指导手册[M].天津:天津科学技术出版社,2017.

工程教育认证背景下的暖通实践教学改革研究

高梦晗* 刘泽勤**

（天津商业大学机械工程学院、热能与动力工程国家级实验教学示范中心、
冷冻冷藏技术教育部工程研究中心，天津，300134）

[摘 要] 工程教育专业认证是国际通行的工程教育质量保障制度，也是实现国际间专业人才互认的途径。本文基于工程教育专业认证标准，针对目前存在的问题对其实践教育改革进行了研究。部分普通本科高校和专业向应用技术型转变是一种必然趋势。暖通空调专业的实践教学较为薄弱，而工程教育专业认证的内涵要求更加贴近工程实践。因此，工程教育认证对暖通空调专业的实践教学改革和应用型人才的培养具有很大的启发意义。

[关键词] 工程教育认证；暖通空调；实践；教学改革；应用型人才

0 引言

工程教育专业认证是对工程技术领域相关专业的高等教育质量加以控制，以保证工程技术行业的从业人员达到相应教育要求的过程[1]。随着经济和工程技术职业的全球化发展，工程教育专业认证在国内外已引起广泛重视[2]。高等工程教育以培养现代工程师为主要目的，反映在教学过程中则是工程实践能力的训练和培养[3]。实践教学是理论联系实际、培养应用型人才的重要环节，工程教育专业认证把对实践教学环节的考查放在突出位置，明确提出要设置完善的实践教学体系，培养学生的工程应用能力[4]。要实现这个培养目标，必须密切与工程界的联系，重视工程教育的实践教学环节[5]。

供热、供燃气、通风及空调工程专业（简称"暖通空调"）是跨越土木工程、建筑学、环境科学与工程、动力工程及工程热物理四个一级学科的一个交叉性二级学科。以工程热力学、传热学、流体力学、热质交换原理与设备和建筑环境学为基础，解决建筑中的环境问题。

以前的专业定位，只有建筑设备的一个方面，其人才培养的目标比较窄。随着社会、经济的发展和生活水平的提高，专业的规格发生了很大的变化。为适应社会和国民经济

* 高梦晗，硕士，研究方向：人工环境控制。
** 刘泽勤，教授，博士，研究方向：人工环境控制。
基金项目：天津市委教育工委 2018 年天津市教育系统调研课题。

的发展和变化,扩大了专业范围,与其他相关专业进行了交叉和融合。最明显的趋势是室内环境、居住环境越来越引起人们的关注和重视。尽管不同学科间的交叉可拓宽学生的专业视野,但课程设置的深度相对较浅,理论阐述较多,而实践设置相对较少,限制了学生应用能力的深入培养。而我国企业特别是工程类企业对学生的应用能力要求较高,引起暖通教育与学生专业发展的错位[6]。

暖通空调专业面临着一系列的问题,最为严峻的挑战就是当前的教学内容老化以及理论课程多于实践课程等问题[7],这无疑给专业人才与应用型人才的发展和培养造成了较大的挑战,故暖通空调专业的实践教学改革以工程教育专业认证为导向是很有必要的。

1 工程教育专业认证简介与意义

工程教育专业认证是国际通行的工程教育质量保障制度,也是实现工程教育国际互认和工程师资格国际互认的重要基础。工程教育专业认证的核心就是要确认工科专业毕业生达到行业认可的既定质量标准要求,是一种以培养目标和毕业出口要求为导向的合格性评价。我国的工程教育认证由中国工程教育认证协会组织实施,对外由中国科协代表中国加入《华盛顿协议》。从 2005 年起,我国开始开展工程教育专业认证试点,成立了由 76 名教育界和产业界专家共同组成的全国工程教育专业认证专家委员会以及机械类、化工类等 14 个认证分委员会,分别负责组织开展相关专业领域的认证工作。现有14000 多个工程教育专业布点数,占高等学校专业总布点数的 1/3,工程专业类在校生超过 300 万人,占全国本科总数的 1/3,毕业生超过 100 万人,占全国本科毕业生总数的1/3[8]。

工程教育认证能够获得对工程教育质量更为客观的评价。教育同行及行业专家可以准确、高效地找出工程教育存在的问题,并为教育质量的提升提供行之有效的措施建议,能够有力地向潜在的用人单位表明其达到了相关层次和类型工程人才培养的基本要求。这不仅有利于该专业毕业生的就业,而且有利于该专业未来生源的吸引。通过工程教育认证为相关专业提供了交流合作的平台。这不仅包括教师之间的交流、教师流动、学分互认和学生转学,而且包括行业企业的合作以及各种教育教学资源的共享,甚至可以形成某一专业类的区域性或全国性的教育联盟[9]。

目前,我国普通高等学校的工科在校生约 700 万人,居世界首位。但高等工程教育中普遍存在课程体系陈旧、实践教学偏少和教师缺乏工程经历等问题,导致学生专业面窄和实践能力不足,难以满足企业的用人要求。工程教育认证通过引入第三方机构对相关专业进行认证,可有效提高学校教育教学质量,其作用正日益受到政府、高等院校和企业的重视。

2 本科高校和专业向应用型转变所面临的局势

《国家中长期教育改革和发展规划纲要(2010～2020年)》的整体战略中明确指出,应着力于培养具备"创新精神和善于解决问题"的应用型创新人才,这既是高等教育人才培养的必然趋势,也是贯彻科教兴国和人才强国战略,建设创新驱动型国家和社会的迫切需求。

2014年,国务院发布《关于加快发展现代职业教育体系的决定》中明确提出,引导普通本科高等学校转型发展,积极探索本科职业教育的办学模式。同类型的高等院校要探索自身特点的培养模式,着重培养适应社会需要的创新型、复合型、应用型人才。把创新创业教育贯穿人才培养全过程,建立健全学科专业动态调整机制,完善课程体系,加强教材建设和实训基地建设,完善学分制,实施灵活的学习制度,鼓励教师创新教学方法[10]。

然而经年累月,我国高等教育囿于单一标准化导向,注重培养理论型人才,而忽视了应用型人才的培养,这就陷入了一个顾此失彼的人才培养误区。这种不合理的教育结构很难适应现代科技的迅猛发展,以及知识信息更新换代的快节奏,所以,引导部分普通本科高校和专业向应用技术型转变是一种必然趋势。

3 暖通空调专业工程在实践教学中存在的问题

中国的工程教育目前存在着很大的问题,主要是三大不足制约了其良性发展:一是人才培养结构体系不够完善;二是面向实际的工程训练不足;三是与企业联系不够紧密[11]。

暖通空调专业实践教学包括独立设置的实验、课程设计、实习、毕业设计等多种形式。从整体上看,由于多种原因的影响,暖通专业实践教学环节仍然比较薄弱,必要的工程训练条件尚未得到很好的保证,主要表现在以下几个方面:

(1)实验教学多为演示性、验证性实验,而且内容单一,不利于发挥学生的主观能动性。与工程训练有关的实验课,由于受到条件限制,学生亲手做实验的机会很少,不利于培养学生的创新能力、动手能力和独立分析和解决问题的能力。

(2)课程设计实践性教学环节缺乏综合性、连贯性。毕业设计作为工科教学至关重要的实践环节之一,"真题真做"的选题有减少的趋势。

(3)教学与实践脱节,课程教学的理论与实践不能有机结合。目前,多数教学环节条框限制严格,实践环节少且过于集中。

(4)教学计划外的社会实践活动和课外科技创新活动组织形式呆板,内容单一,缺乏针对性、时效性和创新性。

(5)工程实训环节薄弱,高校和企事业单位尚未形成有效对接,学生到工程现场实习困难,导致学生达不到基于工程实践能力培养的高层次应用型人才培养的要求,走向工作岗位后的适应能力、实用能力及自理能力不强,不能独当一面,快速开展工作。

4 工程教育专业认证对暖通人才培养方案改革的启示

4.1 通用实践方面

积极鼓励学生参加各种科技竞赛,培养学生应用通识知识解决实际问题的能力,增强学生的实践能力和创新能力,积极鼓励学生参加数学竞赛、物理竞赛、英语比赛、计算机应用比赛、力学竞赛等各类通用知识竞赛,提高学生整体素质水平。

4.2 专业知识学习实践方面

4.2.1 实验教学

加强综合性及设计性实验的力度。要使得每个学生都有机会参与大型的、综合性的实验及设计实验的全过程。要求学生独立设计专业基础课实验方案,自拟测试方案及评估报告,以掌握各设备的主要性能、影响因素及缘由。使学生达到独立进行实验设计,对系统设备进行综合测试并具有初步分析基本数据的处理能力。

4.2.2 专业知识学习

学生在进行专业知识学习时,学校应安排简单的参观实习,这样使课程教学中涉及的工程内容得到实践的检验,实践的环节又能得到理论课程的支持,做到理论教学与工程实践的相互协调与促进。学生不再将专业知识局限于书本,而是能将工程实例结合于所学知识中,为以后的课程设计以及就业打下坚实的基础。

4.2.3 课程设计

毕业设计与课程设计是工科学生至关重要的实践环节之一。要综合课程设计改革,进一步提高学生的专业实践技能。

可采取合作学习辅导教学模式,在设计前布置一些相关的问题供学生思考。学生根据教师的问题或布置的任务,合作小组成员到教材、图书馆或网上查阅资料,进行书面的解答。这些问题都有助于学生对专业知识的掌握,并有效地解决工程实际问题,加深学生的印象。

逐步加大真题真做类毕业设计的比重,以"亲身经历与感受"为出发点,密切与工程实际结合,对学生进行基本设计技能和工程技术应用的综合性训练,达到学以致用的目的。

4.2.4 实习教学

认识实习教学环节全部在固定的校内实训基地、校外实习基地、产学研基地完成,切实提高实习的效果和质量。

进行校企合作办学,使学校和企业之间的联系更加紧密。在实习教学的环节中,带领学生到校企合作基地进行参观学习。请企业的技术人员给学生讲课,使学生了解设计方法,请企业管理者给学生讲创业和企业文化,提高学生的实习积极性。

通过与企业面对面的交流,熟悉企业运营和管理方式,发现企业在实际生产过程中遇到的问题。在后续的学习过程中,通过专业知识的学习,从而找到解决问题的方法。

4.3 综合实践方面

增设专业软件应用培训和空调操作技术培训两个实践教学项目。通过综合实训增强学生的专业知识应用能力和实际操作经验,锻炼学生的工程素养和工程实践能力,培养其科研创新能力。

积极鼓励学生申请大学生创新基金项目,参与各种课外创新活动。依托各种研究实验平台,加强学生的科技实践能力、创新和协作能力培养,以提高学生的综合素质,调动学生课外学习的主动性和积极性,让学生尽早参与科研工作。

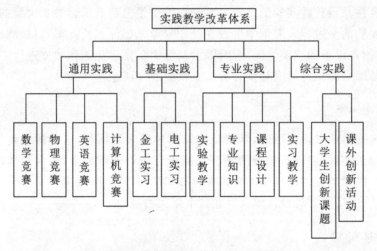

图 1 实践教学改革体系框架图

5 结论

我国工程教育的质量在国际社会得到认可的唯一实现途径就是工程教育认证。工程教育专业认证的内涵要求更加贴近工程实践、贴近企业界对人才的需求。暖通专业理论阐述较多,实践设置相对较少。因此,若想实现暖通专业人才与国际社会对接,培养应用型人才,就必须密切与工程界的联系,重视工程教育的实践教学环节,完善暖通空调专业建设,更好地推进人才培养方案的改革,实现专业价值。

参考文献：

[1]陈文松．工程教育专业认证及其对高等工程教育的影响[J].高教论坛,2011(7):29-32.

[2]楼建明,鲍淑娣,傅越千．面向工程教育专业认证,加强工程训练中心建设[J].实验室研究与探索,2013,32(11):340-343,421.

[3]韩如成．工程实践能力培养的探索与实践[J].中国大学教学,2009(6):77-79

[4]姜理英,陈浚．工程教育专业认证背景下环境工程专业教学改革探析[J].浙江工业大学学报:社会科学版,2014,13(3):256-260.

[5]曾德伟,沈洁,席海涛．剖析专业认证标准与理念提升工程教育质量[J].实验技术与管理,2013(6):194-199.

[6]林健,工程教育认证与工程教育改革和发展[D].北京:清华大学,2015.

[7]李志生,张国强,李念平,等.建筑环境与设备工程专业国内外发展趋势[J].高等建筑教育,2008,17(1):1-5.

[8]王志勇,刘畅荣,寇广孝．基于工程教育专业认证的建环专业实践教学体系改革[D].株洲:湖南工业大学,2015.

[9]尚少文,郭海丰,马兴冠．建筑环境与设备工程专业课程教学改革探讨[J].沈阳建筑大学学报(社会科学版),2011(2):249-252.

[10]张学洪,张军,曾鸿鹄．工程教育认证制度背景下的环境工程专业本科教学改革启示[J].中国大学教学,2011,13(2):249-252.

[11]熊军,刘泽华,罗清海,等.工程应用能力的实验教学改革研究——以建筑环境与设备工程专业为例[J].高等建筑教育,2011,20(1):158-161.

建环专业实验教学改革的探索与实践

王春雨* 刘泽勤**

（天津商业大学，天津，300134）

[摘 要] 为积极应对高等教育改革的新要求，为社会培养一大批高素质、创新型、工程应用型人才，同时回应每年大批毕业生就业难的心声，高等院校工科专业面临着常见的困惑，即实验教学改革的困难。建筑环境与能源应用工程专业是一个工程性比较强的专业，实验教学就是为了让学生加深对所学理论知识的理解和把握，将理论知识为后续的应用性实践服务起到"桥梁"沟通作用，因此，为使建环专业学生能成为社会所需求的应用型人才，必须加大对实验教学的改革力度。本文通过对比分析国内外建环专业实验教学的现状，强调了开设新生研讨课，建立网络化实验教学平台，引入虚拟仿真技术以及建立科学的实验教学考核标准的必要性，为实验教学改革提供可靠的建议。

[关键词] 实验教学；虚拟仿真；新生研讨课；网络化实验教学平台；工程应用型人才

0 引言

目前，在重视经济转型升级的趋势下，我国出现了高等院校人才供应与企业需求不对等的就业困境，主要体现在"求不足"与"供非求"两个方面。"求不足"即大学生就业需求无法得到满足，"供非求"即高等院校所培养的大学毕业生无法满足企业的招聘需求。建环专业的毕业生同样面临如此困境，应人才市场的迫切需求，建环专业毕业生数量虽逐年增加，但毕业生的质量却不尽人意，导致人才市场对工科类毕业生的工程能力素质要求越来越严苛，也就越来越倾向于应用型、技术技能型人才，而知识—素质—能力结构正是适应这一现代社会特点的新的人才培养模式[1]。近年来，针对建环专业实验教学的改革国内外教育工作者相继提出了以学生为中心的实验学习[2]，尝试变革实验教学方式[3]，改变实验教学方法[4]，加强实验课程体系的建设[5]，实行分组实验[6]，聘请校外兼职实验指导老师[7]，采取任务驱动法[8]、实验激励和实验评价等方式。但这些举措的实施只在极少部分高校中奏效，绝大多数高校中的学生并未真正受益于实验教学的研究成果。而且，随着城市建设的加快、建筑节能技术的发展以及国家一系列节能减排相关政

---

* 王春雨，硕士，研究方向：人工环境控制。

** 刘泽勤，教授，博士，研究方向：人工环境控制。

基金项目：天津市委教育工委 2018 年天津市教育系统调研课题。

策法规的颁布和实施,这一现状更加要引起高度重视,正如学如"逆水行舟,不进则退",停止不前,就难以适应社会的发展。为满足毕业生的就业需求,减轻"求不足"现象,以及使毕业生达到未来职业岗位的素质要求[9],让企业不再面临"供非求"的尴尬境地,国内外高校在培养建环专业的学生时,应着重抓实验教学,将实验室建设和实验教学改革思路与学生就业方向及综合素质培养相结合[10]。故本文紧密结合人才市场的最新要求,点明重新构建实验教学体系的重要性,并给出重新构建实验教学体系的有效策略。

1 国内外实验教学的对比与分析

1.1 国内建环专业实验教学现状

1.1.1 对实验教学缺乏足够的重视

毋庸置疑,近年来,实验教学一直是国内建环专业实践教学的重要组成部分,但是许多工科高等院校在实际开展实验教学的过程中,仅仅把它作为课堂理论教学的附属、补充和延伸,并未在大学课程中单独开设实验教学,其真正作用也未让大学生获益。在进行学期总成绩统计时,实验课的成绩一般是以不及格、及格、良好、优秀几个等级来划分的,并未计入最后考核的理论课成绩中,这就使得不少学生对实验课程提不起兴趣,可去可不去,即便去做实验也只有少数学生动手操作,其他同学闲逛。这一现象可以说非常普遍。此外,对实验教师来说,一般是将实验课程安排在专业课程之后,这也导致老师们在开展实验课程的过程中缺乏与学生之间的交流与互动,难以利用好时间和实验室设备资源,挫伤其积极性以及创造能力。

1.1.2 学生缺乏一定的实验基础和技能

实验技术的学科特点决定了其具有极强的严谨性。只有在具备了较高的实验素养之后,才可以从事科学实验,例如实验中对数据的处理和测量、分析误差、规划实验进程以及设计实验方案等,掌握这些会使得大学生具有严谨的科学实验态度以及工作中的高强实践能力[11]。目前,国内高校的建环专业并未设有独立的实验课程,固然学生在进行实验前未能掌握基本的实验理论和操作技能,倘若没有一个科学的实验方法来指导学生的实际操作过程,学生就难以进行科学的思考和规范的实验,后期对实验现象的观察和实验数据的处理及分析,也将是随意、缺乏严谨的态度。

1.1.3 人均实验设备台套数严重不足

通过一些调研报告发现,学习建筑环境与能源应用工程专业的学生人数越来越多,但实验设备相对不足,导致只有极少数学生亲身参与实验操作过程中,绝大多数学生旁观,这一实验教学缺陷使学生学习的积极性受到极大挫伤。除此之外,教师在考核学生实验成绩的时候也会面临更加大的难度,无法对学生的成绩给出公平的评定。

1.1.4 实验项目的配置缺乏合理性

本专业开设的实验项目类型大概可以分成演示性、综合性、设计性、验证性等几种。从目前的教学现状来看,占据比例较大的是演示性、验证性的实验项目。学校在实验教材的编制过程中,已经详细说明了需要的仪器设备、操作步骤、观察内容以及实验结果,学生所能做的只是将实际的实验过程和教材内容进行对比,分析两者是否相吻合,并对实验结果进行进一步的分析。这就意味着,学生的实验过程趋于程序化,并没有完全发挥主观能动性,更不要谈培养学生的创新能力和科研能力了,实验课程已经失去了原本应有的意义。

1.2 国外建环专业实验教学现状

1.2.1 高度重视实验研究性学习

早在 19 世纪初,德国著名教育家洪堡就提出"教学与科研相统一"的理论,并在柏林大学进行了成功的实践。而要搞科研就必然少不了实验,所以欧美一些高校早在 20 世纪 80 年代就对工科教育进行了探索与实践。其中,开设"独立研究"模块课程、开展"本科生科研计划"、推广"项目教学法"等措施值得国内一些工科高等院校思考和借鉴。美国斯坦福大学早在 1994 年就专门成立了本科生研究办公室,为大学生提供了一个开拓思维、锻炼实践操作能力的环境,这充分体现了斯坦福大学勇于尝试和改革、对工科专业学生的培养高度重视。当然,这项教育改革得到了好的结果。调查显示,学生在进行科研的过程中独立解决问题能力和创新能力有了很大提高。此外,实践动手操作能力明显得到提升[12]。

由此可见,国外高校先进的教学方法值得我国高校结合自身发展特点及学校特色来思考和借鉴。

1.2.2 以学生为中心,教师为辅

近年来,网络上不少世界名校开展网络公开课。笔者在一些公开课平台如网易、搜狐、新浪以及 Tunes-u 等上不仅学习了斯坦福大学、哈佛大学、耶鲁大学、麻省理工等高校的一些高端课程,还汲取了国外异于国内的教学内容,并从中发现国外不少高校安排多位学生任实验助教,这在国内建环专业本科生培养中是较为少见的[13]。笔者认为这种模式不失为一种我国高校实验课借鉴的好模式。实验教学是建环专业教学计划中的一个重要实践教学环节,其效果的好坏直接影响后续专业课程的开展及应用型人才的培养。

1.2.3 将实验教学研究化

所谓实验教学"研究化",是指本科生不局限于既定的专业实验课题目,可以对实验方案进行完善,发散创新思维,也可以对自己感兴趣的其他实验进行研究,其中实验老师起到引导和辅助作用。这样的例子在国外一些一流大学很常见。例如,哈佛大学、斯坦

福大学、普林斯顿大学、美国理海大学等将新生研讨课[14][新生研讨课(Freshman Seminar)是一种以小班教学为特色、以课堂理论研讨和试验室实践训练互补方式、专为大学新生开设的研讨型课程]列入对本科生的分类课程要求或核心课程要求中。以美国理海大学(Lehigh University)为例,美国理海大学针对工科新生开设的"Engineering 5: Introduction to Engineering Practice",是每年春季开设的学术性转换模式的新生研讨课,也是学校组织工科不同院系的知名教授共同开设的工程实践导论课。学生可以提交项目申请书,由学校基金会进行遴选,选出的项目由企业投资设立相关的研究基金资助开展研究。

2 构建新型实验教学体系

通过对比与分析国内外建环专业实验教学的现状,我们发现国内一大部分工科高校仍处于传统的实验教学模式,虽然不少教育者针对实验教学提出了一些可行性的完善方法,但仍未真正地落实到当代大学生身上。

以下,笔者将参考国外工科院校实验教学的现状并根据国内工科院校的自身情况和特点提出几点建议。

2.1 开设新生研讨课

为提高建环专业的教学质量,教育者要从教学的最终目的入手,以学生为中心,对不同阶段的新生进行定向培养。此时,在国际上已经受到普遍关注和欢迎的新生研讨课教学模式不失为一种最佳选择。这类课程有两大特色:一是,引导新生进行探究性学习、完成学术性或专业性转变;二是,作为一种理论教学与实践训练并重的课程设置模式,可以实现校内和校外资源互补、共赢发展。该课程开设的必要性可以总结为如下五点:

(1)有助于新生对所在学校的专业设置和发展状况有所了解。

(2)帮助学生选择适合自己的专业方向,为大学四年的学习和毕业后的去向提前做出规划,做到心中有谱。

(3)激发学生的专业兴趣和研究动力,培养创新精神。

(4)让学生尽早接触著名教授或有一定造诣的青年学者,有助于使有专业深造想法的学生提前接触科研。

(5)满足该领域人才市场的迫切需求,培养一批高质量、高素质的工程应用型人才,为我国经济的可持续发展贡献一份力量。

2.2 建立网络化实验教学平台,实现实验教学的贴附化

在如今这个信息网络技术发展迅猛的时代,为提高建环专业实验教学的质量,笔者认为应该合理利用网络这个平台,即将以往的书面化授课模式放大到网络平台上,开展网上授课资源共享模式,这是结合目前大学生随身携带手机、电脑等这一现象提出的可行性想法。对于这个网络资源共享平台,学校可以针对本科生进行学术型和专业型两个

模块划分管理,如图 1 和图 2 所示。

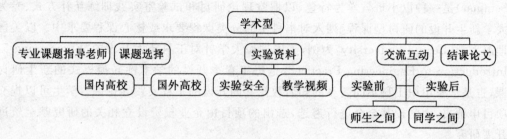

图 1   学术型管理模块

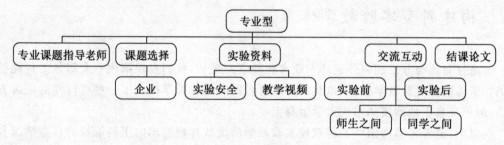

图 2   专业型管理模块

该网络化实验教学平台由专门的管理员负责,教学资料由相应的专业老师进行定期整理和更新,以便学生能够及时接收到最新、最全的学习资源。而且,平台会有打卡记录,以及相应的鼓励措施。

加入该网络化实验教学平台模式后的预期效果如下:

(1)激发广大学生的专业兴趣和研究动力。

(2)学生对自身的专业发展方向有更深的了解。

(3)激发实验教师的积极性以及创造能力。

(4)实验教学质量得到有效提高。

2.3   引入虚拟仿真,开展具有特色的实验教学

虚拟仿真是指集合虚拟现实、多媒体、人机交互、数据库和网络通信等技术来搭建建筑环境控制系统虚拟仿真综合实验平台,满足不可实验或难以实现的实验教学环节的要求的一项新兴技术。该虚拟仿真综合实验平台可以由多个独立的专业模块组成,每个模块可以独立完成相应的专业实验。同时,每个模块可以进行串并联,完成一个整体实验。建环专业学科专业性强,涉及的领域较多,各种设备、系统种类繁多,对于一些成本高、投入大、实验能耗大的实验,如冷热源系统的性能测试、危险性和破坏性较大的建筑火灾蔓延及控制技术实验、实验效果没有虚拟仿真灵活高效的智能建筑控制实验、暖通管道仿真实验等,可见虚拟仿真系统具有无可替代的优势。学生只需在计算机终端进入虚拟实验平台,在虚拟平台上运用虚拟设备进行实验操作,即可达到实验教学的目的和要求[15]。

2.4 建立科学的实验教学考核标准

传统的实验教学考核标准只是一种成绩评定的手段,过于形式化,仅仅拘束于实验报告的评测上,并未对学生的实验课成绩做出真正有意义的评定。而科学的实验教学考核标准目的就是让学生在完成整个课程后,收获一定的技能知识并获得公平的成绩。故教师在评定实验成绩时,不能仅仅是依据标准答案,还要足够重视学生的思想和实验效果,这样才不会打击学生的积极性和创造性。科学的考核标准可以分为五项:考核实验方案、考核实验过程、考核实验结果、考核实验中的团队精神、考核创新性能力。

3 结论

面对当今的社会环境和就业需求,实验教学对建筑环境与能源应用工程专业的本科生而言有着不可估量的作用,科学的实验教学有利于培养学生较强的实际工程技术思维能力、实践能力和创新能力,并提高其综合素质。因此,为了积极应对教育改革的新要求,培养更多应用型创新人才,国内各大工科高等院校应重视实验教学并改善实验教学体系。通过对比和分析国内外实验教学现状,发现国内建环专业对实验教学未提起足够的重视,学生的基础理论和实验技能较薄弱。此外,实验设备陈旧和人均实验台套数的不足导致大部分学生上手的机会减少,这些问题亟须国内工科高校解决。更重要的是,笔者认为抓好实验教学,要以学生为中心,深入了解学生的生活状态和学习状态。故此,提出网络化实验教学平台,实现实验教学的贴附化。最后,将虚拟仿真实验技术引入建环专业实验教学有助于丰富实验教学的内容和手段,有利于学生工程素质的培养和综合能力的提升。这对于建环专业本科生的培养来说不失为一种好的尝试。

参考文献:

[1]余涛.建环专业实验教学改革[A].第五届全国高等院校制冷空调学科发展研讨会论文集[C],2008.

[2]PAMELA R. JEFFRIES. SANDY REW, JONIM. Cramer (2002) A Comparison of Student-Centered VERSU Traditional Methods of Teaching Basic Nursing Skills in A Learning Laboratory [J].Nursing Education Perspectives:January,2002(1):76-83.

[3]李旭玫.变革实验教学方式 培养大学生综合创新能力[J].高教探索,2004(1):93-96.

[4]魏山城,任玉珍,韩书俭.改革实验教学方法促进学生对实验的兴趣[J].实验室研究与探索,2005,24(3):60-61.

[5]赵建华.实验课程体系建设的系统思考[J].高教探索,2005(3):58-59,62.

[6]JOAN B. GARFIELD. Beyond Testing and Grading:Using Assessment To Improve Student Learning [J].Journal of Statistics Education,1994(2):103-107.

[7]王顺利,孙景冬.强化实验教学改革 提高实验教学质量[J].高校实验室工作研究,2011(4):32-33.

[8][美]威廉·维尔斯曼.教育研究方法导论[M].袁振国,译.北京:教育科学出版社,2003.

[9]李雪.基于创新人才培养的实验独立设课研究[J].实验科学与技术,2017,15(5):131-134,141.

[10]刘畅荣,王志勇,王汉青,等.改革实验教学模式 提高创新工程能力培养[J].科教文汇(上旬刊),

2015(5):71-72,89.

[11]何叶从.建筑环境与能源应用工程专业实验教学体系改革分析[J].山东农业大学学报(自然科学版),2017,48(4):633-635.

[12]刘泽勤,常远,宋丹萍,等.实施研究性学习,培养创新人才的探索与实践[J].经济师,2010(1):155-156.

[13]佘玉萍.由国外名校网络公开课引发的高校工科实验教学探讨——让高校学生担任实验助教的探索与实践[J].黑龙江教育(高教研究与评估),2012(11):5-6.

[14]郭丽萍,韩良.国外工科新生教学实例分析与人才培养模式探讨[J].高等工程教育研究,2013(1):170-176.

[15]李俊梅,简毅文,李炎锋,等.基于虚拟仿真技术的实验教学在建环专业的应用分析[J].教育教学论坛,2016(1):260-261.

基于社会需求的制冷空调专业实训模式探索

刘 聪* 张 辉 丁 艳

（中国矿业大学徐海学院机电与材料工程系，江苏徐州，221008）

[摘 要]在大学的教学体系中，实训环节对于学生综合素质的培养具有重要的意义。为了满足制冷空调行业应用型人才的需求，加强实训基地的建设有着十分重要的意义。本文以我院新开设制冷空调专业方向为例，说明专业方向的建设方案及思路。在进行专业方向建设的过程中，在进行理论体系构建的同时，应加强实训基地建设以及教学方法的探索，通过社会需求的分析加强硬件、软件以及师资力量等方面的投入方向，并贴合学生实际同步建立实训课程体系，最后对学生不同学习阶段的教学方法进行分析，为高校制冷空调专业方向的初期建设提供参考。

[关键词]制冷空调；实训；教学模式

0 引言

在 2014 年培养计划制订初期，考虑学生就业的多项选择以及现有毕业生调查得到的毕业生就业单位信息，学院决定在能源与动力工程专业下设制冷空调专业方向，缓解院系现有热能与动力工程方向就业压力，同时填补制冷空调行业的用人需求。基于此，经过调研，初步制订了制冷空调专业方向的培养计划。但在专业方向建设初期，实训体系不够完善，亟须进行专业方向的优化建设及探索。

1 社会需求分析

为贴合当今社会的人才需求，根据学校先天的地理位置优势，贴合专业人才的就业需求方向，针对徐州周边的企业及校企合作基地进行调研，考虑当前的社会人才需求分为以下几类：

（1）强调专业的对口性。部分中小型企业相关培训制度不够完善，希望学生在入职初期能够对工作有整体的认识，能够快速投入工作、胜任专业工作，并且在各自的岗位上

---

* 刘聪，助教，研究方向：能源与动力工程。

有较为突出的表现。部分大型企业因其岗前培训制度较完善,强调培训上岗,对专业要求不高,但从员工的晋升途径中了解到,较好的专业基础以及多领域的人才晋升概率更大。

(2)强调动手能力。根据我院的教学性质,人才培养多趋向于满足企业生产、工艺、质控等方面的工作需求。而工作性质决定了学生需具有较高的实践操作能力。

(3)思维创新能力的需求。企业要发展,就需要一定的创新,而创新型人才是企业亟须的。

(4)理论知识扎实的人才需求。针对进入研发型单位深造的学生,理论体系的建设是基础,但不在本文的讨论范围内,不作过多解读。

面对当今社会的人才需求,我系以培养具有较强实践能力和市场竞争力的应用型制冷空调专业人才作为专业培养目标,在实践性教学环节中进行探索,增加投入,增加硬件设施建设,并系统性地构建综合实训环节地课程教学方法。

2 实训基地建设

实训基地的建设以实用为出发点,突出强化实践教学在学生基本技能和实践应用能力培养中的作用,建成特色鲜明的、满足培养应用技术型人才培养需要的实践教学环境。我院现处于专业方向建设初期,实训设备及实训体系均不够完善,造成学生在就业过程中无竞争的优势。基于此,投入资金,建设实训基地。

2.1 实训硬件建设

我院能动专业开设制冷空调方向以来,实训室包含一套一机一库冷库系统、一套空调循环演示系统以及五套家用空调拆装系统,基本能满足一个教学班级学生对于专业的基础认知。对于专业的认知与深入学习还具有一定的差距。

2.1.1 充分利用学校现有资源,增加开设实验课程

理论课程中的时间环节大部分在学校中完成,充分利用学校的资源,加强专业知识的系统性学习以及工程应用实践。实验体系需要从最简单的理论课程的验证性过程转变为完整培养学生的基本实验技能和综合实验的能力,通过实验教学环节,突出动手能力、综合能力、设计能力、缜密的归纳分析能力以及创新能力的培养,使学生在科研素养方面得到良好的强化和积累。

2.1.2 加强实验室建设,改善实验条件

目前的实训设备处于建设初期阶段,根据专业方向的培养以及理论课程体系的配合,初步进行规划,加强实验室建设并且改善实验条件。

首先,在现有的制冷实训室基础上,增加基本的整体设备以及测量仪器,满足基本的课程需求,主要包含"制冷原理与设备""制冷压缩机""空调原理与技术""制冷技术""空

调工程"等课程的基本试验。

其次,增加实操设备,满足学生的实训需求,包括蒸汽压缩式制冷、吸收式制冷以及整体冷链运行等设备。

最后,在现有一个实训室的基础上,增加实训室数量及质量。整体设备建设情况如表1所示。

表 1　实验教学设备汇总表

实训室名称	主要设备名称	用途
制冷原理实训室	空调制冷换热综合实验装置、家用空调、冰箱综合分析装置、热工性能试验测试装置、中央空调演示装置	可以完成制冷、制热系统测试相关实训;家用空调、中央空调、冰箱系统原理演示;家用空调器与电冰箱的控制检测
基础操作实训室	单体压缩机拆装装置、温度压力测试装置、系统抽真空操作装置、冷媒充灌装置	可以完成压缩机的拆装、温度压力的测试、制冷循环系统抽真空、充注制冷剂等测试及安装常规实训
制冷设备维修实训室	制冷压缩机拆装及性能试验装置、家用空调(壁挂式、落地式、窗机)拆装装置	可以完成压缩机的性能测试实训;家用空调器的拆装维护训练
装配实训室	家用空调装配流水线模拟装置	可以完成家用空调的总体装配流程及工艺设计训练;模拟空调装配的质量控制过程
冷链设备实训室	小型冷库一套	可以完成小型冷库的工艺设计、安装、调试及运行管理等方面的实训
空气调节实训室	一次回风空调系统装置、二次回风空调系统装置	可以完成压焓图的绘制以及空气调节流程的设计、调节训练

2.2　实训软件建设

2.2.1　实训基地的制度建设

为统一规范实训制度,用国标对工艺管理、质量管理及职业健康安全等方面进行规范化管理。主要明确实验员、助理实验员、指导教师等岗位的操作说明;实训过程中差错、事故等问题的认定与处理方法试行;各个实训室及其中设备的管理规定及操作规程;安全标准及安全检查;学生训练守则;防火预案等方面进行全面的制度建设。

2.2.2　优化编写实验教学大纲

加强实验教学内容和形式的改革,培养学生独立运用理论知识、检验并发展理论知识的实践能力,加强教学实习和课程设计等实践环节。根据学院具体的实训规划,大学实训过程包含认知实习、授课过程中的实验模拟与演示、制冷课程设计、生产实习、综合实训、毕业实习六个大的方面的内容。针对不同的认知及训练程度,编写相应的教学大纲,充分利用实训室资源,优化制冷空调方向实训体系。

2.2.3 加强建设实习基地,利用社会资源办学

注重校外实习基地的建设,根据我院的地理位置优势,主动与周边冷库、冰箱以及空调等生产维护公司建设实习基地。进一步地,可以筹措资金组织学生到实习基地完成生产实习。实训室可以采用实际演练的形式进行建设,邀请公司高端技术员参与学生的培养与训练,同时加强教师与企业的交流,强化教师队伍。在有一定能力的基础上,可以扩大实训基地规模,承担企业的新入职员工培训等,促进与企业的合作交流。

实训基地以两个基本目标及一个长远规划为基础进行构想。两个基本目标:一是配合制冷空调专业理论课程的需求,注重理论与实践结合,引导学生将理论知识应用到实践课程上来;二是满足学生综合实训的需求,通过综合实训培养学生的实践动手能力。从专业的长远发展以及学生的训练考虑,在满足基本教学培养目标的同时,可以面向社会和企业开展职业技能培训、继续教育开展企业职工的提高培训等,实现高校与企业的资源共享,将实训基地提高到区域性的示范地位,为地方服务创造社会及经济效益。

3 实践教学方法探索

在实践教学方法的探索上,首先需要考虑实践教学体系框架。为此,学院采用六大实践模块的形式构建教学体系,如图1所示。从理论课程教学实验、认知实习开始,面向学生初步构建专业知识体系,到专业课程设计、生产实习构建整体结构框架,再到为期十周的综合技能训练,提升学生的动手能力,最后的毕业实习完成整体专业的知识搭建,满足毕业要求,满足社会人才需求。

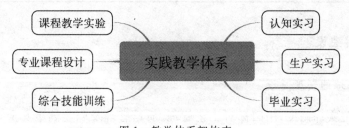

图1 教学体系架构表

教学的目的是培养善于思考、善于探索并能自己找到解决问题方法的人,引导学生完成从学生到工人再到工程师的角色转变。针对不同的学习阶段,教学方法的构成形式存在一定的差异。基于我院制冷空调专业方向现状,采取小班教学模式,以学生为中心进行教学。

认知实习,是学生基于专业方向的整体认识建构基础框架,应以参观、演示以及讲授的方法为主,提倡用发现教学法引导学生自行发现。课程教学实验注重理论与实践的结

合,是从理论到应用的一个转变,教学方法和手段采用提问式教学法、启发式教学法的同时可以适当采用多媒体教学方式,以可视化的形式引导学生自主思考,促进教学。专业课程设计为锻炼学生的搜集资料、学习创新能力,应以项目教学法、合作学习教学法为主,提倡由学生自己相对独立地完成项目,了解把握整个过程及每个环节的基本要求。生产实习较为重要,采用实习的方法进行实际操作及实践活动,配合程序教学法,了解加工生产运行维护等方面流程。综合技能训练采取项目教学法与启发式教学法相结合的方法,引导学生自主设计制冷空调系统并根据现有的实训设备进行创新。毕业实习主要以毕业设计为基础,引导学生完成项目过程,主要考虑参观法、实习法与项目教学法相结合,指导学生完成学习要求。通过实践环节与理论的结合,以及整体的培养体系,引导学生向着社会需求型人才迈进。

4　结语

为紧跟社会发展步伐,填补制冷空调行业人才需求的不足,本文在经过周边地区企业的调研、了解社会人才需求的前提下,配合学院人才培养目标的建设,增加建设制冷空调实训室软硬件设施的投入,满足实践教学的需求,同时制定了六模块实践教学体系,并针对学生不同的学习阶段及学习内容配合了相应的教学方法,增加学生在学习期间的实践环节课程,与理论课程体系配合,培养能够快速完成角色转变的社会需求型人才,为其他院校的学科建设提供一个参考。

参考文献:

[1]张进、姬长发. 浅谈制冷技术课程的教学改革[A].第七届全国高等院校制冷空调学科发展研讨会论文集[C],2012.

[2]邹同华,申江,郭宪民,等. 完善实验教学内容,提高学生专业综合素质[A].第七届全国高等院校制冷空调学科发展研讨会论文集[C],2012.

[3]李俊瑞,王艳,田禾. 基于社会需求的能源动力专业人才培养探索与实践[J].中国电力教育,2011,33:22-34.

[4]费景洲,曹贻鹏,路勇,等. 能源动力类专业创新型人才培养的探索与实践[J].实验技术与管理,2016,33(1):23-27.

[5]韩东太,李意民,郭楚文,等. 能源与动力工程学科综合训练中心建设[J].实验室研究与探索,2015,34(1):157-160.

制冷与低温工程专业生产实习方案改革的探索与实践

刘秀芳　陈　良　陈双涛　赖天伟　钟　昕　薛　绒　侯　予*

（西安交通大学能源与动力工程学院,陕西西安,710049）

[摘　要]生产实习是高等工程教育实践教学环节的重要组成部分,是培养学生实践能力、创新能力和综合素质的有效途径。在新形势下,随着社会经济环境和高等教育体制的变化,传统的生产实习模式面临着严峻的挑战。本文结合笔者团队近年来参与生产实习的教学实践,详细分析了当前工科专业生产实习中存在的共性问题及其潜在的原因,并在此基础上介绍了西安交通大学制冷与低温工程专业在生产实习教学模式和教学方法改革中的探索与实践,旨在为深化实践教学改革、提升高等工程教育质量、培养创新人才提供参考。

[关键词]生产实习;制冷与低温工程专业;教学模式;改革;探索与实践

0　引言

高等教育担负着为实施国家创新发展战略培养高素质人才的重任[1]。经过多年的发展,我国已拥有了世界上最大规模的高等工程教育,然而高等工程教育过程中的实践教学环节还比较薄弱,产教融合的紧密度不够,所培养的工程技术人才在分析和解决工程实际问题方面与新型工业化发展的需求仍有较大差距,不足以支撑我国从高等教育大国向高等教育强国的升级转型[2]。

生产实习是高等工程教育中关键的实践教学环节,是培养学生实践能力、工程意识和创造性思维的有效途径,其重要作用体现在以下几个方面:第一,生产实习是对理论教学的检验、补充、拓展和深化,能够促进学生将所学的知识融会贯通,同时也为后续专业课程的学习奠定基础。第二,生产实习是学生参与生产过程、进行工程训练最直接的途径,有助于锻炼学生的实践动手能力、独立分析和解决生产实际问题的能力、培养学生的创新意识和创新精神。第三,生产实习有助于培养学生的沟通交流能力、团队协作能力,使学生开阔眼界、增长见识、提高综合素质。第四,生产实习可以提高学生的专业认可

---

* 侯予,教授,副院长,研究方向:制冷与低温工程。

度,并对所学专业在国民经济中的地位有所了解,从而增强社会责任感和学习积极性[3~5]。

然而在当前形势下,随着社会经济环境和高等教育体制的变化,传统的生产实习模式面临着严峻的挑战,实习过程困难重重,实习效果不尽人意,严重制约了人才培养质量的提高。如何提高生产实习的教学效果和质量已成为各高校必须积极探索的重要课题[3~6]。

本文详细分析了当前工科生产实习过程中存在的共性问题和潜在的影响因素,在此基础上介绍了西安交通大学制冷与低温工程专业在生产实习教学模式和教学方法改革中的探索与实践,旨在为深化实践教学改革、提高人才培养质量提供参考。

1 当前工科生产实习存在的共性问题

1.1 学生人数众多,实习单位联系困难

随着高校的扩招,学生人数激增,大量学生进行集中实习会给生产企业带来很大的接待压力。此外,随着生产、经营、管理模式的改革,生产效率和经济效益的提高成为企业追求的首要目标,接待学生实习必然会影响正常的生产秩序,并且还可能带来一定的安全隐患。此外,在新形势下,企业可以通过各种渠道吸引和留用人才,生产实习在人才输送方面的优势不再明显,因此,企业接待生产实习的积极性普遍不高。即使勉强同意,企业也不会在生产实习安排上投入太多的精力,使得生产实习流于形式,变成了走马观花式的参观过程,实习内容得不到保证,实习效果大打折扣[3,4,7]。

1.2 实习经费紧张,实习时间难以保证

近年来,我国的物价持续上涨,导致生产实习过程中的交通和食宿等方面的开支大幅度增加。然而学校对实习经费的投入增幅远低于物价上涨的幅度,造成实习经费严重不足。实习经费短缺带来的直接后果是实习时间缩短、实习内容消减、指导教师的人数减少或选择收费较低但是专业不太对口的实习单位[8~10]。

1.3 指导教师队伍薄弱、实践能力不足

指导教师队伍薄弱、实践能力不足的原因主要有以下几点:第一,随着高校扩招的进行,师生比例明显降低,导致指导教师的人数不足。与此同时,实习经费的短缺也限制了参与生产实习的教师人数。第二,扩招以后补充的师资以青年教师为主,尽管青年教师的学历层次较高、理论基础扎实,但往往缺乏在生产一线进行工程训练的经历,实践能力不足,在现场实习过程中难以给予学生有效的指导,只注重安全和纪律管理。第三,在管理方面,相比课堂教学和科研工作,学校对于实践教学环节的监管力度明显不足,并且缺乏相应的激励措施,这在一定程度上导致教师对生产实习的重视程度不够,参与生产实习的积极性不高[4,7,10]。

1.4 考核制度实施不力,学生积极性不高

传统的生产实习成绩评定方法过于简单,指导教师仅根据实习报告的质量给出实习成绩,忽视了过程考核的重要性。这种评价方法操作简单,但是很容易造成学生在实习期间的表现和实习效果得不到公正的评价,影响学生的实习积极性。在这种评价体系下,往往会有一部分学生不重视现场学习,精力主要集中在实习报告的撰写上,达不到预期的实习目标。此外,指导教师对实习动员工作的重视程度及学生专业知识的储备量也是影响学生实习积极性的重要原因[4,7]。

上述问题的存在,使得生产实习成为高等工科院校实践教学中的一个薄弱环节。

2 生产实习方案改革的探索与实践

针对当前生产实习教学过程中存在的突出问题,很多高校从各自的实际情况出发提出了相应的改革方案,如集中实习和分散实习相结合、校内实习和校外实习相结合、仿真实习和现场实习相结合。上述方案的提出对于深化实践教学改革,提高学生的实践能力和动手能力有重要的参考价值[3,4,11,12]。

西安交通大学作为首批进入"211 工程""985 工程"和"双一流建设"的高校,始终以培养创新型人才为根本任务,坚持"起点高、基础厚、要求严、重实践、强创新"的办学特色[13]。制冷与低温工程专业一直以来非常注重实践教学环节和学生创新能力的培养。在新形势下,针对生产实习教学过程中所面临的挑战,积极探索应对策略,取得了较好的效果。

2.1 分组实习,提高学生的参与度

针对学生人数众多所带来的实习单位联系困难、过程管理难度增加、实习效果不理想等问题[3],近年来,制冷与低温工程专业外地部分的生产实习采取了分组实习的方式。其中,2017 年报名参加制冷与低温工程实习队的学生一共 36 名,分为两组,每组 18 名;2018 年一共有 44 名本科生,分为两组,每组 22 名,每组配备 3 名指导教师。

采用分组实习模式减小了实习单位的接待压力,增加了师生比,提高了学生的参与度,生产实习教学效果得到了明显的改善。

2.2 建立稳定的、多元化的实习基地

实习基地是完成实习内容所必需的重要实践场所。稳定的、高质量的、多元化的实习基地是保证实习质量的重要前提[14]。在新形势下,制冷与低温工程专业基于校企产学研合作新模式,通过产品开发、技术咨询、员工培训、科研项目攻关等多种途径与行业优势企业和科研院所建立了密切的战略合作关系,为实习基地的建立和维持提供了有力的保障[4,5,8,10]。

在实习基地的选择上,制冷与低温工程专业坚持如下标准:兼顾制冷和低温两个专

业方向、兼顾行业企业与科研单位、兼顾设计制造企业及成套产品的应用单位。以 2017 年和 2018 年为例,联系了十余家代表行业发展最新动态和科技水平的行业企业和科研院所作为实习单位,特别是包括了两个大科学工程(EAST 超导托卡马克核聚变装置和稳态强磁场装置)。整个实习过程内容十分饱满,不仅锻炼了学生的实践动手能力和创新能力,开阔了学生的视野,更重要的是提升了学生的专业认可度和自豪感,树立了扎根制冷与低温专业、为我国科技事业的发展做出贡献的理想和信念。

2.3　优化指导教师队伍

在生产实习过程中,学生是实践的主体,教师起主导作用。指导教师需要具备扎实的专业知识和丰富的实践经验,才能较好地传授专业知识,解答学生提出的各种理论和实践问题,激发学生的学习兴趣[12]。

为了达到理想的实习效果,制冷与低温工程专业在生产实习环节特别注重指导教师队伍建设。在指导教师选拔和培养方面坚持了以下原则:第一,根据参加实习的学生人数配备充足的指导教师,每位指导教师负责的学生人数不超过 8 人,同时还配备一定数量的硕、博士研究生协助参与实习过程的安全和纪律管理工作[7]。第二,优先选派实践经验丰富、甘于奉献、有高度责任心和较强团队合作意识的教师担任实习指导老师。第三,实习教师队伍根据年龄、职称、经历等进行优化组合,发扬"传—帮—带"的优良传统,逐步提高青年教师的实践能力和指导实习的水平[12]。第四,保持稳定的实习教师队伍,以便于长期和实习基地保持密切联系,同时还有利于指导教师熟悉生产实习的各个环节,积累指导经验。除此之外,稳定的实习教师队伍还有利于生产实习课程建设的完善,带队教师可以不断总结实习经验并适当调整实习计划,从而提高生产实习的质量[5,8]。

2.4　重视实习准备工作

周密细致的准备工作对于保证生产实习的顺利进行具有非常重要的意义。任何一个环节的疏漏,都可能导致整个实习计划不能正常执行[14]。因此,在生产实习开始之前,首先要做好实习准备工作,具体事务包括:逐一与各实习单位落实行程安排、实习内容、住宿、交通和餐饮等细节[8,15]。准备实习材料,包括实习大纲、实习章程、实习计划等[15]。实习动员(强调生产实习的重要性、实习纪律和安全事项、实习报告和实习日记的撰写要求、考核方式等)[8,12]。开设 8～10 学时的先导课程,针对生产实习过程中涉及的专业知识和实习单位的基本情况进行简要的介绍,完成生产实习所需要的知识储备[16]。组织学生购买短期综合意外保险[12]。

2.5　强化生产实习过程管理

生产实习过程管理对于生产实习目标的实现和生产实习教学效果的提高有着决定性的作用[12],因此,要加强实习过程中的组织协调工作,合理安排各项工作和活动。在实习过程中做好以下环节:第一,加强实习期间的安全管理和纪律要求,严格考勤。每天在实习出发和结束时都要清点人数,晚上 10 点准时查寝,对于违反规定者在实习群里提出批评,并将实习纪律遵守情况如实记录,作为生产实习平时成绩评定的依据[8,15]。第二,合理安排各项工作和活动。加强与实习单位负责人的沟通和交流,结合专业需求和实习基地的生产情况安排技术讲座和现场实习的内容,从而提高实习质量,保证实习效果。另外,邀请实习基地的领导及校友代表与学生进行座谈,以达到拓宽学生视野、培养沟通交流能力、增强社会责任感的目的[5,6]。第三,指导教师通过设置思考题和组织讨论,激发学生的学习兴趣,引导学生将理论知识和生产实际结合起来,增强工程意识[5,16]。

2.6 改善生产实习考核机制

合理的考核机制可以提高学生参与实习的积极性[12,14]。为了更加客观、公正地评价学生的实习效果,采取了实习表现、问题回答、实习报告和实习日记相结合的考核方式,形成了多元化的实习考核机制[4,6,17]。同时,实习期间通过不定期抽查实习日记和实习报告结合随机提问的方式实现动态监督和过程考核,及时发现学生在实习过程中存在的问题并提出改进意见,从而实现对学生实习过程的实时调控[18]。

3 结束语

生产实习是高等学校工科人才培养过程中重要的教学环节,对于培养学生的实践动手能力、综合分析问题和解决问题能力、创新能力,拓宽学生的视野,提高学生的综合素质发挥着至关重要的能力。此外,通过生产实习,还可以检验学校教学过程中存在的问题,对推进教学改革、促进产学融合、提高教师的思想认识水平和综合业务能力具有积极的作用。

西安交通大学制冷与低温工程专业针对新形势下生产实习教学过程中存在的问题,积极探索应对策略,在教学模式和教学方法上不断改革和创新,取得了较好的效果,为高等工程教育中实践教学的改革提供了重要的参考。

生产实习教学质量的提高是一项长期且艰巨的任务,各高校、各专业需要结合自身的实际情况,进行积极的探索和实践,不断完善生产实习教学体系、提升教学质量。

参考文献:

[1]郑庆华. 坚持三个面向 建设 21 世纪世界一流本科教育——西安交通大学本科教育十项改革探索[J].高等工程教育研究,2018(1):102-106.

[2]郑庆华. 以创新创业教育为引领创建"新工科"教育模式[J].中国大学教学,2017(12):8-12.

[3]杨连发,周娅,廖维奇,等. 工科类生产实习现状及实习模式改革探讨[J].中国现代教育装备,2011(1):90-92.

[4]艾宁,阮慧敏,刘会君,等. 创新生产实习教学模式 强化工程实践能力[J].实验室研究与探索,2012,31(11):150-153.

[5]陈泽军,周正,杨晓芳,等. 工科专业生产实习效果和教学质量提升探讨[J].高等建筑教育,2011,20(1):142-145.

[6]田夫,孙涛,谢蓉,等. 工科院校生产实习工作的问题及建议[J].实验技术与管理,2012,29(12):179-182.

[7]董万城,付威,王晓东,等．机械类专业生产实习存在的问题及对策建议——以中国一拖实习基地为例[J].科教导刊(下旬),2018(2):56-57.

[8]刘凯．大学生生产实习的实践探索[J].高教论坛,2010(2):68-71.

[9]张洪波,钱会,张益谦,等．面向特色人才培养的大学生生产实习模式研究[J].高等理科教育,2012(6):108-112.

[10]郭保华．采矿工程专业生产实习现状及改革措施[J].陕西煤炭,2007(5):25-27.

[11]卢其威,邹甲,赵锋,等．本科生导师制背景下电气工程专业生产实习方案改革探讨[J].实验技术与管理,2018,35(2):166-168.

[12]田丽平．建筑电气与智能化专业生产实习模式改革[J].教育教学论坛,2018(12):137-138.

[13]郑庆华."四位一体"创新人才培养模式的探索与实践[J].中国大学教学,2016,18(10):19-23.

[14]田夫,孙涛,谢蓉,等．工科院校生产实习工作的问题及建议[J].实验技术与管理,2012,29(12):179-182.

[15]蒋发光,马海峰,张真,等．机械工程专业"生产实习"课程实施过程探索[J].教育教学论坛,2018(4):53-54.

[16]于微波,刘克平．浅谈生产实习教学中的激发教育[J].实验室研究与探索,2011,30(10):377-379.

[17]王建华．建筑电气专业生产实习教学改革的几点思考[J].华东交通大学学报,2007,24(b12):112-114.

[18]董嘉佳,康重庆．生产实习考核方式的探索[J].实验室研究与探索,2012,31(7):373-375.

基于焓差法的房间空调器与空气热回收器性能实验平台设计

彭冬根[*] 罗 娜

（南昌大学建筑工程学院，江西南昌，330031）

[摘 要] 随着我国对空调器能效检测要求的不断提升，空调焓差试验装置得到了越来越广泛的使用，南昌大学焓差法实验室可实现对房间空调器、空气—空气能量回收装置进行热工性能测试。参照 GB/T 7725－2004 标准，测试了一壁挂式空调器各工况下的性能数据，结果表明焓差法实验室性能稳定、可靠。本文详细介绍了该实验室设计方法、测量技术和结果，可为同类系统设计提供借鉴。

[关键词] 焓差法；空调器；空气—空气能量回收装置

1 引言

我国是世界上最大的制冷空调设备生产国和第二大消费国。2003 年，国家对制冷空调行业实施生产许可制度，要求生产企业具备产品性能测试装置[1]。2004 年，国家实施房间空气调节器能效限定值及能源效率等级标志。2007 年，颁布《空气—空气能量回收装置》标准[2]。目前，平衡环境型房间量热计法和焓差法是空调器和空气—空气能量回收器测试常用的两种方法[3]。其中，焓差法测试精度较高，能测试房间空调器的制冷能力和制热能力，试验达到平衡状态所需时间短，设备投资较少，还可以针对房间空调器季节节能能效比（SEER）测定间歇启/停状态下空调器的制冷量和输入功率[4]。此外，应用空气焓差法实验装置后，可以对空气干、湿球温度风量等参数进行连续、频繁地采样测量，满足动态工况的测试要求[5]。因此，空气焓差法被广泛用于空调器性能的测试[6~8]。

为了促进建筑环境与能源应用工程专业的发展，提高学科的教学、科研水平，南昌大学投入资金，修建了焓差法实验室。实验平台主要包括两个测试室、被测空调器、空气再处理系统、风量测试装置以及计算机测控系统等五部分。测试室由两个环境室组成，分别模拟室内外环境，室内侧尺寸为：8000（L）×6000（W）×4000（H）。室外侧尺寸为：4500（L）×6000（W）×4000（H）。实验间分别设有一套空气处理系统，并采用 100 mm 厚

---

* 彭冬根，副教授，博士，研究方向：建筑环境与能源应用工程专业教学与研究。

硬质聚氨酯泡沫分别对环境室进行保温[9]。通过动态测定房间空调器、空气—空气能量回收装置等设备的进出口状态、制冷量、风量和耗功等技术数据,同时对制冷压缩机进出口温度、压力等技术数据进行记录,利用焓差法对空调设备的性能参数进行计算,实现空调设备的热工性能测试[10,11]。

2 实验平台介绍

本焓差法实验室包括两个实验间和一个控制间,实验间分别模拟室内环境、室外环境,两者间开设工艺孔。工况条件的控制实现由室内侧和室外侧各自配备的空气处理机组来实现,空气处理机组由制冷机组、电加热器、电加湿器及风机系统组成,室内侧空调系统额定制冷量为"4HP+5HP"。室内外间各设一套空气流量测量装置(焓差测试段),并分别含蒸发器和风冷冷凝器的单体实验装置。在室内外间相邻的保温库板上开有两个 ⌀200 的工作孔,连接空气能量回收装置的新风和回风管。操作间布置有电控柜、计算机等设备,可以从电控柜、计算机上观察、控制实验间的各种参数的变化以及监控。实验室设置独立的数据采集系统,利用计算机对数据进行处理,动态显示流程及控制参数以及各参数处理曲线,自动判断稳定、自动记录数据、处理数据并输出结果。在计算机上实现对各设备控制、故障记录等功能。最终利用内嵌入的美国原版 REFPROP 软件,根据测试结果中的温度、压力、工质,绘制出制冷循环的 P-h 图。

2.1 空气—空气能量回收装置测试原理

被试空气—空气能量回收装置安装于两个环境室之间(见图1)。新风入口与室外侧空气连通,排风入口与室内侧空气连通,新风出口和排风出口分别与室内侧和室外侧的风量测量装置相连。将新风量、排风量、新风进口干湿球温度、排风进口干湿球温度调至要求值。稳定后,通过采集新风出口干湿球温度和排风出口干湿球温度,利用下式分别计算空气热交换器的温度交换效率、焓交换效率[12,13]。

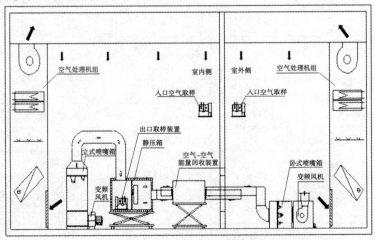

图 1　空气—空气能量回收装置测试原理图

$$\eta_s = \frac{t_{xj} - t_{xc}}{t_{xj} - t_{pj}}$$

$$\eta_t = \frac{h_{xj} - h_{xc}}{h_{xj} - h_{pj}}$$

式中,η_s、η_t 分别为温度与焓交换效率;t_{xj}、t_{xc} 和 t_{pj} 分别为新风进风、新风排风和排风进风的干球温度(℃);h_{xj}、h_{xc}、h_{pj} 分别为新风进风、新风排风和排风进风的焓值(kJ/kg)。

2.2 房间空调器测试原理

被试空调器室外机置于室外侧环境室,室内机置于室内侧环境室,利用室内侧和室外侧环境室设置的空调系统将室内外侧环境温湿度、室内机出口静压分别调至要求值,并达到稳定(见表1)。室内机的出风口与风量测量装置相连,通过采集室内机进出风干湿球温度和喷嘴两侧静压差计算出室内机的进出口焓差及室内机出风量,从而得出空调器的制冷量(或制热量)[14,15]。

$$Q = \frac{q_m(h_{i1} - h_{i2})}{1 + W_n}$$

式中,Q 为制冷量(kJ/h);q_m 为干空气质量风量(kg/h);h_{i1}、h_{i2} 分别为进风口、出风口空气的比焓(kJ/kg);W_n 为出风口空气的含湿量(kg/kg)。

表 1　房间空调器测试工况设置

GB/T 7725-2004[16]			室内侧		室外侧	
			干球温度(℃)	湿球温度(℃)	干球温度(℃)	湿球温度(℃)
制冷运行	额定制冷	T_1	27.0	19.0	35.0	24.0
		T_2	21.0	15.0	27.0	19.0
		T_3	29.0	19.0	46.0	24.0
	最大运行	T_1	32.0	23.0	43.0	26.0
		T_2	27.0	19.0	35.0	24.0
		T_3	32.0	23.0	52.0	31.0
	冻结	T_1			21.0	—
		T_2	21.0	15.0	10.0	—
		T_3			21.0	—
	最小运行		21.0	15.0	制造厂推荐的最低温度	
	凝露　冷凝水排除		27.0	24.0	27.0	—
制热运行	额定制热	高温	20.0	15.0(最高)	7.0	6.0
		低温			2.0	1.0
	最大运行		27.0	—	24.0	18.0
	最小运行		20.0	—	−5.0	−6.0
	自动除霜		20.0	12.0	2.0	1.0

3　实验结果与分析

2016 年 4 月实验室建成后,进行了房间空调器性能测试。被测空调器是市场上的家用热泵型空调器——格兰仕(Galanz)KFR-23GW/dLP45-150 壁挂式空调。测定空调器分别在额定制冷工况、最大制冷工况、最小制冷工况及最大制热工况下进行测试,并将测试结果与空调器出厂参数进行对比(见表 2),证实利用焓差法实验室可以准确模拟室内外环境,动态测定房间空调器等设备的进出口状态、制冷量、风量和耗功等技术数据,可实现空调设备的热工性能测试。

表 2　KFR-23GW/dLP45-150 壁挂式空调性能参数

制冷工况			制热工况		
额定制冷量(W)	额定功率(W)	额定制冷系数	制热量(W)	电辅加热功率(W)	制热功率(W)
2300	700	3.29	2550+800	800	685+800

3.1　环境温度设计

在对壁挂式空调各工况测试中,为了测试相关制冷(热)参数,需对室内间、室外间环境温度进行控制并且达到设定值,将室内外干球温度及湿球温度实验值分别与设定值对比。如图 2(a)显示,在额定制冷工况下,室内间与室外间的相对湿度设定值分别为 47％和 41％,两者相差较小,所以室内外环境温度基本同一时间内趋近并稳定在设定值;如图 2(b)显示,在最大制冷工况下,室内间环境温度较快达到设定值,而室外间环境温度呈振荡性变化,但是最终趋近并稳定在设定值,这主要是由于室内间设定的相对湿度 47％和大气环境相差较小,而室外间湿度设置值低至 27％;如图 2(c)显示,在最小制冷工况下,室外干球温度和 5 ℃的设定值有一定差距,但差距在逐渐降低,而室内温度快速达到设定值;如图 2(d)显示,在最大制热工况下,初期室外干球温度低于设定值,随着室外间空气处理设备的运行,差距减少,最终趋近于设定值 24 ℃,与最大制冷工况对比,最大制热工况下的室外间环境参数可以更快达到设定值,这主要是由于在最大制热工况下室外间相对湿度设定值为 56％与大气环境相差小。通过四个工况的分析发现,室内侧和室外侧环境设定值中的相对湿度与大气环境相对湿度的差值会影响室内外侧达到设定值的速度,设定值与环境相对湿度相差较大时,实验间需要更长时间才能达到并且稳定在设定值。虽然实验间环境参数达到设定值的速度不一,但最终都能稳定在设定值,实现对实验间环境精确控制的目的。

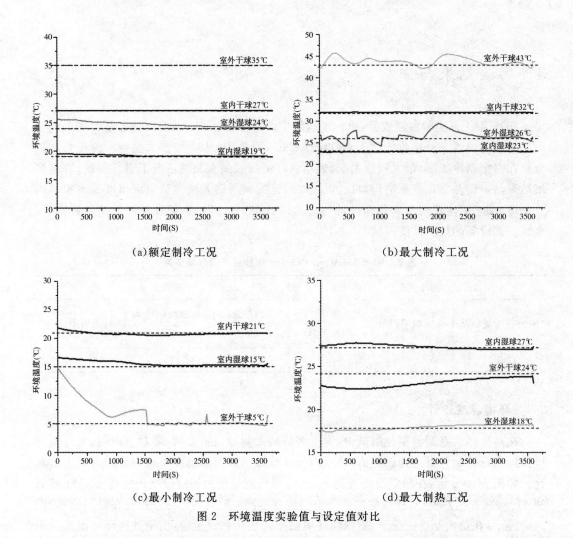

（a）额定制冷工况 　　　　　　　（b）最大制冷工况

（c）最小制冷工况 　　　　　　　（d）最大制热工况

图2　环境温度实验值与设定值对比

3.2　壁挂式空调器性能参数

将空调器在额定制冷、最大制冷、最小制冷以及最大制热四个工况下的制冷（热）量及制冷（热）系数进行对比分析（见图3）发现：在额定制冷工况下，空调器能较快达到稳定运行状态，但制冷量低于额定制冷量2.3 kW，而制冷系数高于额定制冷系数3.29，这主要是由于压缩机等的耗功低于额定值800 W；空调器在超载运行时，最大制冷工况下的制冷量大于额定工况下的制冷量；空调器在最小制冷工况下运行时，随着运行时间的持续，制冷量逐渐增大，甚至有可能大于额定工况下的制冷量，在此工况下，制冷的耗功较低，其制冷系数为各工况中的最大值；未开启电辅热时，最大制热量与额定制热量存在较大差距。

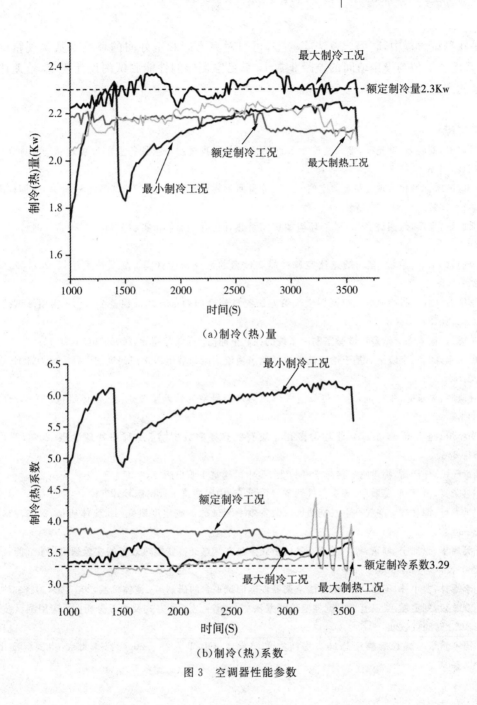

（a）制冷（热）量

（b）制冷（热）系数

图 3　空调器性能参数

4　结论

通过对壁挂式空调器的性能进行测试发现：空调器在额定制冷、最大制冷、最小制冷以及最大制热四个工况下的制冷（热）量及制冷（热）系数与样品标注值存在较大差距。

但是在测试过程中,利用焓差法实验室,可以对室内间和室外间的环境参数实现精确控制,环境实测值与设定值间的差距非常小,满足空调器的性能测试的设计要求,焓差法实验室达到验收要求。

参考文献:

[1]马广玉,刘晓瀚,李光祥,等.实施生产许可证制度后我过制冷空调行业的发展现状[J].制冷与空调,2008,8(4):5-8.

[2]中国国家标准化管理委员会.空气—空气能量回收装置(GB/T 21087—2007)[S].北京:中国标准出版社,2007.

[3]柳胜耀,李瑛,赵四海,等.平衡环境型房间量热计优化设计[J].实验室研究与探索,2014,33(7):79-82.

[4]吴姮,胡卓焕,余敏,等.焓差法空调性能测试台的研究与设计[J].测试技术学报,2011,25(3):239-244.

[5]李敏毅,刘定强,梁显有.空调器空气焓差法测量制冷(热)量方式及误差分析[J].实用测试技术,2002,28(3):24-26.

[6]王志远,徐志亮.焓差法试验室制冷系统的控制策略[J].低温与超导,2008,36(8):70-75.

[7]唐永东,顾威,李晓平.基于焓差法的机械通风逆流式冷却塔出塔水温研究[J].冶金动力,2015(8):72-74.

[8]钟晓晖,吴玉庭,张行周,等.热泵空气侧换热量测量空气焓差法改进[J].流体机械,2006,34(3):83-86.

[9]李小川,施明恒,张东辉.非均匀多孔介质有效热导率分析[J].工程热物理学报,2006,27(4):644-646.

[10]章熙民,任泽霈,梅飞鸣.传热学[M].北京:中国建筑工业出版社,2007.

[11]赵荣义,范存养,薛殿华,等.空气调节[M].北京:中国建筑工业出版社,2009.

[12]丁力行,谭显辉.空气—空气能量回收装置效率测试的不确定度研究[J].流体机械,2005,33(4):31-34.

[13]吴玮华,赵加宁,刘京,等.逆流—叉流板式全热空气热交换器换热效率的实验研究[J].节能技术,2009,27(4):302-306.

[14]李雄林,曹小林,王伟,等.焓差法空调器性能测试平台的研制[J].流体机械,2007,35(1):69-73.

[15]李敏毅,刘定强,梁显有.空调器空气焓差法测量制冷(热)量方式及误差分析[J].实用测试技术,2002,28(3):24-26.

[16]国家质量监督检验检疫总局.房间空气调节器(GB/T 7725—2004)[S].北京:中国标准出版社,2004.

产学深度融教的改革与实践
——以建筑环境与能源应用工程专业为例

蒋小强[1]* 李兴友[1] 田雪丽[2]

（1. 福建工程学院生态环境与城市建设学院，福建福州，350118；
2. 福建工程学院管理学院，福建福州，350118）

[摘 要]本文以福建工程学院建筑环境与能源应用工程专业为例，对该专业的产学融教模式进行探索和总结。根据建筑环境与能源应用工程专业实习现状和暖通空调行业市场需求变化对专业实习教学提出改革，基于应用型技术人才的培养目标，探讨加强校企教学基地建设开展产教合作、建立稳定的实习平台和改进实习考核方式的措施，旨在构建实现应用型技术人才培养目标的实习教学体系，培养专业知识过硬、实践能力强的建筑环境与能源应用工程高级人才。

[关键词]产学融教；应用型技术人才；建筑环境与能源应用工程专业；实习教学

0　引言

国务院和教育部在 2014 年明确提出，要引导一批本科高校向应用技术类高校转型，并发布了《关于加快发展现代职业教育的决定》的文件，全面部署加快发展现代职业教育，明确了今后一个时期加快发展现代职业教育的指导思想、基本原则、目标任务和政策措施，提出"到 2020 年，形成适应发展需求、产教深度融合、中职高职衔接、职业教育与普通教育相互沟通，体现终身教育理念，具有中国特色、世界水平的现代职业教育体系"。政策上，鼓励采取试点推动、示范引领等方式，引导一批普通本科高等学校向应用技术类型高等学校转型，重点举办本科职业教育。

面对新形势，福建工程学院积极响应国家教育政策调整，开展一系列基于培养应用型技术人才的教学改革与研究。建筑环境与能源应用工程专业就是其中一个。建筑环境与能源应用工程专业于 2012 年更名为现专业名，作为一个年轻的专业，其教学体系的理论与实践有待探索和完善。建筑环境与能源应用工程专业（下称"建能专业"）是典型

* 蒋小强，副教授，博士，研究方向：建筑环境与能源应用工程专业的教学科研工作。
基金项目：福建工程学院教育研究课题资助(No.GB-K-15-30)

的工科应用型专业,理论与实践紧密结合显得尤为重要。该专业的培养目标是:具备从事本专业技术工作所需的基础理论知识及专业技术能力,能够在设计研究院、工程建设与安装、设备制造、物业管理等单位从事采暖、通风、空调、净化、冷热源、供热、燃气等方面的规划设计、制造研发、施工安装、运行管理及系统保障等技术或管理岗位工作的复合型工程技术应用人才。

建能专业的实践教学环节包括实验、实习、课程设计和毕业设计等部分,是教学体系中极其重要的部分,对培养学生的专业素养与创新能力起着不可替代的作用。而实习环节又是实践教学中最为重要的一步,故加强实习实践教育,对于培养注册执业制度下的应用型技术人才具有举足轻重的意义。

1 构建合理有机的实习教学模块

当前,绝大多数高校的建能专业实习教学主要分为认识实习、生产实习和毕业实习(金工实习和工程测量实习不计入专业教学范畴)三部分。但是,不同学校的实习安排时段、时长不一,实习过程中教师和企业方面的投入不一,学习效果也随之迥异。对于认识实习,有些学校安排在第五学期期初,为期一周;而福建工程学院安排在第二学期,为期一周。对于生产实习,许多学校安排在第七学期期初,为期四周;福建工程学院(非卓越方向)则安排在第七学期期末,课程名为"操作实习",为期五周。对于毕业实习,几乎所有的高校均安排在第八学期期初,为期四周(福建工程学院则称为"综合实习")。由上可见,不同高校存在不同实习时间和内容的安排,这对于学生们应用技术能力的培养效果如何影响有待进行实践与探讨。

2 实习教学内容的拓展与改革

2.1 认识实习

认识实习是为了让学生对专业的概貌有一个感性认识,在初步了解专业概况的基础上,激发学生的学习兴趣,并为后续专业课程的学习做好心理上的准备。采用集中实习的方式,由教师带领并进行指导。学生们通过参观一些已投入运行的典型暖通空调工程,来实现认识实习的目的。福建工程学院建能专业的认识实习主要是参观学习学校图书馆(和行政大楼)的中央空调系统,包括制冷机房和空调末端。让学生们了解整个中央空调系统的设备种类、型号、品牌、数量,设备之间的连接,管道的布置,以及末端与室内设备的配合。通过这样的方式和要求,达到让学生对本专业的供热、通风、空调系统的形式、特点和相关设备有一个全面认识和了解的目的。这是学生入学以来对本专业所涉及实际内容的初步了解,是后续专业课学习的感性认识基础,对各门专业课的融会贯通有着非常重要的意义。

2.2 生产实习

生产实习又可称为"设备制造与运行实习",或者"操作实习"。生产实习介于认识实习和毕业实习之间,起着承上启下的作用,是学生们第一次运用专业知识,并将理论与实践充分结合的阶段,是整个实践教学环节乃至整个教学体系中最重要的一门课程。当前,各高校采用的实习方式并不尽同。笔者结合自身指导生产实习的经验,认为生产实习的改革应从实习平台和实习指导方式进行。

2.2.1 实习平台的变革

许多高校对生产实习采用异地实习的方式,在设备制造企业和(或)空调施工现场进行实习,也有些学校采用在校内实训平台上进行操作生产实习。笔者认为这两种方式均有不足。前者由于异地实习,学生们更容易专注于实习的学习内容,但由于实习费用的限制,甚至存在异地气候无法适应的问题,容易造成实习过程中走马观花、匆匆结束,极大地影响了实习效果。笔者曾经带了一批广东的学生去洛阳某制冷空调设备厂家实习,结果就由于洛阳气候干燥,饮食偏辣,而造成学生们难以适应,不得不提前结束实习。另外,异地实习的场地难以稳定下来。实习单位往往依靠教师个人关系联系,而企业由于自身情况,也难以长时间固定接待实习,因而造成实习内容和地点的不稳定。后者主要在校内实习,实习场地和时间有保证,但设备有限,许多设备并没有投入运行,因而学生们无法感受专业知识的真正运用。

因此,笔者认为只有将校内操作实训平台和校外企业实习有机结合起来,同时注重建能专业相关设备的生产、系统的应用,才能更好地培养出应用型技术人才。

2.2.2 生产实习指导方式的改革

对于生产实习的指导,多数高校采用教师跟队指导、集中进行实习。笔者认为应该采用集中与分散、校内教师与校外导师相结合的指导模式。生产实习不能没有带队教师的指导。由于学生们是首次将专业知识应用于实践中(认识实习只是稍微对设备和系统有所了解),难免遇到这样那样的问题,仅仅依靠课本知识难以找到直接的答案;校内教师大多数是从学校到学校,未在企业工作过,也未在企业进修过,因而对于实践知识极度缺乏。而校外实习单位的工作人员或校外导师实践操作经验丰富,但理论知识未必深厚,难以理论联系实际地进行讲解。因而,只有校内外合作对学生实习进行指导,发挥各自优势,才能更好地让学生理解、掌握和运用专业知识。同时,为了培养学生的独立思考能力、应用专业知识解决问题能力,实习方式不能全部采用集中实习,而是应该将集中实习和分散实习结合起来,实现既有教师带队指导,又有学生单独面对的学习方式。

2.3 毕业实习

毕业实习是建能专业培养体系中理论联系实际的最后一个校外环节(在福建工程学院也叫"综合实习"),旨在培养学生的调研能力、工程设计与施工能力、工程协调能力和自我推荐能力。由于当前学生就业实行双向选择,实习往往开始就与工作内容、毕业设计内容结合在一起。与绝大多数院校一样,我校目前采用分散实习方式。但是,由于社会市场特别是暖通空调行业的变化,学生们很难找到空调工程设计类的实习工作,而多是水电安装、BIM分析,甚至是一些其他相关的工作,造成与毕业实习教学大纲的贴切度不高。更有些学生未能真正落实实习单位,而以在图书馆阅读为主,这些都极大地影响了实习目的和效果。

笔者建议,毕业环节应建立校内导师和校外导师互动机制,确保实习内容不偏差;同时,应带着毕业设计的任务去开展实习,确保实习内容与专业技术服务相一致,提高学生的专业素养和实践能力。

2.4　实习考核方式的改革

传统的实习缺乏有效的考核手段,基本上以实习日记和生产实习报告为主,并参考生产实习纪律和实习单位的评语评定成绩,甚至有时仅以实习报告作为唯一的评分依据。这样做不利于调动学生的积极性和创新精神,无法完全掌握学生的实习动态,导致实习效果大打折扣,学生并不能真正加深对书本知识的了解,也不能增强分析问题和解决问题的能力。

笔者认为,实习考核的具体办法应促使学生认真完成生产实习任务。考核方法包括三项:第一,答辩。采取一对一问答方式。在实习进行到一半时就可以进行,结合现场对实习内容要点进行提问。通过答辩,教师可以基本了解实习效果,进一步认真、深入分析,有效调整、改进实习指导方法,不断提高指导质量。学生们在问答过程中,得到了一对一的指导,能增进学生学习内在动力,能督促学生及时地、认真地、系统地学习生产实习时所能学到的知识。这项权重系数为50%。第二,实习报告和实习日记。要求学生全面详细地写出所有实习点的实习内容,在整理实习报告的过程中可以进一步帮助学生回忆起实习情形,有助于他们记忆和理解实习的知识。此项权重系数为30%。第三,生产实习表现。在生产实习中,根据带队教师和现场工程师对学生的评价打分。此项权重系数为20%。

3　应用技术型人才培养加强实践教学管理的主要途径

21世纪是中国高等教育优先发展的世纪,中国高等教育由精英教育走向大众化教育,并在办学规格、办学层次、办学类型、学校个性和特色上出现了多样化的特征。新建应用型本科院校和应用型人才的培养顺应了高等教育这一发展趋势。许多本科院校定位于应用技术型大学,培养技术型本科人才。这里的应用型本科不是指低层次的高等教育。它的培养目标,是面对现代社会的高新技术产业,在工业、工程领域的生产、建设、管理、服务等第一线岗位,直接从事解决实际问题、维持工作正常进行的高等技术型人才。这种人才的特点是具有较强的技术思维能力,擅长技术的应用,能够解决生产实际中的具体技术问题。

应用性本科人才的培养体现在教育模式、课程体系、教学方法等方面,围绕学生动手能力、实际应用能力的培养,从专业结构、教学模块、师资力量、导师引导、实习实训基地、创新实践方面,积极构建应用性本科人才的培养模式。

要确保大学生专业应用能力的培养和综合素质的切实提升,必须提高专业实习环节的教学质量。笔者认为要从引入校企合作机制构建新型实践教学体系和加大校内实习教学基地两方面入手。

3.1　引入校企合作机制,构建新型实践教学体系

为了实现理论学习与动手能力的结合,目前福建工程学院建筑环境与能源应用工程专业已经与十余家企业签订了教学基地合作协议,课堂建立了较为完整的实践教学体系。基于教学目标和创新人才培养方案的修订和社会与市场需求的变化,笔者认为还要完善由学校与有关政府部门、企事业单位,科研机构等外部单位协商,共同建立的、为本科生进行相关专业的生产实习、毕业论文(设计)、毕业实习等实践教学环节而提供的教学基地。政府部门应对接受学生实习的企业有一些政策倾斜,如减税,或者对企业申请高新技术企业进行扶持。在福州还可以与暖通空调设备制造企业、销售公司建立校企合作教学基地,可以与澳蓝、雪人等设备厂家、工程公司、设计院所和生产企业协商建立实习基地,条件允许时可根据企业人才需要进行定单式培养,更好地解决学生的就业问题。当前,福建工程学院已与26家企业签订了实习基地协议,其中有14家还可以提供卓越培养计划的实习教学(见表1)。这些实习基地有效地推进了实习教学与改革。

表1　建筑环境与能源应用工程专业校外实习基地一览表

序号	单位名称	基地类别
1	福建省建筑总公司	实习基地
2	福建省第二建筑公司水电分公司	实习基地
3	福建省长城制冷有限公司	实习基地
4	省六建第二水电分公司	实习基地
5	省六建水电设备安装分公司	实习基地
6	福州市建筑设计研究院	实习基地
7	福州南宇制冷工程有限公司	实习基地
8	福建友好环境有限公司	实习基地
9	福州市经福设计院	实习基地
10	广东长青燃气集团	实习基地
11	福建闽才造价工程咨询公司	实习基地
12	中建海峡建设发展有公司	实习基地,卓越培养基地
13	福建省工业设备安装工程有限公司	实习基地,卓越培养基地
13	福建省建筑科学院研究院	实习基地,卓越培养基地
14	新奥集团——泉州市燃气有限公司	实习基地,卓越培养基地

续表

序号	单位名称	基地类别
15	福州华润燃气有限公司	实习基地,卓越培养基地
16	福建省安然燃气投资有限公司	实习基地,卓越培养基地
17	省建筑设计院	实习基地,卓越培养基地
18	福建清华建筑设计院	实习基地,卓越培养基地
19	厦门经纬建筑设计院福州分公司	实习基地,卓越培养基地
20	厦门电力工程集团	实习基地,卓越培养基地
21	福建闽建工程造价	实习基地,卓越培养基地
22	福州建工(集团)总公司	实习基地,卓越培养基地
23	厦门绿冷空调工程有限公司	实习基地,卓越培养基地
24	天世达机电设备有限公司	实习基地,卓越培养基地
25	中国燃气集团	实习基地,卓越培养基地
26	福建省海天工程造价咨询有限公司	实习基地,卓越培养基地

3.2 加强校内实习教学基地

由学校按学科专业发展规划批准建立的建环本科实习教学基地和实习工厂,以科研立项方式投入资金并进行管理。同时,学院还应充分利用实验室,让部分优秀学生开展课外科技活动,在实践过程中培养学生的专业综合能力。加大实验室开放力度,由实验室教师或实训指导教师及学生共同管理,将实验、实训和专业实习有机结合起来。

4 结束语

教学实习是高等学校专业培养方案中最重要的实践性教学环节,是提高学生综合应用所学知识解决实际问题、提高实际工作能力的重要手段,是学校实现培养技术应用型人才目标的重要途径。

笔者在借鉴建能专业兄弟院校教法的基础上,对福建工程学院建能专业近年来的教学改革和实践进行梳理,对未来的教学改革进行探讨,提出了根据地方区域的行业特点,调整实习内容、加强校企合作改进教学模式,采用答辩为主的实习考核方式等建议。虽然建能专业的产教融合、校企合作、校所结合、协同育人还不够系统、完整,但这种模式必将极大地推动应用型、技术创新型人才的培养,推动高校教育教学改革的深入与转型发展。我们相信有国家政策的支持和引导,有学校党政领导在培养模式上的大胆创新,建能专业实习教学改革伴随着校企合作发展长效机制的构建,在新形势下必然会走出一条新路子,有效地保障应用型技术人才培养目标的实现。

参考文献：

[1]高等学校建筑环境与设备工程学科专业指导委员会.高等学校建筑环境与能源应用工程本科指导性专业规范[M].北京:中国建筑工业出版社,2013.

[2]朱颖心.暖通空调课程设计的改革与实践[J].制冷与空调,2002,2(4):7-11.

[3]刘丽莹,余晓平,彭宣伟.基于校企合作的应用本科院校实践教学培养模式探讨——以建筑环境与能源应用工程专业为例[J].中国电力教育,2013(19):139-140.

[4]李永存,王海桥,邹声华,等.建筑环境与能源应用工程专业课程体系建设与探索[J].当代教育理论与实践,2014(10):28-29.

[5]丁云飞,吴会军,朱赤晖.建环专业"卓越计划"人才培养模式改革探讨[J].高等建筑教育,2013,22(3):18-22.

[6]夏国强,孙春华,杨华建筑环境与设备工程专业实践教学环节的建设[J].中国电力教育,2009(10):130-131.

"以学生为主体"的建能实验室
创新教学改革的探讨

刘宏伟* 李　琼　朱鸿梅

（华北科技学院，河北三河，065201）

[摘　要] 本文介绍了建筑环境与能源应用工程实验室突破传统实验教学模式，"以学生为主体"的实验教学改革的方法及其取得的成果，体现出当前高校实验室教育改革的必要性。

[关键词] 学生主体；实验教学；创新

0　引言

实验教学是高等院校教学体系的重要组成部分，在培养学生理论联系实际、提高创新精神和实践能力方面起着至关重要的作用。高校欲培养合格的卓越工程师，必将"以学生为主体"，提高实验教学的水平[1~3]。

1　传统实验教学模式

长期以来，我国的高等教育偏重基础理论教学，忽视专业技能的训练和培养。在多数高校的本科教学中，其理论教学量要占到整个本科学习的 70% 左右，而有限的实践教学环节也仅安排学生进行示范性的演示等。我校建筑环境与能源应用工程专业在实验教学环节的问题突显。对于"传热学""工程热力学"等课程中的小型实验，传统实验教学的模式是教师给出实验名称、实验原理、实验目的及实验内容，学生被动地按照教师及指导书给定的方法和内容，按部就班地操作，记录并整理数据，实验结束后编写实验报告。因人数较多，部分学生一旁观望，且在有限的时间内，教师无法解决学生实验过程中遇到

　*　刘宏伟，讲师，硕士，研究方向：流体输配。
　基金项目：华北科技学院高等教育科学研究课题（No.HKJY201423，No.HKJYZD201319）。

的所有问题。整个过程中学生缺乏兴趣,不能充分发挥其主观能动性,实验的效果相对较差。对于"热质交换原理与设备""暖通空调"等课程,利用大型综合实验设备进行热工性能测试,由于系统复杂,学生动手操作机会较少,每次实验都是由指导教师提前进行调试,学生在实验过程中缺乏主动意识,只是根据实验要求记录数据,进行数据分析。这种实验方式严重挫伤学生对实验课的积极性,久而久之,学生对实验课便失去兴趣,造成既不预习、也不操作、更不思考的现象,敷衍了事,使实验课彻底失去意义。

为了扭转这种局面,使学生从被动实验转换为主动实验,真正成为实验的主人,充分发挥学生的主观能动性,自 2009 年起,我院实验教师开始提出各种不同的方案来提高学生对实验的兴趣,以培养学生的创新精神,发挥学生的主体作用。将学生科技创新项目、开放实验和专业基础课教学改革有机结合在一起进行研究,体现了在理论知识的指导下实践、在实践中创新的教育理念,能够实现专业基础课程教学改革和实验教学改革的双丰收,为最终应用型人才质量的培养目标提供了有力的保障。

2 以学生为主体的实验教学模式

2.1 实行"助教"制度

由于建能实验室设备资源有限,学生人数多,导致每个实验的重复次数较多。为提高学生的积极性、主动性,实验室实施了"助教"制度,即指定部分学生担任实验指导老师。对于"传热学""建筑环境测量"等课程涉及的小型实验,实验课程安排在理论课授课之后的第三周左右进行。教师在实验课前三周左右根据学生意愿,选定 2～3 名学生担任"助教"。学生利用课余时间提前进入实验室,与实验教师进行实验相关内容的沟通,然后查找资料、进行实验的准备,进而完成完整的实验操作、数据记录与处理、实验的分析。实验过程中遇到问题首先自己解决,再与教师沟通,最后编写教案并进行课堂指导。教师辅助学生完成工作并负责安全事宜。

"热质交换原理与设备"中的热湿交换实验由于涉及大型综合性实验设备,系统复杂,要求"助教"学生协助实验教师进行实验前的准备。学生参与实验的调试,可以让学生了解课堂外的知识。如在进行实验之前,要对冷却塔进行清洗;清洗之后,冷却水泵开启时要进行放气,否则水泵不能正常运转,这是实验课堂上涉及不到的知识。本实验在设备运行稳定之前要经过长时间认真仔细的调试。在做表冷器热工性能测试时,需要模拟夏季工况,保证空气进口处干球温度为 18 ℃～38 ℃,空气进口湿球温度应为16 ℃～30 ℃,因此,实验过程中要不断调整加湿设备及加热设备的开关,以保证达到实验所需要求。学生通过对实验的调试还可以了解到哪些因素能影响到实验数据的准确性,比如空气"助教"学生利用课余时间帮助教师对设备进行调试,经过几天的接触,这几名学生对实验原理及流程已经非常了解,因此,他们在给同学们进行讲解的时候思路清晰,理论正确。由于是同学进行讲解,学生们毫不拘束,有问题随时提出,指导教师负责完善答案,课堂气氛活跃,授课效果非常好。

这种实验教学模式提高了学生学习的兴趣,并提高了学生的自学能力以及分析问题、解决问题的能力,同时增强了学生的表达能力、责任意识以及安全意识。

2.2 开放实验室

加强实验室开放,为培养创新人才提供良好支撑。高校应充分利用实验室的设备和师资条件,为学生提供研究性学习和个性化培养条件,加强对学生实践能力和创新能力的培养,让更多学生受益[4~6]。开放实验室,不仅仅是时间的开放,而是要有目的、有计划的、以提高学生的自主创新能力为目标的开放。目前,建能实验室有着完整的实验室开放制度及开放办法,可为学生提供更好的服务。

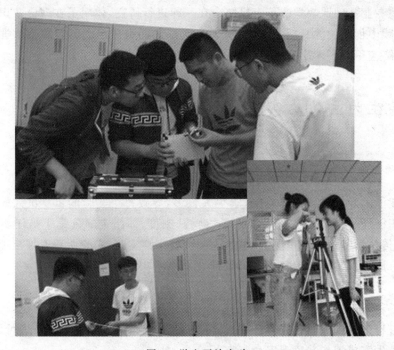

图 1 学生开放实验

(1)实验室资源的开放。建能实验室有计划地将本实验室的实验内容、实验课的讲解以录像方式上传到学校网站上,以网络为平台,使学生自主学习。

建能实验室通过对实验课程体系、教学方法等方面的改革,在构建以学科为背景的实验平台课程的基础上,深入开展实验项目的研究与开发,已经在部分实验课程中设置了相当数量的综合性、设计性选做实验项目。学生根据自己的兴趣选择实验项目,组成团队,与实验教师预约,然后进行实验。学生有相对宽松的实验环境,可以独立思考并解决问题,不仅将理论知识应用于实践,还增强了团队精神。

(2)结合我校每年举行的大学生科技创新活动,积极引导和鼓励学生参与,为他们提供实验平台,以增加学生的创新能力。几年来,建能专业的学生在科技创新活动中获得学校科技论文一等奖、二等奖各一项,科技创新项目获得三等奖一项。如图 2 和表 1 所示,2015~2017 年,学生申请立项的校内科技创新项目占 70.6%,国家级占 29.4%。图 3

表明,科技创新项目主要参加人员为大二和大三学生,占参加总人数的83.3%。为了保证科技创新项目的延续性,已逐渐形成一个项目不同年级学生参与的梯队成员模式。

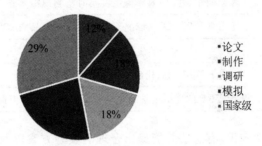

图 2 2015～2017 年建能专业科技创新项目类别分析

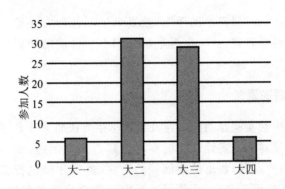

图 3 2015～2017 年参加人数分析

表 1 2015～2017 年建能专业科技创新项目

类别	级别	名称	年级	人数
论文	校级	城市隧道交通风速分布特性及通风控制模拟研究	2012	6
论文	校级	基于 BIM 技术对建筑安全疏散的模拟	2012	2
制作	校级	新式保暖节能床帐	2015	4
制作	校级	线性踩踏双转轮自行车	2015	5
制作	校级	智能启停式路灯	2015	3
调研	校级	我校建能专业毕业生(近3～5届)就业现状专题调研	2015	4
调研	校级	青年志愿者发展状况和影响调查	2015	4
制作	国家级	家用水膜式空气净化器	2015	5
制作	国家级	华科北门智能路灯控制系统(雾霾天气)	2014	6
制作	国家级	家用淋浴废热循环利用装置(改进)	2015	5
制作	国家级	风幕式抽油烟机(改进)	2015	5
制作	国家级	太阳能生物质能综合应用装置	2014	6

续表

类别	级别	名称	年级	人数
模拟	校级	客运列车高峰期内环境现实实时监测模拟实验	2014	6
模拟	校级	中度污染及以上天气情况下校园室内空气品质实验	2014	6
调研	校级	大一学生学习需求调研	2016	6
模拟	校级	基于 BIM 二氧化碳 pvt 关系实验模拟仿真	2014	5
模拟	校级	基于 VRP 的虚拟锅炉水循环常见故障的虚拟仿真	2014	5

（3）学生根据所学知识,有想法并能提出合理的实验方案以及实验所需设备及耗材,形成团队,就可以与实验教师进行交流,方案可靠便可进行预约登记,安排时间进行实验。

（4）引导学生做"科研小助手"。鼓励学生以各种方式进入实验室,协助有科教研项目的教师开展科学研究,让学生更早接触到本学科前沿知识,以增强学生对专业学习的兴趣及信心。

2.3 带着问题进课堂

为提高学生对实验课的积极性及帮助学生解决将来工作过程中可能会遇到的问题,我院实验教师针对不同实验性质的实验课精心预设问题,要求学生在进行实验之前,利用图书馆、网络等资源,找出解决问题的方法,然后才能进行实验。《淋水室热工性能测定实验》用到大量设备及仪表,使用过程中可能会出现各种问题,虽然学生不能操作,但是一定要求学生在实验之前就对可能会产生的故障原因及应对措施了如指掌,应对自如。比如:冷却水泵不出水如何处理? 实验过程中突然断电如何应对? 湿球温度过高的原因及处理办法是什么? 水银温度计打碎如何处理? 水泵电机烧毁的原因是什么? 让学生提前了解这些问题,可以提高学生的兴趣及自学能力,为将来更快地适应工作打下基础。

2.4 学生制作多媒体课件

信息和多媒体技术在建能专业的实验课程中也起到了相当重要的作用,与传统实验教学模式互为补充[7]。我校多媒体课件目前已经广泛应用于理论教学中,并且取得了不错的教学效果。建能实验室已经开始鼓励学生对大型实验制作多媒体课件。如"热质交换原理与设备"这门课程中的两个实验课件都投入使用,在全院实验讲课比赛中,该课件得到了督导组的认可和学生的好评。

课件中突出了主要的热交换设备,并通过图片使学生们了解淋水室和表面式换热器的内部构造,还生动展现了空气和水的流动方向,通过红、蓝色线条表示处理前后的空气状况,实验流程通过活动的线条清晰体现,配上拍摄好的实物照片,使实验课变得生动起来。学生们在制作课件的同时,加深了对理论知识的理解,也提高了学习的积极性。

2.5 鼓励学生参与自制(改造)实验设备

我校每年都会投入部分经费应用于实验室自制(改造)实验设备。实验室通过对历届学生的实验效果问卷调查,分析总结,提出需要自制(改造)的实验设备。同时,征求在校三、四年级的学生意见,鼓励他们参加实验设备的自制或改造。由教师提出设备的不足及改造要求,学生组成团队讨论改造方案,改造需要的材料并绘制图纸,初步确定改造后实验设备的性能及功效。最终由教师审定,并进行改造方案的确定。在此过程中,学生学会了思考问题并通过自己的努力解决问题,增强了学生的自信心及创新能力,同时提高了学生的动手能力。

3 小结

"以学生为主体"的实验模式使学生有充分独立研究和动手实践的条件和机会,提供相互探讨和解决所遇问题的时间和空间环境,让学生能亲历从设计到具体实施的全过程;体验"知道什么问题可以使用什么方法解决,可能在什么地方找到解决的方法",对理论知识有更为深刻的理解、融会贯通并有所创新,正如我国著名教育家陶行知所说:"所以要创造,非你在用脑的时候,同时用手去实验,用手的时候同时非用脑去想不可。"让学生真正从被动地"要我做"变为主动地"我要做",还需要高校教师不断地探索和研究,提出更多有利于提高学生积极性、创造性的方法。

参考文献:

[1]刘幸福,吴元喜,余龙江,等.在实验教学中,试行"以学生为主体"的教学模式探讨[J].实验室研究与探索,2002,19(3):114-123.

[2]王金星,刘天模.通过实验教学提高学生创新能力的尝试[J].实验室研究与探索,2011,30(7):255-258.

[3]周立亚,龚福忠,兰宇卫,等.构建研究型实验教学法 培养学生创新能力[J].实验室研究与探索,2011,30(5):127-129.

[4]严薇,袁云松.加强实验室开放为培养创新人才提供良好支撑[J].实验室研究与探索,2009,28(5):16-17,36.

[5]王斌.实验室开放式教学改革与创新人才培养[J].实验技术与管理,2011,28(8):286-287.

[6]苏新,毕经存,陈利文,等.实验室开放式管理的探讨与研究[J].实验室研究与探索,2003,22(5):143-144.

[7]张林.实验室开放问题探析及应对策略[J].实验室研究与探索,2006,25(10):1289-1292.

学科建设与人才培养

"卓越计划"与"新工科"人才培养的要求与模式

臧润清*　刘泽勤

（天津商业大学机械工程学院，天津，300134）

[摘　要]"卓越计划"已经实施约八年，对我国高等学校工科的教育教学改革起到了促进作用，缩小了人才培养机构与用人单位对人才知识与能力结构的矛盾冲突，使得我国高等工科教育向现代化迈进了一步。2017年2月，教育部高等教育司发出《关于开展新工科研究与实践的通知》，启动了"新工科"研究与实践项目。"新工科"项目本着"面向世界、面向未来"的高等工科教育教学的改革理念，将对我国高等工科教育产生深远的影响。本文对"卓越计划"与"新工科"人才培养的要求与模式进行比较分析，以提高对工科教育教学改革的认识。

[关键词]卓越计划；新工科；教育教学改革

0　前言

"卓越计划"是国家教育部落实《国家中长期教育改革和发展规划纲要、国家中长期人才发展规划纲要》的改革项目，是中国由工程教育大国走向工程教育强国，培养造就创新能力强、适应经济社会发展需要的高质量工程技术人才，为我国走新型工业化发展道路、建设创新型国家和人才强国战略为目的制订的一个计划。

"新工科"教育教学改革计划是在我国推动创新驱动发展、实施"一带一路""中国制造2025"和"互联网＋"等重大战略举措下实施的，以适应新技术、新业态、新模式、新产业为代表的新经济发展等对工程科技人才的更高要求。"新工科"研究与实践将围绕工程教育改革的新理念、新结构、新模式、新质量、新体系开展。

本文根据"卓越工程师教育培养计划"和"新工科研究和实践"的背景、特点和实施措施进行比较分析，掌握"新工科"计划的实质内涵。

---

*　臧润清，教授，研究方向：制冷空调。

1　背景

中国的高等工程教育与其他行业齐头并进，为我国的工业工程发展培养了大量的工程科技人才，为我国工业体系的形成与发展、改革开放40年的经济增长和现代化建设做出了巨大贡献。到目前为止，中国的高等工程教育已位居世界第一，形成了比较适应不同时期发展的高等工程教育结构体系。经过70年的发展，已具备了良好基础，基本能满足社会对多层次、多种类工程技术人才的需求。随着政治、经济和社会的发展，党中央做出了走中国特色新型工业化道路、建设创新型国家和人才强国等一系列重大战略部署，由此对高等工程教育改革与发展提出了迫切要求。高等工程教育需要培养更多适应和支撑产业发展的工程人才，特别是创新型工程人才和具有国际竞争力的工程人才。高等工程教育需要进一步强化服务国家战略、服务行业企业需求，创新人才培养机制，改革人才培养模式，加强被培养人的工程实践能力、创新能力和国际竞争力，构建布局合理、结构优化、类型多样、主动适应经济社会发展需要的、具有中国特色的社会主义现代高等工程教育体系，加快我国向工程教育强国迈进的步伐。我国的高等工程教育需要在认真总结自身工程教育成就和学习发达国外成功经验之上，进一步解放思想，更新观念，深化改革，加快发展。我国工程教育改革发展的战略重点应转移到服务国家发展战略、重视与工业界的密切合作和学生综合素质及社会责任感的培养，重视培养具有国际化视野的工程技术人才。

从发展来看，我国人才缺口最大的专业很可能是新一代信息技术、电力装备、高档数控机床和机器人、新材料等。当今，在迅猛发展的大数据、物联网、人工智能、网络安全、大健康等新经济领域已出现人才供给缺口，说明我国工程教育与新兴产业和新经济的发展已有脱节。虽然我国高校工科在校生约占在校生总数的三分之一，规模很大，但存在工科教学理科化，通识教育与工程教育、实践与实验教学之间的关系和区别不清，工程教育与行业企业实际严重脱节，综合素质与知识结构不够匹配等严重缺陷。未来的新兴产业和新经济对人才提出了工程实践能力和创新能力强、具备国际竞争力和综合素质的复合型的迫切要求。高等学校培养的工科人才不但在学科专业上学业精深，还必须了解相近专业的基本知识，具备学科交叉与融合的能力；高等学校培养的工科人才不仅能运用所学知识解决实际问题，还应能够通过新知识、新技术的学习解决未来发展出现的问题，对未来技术和产业起到引领作用；高等学校培养的工科人才不仅在技术上是佼佼者，还应懂得经济、社会和管理，兼具良好的人文素养。可以说，新经济对人才提出的新的目标定位与需求为"新工科"提供了契机，新经济的发展呼唤"新工科"。

"卓越计划"强调高等工程教育需适应和支撑产业发展、适应提升我国工程科技队伍的创新能力、具有应对经济全球化的挑战能力；"新工科"强调未来新兴产业和新经济对人才培养的需要。"新工科"培养的人才应具有实践能力强、创新能力强、具备国际竞争力，而且不仅在某一学科专业上学业精深，而且还应具有学科交叉融合的特征，既能运用所掌握的知识去解决现有的问题，也有能力学习新知识、新技术去解决未来发展出现的问题,对未来技术和产业起到引领作用;不仅在技术上优秀,同时懂得经济、社会和管理,兼具良好的人文素养。由上述描述可见,"卓越计划"来自对"十七大"前党和国家对我国未来人才需求的总体判断;"新工科"则来自"十八大"对我国未来人才需求的总体判断。"新工科"是对"卓越计划"的延伸与发展。从目标来看,"新工科"对未来高等学校的工科改革指明了明确的方向。

2 培养特点

"卓越计划"具有行业企业深度参与培养过程,学校按通用标准和行业标准培养工程人才和强化培养学生的工程能力和创新能力三个特点。"新工科"具有工程教育的新理念:结合工程教育发展的历史与现实、国内外工程教育改革的经验和教训,分析研究"新工科"的内涵、特征、规律和发展趋势等,提出工程教育改革创新的理念和思路。学科专业的新结构:面向新经济发展需要、面向未来、面向世界,开展新兴工科专业的研究与探索,对传统工科专业进行更新升级等。人才培养的新模式:在总结卓越工程师教育培养计划、CDIO 等工程教育人才培养模式改革经验的基础上,开展深化产教融合、校企合作的体制机制和人才培养模式改革研究和实践。教育教学的新质量:在完善中国特色、国际实质等效的工程教育专业认证制度的基础上,研究制定新兴工科专业教学质量标准,开展多维度的教育教学质量评价等。分类发展的新体系等:分析研究高校分类发展、工程人才分类培养的体系结构和运行机制等五个特点。

"卓越计划"是基于高校逐渐成为普及性教育之后,用人单位对高校毕业生知识结构和知识运用能力存在普遍不满的基础上,为了促进高校人才培养计划适应需求而制定的、有针对性的培养目标驱动式的尝试与探索方式,是一种立竿见影地解决人才培养规格与用人市场需求矛盾的短期行为,是历史阶段的产物,也是高等学校人才培养结构的小幅调整尝试。"新工科"的理念全面贯彻了党的教育方针,坚持进一步改革开放的发展理念,不但能够解决培养与使用之间的突出矛盾,而且能够面向世界、面向未来。"新工科"的探索方向就是要让高等教育适应中国和世界工业的迅速发展,适应多学科深度融合的市场需求,在总结传统工科人才培养模式、方法和目标的基础之上,根据市场、发展及适应性等要求,进行深入和"翻天覆地"式的教育教学改革与创新。

3 实施措施

"卓越计划"的实施措施包括五个方面:一是创立高校与行业和企业联合培养人才的新机制;二是以强化工程能力和创新能力为重点的改革人才培养模式;三是改革完善工程教师职务聘任与考核制度;四是扩大工程教育的对外开放;五是教育界与工业界联合制定人才培养标准。"新工科"的实施措施:一是培养学生的快速学习能力、自觉的学习能力和对知识的需求判别;二是让学生在更广泛的专业交叉和融合中学习,包括科学、人文、工程的交叉融合,培养复合型、综合型人才,学生要具备整合能力、全球视野、领导能力、实践能力,成为一个人文科学和工程领域的领袖人物。

"卓越计划"的具体实施措施是强调高校与企业的联合培养机制与计划标准制定、强调培养人的工程能力和创新能力、强调工程类教师的培养、强调工程教育的对外开放。"新工科"的措施并不那么具体,但对人才培养的规格提出了明确的要求,即会学习、重视学科交叉、具有复合型和综合能力。"新工科"是探索型的,步子很大但很稳妥,要在充分总结改革开放 40 年国内高等工科教育经验与不足的基础之上,结合国外高等工科教育的方式与方法,并结合目前与将来科技发展与市场对人才的需求,开展多层次多角度的教育教学研究,逐步形成适合我国国情的"新工科"教育教学的结构与方式方法。

4　总结

(1)"新工科"是"卓越计划"的改革延续,是在总结"卓越计划"执行几年来的经验与不足并结合现代科学技术发展制订的一个面向世界、面向未来的工科教育教学改革计划。

(2)"新工科"教育教学改革计划和理念是通过科技界、教育界和企业界充分酝酿产生的,旨在让我国的工科教育能够更好地适应社会发展,跟上时代的脚步,确保高等学校培养的人才适应全球化的工程技术与管理技术的不断进步。

(3)"新工科"教育教学改革计划所提出的两个改革措施看似简单,实质上是现有工科培养目标、培养方案、教育教学内容、教学方法和培养标准进行实质性改革的一个动员令。

参考文献:

[1] 郑杰,等."卓越计划"人才培养新模式探索[J].轻工科技,2017(6):193-195.

[2] 高雪梅,等.卓越工程师培养模式初探[J].贵州社会科学,2011(11):108-110.

[3] 林建.卓越工程师创新能力的培养[J].高等工程教育研究,2012(5):1-17.

[4] 林建."新工科"建设:强势打造"卓越计划"升级版[J].高等工程教育研究,2017(3):7-14.

[5] 王跃飞,等."卓越计划"下创新型工程人才培养方法研究[J].科技视界,2016(2):177.

[6] 钟登华."新工科"建设的内涵与行动[J].高等工程教育研究,2017(6):1-6.

[7] 周开发,等."新工科"的核心能力与教学模式探索[J]. 重庆高教研究,2017(3):22-35.

"能源与动力工程"卓越工程师人才工程素质培养体系的构建与实践

郭宪民*　刘圣春　姜树余　宁静红　闫　艳

（天津商业大学、天津市制冷技术重点实验室,天津,300134）

[摘　要] 在卓越工程师人才培养过程中深度融合现代工业环境,以强化工程实践能力、工程设计能力与工程创新能力的培养,以社会和制冷行业需求为导向,构建了"能源与动力工程"卓越工程师基本知识、基本技能及综合素养三个层次知识与能力兼具的培养体系。依托校内及国家级工程实践教育中心,校企联合重构实践教学体系,创建了将传统课程实验、综合实践、工程实践及科研训练（竞赛）有机结合的"3+X"工程素质培养模式,形成了一套完整的、具有"冷冻冷藏"科研教学特色的应用型工程师人才培养新模式,并经过了实践检验,人才培养质量明显提高,学生综合工程素质得到了显著加强,2015～2017届卓越工程师实验班毕业生受到了用人单位的广泛好评。

[关键词] 卓越工程师;工程素质培养;改革

0　引言

目前,国际上的工程师培养大致可以分为两大模式[1,2]。一是以美国为代表的《华盛顿协议》成员模式,即大学生在校期间着重进行工科基础教育,毕业后由社会提供工程师职业方面的训练,并通过专门的考试和职业资格认证后成为工程师。二是以德国和法国为代表的欧洲大陆国家模式,即大学生在校学习期间就要完成工程师的基本训练,毕业时获得一个工程师学位文凭,同时也是职业资格。

由于我国工程教育所处的历史阶段与西方发达国家完全不同,因此,我国工程教育面临的国家使命与西方发达国家存在很大差异,没有可以照搬的模式。面对我国经济发展转型升级与全面提升国际竞争力的紧迫要求,培养造就一大批创新能力强、适应我国经济社会发展需要的各类工程技术人才,是增强我国核心竞争力、建设创新型国家、走新型工业化道路的必然选择。为此,教育部决定实施"卓越工程师培养计划",以"面向产业、面向未来、面向世界"为教育理念,以产学研合作为依托,以强化工程实践能力、工程设计能力与工程创新能力为核心,通过系统的工程意识、工程实践能力和工程素质训练,培养掌握能源与动力工程专业相关基础知识和专业技能、适应社会及制冷行业发展需要

---

*　郭宪民,教授,博士,研究方向:制冷系统节能。

的应用型和设计型工程师人才。

工程素质、创新意识和实践能力的培养是"卓越工程师人才培养计划"的核心关键问题和难点,没有现成的经验可供借鉴[3]。2013年,我校与烟台冰轮公司合作申报并获批了天津商业大学—烟台冰轮股份有限公司国家级工程实践教育中心,为卓越工程师工程实践能力和创新意识的培养提供了良好的条件。由于高校与厂方在人才培养模式、对人才培养的要求及做法等各个方面存在巨大差异,因此,如何充分发挥厂方在设备、技术、实践经验及人才等方面的优势,并结合天津商业大学特色、办学理念和人才培养定位,依托国家级工程实践中心,加大校企合作力度,采取多种措施,对卓越人才培养的理念和模式进行研究和实践探索,总结出一套行之有效的培养、管理及考核方案。

1 卓越工程师人才工程素质培养体系的建立

首先,按照"以人为本,促进学生知识、能力和素质协调发展,全面推进工程素质教育,培养学生创新意识和实践能力"的原则,将学科、专业、课程、教材和团队建设结合起来,深度融合现代工业环境,以产学研合作为依托,以强化工程实践能力为核心,构建能源与动力工程卓越工程师基本知识、基本技能及综合素养三个层次知识与能力兼具的培养体系[4]。其次,依托校内及国家级工程实践教育中心,校企联合重构实践教学体系,创建将传统课程实验、综合实践、工程实践及科研训练(竞赛)有机结合的"3+X"工程素质培养模式。最后,校企联合优化整合课程内容,重点引入反映学科发展前沿的课程内容及工程师素质培养的实践课程,并积极进行课堂教学改革,加强学习过程考核,形成一套完整的应用型工程师人才培养新模式[5~8]。

1.1 以校企合作为依托,构建现代企业环境下的卓越工程师培养体系

通过广泛征求制冷行业企业及专家的意见,将工程师素质和能力归结为知识的获取及应用能力、个人能力与职业素养、在企业和社会环境下的工程设计、实施和运行能力、产品设计开发能力、工程实践能力及创新能力。将这些目标要求分解到不同的培养环节,构建了能力培养实现矩阵,制订了"天津商业大学2012版热能(能源)与动力工程专业卓越工程师实验班人才培养方案"。该方案围绕促进学生知识、能力和素质协调发展,全面推进工程素质教育、培养学生的创新意识和实践能力的人才培养目标。方案中大大增加了进入企业/工程实践教育中心进行课程实践、工程训练的课时数量及专门实践课程。

改革和创新工程人才教育培养模式,以工程技术为主线,创立学校与行业企业联合培养人才的新机制,在现代工业企业实际生产环境中构建促进学生基本知识、基本技能、综合素质与能力协调发展的培养体系,着力提升学生的工程素养、工程实践能力、工程设计能力和工程创新能力等综合工程素质。从培养目标、课程设置、教师队伍建设及实践教学体系各环节与制冷行业发展需要和实际生产环境深度融合,校企联合创新性地开设"工程师职业道德与责任""冷冻冷藏工程标准与规范"及"专业开发能力实训"等专门实

践课程,并与制冷行业的大型骨干企业的工程技术人员联合指导毕业设计,为培养创新能力强、适应制冷行业发展需要的卓越工程师后备人才奠定了基础。

1.2 重构卓越工程师实践教学新体系,全面支撑人才综合工程素质的培养

在传统的课程实验及生产实习的基础上,增加了综合实践及工程实践环节。综合实践环节主要将实践能力及工程素质的培养融入主要的学科基础课、专业基础课及专业课中,如"电工学""机械制图设计""工程图学""工程热力学""流体力学""传热学"和"制冷原理与设备"等课程,根据课程性质,学生可以在校内工程实践教育中心完成产品性能实验、产品设计加工、计算机编程或仿真实验等。工程实践训练项目主要有专业实习、专业开发能力实训、毕业实习、毕业设计,主要在天津商业大学—烟台冰轮股份有限公司国家级工程实践教育中心及校外实习基地进行,学生可以在真实的企业环境下接受全面的工程师素质训练。同时,依托校内外工程实践教育中心,组织学生成立课外科技创新小组,积极申报国家级、市级及校级大创计划项目、产学研合作 G-SRT 项目,参加暖通制冷创新设计大赛、制冷空调行业科技竞赛等竞赛活动,每年组织制冷空调创意大赛。这样形成"课程实验—综合实践—工程实践—科研训练"一体的"3+X"实践教学体系,全方位提升学生工程素质及创新能力。"传统实验模块、综合实践模块、工程实践模块+科研训练(竞赛)"实践教学体系构建了分阶段、多层次、模块化、开放式、综合性工程实践教学新模式,形成了具有综合工程实践教育特征的实践教学体系,将学生的综合工程素质培养融入人才培养的全过程,实现了工程实践训练四年不断线。为了全面支撑"3+X"实践教学模式,构筑了由传统专业实验室、校内工程实践教育中心、国家级工程实践教育中心及校外实践基地构成的三级实践教学网络,分别承担课程实验、综合实践、制冷空调产品设计制造综合实践、工程系统运行实习及科研训练等不同层次的实践教学任务。

1.3 创立真实企业环境下基于项目引导的毕业设计"真题真做"及"双导师"机制

首先,校企合作建立卓越工程师班毕业设计双导师制度。由企业选派有丰富产品设计及工程实践经验、理论水平高的工程师,由校方聘任作为卓越工程师班毕业设计指导教师。企业导师纳入学校统一管理,由学校提出统一的指导要求。同时,学校选择一名学术水平较高的教师作为校方指导教师。其次,紧密结合工程实际选择毕业设计题目,深度挖掘企业生产实际中需要解决的产品设计、工程应用及产品性能实验等方面的实际课题作为卓越工程师班学生毕业设计题目,并由这些项目的主管工程师作为毕业设计的企业指导教师。学生深入企业参与课题组的设计工作,在企业完成毕业设计,企业导师则以实际产品设计的标准要求学生。为了更好地把握毕业设计内容的深度,校内导师与企业导师在确定毕业设计题目及内容阶段密切沟通、配合,共同制订符合要求和进度的毕业设计内容和计划,并共同把关毕业设计质量和进度。这类毕业设计题目来自工程实际,应用于工程实际,要求学生按企业生产标准进行产品及工艺设计,对学生工程素质及工程实践能力的提高具有非常重要的作用。校企合作建立卓越工程师班毕业设计双导师制度及基于项目引导的毕业设计题目"真题真作"的选题机制,在真实的企业环境下激发了学生的学习兴趣和探求欲,提高了实践能力,加强了其工程素质的培养。

1.4 紧跟学科发展前沿,深化课程教学改革,调动学生积极性

校企联合优化整合课程内容,重点引入反映学科发展前沿课程内容及工程师素质培养的实践课程;针对不同的课程性质,改革教学方法及考核手段,采用集中授课、分组讨论、专家讲座及课程实践等方式相结合,注重过程考核以提高学生学习的积极性;将"制冷专业英语"课程与科技论文写作与检索相结合,并由外籍专家授课;依托国家级工程实践教育中心,将专业实践性课程"工程师职业道德与责任""冷冻冷藏工程标准与规范"及"专业开发能力实训"等课程调整到校外实践教育基地,由企业专家进行授课,并组织相关实践训练培养。同时,结合行业发展,更新国家级精品资源共享课内容,优化整合其他专业核心课程内容。将教学团队的科研成果——预冷与冰温储藏技术、新能源利用技术等内容融入课堂教学中。

2 卓越工程师人才工程素质培养改革成果及推广

2.1 人才培养方案经历了实践检验,培养质量明显提高,学生综合工程素质得到了显著加强

天津商业大学 2011～2016 级热能(能源)与动力工程专业卓越工程师班按照本项目制订的人才培养方案进行了教学实践,其中 2011～2013 级已顺利毕业,2014 级已进入毕业设计阶段。实践结果表明,卓越工程师班人才培养质量明显提高,特别是综合工程素质得到了显著加强,普遍得到了用人单位的认可及好评。卓越工程师班学生英语四级、六级通过率超过 90％及 60％,获得各类奖学金共 127 人次,获得各类先进个人 67 人次,获得各类先进集体 13 班次。在此基础上总结了卓越工程师人才培养的经验,2017 年又做了进一步的修改完善,形成 2017 版能源与动力工程卓越工程师培养体系。

2.2 三级实践教学网络为人才综合工程素质的培养提供了良好的软硬件环境

为了配合"3＋X"实践教学模式的实施,创造必要的工程实践环境,在校内建设了工程实践教育中心,校企合作建立了国家级工程实践教育中心,同时构建校外实践基地,形成了三级实践教学网络,让每个学生都有机会亲历技工、设计工程师、制造工程师和工业工程师的职业环境,使学生在整个本科期间接受现代工程技能和素养的训练。同时,校内工程实践教育中心成为学生课外科技活动的园地。2013～2017 年,卓越工程师班学生获批大学生创新创业训练计划项目国家级 10 项、市级 3 项、校级 7 项,G-SRT 产学研合作项目 7 项,获科研经费合计 25 万元;发表科研论文 5 篇,申请专利 13 项。在天津市高校暖通制冷创新设计大赛、中国制冷空调行业大学生科技竞赛、天津市大学生课外学术科技作品竞赛等科技活动中取得了好成绩,参加学生比例超过 50％;各种竞赛获奖共计85 人次。该网络不仅成为卓越工程师班实践教学基地,同时也为天津商业大学能源与动力工程专业及其他相关专业人才综合工程素质的培养提供了良好的软硬件环境。

2.3 毕业设计"真题真做"及"双导师"制实施效果明显

2011～2013级毕业设计题目全部来自企业研发产品/工程实际问题或大学生创新训练/科研项目,选派企业指导教师,并加强过程管理,毕业设计质量明显提高。2011级毕业设计题目全部实现"真题真做",其中80％为企业实际课题,10％为大学生创新项目,其余10％为指导教师的科研课题。毕业设计评审结果表明,50％毕业设计成绩达到"优",43.3％为"良",总体上明显优于普通班学生毕业设计成绩,特别是毕业设计的工程图纸质量大大提高,基本可以达到企业的实际生产图纸要求。按照上述模式对能源与动力工程2012级及2013级卓越工程师毕业设计进行了改革,同样取得了良好效果。

2.4 辐射作用的体现

2013年3月15日,《天津教育报》头版头条以《卓越人才从这里起航》为题,从"工程实践训练四年不断线""企业骨干成实践课师资""为学生科研创新铺路搭桥""授课与评价颠覆传统"四个方面报道了我校"卓越工程师教育培养计划"实验班的建设情况,为全市普通高校工科人才培养提供了参考和借鉴。

3 结束语

为全面落实天津市"卓越工程师教育培养计划"实施方案,培养造就一大批创新能力强、适应国家和我市经济社会发展需要的各类工程技术人才,天津商业大学构建了"能源与动力工程"卓越工程师基本知识、基本技能及综合素养三个层次知识与能力兼具的培养体系,将培养过程植根于现代工业环境下,依托校内及国家级工程实践教育中心,校企联合重构实践教学体系,创建了将传统课程实验、综合实践、工程实践及科研训练(竞赛)有机结合的"3+X"工程素质培养模式,形成了一套完整的具有"冷冻冷藏"科研教学特色的应用型工程师人才培养新模式。能源与动力工程卓越工程师人才培养方案经历了实践检验,人才培养质量明显提高,学生综合工程素质得到了显著加强。同时,在实施过程中也暴露了如何加强校企指导教师的沟通及学生在企业实践活动的质量评价等问题,这将在充分研究的基础上进一步制定详细的管理规范及评价体系,达到培养高素质工程应用人才的目的。

参考文献:

[1] 宋歌.《华盛顿协议》视域下工程科技人才培养模式改革要点探析[J]. 高教研究与实践,2017(4):19-22.

[2] 林健,胡德鑫.国际工程教育改革经验的比较与借鉴——基于美、英、德、法四国的范例[J]. 高等工程教育研究,2018(2):96-110.

[3] 陈启元.对实施"卓越工程师教育培养计划"工作中几个问题的认识[J].中国大学教育,2012(1):4-6.

[4] 许义生.基于CDIO理念的会计学专业教育改革探索[J].中国大学教育,2011(12):31-33.

[5] 王宇英,郭庆.适应"卓越工程师培养计划"的毕业设计改革[J].实验科学与技术,2013,11(1):

59-61.

[6] 王桂荣,刘元林,刘春生,等.卓越工程师培养背景下机电本科毕业设计改革[J].教学研究,2014,37(1):89-91.

[7] 郑莹,袁海庆,邵林广,等.卓越工程师教育培养计划背景下独立学院工科毕业设计多元化研究[J].高等建筑教育,2015,27(2):89-91.

[8] 文颖,曾庆元.面向"卓越工程师"培养的土木工程专业毕业设计探索与创新[J].长沙铁道学院学报(社会科学版),2012,13(3):245-247.

基于"卓越计划"的系统性渐进式建环专业认识教育探讨

朱赤晖* 丁云飞

(广州大学，广东广州，510006)

[摘　要] 基于"卓越计划"，我校确定了建筑环境与能源应用工程专业认识教育的多层次目标，构建了系统性渐进式的专业认识教育体系，并对专业认识教育模块的内容进行了优化。系统性渐进式专业认识教育实践增强了学生的专业认同感，切实保证了"卓越计划"的实施成效。

[关键词] 专业认识教育；建筑环境与能源应用工程；卓越计划

0　引言

"卓越计划"强化培养学生的工程能力和创新能力，要求有较强的专业认同感，积极投身于专业学习和专业实践，并对未来将从事的专业技术工作富有热情，因此，卓有成效的专业认识教育应是"卓越计划"的一个重要组成部分[1]。基于"卓越计划"，我校建筑环境与能源应用工程专业对传统的、单一的专业认识实习在形式和内容等方面进行改革，构建系统性渐进式的专业认识教育，培养对专业技术工作富有热情、具有创新意识的应用型人才，适应社会对建筑环境与能源应用工程人才的更高要求[2]。

1　多方调研，明确专业认识教育的多层次目标

"卓越计划"要求面向行业企业培养人才，企业深度参与人才培养过程，人才培养方案必须满足行业企业对人才素质、能力的新要求。在"卓越计划"建筑环境与能源应用工程专业人才培养方案制订过程中，我校组建了工程教育指导委员会。委员们一致认为要在专业上有所成就，首先要对专业要足够的兴趣，对行业的特点有充分的认识，对专业行业未来的发展及动向有较敏锐的把握，并具有一定的创新意识。对专业的认识是一个渐

　　* 朱赤晖，副教授，博士，研究方向：暖通空调及建筑节能。
　　基金项目：广州大学 2019 年度教育教学改革项目、教育部地方高校第一批本科专业改革试点项目(No.ZG0413)、广东省广州市高等学校教学团队项目。

进的、系统的过程。为培养具有"工程观"、满足社会对实践能力和创新能力要求的、具有"卓越工程师"潜质的建筑环境与能源应用工程专门人才,要克服过去对专业认识教育局限于专业介绍和认识实习的做法,将专业认识教育贯穿于整个"卓越工程师"人才培养过程,明确各阶段应达到的目标,构建早介入、多样化、全过程、渐进式的专业认识教育新体系和专业认识教育的新方法。根据多方面的调研成果,确定了建筑环境与能源应用工程专业认识教育应达到的多层次目标:

(1)增强对行业的认识,初步建立土木建筑类多专业协同配合的意识。

(2)增强对建筑环境与能源应用工程的感性认识,初步建立工程观。

(3)建立建筑环境与能源应用工程的系统观,能从系统的角度分析建筑环境营造的策略和方法。

(4)初步掌握学科研究方法,培养实践能力和创新能力。

以上四层次的专业认识教育有各自的目标,又构成系统整体,使学生逐步深入认识行业、专业的特点,建立对专业的情感,将自身的发展与行业的发展紧密结合,增强专业学习的主观能动性,自觉投身于专业实践。

2 构建系统性渐进式专业认识教育体系

为达到上述多层次的专业认识教育目标,在制订"卓越计划"人才培养方案时,充实调整已有的与专业认识有关的环节,并根据社会需要设置新的环节,构建系统性渐进式的专业认识教育体系。

系统化渐进式的专业认识教育体系围绕专业认识教育的多层次目标,分阶段设置教育模块,构成四年不断线的专业认识教育。我校建筑环境与能源应用工程专业"卓越计划"人才培养方案的专业认识教育体系如下表 1 所示[3],各模块各有侧重、协同配合、由浅入深,符合认识规律,构成有机整体的专业认识教育。有意识地逐步深化学生对行业、专业的认识,建立对专业的情感,增强专业学习的主观能动性,激发学生专业学习的内在潜力。

表 1　"卓越计划"专业认识教育体系

序号	模块	设置时间	层次目标
1	土木工程概论(新设)	第一学期	增强对行业的认识,初步形成土木建筑类多专业协同配合意识
2	建筑概论(充实调整)	第二学期	
3	建筑环境与能源应用工程导论(新设)	第二学期	增强对建筑环境与能源应用工程专业的感性认识,初步建立工程观
4	认识实习(充实调整)	第二学期	

续表

序号	模块	设置时间	层次目标
5	暖通空调系统（新设）	第四学期	建立建筑环境与能源应用的系统观，学习营造合适建筑环境的策略和方法，为后续"热质交换原理""流体输配管网"等课程学习提供支撑
6	学科研究方法论（新设）	第七学期	了解建筑环境与能源应用工程的发展趋势，培养学生的工程意识和基本的科研素质，并通过参与创新实践活动和社会服务活动，培养工程能力和创新能力
7	第二课程（新设）	全程	

3 优化多模块专业认识教育内容

专业认识教育能否取得实效，取决于各模块的具体内容是否与学生对专业的认识规律相适应，是否与培养的多层次目标相适应，是否切合社会需求[4]。为使专业认识教育适应时代发展和社会需求，我们着重对专业认识教育模块的教育内容进行了优化。

为引导学生适应新的学习环境，尽早接触将从事的行业和服务对象，设立土木工程概论和建筑概论两个概论性模块。土木工程概论由我院土木学科各专业知名教授开设8个专题讲座，内容包括工程力学、建筑材料、结构工程、岩土及地下工程、桥梁道路与交通工程、给水排水工程、暖通空调工程、防灾减灾及防护工程等涉及的理论和技术的基础概念和知识，以及主要问题和发展趋势。建筑环境与能源应用工程专业服务各类工业与民用建筑，因此建筑概论在阐述民用及工业建筑设计原理及其构造方法的基础上，充实各类建筑的功能要求、使用特征及环境需求分析等内容。通过这两个模块，使学生对将从事的土木建筑行业及所服务的各类建筑有一定的了解，初步树立工程观和土木建筑类多专业协同配合的意识。

按照认识规律，在第二阶段设立了建筑环境与能源应用工程概论和认识实习两个模块，使学生在对行业和服务对象有所认识的基础上，初步建立对专业的认识。建筑环境与能源应用工程概论不过多深入专业知识，主要结合建筑、能源与环境，简要地介绍本专业学科内涵与外延、在国民经济中的地位与作用；结合专业教育发展过程及趋势，讲解人才培养方案和课程设置；结合注册工程师制度，职业素，指导职业生涯规划和职业成长；并结合重大的建设活动（如奥运会、世博会、亚运会等），介绍与生活息息相关的暖通空调新技术及新能源等，增强对专业的认同感和自豪感。认识实习环节除传统的参观实习外，主要增加了学长座谈和优秀校友访谈环节。通过与学长与校友的直接交流，其鲜活的学习经历和职业成长经历使学生对未来的职业生涯充满期待。通过这一阶段的专业认识教育，增强对建筑环境与能源应用工程专业的感性认识，初步建立工程观。

随着专业学习的深入,在学习了专业基础课程后,专业认识教育也进入第三阶段,新设了暖通空调系统模块,学习营造合适建筑环境的策略和方法,其任务主要是讲解采暖、通风、空气调节等系统分类及构成,暖通空调设备的工作原理及种类,初步建立建筑环境与能源应用的系统观,从全局和系统的角度理解建筑环境营造过程,理解各专业课程的作用和课程之间的联系,并为后续"热质交换原理""流体输配管网"等课程的学习提供支撑。

经过专业课程学习,在掌握专业基本知识后,专业认识教育也进行到第四阶段。在这一阶段,设置学科研究方法论和第二课堂模块,注重对学生学科研究方法和创新意识的培养。学科研究方法论采用研究性教学方法,通过训练载体让学生积极参与,使学生认识学科的发展趋势,初步了解开展科学研究、进行系统开发的步骤。第二课堂模块分为国情教育与社会服务和创新能力培养两部分。国情教育与社会服务是指在校大学生以社会服务为基本内容,以个人或加入学校或社会组织等形式,通过参与街区服务、农村扶贫、山区支教、志愿者活动等无偿劳动,加强大学生对国情和社会需求的理解。创新能力培养部分要求学生通过参与学科竞赛、挑战杯、设计大赛、教师科研课题、自主开放实验课题等具体创新实践项目的形式,培养创新能力。通过参与第二课堂的实践活动,学生获得工程能力和创新能力的初步训练。

四个专业认识教育阶段都有切合实际的具体内容及要求,并符合认识规律,引导学生从行业到专业、从浅入深、从感性到理性,逐步建立对专业的情感,使学生将自身的发展与行业专业的发展紧密结合,积极投身于专业实践。

4 革新专业认识教育模式

为保证专业认识教育的实效,应探讨适合时代特征和新时期学生特点的专业认识教育的新模式。专业认识教育的目的在于建立学生对专业的认同感,积极投身于专业学习和专业实践,因此在认识教育中应充分发挥学生的主观能动性,创造条件使学生主动参与认识教育的各阶段。如在认识实习动员时布置根据参观内容绘制设备系统的任务,因此学生在实习时就带着明确的目的,主动收集相关素材,避免了看得糊涂、看过就忘的窘态。同时在认识实习时设置校友访谈环节,由指导老师提供校友名单,学生分组自行拟定访谈计划,实施访谈任务,既亲身体验优秀学长的工作环境,又锻炼了学生的工作能力。在暖通空调模块时采用基于项目的教学方法,在已学习建筑概论的基础上,以某典型建筑为例,分析功能和使用要求,确定建筑环境控制的方式,从系统的角度去分析设备系统应具有的功能,分析系统组成及特征。在第二课堂模块,学生需在老师的指导下参与具体的创新实践项目,在实践中体会专业的发展趋势,获得工程能力和创新能力的基本训练。同时在专业认识教育中重视新教育技术的应用,开发了场景式的三维多媒体课件,直观展示建筑设备系统的构建过程,取得了很好的效果。

"卓越计划"要求企业深度参与人才培养过程,因此,在专业认识教育中应充分发挥校内外资源的作用。目前,我校专业已建设有国家级大学生校外实践教育基地、广东省工程教育中心、广州市实践教学示范基地等校外产学研基地。在专业认识教育的各个环节,校外实践基地和校友资源都发挥了积极的作用,既提供了鲜活的实际工程素材,又使专业认识教育更加切合社会需求,有力地保证了专业认识教育的实效。

5 结 论

面向工程实践能力培养,构建贯穿整个本科教学过程的系统性渐进式的专业认识教育体系,"以学生为本"开展专业认识教育,切实保证了"卓越计划"的实施成效。经过多年的系统性渐进式专业认识教育实践,我校学生对专业的认同感大大增强,在人环奖、MDV中央空调设计应用大赛等竞赛活动中获得优异成绩,毕业生对专业富有热情,显示出扎实的专业功底和创新能力。并且由于人才培养适应市场需求,我校毕业生在珠三角深受欢迎,众多学生已成长为设计、施工、运营管理等单位的技术骨干或管理骨干。

参考文献:

[1] 马利. 从美国宾夕法尼亚大学专业认知教育谈本科生创新能力培养[J]. 实验技术与管理. 2014(10):213-215.

[2] 丁云飞,吴会军,徐晓宁. "卓越计划"模式下学生工程能力培养探讨. 高等建筑教育[J]. 2015(5):42-46.

[3] 丁云飞. 基于素质教育的"卓越计划"人才培养模式研究[J]. 制冷. 2015(2):50-54.

[4] 陈颖. 法学专业(医事法学方向)学生专业认识教育的实践探索[J]. 教育教学论坛. 2015(16):150-151.

工科院校强制体育改革的本质探讨与实践反思

——以制冷暖通空调专业学生的体育课程改革为例

徐　静* 　刘泽勤**

（天津商业大学机械工程学院热能与动力工程国家级实验教学示范中心、

冷冻冷藏技术教育部工程研究中心、天津市制冷技术重点实验室、

天津市制冷技术工程中心，天津，300134）

[摘　要] 学习党的十九大精神，结合全国普通高校不断掀起的体育课程改革热潮，本文从理论分析与实验研究两个角度入手，理论论证了高校强制体育改革的本质，实验就天津商业大学现行的体育模式为出发点，通过抽样调查工科大学生对高校强制体育的可接受度和高校强制体育未来的趋势，得出高校强制体育改革的实践反思。实验研究表明，56.17％的工科大学生对目前高校强制体育表示不接受，38.36％的工科大学生认为高校强制体育最终会消失。故可得出结论：高校强制体育应尊重学生自身的体育兴趣与对体育的发展需求，发展个性，完善人格。

[关键词] 高校强制体育改革；可接受度；未来趋势预测

0　引言

习近平在十九大报告中提出："广泛开展全民健身活动，加快推进体育强国建设。"体育领域贯彻党的十九大精神，在建设体育强国的进程中不断实现体育改革与发展的新突破，就必须将深化体育改革、推进体育治理现代化与全面推进文化产业发展更加紧密地联为一体，从而形成了对建设体育改革的刚性需求和强劲动力[1]。自党的十一届三中全会以来，体育改革影响深远，带来一定的效益，但仍然存在问题，体育改革如何在高校工科领域建成最佳教学体系，从而发挥最大作用尚需研究和解决。

纵观工科体育改革发展史不难发现，早在20世纪80年代，华之生就提出利用教育的整体观，对工科院校体育教学改革提出指导性理论[2]。此后的30年来，不断有学者将体育改革与工科教学紧密联系，探讨体育改革在工科院校的影响与实践方法。袁吉等人结合工科院校的实际特点，探讨了工科院校体育教学改革的趋势[3]；石振民等人通过实验对比等方法的研究，提出工科大学体育教学"寓身体教育、健康教育、心理教育、娱乐教

---

　* 徐静，硕士，研究方向：人工环境控制。

　** 刘泽勤，教授，研究方向：人工环境控制。

　基金项目：天津市委教育工委2018年天津市教育系统调研课题。

育、竞技教育、生活教育"于一体的综合教育模式[4];何生全等人以现代教育理论为指导,以终身体育、健康教育为主导思想,提出一套适合工科大学体育课程教学体系[5];孙细英引入 CDIO 工程教育理念,结合高校体育教学状况,探讨了构建 CDIO 理念下高校体育俱乐部的教学模式[6];刘大明等人以项目课程理论、实用主义教育理论为理论基础,提出工科高校职业实用性体育选修课程设计的知指导思想和基本原则[7];孙威采用文献资料和逻辑推理等方法,探讨了工程教育背景下工科院校体育教学改革的对策[8];孙威等人基于《华盛顿协议》,提出理工科院校体育要根据知识转移理论进行体验分享式教学改革,加强工程人才的"工程化"观念[9]。

制冷暖通空调专业的工科生更需要有较好的身体素质。然而近年来,我国青少年体质健康状况持续下滑,引起学界的广泛关注。有研究表明,导致这种现象发生的原因有教学指导思想不够明确、"绕得过死"问题和教师素质问题等[3]。除探讨青少年体质健康下滑的表现、问题及原因外,许多学者更乐于从学校体育观念的角度思考问题的破解之策[10]。本文以高校强制体育带来的影响为切入点,通过理论上探讨高校强制体育改革的本质以及抽样调查高校工科大学生对于高校强制体育的可接受度和其未来趋势的预测,认为学校强制体育虽产生了一定程度的积极影响,但对于解决青少年体质健康下滑的问题却并非根本之策,也不是学校体育改革的实践主流。对调查结果进行分析,本文提出学校体育改革实践的方向,与学界同仁交流。

1 工科院校体育改革本质探讨:是否应该强制体育

持有学校强制体育理念的学者普遍赞同学校体育强制性的意义,除了提出历史上强制体育广泛存在外,更多是基于现实提出强制体育的积极作用。有学者就此指出,"在强迫安排、自愿接受和文化熏陶中建立起良好的体育意识,养成有规律的体育锻炼习惯,体育的硬性规定在一定程度上、一定背景下是能够获得效果的",而且进一步认为,"目前我国许多地方、学校采取了强制体育的手段,以此促进青少年体质健康水平的提高和体育锻炼习惯的养成,收到了很好的效果"[11]。但是这种从历史与现实的角度论证强制体育合理性的观点难有说服力。

首先,过去许多国家实施强制体育的制度,是由于社会经济发展落后、地理环境制约和国家战争情形的需要。其次,近代以来一些教育家强制体育的教育实践虽然取得了一定效果,但这种强制性本身是受传统教育理念影响的结果,以人为本的教育思想在当时并没有被广泛接受,受体育科学发展水平的限制,许多强制性的体育活动是否符合学生身心发展规律也难有定论。最后,部分调查认为当前青少年体质健康水平提高是学校强制体育的结果,但是学校强制体育与青少年体质健康水平呈现怎样的相关关系,并没有具体的实证研究结果支撑[10]。

因此,若要衡量诸如实施学校强制体育这样的教育政策是否具备合理性,除了在理论上进行历史和现实的考量外,更为重要的是要从实际出发。毛主席曾说过:"实践是检验真理的唯一标准。"为了能从实践中更准确地得到反思结果,本文以天津商业大学现行的体育模式为出发点,通过抽样调查机械工程学院制冷暖通空调专业学生对高校强制体育的可接受度、未来的趋势预测等问题,从而进一步得出学校体育改革的实践反思。

2 实验研究对象与方法

2.1 研究对象

以天津商业大学机械工程学院在校学习的制冷暖通空调专业大一、大二、大三学生为研究对象,调查总数 368 人(男生 181 人,女生 187 人)。

2.2 研究方法

本文运用文献资料法、访谈法、问卷调查法、数理统计法进行调查、整理、分析。

2.2.1 文献资料法、访谈法

通过查阅相关文献资料,依据有关学科的理论方法初拟调查问卷的意见和看法,对初拟调查问卷认真加以修改、定稿。

2.2.2 问卷调查法[12]

采用发放问卷形式。调查总共发放问卷 368 份,实际回收有效问卷 362 份(男生 181 人、女生 181 人),有效率达到 98.37%。

2.2.3 数理统计法

应用 SPSS 软件对 362 份问卷数据进行统计,以此获得相关数据结果。

3 结果与分析

为更好地得到本文的结论,对 362 位大学生进行高校强制体育可接受度和未来高校强制体育趋势预测的两项调查。每项调查均将性别因素考虑进去,同时排除大学生性格的因素所带来的影响,得到两项调查的结果并进行分析。

3.1 工科大学生对高校强制体育的可接受度

由表 1 和图 1 可知,此项调查表明,超过一半的工科大学生对目前高校强制体育表示不接受,只有 24.66% 的大学生表示接受,剩余 19.18% 的大学生对高校是否强制体育持可有可无的态度。其中,表示不接受的男生占 30.14%,在男生中所占比例为 60.28%,并接近男女生总数的三分之一。分析其原因:一方面是性别的差异,男生在体育方面要比女生更有主见,对锻炼更感兴趣,故大部分工科男生不期望自己对体育项目

的选择受到限制;另一方面是男女生对于体育锻炼表现出来的毅力不同,女生更难坚持下来,但由于专业需求等原因,工科女生的身体素质要求高于文科女生,故工科女生对于高校强制体育的接受度高于工科男生,但其比例低于不接受的女生。从总体上看,大部分的工科大学生对高校强制体育表示不接受,这也符合了高校强制体育改革的本质并非是强制性地组织同学去进行体育项目的锻炼,而是尊重学生的个人意愿,让学生自己选择感兴趣的体育项目,实现个人自由而全面的发展。

表1 性别不同的工科大学生对高校强制体育的可接受度

项目	接受(%)	不接受(%)	随便(%)
男生	9.59	30.14	10.96
女生	15.07	26.03	8.22
总数	24.66	56.17	19.18

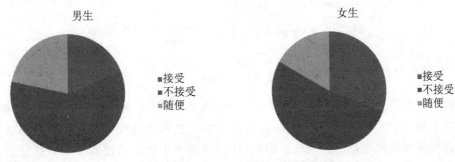

图1 工科生对高校强制体育可接受度饼图

此前曾有学者认为有些人不赞同高校强制体育由个人的性格原因所致。本文为排除此种观点对该结论产生了一定的影响,对全部362位大学生进行了性格测试,将性格大致分为性格开朗和性格沉默两类,二者比例如图2(a)所示,并对这两种性格的大学生进行高校强制体育可接受度的调查,结果如表2、图2(b)及图2(c)所示。

结果显示,性格开朗和性格沉默的大学生对于是否接受高校强制体育持接受、不接受和随便的态度所占比例基本相同,这说明大学生对高校强制体育的态度与个人的性格无关。故性格对本文的结果不产生任何影响,此项调查结论成立:大部分大学生对高校强制体育表示不接受。

表2 性格不同的大学生对高校强制体育的可接受度

项目	接受(%)	不接受(%)	随便(%)
性格开朗	29.09	49.09	21.82
性格沉默	28.57	52.38	19.05

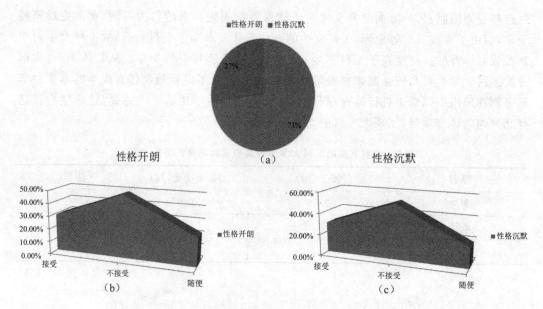

图 2　性格不同的大学生对高校强制体育的可接受度图

3.2　大学生对未来高校强制体育趋势的预测

　　除调查工科大学生对于强制体育的可接受度以外,对未来高校强制体育趋势的预测一直以来都是学界同仁热门的话题,也是国家领导机构和高校大学生关注的焦点,故在本文高校强制体育改革的实践反思中,此项调查必不可少。通过调查和数据整理,所得结果如表 3 和图 3 所示。

表 3　大学生对未来高校强制体育趋势的预测

项目	逐渐消失(%)	逐渐增加(%)	持平(%)
男生	24.66	12.33	13.7
女生	13.70	19.18	16.43
总数	38.36	31.51	30.13

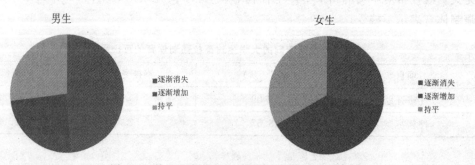

图 3　工科生对未来高校强制体育趋势预测

分析表 1 数据结果,认为未来高校强制体育逐渐消失的人占总数的 38.36%,认为会逐渐增加和持平的人数分别占 31.51% 和 30.13%。从比例上看,人数基本相当。但由图 3 可知,工科男生中认为强制体育会逐渐消失的占 49.32%,而工科女生仅占 27.4%。这说明工科大学生更期望高校的强制体育能逐渐消失,而男生与女生在此项调查中表现出了明显的差异,其大部分原因是在第一项调查中,工科女生对于高校强制体育的可接受度高于工科男生,故导致女生认为强制体育逐渐消失、逐渐增加和持平的人数基本相当。总体来看,预测未来高校强制体育逐渐消失的人数占多数,这也符合了上一项调查的结果:多数工科大学生对高校强制体育表示不接受。从而可以得出此项调查的结论:多数大学生认为高校强制体育最终会消失。

4 结论

(1)从工科大学生对高校强制体育的可接受度调查结果中,可以得出:56.17% 的工科大学生对目前高校强制体育表示不接受,24.66% 的工科大学生表示接受。由于学校强制体育"应试教育"的干扰,学生的体能素质、体育意识较差。高校强制体育的本质是要秉承"以人为本"的思想,尊重学生自身的体育兴趣与对体育的发展需求,将十九大精神与高校强制体育融合一起,培养学生的自我锻炼的意识,发展个性,完善人格。

(2)从大学生对未来高校强制体育趋势的预测调查结果中,可以得到:38.36% 的工科大学生认为高校强制体育最终会消失,31.51% 的工科大学生认为会增加。在本文所涉及的实践以及生活实践中可以得到反思:体育教育是培养跨世纪合格人才的重要手段,高校强制体育不能只是片面地、强制性地要求学生完成体育指标,而应该进行教育指导思想的改革,这样才能保证教材、教法的改革,让学生从身到心地接受体育锻炼。要贯彻终身体育的思想,让学生真正地从学校体育中受益。

参考文献:

[1] 于善旭,闫成栋.论深化体育改革对体育现代治理的法治依赖[J].体育学刊,2015(1):1-8.

[2] 华之生.从教育的整体观看工科院校体育教学改革[J].有色金属高教研究,1988(4):196-203.

[3] 袁吉,袁林,于清,等.试论高等工科院校体育教学改革[J].吉林体育学院学报,1993(3):21-25.

[4] 石振民,郝招,马兴胜,等.工科院校体育教学模式改革的实验研究[J].南京体育学院学报.2000(3):66-69.

[5] 何生全,杨建荣.工科大学体育课程系统改革研究与实践[J].科技信息,2006(9):177-179.

[6] 孙细英.工科类院校大学体育教学模式的改革——以 CDIO 理念为基石[J].学校体育学.2014(14):68-69.

[7] 刘大明,田云平.工科高校体育选修课程的职业实用性优化设计与改革[J].体育世界(学术),2016(7):73-74.

[8] 孙威.工程教育背景下工科院校体育教学改革的对策研究[J].吉林化工学院学报,2010(6):25-29.

[9] 孙威,刘明亮.《华盛顿协议》与工科院校体育教学改革[J].体育文化导刊,2010(13):94-97.

[10] 李详.学校体育改革的理论与实践反思[D].贵州:贵州师范大学,2017.

[11] 项立敏.我国学校实施"强制体育"的理论与实践研究[J].北京体育大学学报,2013,36(12):115-120.

[12] 周春霞.问卷调查方法在青年研究中的运用与介绍状况——对297项问卷调查的分析[J].青年探索,2004(1):20-25.

建环专业创新人才培养模式探索与实践

王立鑫* 李 锐 郝学军 那 威 郭 全 王 刚

(北京建筑大学,北京,100044)

[摘 要]本文针对目前建环专业人才培养过程中表现出来的问题,提出系统观和工程素养并重的建环专业创新人才培养理念,构建了"四融合"人才培养体系,建立了"四位一体模块式"实践能力培养模式。该人才培养模式经过四年的实践,学生创新能力显著提升,人才培养质量深受社会和行业的认可,具有良好的示范效应。

[关键词]培养模式;培养理念;四融合;四位一体模块式

0 引言

近年来,我国建筑环境与能源应用工程(简称"建环")专业得到了迅速发展,全国已有190余所高校设置了该专业,每年培养专业技术人才近万人。高等教育质量工程对专业建设内涵发展、提高质量、服务社会等方面提出了明确要求。根据国家发展对建环专业的人才培养要求,北京建筑大学建环专业在多年办学的基础上,形成了专业特色,2010年被批准为教育部高等学校特色专业建设点[1]。

我国高等教育肩负着培养德智体美全面发展的社会主义事业建设者和接班人的重大任务,同时建筑领域应对气候变化、实现国家能源清洁应用、绿色发展也应发挥作用。这些对建环专业人才培养提出了新的挑战,迫切需要具有工匠精神、系统观和工程素养并重的建筑环境与能源应用工程创新人才。

本文依托建环专业国家级特色专业建设项目,主要解决以下教学问题:注重建环专业知识传授,而工程素养、专业文化和思想教育与专业技术教育的结合不足;注重建筑环境设备工程技术教学,对建筑能源应用系统方面的教育不足;现场实践困难,校内实验教学与实际工程差异较大。

---

* 王立鑫,讲师,研究方向:暖通空调。

1 培养模式的探索

1.1 注重系统观念,将四个素养教育融会贯通,构建专业人才培养体系

基于建筑能源领域人才需求和专业内涵,以行业发展和教学研究为基础,将知识理论素养、专业文化素养、工程实践素养和科学思维素养教育融会贯通,将思想政治教育融入人才培养的各环节,确立专业培养目标,制定专业人才培养体系。

1.2 改革课程体系,建立综合全面、系统精炼和个性化自由组合的课程结构

从强化通识教育、拓宽学科大类、优化专业课程和加强工程应用能力四个方面对课程体系进行改革,突出专业核心知识,分阶段新增和优化应用类课程和实践环节,调整课程结构,完善课程体系(见图1)。

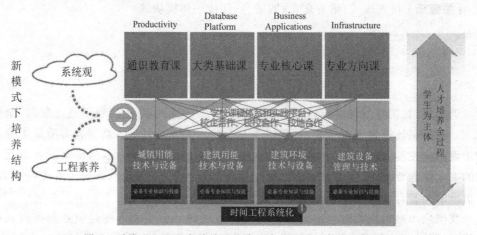

图 1   系统观和工程素养并重的建环专业人才培养课程体系

1.3 加强专业文化教育,以"四位一体模块式"的培养模式强化实践能力

新增专业概论课程和工程素养与专业文化教育周,大学四年分别以初步认识专业内涵、深入理解专业文化、系统运用理论知识、综合培养设计能力为定位,形成实习、实验、实践周和设计四个实践模块(见图2);在培养环节,由校内专业教师和校外行业工程师共同参与,不断强化工程实践综合能力。

聘请全国建环专业指导委员会委员和行业专家作为教育教学督导专家,定期检查指导。建立由建筑能源应用行业企业和用人单位的高级技术人员、管理人员组成的专业建设指导委员会,定期召开研讨会,指导建环专业人才实践能力的培养。

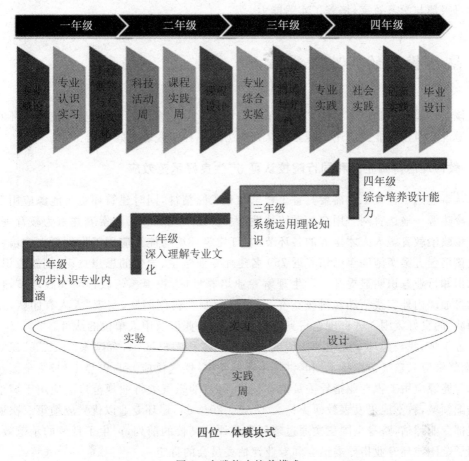

四位一体模块式

图 2 实践能力培养模式

1.4 科教融合为基础,科技活动为载体,打造科学思维,培养自主创新意识

将科研与教学有机结合,及时将科研成果转化为教学内容或实验内容,实现科教融合;以导师制为制度保障,吸引学生进团队,参与科学研究,打造科学思维;鼓励学生在老师指导下参加科技和学科竞赛,培养创新能力。

1.5 建设支撑平台,校企协同,为人才培养提供全方位保障

持续建设具有实际工程系统特征和国际技术领先设备的建筑能源应用技术实践平台和国家级建筑用能虚拟仿真实验教学中心,不断强化校企合作,开发校外实践基地,为人才培养提供全方位保障。

在建环专业技术实践平台的基础上,2010~2012 年完成了地源热泵系统技术平台等先进的建筑节能与可再生能源系统技术实践平台的二期建设,充分利用实践技术平台研究行业的热点问题,将科研成果及时转化为实验教学项目;与北京燃气集团、北京热力集团等国内知名企业建立了深度合作关系,为学生提供了具有国际先进技术和设备、与行

业应用密切结合的实践平台,开设了实践课程,学生随学、随看、随动,极大地提高了学生的学习兴趣与学习效率,培养了实践能力。

2　培养模式的实践效果

该培养模式实施以来,秉承"工匠精神",培养学生的系统性创新思维,我校建环专业学生呈现出对建筑能源应用工程系统认知能力和工程实践能力的特色。

2.1　教育理念得到企业和同行院校认可,产生良好示范效应

从事建筑工程类工作需要具备工程思维和工匠精神,同时建筑环境与能源应用工程具有冷热源—输送管网—用户的系统特性,因此,以系统观和工程素养并重为教育理念,将思想政治教育融入人才培养的各环节,制订建筑环境与能源应用工程创新人才培养方案。该培养方案实施四年已培养近 750 名建环专业学生,学生的思想意识、创新意识、专业意识和行业意识明显提升。学生理解专业培养目标,积极参与教学与实践环节,自觉主动参加课内外实践活动和科技竞赛,通过导师制和科创团队,实现"人人有团队,人人进团队"的良好氛围。教育理念得到同行业专家、企业以及用人单位的认可。

近年来,我校建环专业教师主编或参编高校本科教材 6 部,含国家"十二五"规划教材《燃气供应》《空气洁净技术》和《供热工程》,其中《燃气供应》和《供热工程》为全国建筑环境与能源应用工程专业指导委员推荐教材,编写的燃气类行业规范广泛应用于城市燃气输配领域,教学成果发表教研类论文 18 篇。2015 年,建环专业以优异成绩第三次通过住建部专业评估,跻身全国三次通过建环专业评估高校的前列,产生了良好的示范效应,得到了全国建环专业指导委员会和专业评估委员会的肯定。

2.2　人才培养模式已见成效,学生创新能力显著提升

人才培养模式实施过程中,依托专业特色,传承"工匠精神"文化精髓,注重培养学生系统性创新思维能力,学生的实践能力和创新能力明显提高。近四年来,建环专业学生在专业学科科技竞赛中获奖 85 人次(见图 3)。在历届中国制冷空调行业大学生科技竞赛中,我校学生获得多项奖励,行业知名专家高度评价我校学生"专业基础扎实,善于动手,勤于动脑,能够将理论知识与实践相结合。"同时,在全国大学生节能减排社会实践与科技竞赛和中国大学生空调制冷行业科技竞赛等多个科技竞赛中也获得多项奖励。在大学生科技立项和导师制的影响下,在校生发表学术论文 10 余篇,获得国家发明和实用新型 8 项,学生科技成果在数量和质量上明显提高。

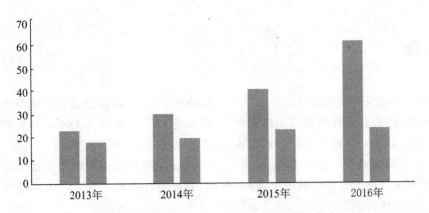

图 3　2013～2016 年学生科技创新活动情况统计表

2.3　人才培养质量稳步提升，毕业生深受社会和行业认可

近四年来，我校建环专业毕业生的就业率均在 98％以上，中国建筑设计院、北京市建筑设计院、北京燃气集团和北京热力集团等与建筑能源应用系统行业密切相关的用人单位长期招收我校建环专业毕业生。用人单位评价我校毕业生"专业基础扎实、实践能力强，是难得的留得住、用得上的实践型人才"。第三方（麦可斯）机构评估结果表明我校建筑环境与能源应用工程专业就业率、毕业生认可度、用人单位认可度以及社会影响力均居学校首位，与其他同行业高校相比也处于领先水平。

2.4　建筑能源系统实践创新平台资源共享，服务人才培养

近年来，通过实践创新平台强化建筑能源系统应用人才培养质量的方式，深受企业和国内同行业高校的认可。依托专业实践培训技术平台，为清华大学、北京科技大学、北京工业大学、华北电力大学等 20 余所高校建环专业和能源与动力工程专业学生及首都机场等 30 多家企业能源系统应用管理技术人员进行了实践教学，近三年人总时数 31100 小时。

由我校教师进行授课，学生学习并动手实践，这种新颖的授课形式和开放的授课环境受到各个高校师生的赞誉，来自高校的教师评价说"对国际先进技术和设备的体验式教学方式，让学生的专业视野更加开拓，对知识的理解更加深刻"。

2.5　契合建筑能源系统人才需求，创新人才培养模式得到拓展

建筑能源系统工程人才培养紧密契合经济社会发展重大需求。2016 年，建环专业获批北京市双培计划并招收双培计划学生，开展北京未来城市设计高精尖创新项目，与北京大学能源与动力工程专业（能源与环境系统工程方向）共建双培计划，实行"1＋2＋1"培养机制，共同制订并实施培养方案，优质资源共享，创新人才培养机制，培养经济发展与社会建设亟须的高水平人才。

3 结语

依托我校建筑环境与能源应用工程国家级特色专业,紧紧围绕建筑环境与能源应用领域人才需求,提出以系统观与工程素养并重,思想政治教育融入人才培养各环节的教育理念,构建四个融合创新人才培养模式,大胆探索校企合作新机制,积极营造重基础、夯实践、拓视野的实践创新环境,在建筑环境与能源应用领域人才培养体系和模式以及教育教学改革方面取得较丰硕成果,特色鲜明,对同行业及相近专业的人才培养具有一定的推广和应用价值。

参考文献:

[1] 李锐,郝学军,詹淑慧,等.建筑环境与设备工程特色专业研究与建设[J].高等建筑教育,2011,20(6):35-39.

应用型高校建环专业校企合作机制的探索

冯劲梅* 刘 琳 彭章娥 朱倩翎

(上海应用技术大学城建学院，上海，201418)

[摘 要] 针对校企合作过程中存在的一些不足，通过高校与企业共同建设师资队伍，共同实施培养过程，共同评价培养质量的各项措施，培养学生工程能力、创新能力、动手能力、团队合作、竞争意识和社会责任，不断完善本专业应用型人才培养体系的建设，培养创新创业能力和跨界整合能力的工程科技人才。

[关键词] 校企合作；人才培养；建筑环境与能源应用工程

0 引言

"新工科"是从新时期全面创新我国高等工程教育，以适应引领新经济发展的战略视角出发提出的新观点。无论是新经济发展还是新一轮的科技和产业革命，都对高等工程教育的变革发展提出了新的挑战。新的挑战不仅要求我们从战略高度创新高等工程教育的理念，推动高等工程教育的学科专业和人才培养模式建设，积极开展相关政策的研究，更为重要的是，还要求我们重新认识高等工程教育的本质和内在发展规律。"新工科"的提出为工程教育的理论和实践探索提供了一个全新的视角，也是对国际工程教育改革发展做出的中国本土化的回应。

由里瑟琦智库高等教育委员会根据教育部高等教育司张大良司长报告的主旨思想梳理了2012年专业目录和2015年本科专业备案与审批结果(2016年2月发布)中的"新工科"专业分布情况可知，建环专业是代码为0810土木类下设4个本科专业中唯一的2个目录均有的"新工科"专业。因此，建环专业在新经济时代下探索校企合作新机制的改造升级与发展之路显得尤为重要。

根据新经济发展所需要的"新工科"凸显学科交叉与综合的特点，完成产教融合、校企合作、协同育人，原有的校企合作机制偏重高校与企业共同制定培养目标，共同建设课程体系与课程内容，共同建设工程实践基地；对于高校与企业共同建设师资队伍，共同实施培养过程，共同评价培养质量侧重不多，本文将着重讨论完善全面的校企合作机制，短

---

* 冯劲梅，副教授，博士，研究方向：建筑设备节能、绿色智能建筑。

基金项目：上海应用技术大学重点课程项目(No. 10110M170005)、上海应用技术大学教改基金(No. 39110T180019)。

板补齐,形成应用型高校建环专业的校企合作可推广应用的方案。

1 新经济形式下,建环专业校企合作机制的创新

1.1 "新工科"校企合作机制的特点

针对"新工科"的特点,树立创新型、综合化、全周期工程教育"新理念",构建新兴工科和传统工科相结合的学科专业"新结构",探索实施工程教育人才培养的"新模式",特别是校企合作的新机制,打造具有国际竞争力的工程教育"新质量",建立完善中国特色工程教育的"新体系"是应用型高校建环专业的因循之路。

建立以职业需求为导向、以实践能力培养为重点、以产学结合为途径的专业模式。培养方案与产业需求对接,课程内容与职业标准对接,教学过程与生产过程对接,对于建环专业学生的培养具有重要的意义。

1.2 校企合作课程内容的特点

现代职业能力的培养要求我们的教育必须响应社会发展需求,对接国家构建现代职业教育体系的战略决策,教学理念既具有科学发展的合理性又具有鲜明特色发展的竞争性,通过现代化教学方法、教学手段的改进,让学生从被动学习向主动学习转变,从消极学习向积极学习转变,彰显高水平、高层次应用技术人才的特色,做到课程内容与职业标准对接、教学过程与生产过程对接。

在人才培养过程中,课程内容要做到与职业标准对接,这就要求注重企业需求,特别是在地方学校、应用型本科人才培养中,学生的职业能力培养是非常最重要的。企业在校企合作过程中扮演着重要角色,校企合作人才培养的路线图如图1所示。

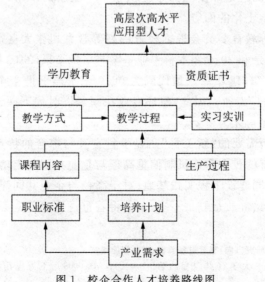

图1 校企合作人才培养路线图

同时,注册工程师执业资格制度对建环专业的教学改革有一定的导向作用。由于注册工程师所涵盖的专业范围既代表了本专业学生的主要就业领域,同时它所考查的内容也代表了工程界对所需人才知识结构的要求。因此,将注册工程师考试所涉及的相关知识内容融人培养方案的相关课程中,通过调整课时、学分优化人才培养模式,可以使绝大多数学生就业后能在各自的工作岗位上、发展方向上从专业课程的讲授中获得知识点的支持,实现最大限度地与执业注册知识体系的衔接。

本专业学生可从事的注册工程师有五个注册方向,即"五个模块":注册暖通空调、注册热能动力、注册建造师(机电安装)、注册造价师和注册监理师。目前,专业教研组已进行了多次修订和完善培养方案和教学大纲。

在校企合作中确定了建立以职业需求为导向、以实践能力培养为重点、以产学结合为途径的专业模式。将专业教育、学历教育与职业资质证书合理衔接,在校期间的课程学习与职业资质考评结合,逐渐实现校内完成资质证书的获取,同时完善职业教育与终身学习对接,为后续有工作经历要求的资质证书的取得奠定理论储备与实践技能基础。

1.3 校企合作共建师资队伍

在以往的校企合作机制中,最常见的模式为请企业人员为学生授课,学校老师前往企业进行产学研交流,这种模式的确改善了原有的师资结构,提高了教师的工程实践能力,同时教学效果也较好,学生对于理论知识的接收在融合了实践经验的基础上变得更加翔实。另外,在以往的校企合作中,企业教师更多出现在实践环节,如实习、实践、毕业设计等环节中。

然而,由于企业教师的授课往往采用专题讲座的形式,授课时间相对较少,同时授课教师也无法保持一定的连贯性。企业人员来校授课,学生感觉有一定的收获,扩大了知识面,增强了感性的实践经验,对于课堂的理论教学有深化和补充作用,但是由于企业教师不可能按学校正常的教学秩序,每星期有固定的时间前来上课,因此效果没有达到预期。

教师由于无法脱产参与企业的实践活动,往往也是以项目合作的方式进行,同时由于专业的新技术、新设备在不同的企业,如设计院、施工安装单位、监理单位、工程咨询、设备制造厂商等,教师难以做到面面俱到,进入到每个行业的企业进行企业实践活动,因此,也很难满足"新工科"背景下对教师的企业实践经验的需求。

针对目前校企合作师资队伍共建中存在的问题,我校进行了一些改革和探索,选派青年教师到国内外知名高校及行业内具有影响力的科研单位及企业进行访问学习和实习,同时通过多种途径和形式向行业或企业聘请具有扎实理论知识、精通本专业业务、具有丰富经验的高水平专家担任兼职教师,指导学生课程设计和毕业设计并参与其他实践教学,提高学生理论与实践相结合的能力。特别是开设了一些校企合作实验、校企合作课程、校企合作综合性课程设计等,一方面解决了企业教师由于自身工作安排的不确定性而难以每周有固定时间前来上课的困难,另一方面也利用最少的时间达到了相应的教学效果。所有的校企合作环节,我校均要求校内教师同时在现场,讲解时达到了学校与企业的理论知识与实践经验的融合,同时也提高了本校教师的实践知识与经验和企业教师授课技巧与授课方法,达到校企双方教学水平共同进步、教学效果共同提高的效果。

在开展各类学生的学科竞赛中,也积极地引入企业教师的参与。本校教师与企业教师共同参与指导学生参加各类科技竞赛活动和设计创作(如各类科研训练、科技创业大赛、全国节能减排大赛、人环奖、MDV 中央空调设计大赛、CAR-ASHRAE 学生设计竞赛等),竞赛活动的作品往往更加符合实际工程情况,学生的每一次参与都是一次收获,使学生的创新意识和工程技术应用能力得到锻炼。

通过采用校企合作实验、校企合作课程、校企合作课程设计、校企合作共同指导学生的科技竞赛等活动,增加了企业教师对课程指导的参与度,同时提升了学校和企业教师的教学水平,形成了相对完整稳定的教学机制和教师队伍。

1.4 校企合作共建培养评价体系

在以往的评价体系中,学校教师以通过考试进行评价为主,更科学的评价体系应该将校企合作内容引入评价体系中来。除了根据教学大纲的要求,适当增加学生平时完成知识点要求,进行阶段性考核,避免临近期末突击复习过关的现象出现。同时,增加案例教学、学生调研报告等体现学生灵活运用所学知识的项目,以职业能力为导向,突出应用技术、一线工程师的能力培养,将校企合作内容通过过程考核,检验学生课程知识和能力掌握情况,客观评价学习效果,取消单一的结课考试,采用过程考核评价(见表1)。

表1 考核方式及考核办法

序号	考核形式	权重	学习指导与过程考核	备注
1	平时出勤态度等	10	1. 出勤率:包括考核迟到、早退,上课玩手机等 2. 态度:上课是否注意听讲,是否积极发言,互动是否主动	1. 学生上传作业通过微博,方便同学之间的交流学习,建立课程微信群、QQ群,就学生学习中的问题随时交流、解答 2. 平时通过课堂随机提问检查学生的知识掌握情况 3. 上课随机考勤掌握学生的学习态度和出勤情况
2	课程讨论参与度	10	1. 课程讨论参与度:包括回答问题的正确度,是否经常提出问题等 2. 微博对其他同学报告的评论等 3. 课堂问题讨论的参与度等	
3	平时作业	60	1. 包括读书报告:针对教师提供参考教材、资料撰写课后的文献阅读报告 2. 调研报告、考察报告:学以致用,运用所学的知识调研具体项目,针对具体项目情况写出调研或考察报告,分析存在的问题,提出解决的方案或者提出合理化建议等 3. 课堂幻灯片展示:考查调研报告幻灯片的制作情况,课堂当众讲解时表达能力、感染能力、说服能力、回答现场提问能力等(5分钟)	

续表

序号	考核形式	权重	学习指导与过程考核	备注
4	期末考试	20	综合考核学生对所学知识的掌握程度。题目类型多样,建议以应用型综合题目为主,开卷考试	

成绩计算方法:总成绩＝平时出勤态度×10％＋课程讨论参与度(包括回答问题的正确度、提出问题、解决问题的角度是否有创新、微博对其他同学报告的评论等)×10％＋平时作业(包括读书报告、调研报告、考察报告、课堂幻灯片展示、表达能力、感染能力等)×60％＋期末考试成绩×20％

期末上交的考核结果材料如下:

(1)平时记分册、考勤情况记录表等。

(2)优秀作业、报告等。

(3)对于采用过程考核前后学生学习情况的数据统计(包括学生自我评价、收获、成绩分布等)。

(4)期末考试试卷及其成绩单。

(5)相应的多媒体佐证资料(图片、照片、视频等)。

通过过程考核,避免了一考定成败,把学生从临考时的日夜突击复习转化为过程学习,强化了能力培养、多点考核,提高了理论知识和职业技能的掌握,也培养了专业兴趣。

2 结论

我校在校企合作机制中,通过高校与企业共同建设师资队伍,共同实施培养过程,共同评价培养质量的各项措施,提高了教学效果,达到了人才培养的目标。在新经济形式下,建环专业校企合作机制的创新,助推以新技术、新业态、新产业为特点的新经济的蓬勃发展,培养具备更高的创新创业能力和跨界整合能力的工程科技人才,加快"新工科"建设,助力经济转型升级。

参考文献:

[1] 杨春宇,吴静,梁树英,等. 建筑环境控制课程教学改革研究[J]. 高等建筑教育,2013,22(6):75-77.

[2] 许景峰,宗德新,尹轶华. 数字技术在建筑物理课程教学中的应用[J]. 高等建筑教育,2012,21(1):139-143.

[3] 冯劲梅,彭章娥,许俊. 建环专业现代职业技能培养模式研究与实践[A].第九届全国高等院校制冷及暖通空调学科发展与教学研讨会论文集[C].2016.

[4] 许景峰,陈仲林,唐鸣放,等. 建筑物理课程建设探讨[J]. 高等建筑教育,2010,19(6):71-73.

"新工科"建设下涉商工科的专业建设改革

刘　斌* 陈爱强 姜树余 刘圣春 邹同化

(天津商业大学机械工程学院,天津,300134)

[摘　要]商科院校的工科培养具有其自身特点。结合学校的"培养具有高度社会责任感、深厚商学素养的复合型、应用型创新创业人才"培养目标定位,热能动力工程专业从培养定位目标的制定、课程结构体系、学分分布、第二课堂及课程教学改革等方面进行了重新设计,引导学生从被动式学习转变为主动式学习,实现了专业培养目标,为类似专业的培养提供了一定的基础。

[关键词]商学素养;课程改革;自主学习

0　引言

2017年2月以来,教育部积极推进"新工科"建设,先后形成了"复旦共识""天大行动"和"北京指南",并发布了《关于开展新工科研究与实践的通知》《关于推进新工科研究与实践项目的通知》,全力探索形成领跑全球工程教育的中国模式、中国经验,助力高等教育强国建设[1,2]。

"新工科"一方面主动设置和发展一批新兴工科专业,如大数据、云计算、物联网应用、人工智能、虚拟现实、基因工程、核技术等新技术和智能制造、集成电路、空天海洋、生物医药、新材料等学科,另一方面推动现有工科专业的改革创新,如传统学科地矿、钢铁、石化、机械、轻工、纺织、土木工程、热能动力工程等。对传统工科而言,其建设和发展应以新经济、新产业为背景,需要树立创新型、工程教育"新理念",学科专业"新结构",探索新时代下实施工程教育人才培养的"新模式"[3~11]。

天津商业大学机械工程学院热能动力工程专业作为一个商科院校的专业,如何同时体现商和工的特色,并维持本专业的学科特色,满足新时代经济环境下对创新型、创业型人才的要求,是本专业发展重点要解决的问题。

雷珏茜针对商科学校的建设探讨了构建高校商科创新创业教育体系中的主要问题,并提出了相应的对策[12]。张宝忠等对当前商科创新创业人才培养的实践教学现状,找出商科创新创业人才培养的关键,提出竞争性实践教学模式,并对推行基于商科创新创业

---

* 刘斌,教授,博士,硕士生导师,副院长,研究方向:制冷装置优化、低温冷链技术、极限条件下的人体热反应。

人才培养的竞争性实践教学模式提出建议[13]，陈胜军结合商科实践特点，按照创新的产生、应用和扩散三个层次建立了商科创新型人才素质模型，并基于这一模型，针对性地构建了本科商科创新型人才培养体系。何强指出高等商科教育人才培养的规格和层次，构建多元化、高素商科人才培养的质量标准。谢玲指出应优化双向融合课程体系，满足商学需要。

从这些相关的商科工科发展可以知道，商科工科的发展要两手发展：一是发展工科的专业知识，二是发展商科的基本素质，将商和工有效结合起来，才能发展适应新时代的"新工科"。

1 学校培养目标与专业培养目标的一致性

天津商业大学包括经济学、管理学、工学、法学、文学、理学、艺术学等学科门类，相互协调发展，相互支撑，具有鲜明的商科特色，因此，学校的培养目标是"培养具有高度社会责任感、深厚商学素养的复合型、应用型创新创业人才"，教育理念是"育经世之商才，授致用之术业"。

针对学校的人才培养目标和专业特色，热能与动力工程专业定位为：培养掌握能源与动力工程的基本理论和制冷及低温工程的专业知识，基础扎实、知识面宽、综合素质高、具有较强地分析和解决工程实际问题能力的高级技术人才，学生毕业后可在国民经济相关领域，如制冷及低温工程、空调工程、冷冻冷藏工程的设计研究院、生产企业和管理等部门从事科学研究、工程设计、产品开发与营销及运行管理等工作。其中，"基础扎实、知识面宽、综合素质高"体现了复合型的要求，"具有较强地分析和解决工程实际问题能力"体现了应用型创新创业的要求。

2 专业的课程设置与目标的一致性

为了实现学校和专业的培养目标，需要通过第一课堂、第二课堂及社会实践的紧密结合才能达到培养目标。

2.1 学分学年分布

根据青年学生的成长特点，课程学分的分布充分考虑高中与大学学生的差异性及大学前期和后期的任务不同，体现了由学习积累到创新创业实践的变化规律。

在图 1 中可以发现，在第二学期实践分有 6 分，主要是金工实习分和军事训练分。

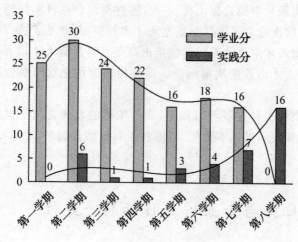

图 1　学分学年分布图

2.2　能力知识学分分布

　　商科院校的工科培养,除了所专注的专业知识点外,还要有商科知识的培养,体现复合型、应用型创新创业人才的要求。根据这个要求,热能与动力工程专业学生毕业时应具有三种素质,即核心层素质(产生创新)、内部层素质(应用创新)和外部层素质(扩散创新),需要通过不同的课程培养来达到。图 2 为本专业不同课程结构的学分分布和比例分布。

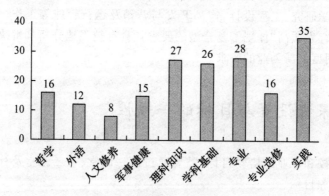

图 2　课程结构的学分分布

　　从图 2 和图 3 可以看出,为了培养复合型人才,哲学、外语、人文修养、军事健康及理科类的学分总比例达到 42.6%,体现创新创业类的实践类课程达到 19.1%,专业类课程的比例只有 38.3%,专业类课程数量明显减少,但这并不影响专业型人才的培养,这主要是在第二课堂和实践类课程中融入了专业知识的引导,使专业知识点由过去传统的老师教授过程变成了兴趣爱好引导学生自我学习的过程,在整个过程中老师起辅导作用。

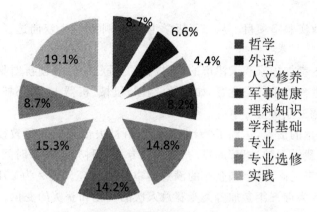

图 3　课程结构的学分比例

2.3　第二课堂

大学生的第二课堂活动是培养学生创新创业能力的重要场所,为激励学生从宿舍走出来,特制定了竞赛与科研类学分类(见表 1)。

表 1　竞赛与科研类学分

课程 类别	课程 性质	课程名称	课程编号	学生
		研究与创新		
	选	大学生创新创业训练计划		
	选	获得专利		
竞赛 与 科 研 类	选	学科竞赛		
	选	学术论文		
		资格证书		
	选	考取各类资格证书		
		小　计		

针对这类学分,鼓励学生参加学科竞赛、教师的科研项目、SRT、创业等活动,同时也提供相应的机会,主要包括:

(1)每年一度的天津市制冷空调大赛。在天津市相关企业的资助下,本赛事已经举办 10 届,天津市具有制冷空调专业的院校都能参加。

(2)G-SRT 创新创业项目。在格力的资助下,G-SRT 创新创业项目已经举办 5 届,每年评选 10 个左右的项目,参与学生人数 60~70 人。

(3)国家、天津市及学校的 SRT 项目:每年评选项目 17 项,参与人数达到 102 人。

(4)参与教师的科研项目。从二年级学生中,老师和学生双向选择进行学生科研活动的培训。

（5）参加创业实验室项目。从二年级学生中，老师和学生双向选择项目，进行学生创业活动的培训。

（6）组织学生参加国家和天津市的"挑战杯""互联网＋"等创新创业大赛。

（7）组织学生参加学科类竞赛，如数学、制图、机械、机器人、人环杯、中国制冷学会赛事、中国制冷空调工业协会赛事等。

通过第二课堂的活动，达到了"专业知识点由过去传统的老师教授过程变成了兴趣爱好引导学生自我学习的过程"的目的，即使在专业学科知识授课时间减少的情况下，学生的培养质量越来越高，社会和企业的满意度也越来越高。表2为2018年G-SRT立项名单，图4和图5为近三年参加各类竞赛总人次的变化和获奖的变化。

表2 2018G-SRT立项题目

序号	题目
1	中低温余热冷电联产系统性能研究
2	并联制冷系统智能热气融霜的研究
3	低温冻藏间内温度场速度场的优化研究
4	翅片式接触热阻测量及翅片温度均匀性分析
5	基于高传热特征连接元件的移动式快速相变蓄能装置研究
6	−100 ℃超低温冷库冷藏技术及制冷研究
7	冷冻－复温策略对果蔬贮藏品质影响的实验研究
8	中草药冷链终端低温分类贮藏关键问题及系统研究
9	不同工况对太阳能吸收式制冷装置COP值的影响
10	制热运行条件下空气源热泵的送风温度组合运行方案研究
11	低功率便携式热疗仪

从表2可以看出，学生如果不通过自我学习，很难完成项目。

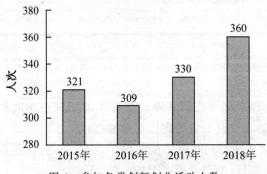

图4 参加各类创新创业活动人数

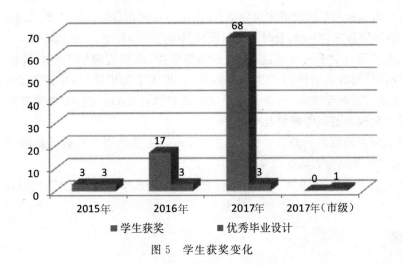

图 5　学生获奖变化

在 2016 年,本专业学生获得"互联网＋"创新创业大赛银奖,体现了专业培养的优势。

3　课程安排改革

3.1　改革教学结构

改变了以往教学结构过于强调理论知识的系统性而导致的理论教学与实践教学分离、课程内容与行业实际脱离的状况。为适应学生能力和可持续发展的需求,加强学生综合能力的培养,体现"商学素养"工科人才成长规律、理论实践一体化等原则,增加了实验课时、实习课时、文化素养等课时比例,将 SRT(大学生研究训练)计入课时。

3.2　改革理论教学

在理论课教学内容中,以提高学生的学习兴趣为目标,转变传统的教学思想观念,要求运用启发式、讨论式、案例教学法直观教学法等多种灵活、生动的教学方法,使学生从被动学习变为主动学习,激发学生的学习兴趣,培养学生的自学能力和创新思维能力。同时,积极采用多媒体网络教学技术进行教学,使用配套的 CAI 教学课件,充分发挥各种多媒体的方式,促进课堂教学质量的提高。

3.3　改革实践教学

实践是创新的基础。在改革中,构建能尽可能为更多学生提供一个更具综合性、设计性和创造性的实践环境,以便使每一位大学生在四年的学习中都能接受多个实践环节的培养。

(1)构建了"四个模块、三大内容、三个层次、二类训练和一项活动"的实验教学体系的实践教学体系。

(2)将传统实验与学科前沿实验相结合:进一步发挥我学院科研优势,在实验教学中以学科为依托,科研与教学互动,及时地将科研成果引进实验教学,更新和丰富实验教学内容。

(3)注重实验教学手段改革:将先进的测控手段、虚拟实验用于实验教学之中,使学生掌握了现代仪器设备的使用方法和实验技能,扩大了知识范畴;选编符合中心人才培养目标要求的实验教学文本、声像和电子实验教材以及 CAI 课件;实现实验预订、实验指导、实验报告批改和答疑等网络化管理。

(4)建立完善的创新实验教学机制:进一步建立完善的创新实验机制,并把创新实验理念融入实验教学的全过程。

(5)在实验教学领域,从多个方面实行开放式管理教学,开始了自选实验课程。

4　结论

"新工科"的发展要求学生具有更高的自我学习能力和创新能力,商科要求学生具有更好的创业能力,通过学校人才培养目标的剖析,本专业建立了适应"新工科"发展要求和商科发展要求的人才培养体系,达到了培养目标的要求。

参考文献:

[1] 许涛,严骊,殷俊峰,等.创新创业教育视角下的"人工智能＋新工科"发展模式和路径研究[J].远程教育杂志,2018(1):80-88.

[2] 陈寿灿,严毛新.创业教育与专业教育融合的大商科创业型人才培养[J].中国高教研究,2017(8):96-100.

[3] 刘琳,朱敏.高等工程人才培养的范式转变——关于"新工科"深层次变革的思考[J].南京理工大学学报(社会科学版),2017,30(6):88-92.

[4] 牛华勇,孙健,宋阳,等.高等学校商科教育国际化比较研究[J].商学研究,2017(6):15-23.

[5] 陈慧,陈敏.关于综合性大学培养新工科人才的思考与探索[J].高等工程教育研究,2017(2):19-23.

[6] 樊俊青,王改芳.基于物联网工程的新工科实践平台建设[J].实验技术与管理,2017,34(12):179-182.

[7] 张凤宝.新工科建设的路径与方法刍论——天津大学的探索与实践[J].中国大学教学,2017(7):37-39.

[8] 陆国栋,李拓宇.新工科建设与发展的路径思考[J].高等工程教育研究,2017(3):20-26.

[9] 龚晓嘉.综合性高校在实践教学中培养新工科创新型人才的探索[J].高教学刊,2017(12):141-142.

[10] 雷珏茜,鲁娅珺,李静,等.高校商科创新创业教育体系探析[J].经贸实践,2017(24):330.

[11] 张宝忠,胡宇梁,李振华.基于商科创新创业人才培养的竞争性实践教学模式研究[J].中国职业技术教育,2018(5):156-163.

[12] 陈胜军,于渤涵.本科商科创新型人才培养模式研究[J].人力资源管理,2017(12):506-508.

[13] 本刊访研团.复合型商科人才培养教育之思考——访天津中医药大学管理学院院长何强[J].管理观察,2017(4):8-10.

建环专业应用型人才培养的解析与思考

张聪一[1]　刘泽勤[1,2]*

(1.天津商业大学机械工程学院,天津,300134;

2.热能与动力工程国家级实验教学示范中心、

冻冷藏技术教育部工程研究中心,天津,300134)

[摘　要]人才供给应以社会需求为标准。为满足社会需求,建环专业应用型人才培养改革迫在眉睫。本文提出了应用型人才培养的必要性,并分析了建环专业应用型人才培养现状,提出对建环专业应用型人才培养的思考。

[关键词]建环专业;应用型;人才培养

1　引言

近年来,随着我国改革开放政策的逐渐深入,经济形势已经发生根本性的变革。由于教育的时滞性和高等教育层次结构调整的滞后性[1],促使用工企业需要大量的高素质工程应用型专业人才,这种人才既要有深厚的理论基础,又要有较强的动手能力、丰富的实践经验和创新意识[2]。与此同时,我国高等教育已由"精英教育"转向"大众教育"[3],大学生就业市场出现用工单位难以找到专业理论基础深厚、实践能力强的毕业生,而广大毕业生又难以找到令自己满意的工作岗位的现象。对于财经类高校,其工科类专业本就处于劣势地位,因此,财经类高校工科类专业应用型人才培养势在必行。本文以财经类高校的建环专业(即原暖通空调专业)为例,对应用型人才培养进行研究。

1.1　专业教材内容相对滞后

作为与房地产发展息息相关的土木工程辅助性专业,建环专业这些年发展迅速,培养了大批房地产市场亟须的应用型人才,然而传统专业教材的严谨性和滞后性,其教育内容相对落后于现代快速发展的行业所需[4]。由于专业教材的更替具有时滞性,导致教材内容的更新无法跟上专业领域新知识的迅猛发展。在现阶段的专业课教学中,教师又过度依赖专业教材。专业教材内容相对落后于工程实际的现状,导致逐渐拉大课堂与工程实际之间的距离,不利于应用型人才的培养。

---

*　刘泽勤,教授,博士,研究方向:人工环境控制。

基金项目:天津市委教育工委2018年天津市教育系统调研课题。

1.2 "双师型"教师队伍建设比较薄弱

王义澄首先在我国提出"双师型"概念,提出"双师型"教师素质要求:"参与学生实习过程、选派教师到工厂实习、参与重大教学科研工作、多承担技术项目"[5]。"双师型"教师应具备两方面能力:胜任专业理论教学能力和指导专业实践的能力[6]。现阶段,"双师型"教师队伍建设是高校建设的薄弱环节。其一,部分院校教师主专业是建环专业的比例很低,导致很多教师并无丰富的实践经验,甚至出现建环专业知识薄弱的现象,阻碍"双师型"教师队伍建设;其二,高校指定的晋升机制以学术成果为评估标准,不注重工程实践经历,致使很多教师将主要精力放在学术研究上,而忽略了工程实践,导致很多教师指导专业实践的能力比较薄弱。建环专业"双师型"教师团队建设比较薄弱,导致的直接后果是建环专业应用型人才培养进程的滞后。

1.3 实践环节比较薄弱

实习类课程的问题主要存在于认识实习、生产实习、毕业实习等各环节的有效联结[7]。部分院校建环专业实践性教学质量和教学效果不佳,甚至出现专业实习是参观性的、专业实验是验证性的、专业设计是模板性的等问题,造成实践教学失去综合应用和工程实践的本质功能,扼杀学生的积极性和创造性,无法培养出社会需要的高素质、具有一定创新能力的工程应用型人才[8,9]。

校外实习是学生在校期间非常珍贵的、接触实际工程项目的机会,但是学校以及企业因为安全考虑,将校外实习变为参观性实习,几乎完全限制学生融入实际工程中去。另外,学校以及企业无明确的考核标准,无法对学生实习情况准确掌握。虽然有些院校会对学生实习情况进行考核,但是考核内容缺乏真实性。

部分院校课程安排不合理。很多院校会在大四上学期末完成本科课程学习,下学期立即进行毕业设计,其间并未安排毕业实习,减少了学生实践以及接触工程实际的机会,甚至有些院校会出现平时课程稀松,但是实习时间短暂的现象。

建环专业一般会在理论教学结束后的学期末进行课程设计。在课程设计环节,学生在理论学习中只是简单完成作业,没有工程实际应用,学习积极性低。同时,在独立进行课程设计时,设计周期短,学生只是根据任务书盲目地进行设计,对所采用方案的可行性、建筑设备之间的关系等方面缺乏思考[4]。

2 推动建环专业应用型人才培养

2.1 优化专业教材

专业教材是整个教学过程中必不可少的工具,也是建环专业进行专业学习、接触工程实际的主要途径,具有不可替代的作用。因此需要结合教学实践和经验,吸收行业最新发展成果,编写高质量的专业特色教材。编写教材的首要任务是与时俱进,因此,需要整合行业最新发展成果,以易于理解的方式编入教材,以使学生在最短的时间内接触到最新成果。另外,应该结合工程实际,实例实用,并将工程实际中遇到的问题以及解决办法编入教材,让学生在无法进行工程实际工作的情况下,尽可能地接触工程实际,以缩短学生与工程实际之间的距离。

2.2　加强"双师型"教师队伍建设

应用型本科人才应该具备三个层次的知识和能力:较扎实的专业理论知识;较强的实践操作能力;一定的应用研究和转化能力。与之对应的是"双师型"教师应具备的素质和能力:专业理论教学水平;专业实践教学和指导能力;应用研究和转化能力[10,11]。

针对"双师型"教师队伍建设:一方面,可以选派教师到基层设计或施工单位进行脱产实习或社会实践锻炼,增强教师对工程实际的了解,方便教师在以后的授课过程中将工程实际与授课内容相结合,使学生所学知识更加贴近实际;另一方面,应该与知名高校和科研院所的高层次人才积极开展相关领域的合作,以高层次人才为契机,发挥高层次人才的带头作用,以此促进高校"双师型"教师队伍建设,最终促进应用型人才培养[12]。

2.3　加强实践环节建设

实践教学内容作为实践教学体系中重要的组成部分,应该坚持以"能力为本"的思想,通过基本实践能力、研究创新能力、专业实践能力和社会适应能力的培养,使应用型本科生实践教学能力得到增强[13]。

同时,应该借鉴国外先进经验,完善我国实践环节建设。爱尔兰理工学院鼓励学生通过查阅文献、向老师请教等方法解决实际工程问题,而非仅仅在课堂上接受老师的灌输。学生主要通过作业和实验、研究论文、研究项目、企业实习、毕业设计等方式参与到工程实践中去[14]。

同时,高校应对专业实验进行整合,使设计性实验和综合性实验在实验教学中所占的比重提高。在生产实习过程中,应充分利用与企业建立的产学研基地资源,采取"分组进车间"的实习形式,让学生对生产一线的实际情况有更直观的认识。生产实习最终成绩评定应采用灵活的"平时表现+实习日记+实习报告+考试"的方式,以检验学生实习的真实效果。在课程设计上,应增加选题范围,最好选用工程上的真实背景,确保真题真做,使学生以所学专业知识为指导,解决工程实际问题,以达到提高专业实践能力的效果[15]。

3　结 语

人才的培养应以社会需求为标准。现阶段,社会亟须应用型人才,因此作为工程实践性极强的建环专业,应以培养注重实践、强调应用、重视思路、善于解决实际问题的学生为目标。目前,建环专业在教材、教师团队、实践环节等方面存在较多问题,要想推动建环专业应用型人才的培养进度,必须使专业教材与时俱进,使更多的教师加入"双师型"教师队伍中去,使实践环节更加完善。对此,以财经类高校为例的各高校应该结合自身特点,充分发挥自身优势,为建环专业应用型人才培养建设添砖加瓦。

参考文献:

[1] 杨宇轩. 高等教育层次结构调整与经济增长的关系研究[D]. 成都:西南财经大学,2012.

[2] 阎国华. 工科大学生创新素质的提升研究[D]. 徐州:中国矿业大学,2012.

[3] 张红梅. 我国高等教育由精英型向大众型转变过程中的质量观探讨[J]. 高等教育研究,2003,4(19):48-51.

[4] 张颖. 建环专业应用型人才培养模式研究[J]. 科教文汇(上旬刊),2015(3):45-46.

[5] 王义澄. 适应专科教学需要,建设"双师型"教师队伍[J]. 教材通讯,1991(4):14-15.

[6] 肖凤翔,张弛. "双师型"教师的内涵解读[J]. 中国职业技术教育,2012(15):69-74.

[7] 李清清,杨吉民,郭铁明. 关于建环专业人才培养的反思[J]. 河北广播电视大学学报,2016,21(1):78-80.

[8] 谢东,刘泽华,陈刚,等. 基于工程应用型人才培养的地方高校建环专业实践教学改革与实践[J]. 中国现代教育装备,2012(11):51-53.

[9] 汪筱兰. 加强实践教学环节,为工科学生提供施展才能的平台[J]. 中国现代教育装备,2007(11):121-123.

[10] 邢赛鹏,陶梅生,陈琴弦,等. 应用技术型本科高校"双师型"教师评定标准研究[J]. 职业技术教育,2015,36(4):45-48.

[11] 江利,黄莉. 应用技术大学"双师型"教师的误区与超越[J]. 高校教育管理,2015,9(2):43-47.

[12] 吕子强,刘广强,毛虎军,等. 基于评估标准的建环专业人才培养体系的完善与实践——以辽宁科技大学为例[J]. 才智,2017(5):240.

[13] 刘伟. 实践教学中应用型人才培养模式的研究[J]. 实验技术与管理,2009,26(9):123-127.

[14] 刘泽勤,柴永艳. 基于实践能力培养的工科学生教学实践研究[A].第六届全国高等院校制冷空调学科发展与教学研讨会论文集[C],2010.

[15] 谭洪艳,樊增广,郭继平,等. 建环专业人才培养实践教学体系构建[J]. 辽宁科技大学学报,2014,37(1):109-112.

能源与动力工程专业培养方向探索

郭彦书[*]

（河北科技大学机械工程学院，河北石家庄，050018）

[摘　要] 能源与动力工程专业是一门培养能源利用方面高级专门人才的本科专业。由于本专业所涉及的专业方向众多，很难完全兼顾，本文根据当前经济与社会的发展变化趋势对常见的培养方向进行了分析，并给出了根据学校的定位与特色进行办学方向抉择的建议，对于推动本专业的发展具有一定的促进作用。

[关键词] 能源；动力工程；培养方向；课程体系

1　前言

2012 年 9 月，教育部颁布实施新的《普通高等学校本科专业目录（2012 年）》，热能与动力本科专业更名为能源与动力工程专业[1]。由专业名称可见该专业的内涵更加广阔和深远，从而也说明随着能源动力科学技术的飞速发展和新问题的提出，社会对人才的培养提出了新的要求[2]。目前，大约有 170 所高校设置了热能与动力工程专业。随着经济的发展，能源与环境问题逐渐成为世界各国所面临的重大科技和社会问题。培养高素质、具有创新意识的能源工程专业人才是本学科义不容辞的责任[3,4]。然而能源与动力工程专业涉及的范围十分广阔，在教学内容设置和专业培养目标方面往往难以抉择。如果在课程设置方面，为了概括尽量多的研究方向而开设更多的专业课，那么每一个培养方向的学时和学分必然减少，可能带来学生无法适应社会需求等问题；如果课程设置仅仅涉及单一方向，则可能造成学生知识面窄，就业受限。本文以河北科技大学能源与动力工程专业为例，对专业培养方向选择和课程体系建设方面进行一些研究与探索。

---

* 郭彦书，教授，硕士，研究方向：换热设备强化传热、余热回收利用研究。
基金项目：河北科技大学理工学院教学研究课题（No.2017Z06）。

2 能源与动力工程专业培养方向及存在的主要问题

2.1 课程体系

我校能源与动力工程专业的课程体系可以分为通识教育模块、学科技术模块、专业模块和实践教育模块四个部分。各模块的学分和学时分布情况如表 1 所示。

表 1 课程体系及学时分配

模块类别	课程系列	学分	学时	占总学分比例(%)
通识教育模块	德育系列	14	224	7.7
	外语系列	12	192	6.6
	身心素质系列	5	136	2.7
	计算机基础系列	5	80	2.7
	通识素质教育系列	10	200	5.5
学科技术模块	自然科学基础系列	23.5	384	12.8
	学科基础系列	26	416	14.2
专业模块	专业基础系列	19	304	10.4
	专业方向系列	15.5	248	8.5
	专业选修系列	10	160	5.5
实践教育模块	课内集中实践教学系列	35	—	19.1
	创新创业与个性发展教育系列	8	—	4.4
合计		183	2344	100

2.1.1 通识教育模块

通识教育模块是全校性课程。我校所有专业通识教育模块的设置基本一致,主要用于提高学生的思想政治修养、人文道德修养、基础科学知识、语言应用能力等。通识教育模块的主要目的是帮助学生建立必要的知识构架,树立正确的人生观、价值观和世界观。通识教育模块的设置可以帮助学生适应社会对于专业技术人才的道德、伦理、人文素质等方面的要求。

2.1.2 学科技术模块

学科技术模块分为自然科学基础系列和学科基础系列两个部分。其中,自然科学基础系列主要包括工程技术领域所需的一些数学、物理、化学方面的知识,是基础教育的延续和提高;学科基础系列主要包括制图、机械设计、力学、材料学、电工电子等方面的知识,通过这些课程的学习可以帮助学生构建合理的知识体系,为学习专业基础课程和专业课程做好必要的准备。

2.1.3 专业模块

专业模块分为专业基础系列、专业方向系列和专业选修系列。专业基础系列主要包括"热力学""传热学""流体力学"等热工基础课程,专业方向和专业选修系列则需要根据专业的主要培养目标和培养方向来设置。

2.1.4 实践教育模块

实践教育模块主要包括课内集中实践教学系列和课外的自由探索。这一模块是培养学生动手能力、工程实践能力和创新创业能力。

2.2 培养方向

能源与动力工程专业的培养方向主要涉及热力发电、空调制冷、内燃机、新能源等方向,由于各个方向对专业基础知识的需求不同,因此,不同的方向在专业基础课设置方面也存在一定的不同。

2.2.1 热力发电方向

热力发电方向是传统的能源与动力工程或者热能与动力工程专业的主要培养方向,主要培养能够从事热力发电行业设计、建造、运行、管理、维护等方面的高级专门人才。典型的以热电作为主要培养方向的如华北电力大学等以热电行业作为主要服务对象的高校。热力发电方向的主要专业课程包括"燃烧学""换热器设计""锅炉原理""汽轮机原理""热力发电"等。

2.2.2 空调制冷方向

开展各类空调、冷库等工作原理、结构设计等方面的工作也是能源与动力工程专业的一个培养方向。这一培养方向的主要专业课程包括"制冷原理与设备""换热器设计""空气调节""供热工程""泵与风机"等。

2.2.3 内燃机方向

本方向以培养能够从事车用发动机的设计、开发、制造、安装、维护等方面工作的工程技术人员和研究人员为主要目标,如北京理工大学的能源与动力工程专业。本方向的核心课程包括"自动控制理论基础""内燃机构造""内燃机原理""内燃机设计""流体机械设计"等。

2.2.4 新能源方向

随着化石能源的日渐枯竭,风能、太阳能、生物质能等可再生能源的研究与开发利用越来越受到社会各界的重视,因此,越来越多的高校开始重视能够从事新能源开发方面的人才培养与储备。由于新能源科学与工程(080503T)属于特设专业,因此许多高校开始探索在能源与动力工程专业的基础上开展新能源利用方面的教学改革,并开设了新能源方面的课程。

2.3 存在的主要问题

在能源与动力工程专业的培养方向抉择方面主要存在的争议在于到底应该"面面俱到"还是"独树一帜"。如果针对所有的方向都开设一定的课程,则总学分很难控制在要求的范围之内。目前,各高校纷纷将总学分由 220 分减至 180 分左右(按照 16 学时 = 1 学分核算),在总学分大幅减少的情况下很难保证各培养方向都达到培养方案规定的教育教学效果,往往造成杂而不精,学生虽然对各培养方向都有一定的了解,但却无法深入,难以在就业竞争和未来的职业发展中取得优势。

由于目前高校毕业生就业形势较为严峻,就业率直接与学校的社会声誉和招生息息相关,如果高校在培养目标设定方面过于狭窄,则学生在就业方面可能会存在较大困难,甚至会影响学校的发展,因此在设定专业培养目标方向时,必须兼顾对学生未来就业的影响。

3 应对措施

为了提高能源与动力工程专业的教育教学水平,推动专业和学科的发展,需要在专业培养目标方向设定方面注意以下几个方面的问题。

由于各个高校的影响力、科研实力、办学定位等存在明显的差异,因此在专业培养目标方向设定方面不可一概而论,应根据学校具体情况设定培养方向。

对于具有明显特色、在全国范围内具有较大影响力的高校,可以坚持自身的特色,逐步提高专业水平进而带动产业升级和改造,在专业发展方面产生飞跃式突破。以热力发电行业为例,虽然由于燃煤造成的环境问题许多地方不再批准新建热电发电厂,社会对热力发电方向的毕业生需求有所减少,但短时间内热力发电仍将占据电力供给的绝对优势地位,毕业生需求不会大规模减少,而且随着环境问题的日渐突出,热力发电行业需要更多的人才投身产业升级改造的事业当中,这就要求高校在人才培养方面逐渐做出调整和变革,以适应这一发展。

对于具有区域影响力、以服务地方经济为主要办学宗旨的地方高校,在培养目标方向选择方面可以兼顾学科的发展和学生的就业需求,可以在课程设置方面重视基础课的教学,以自身优势方向为主,并辅助设置一个补充方向,将其他的培养目标方向适当设置选修课予以兼顾。这样所培养的毕业生既能在一个领域具有较强的业务素质,同时又具有更广的就业面。这样的培养目标方向和课程设置,不但能够提高学生的就业面,还能够在经济、社会形势发生变化时,更快地适应新的局面。在课程设置方面,可以通过优化选修课模块来兼顾不同培养方向,使得具有不同学习意愿的学生都可以根据自己的兴趣和特长制订合理的学习计划。

4 结束语

随着经济与社会的发展,对人才培养的要求也在不断地发生变化,本文对能源与动力工程专业的培养方向现状进行简单的总结和分析,并提出了根据学校的办学特色和社会定位来选择培养方向的应对方案,并通过选修课模块的优化设置来满足对不同培养方向产生兴趣的学生的需求。本文的相关研究工作对于不同层次、不同特点、不同办学定位的高校能源与动力工程专业的发展与建设都具有一定的参考意义。

参考文献:

[1] 代乾,王泽生,杨俊兰.能源与动力工程专业热工系列课程改革实践[J].中国电力教育,2013(5):74-75

[2] 崔海亭,刘庆刚.能源与动力工程专业应用型人才培养课程体系建设探索[A].第九届全国制冷及暖通空调学科发展与教学研讨会[C],2016.

[3] 尚妍,刘晓华,东明.能源与动力工程学科创新基地建设探讨[J].实验科学与技术,2015,13(3):140-142.

[4] 张瑞青.应用型本科能源与动力工程专业课程体系改革探索[J].课程教育研究,2015(8):74-76.

本科生创新和应用能力协同培养的路径初探

——以建筑环境专业大学生创新项目实践为例

李艳菊[1*]　王　宇[1]　葛艳辉[2]　郭春梅[1]　由玉文[1]

（1.天津城建大学，天津，300384；2.天津理工大学，天津，300384）

[摘　要]具有创新能力和工程实践能力的复合型人才是今后社会需求和人才培养的重点方向。如何建立适合本科生创新和应用能力协同培养的实践教学模式是教育教学改革的重要内容。本文以建筑环境专业大学生创新项目实践为例，结合本科生的自身特点，总结了以项目能力培养为主体的项目实施管理；结合指导的实际创新项目，阐述了学生发现问题、解决问题能力、团队协作能力、表达能力、写作能力等多种能力培养的实践教学经验和方法，并从教师介入时间、扮演角色和发挥作用等方面进行了总结，探索了以学生为主体的、学研结合的、多能力协同培养的实践教学模式。

[关键词]创新；学研结合；大创项目；路径回归

0　引言

随着社会经济和科学技术的发展，当今社会对于人才的需求已经逐渐转变为对于具有创新能力、工程实践能力的复合型人才的需求。从大学生培养角度而言，需要对本科生开展科研创新能力和应用能力的双能力培养。现代人类有90％的时间在室内度过，所以建筑环境近年来成为人们关注较多的领域，建筑环境专业人才成为社会紧缺人才。建筑环境专业从业人员既有与工程实际接触紧密的工程设计、施工、管理等实践能力要求，同时又涉及新能源、污染物控制、室内环境治理等科研新内容，对科研创新能力要求逐渐变得更加重要。由此，针对建筑环境同类型专业本科生的创新和应用能力培养变得至关重要。

大学生创新项目是高校教育教学改革中培养学生创新能力和实践能力的创新之举，2012年教育部出台文件支持大学生创新创业项目。研究表明，大学生创新创业项目是培养本科生创新能力的有效途径和重要载体[1~4]。众多学者从项目本身、培养模式、指导教师角度、不同专业等方面对本科生创新能力和实践能力的提高做了总结[5~12]。目前存在

---

* 李艳菊，副教授，博士，研究方向：建筑环境与能源应用工程。

基金项目：天津城建大学教育教学改革与研究项目《基于项目驱动的大学生实践创新能力培养模式的研究》（No.JG-YBF-1759）。

项目过程管理随意、学生被动参与且主动性差、学习知识和创新能力培养不系统、难以形成应用能力和创新能力协同培养的教学体系和培养模式等问题。因此,如何通过大学生创新创业项目实施全过程,以学生为主体,切实提高本科生的创新和实践能力,是目前亟待解决的问题。本文从项目实施、创新能力、实践能力、教师作用方面着手,以建筑环境专业本科生大学生创新项目为例,探讨本科生创新和应用能力协同培养的路径。

1 能力培养为主体的项目过程管理

1.1 兴趣主导学生为主的项目申请模式

本科生对专业知识了解不深入,对本专业科研前沿和工作内容认识有限,在大学生创新创业项目申请阶段,需要在项目申请前期介入,可以形成教师梯队指导的局面,让学生参与文献检索等前期工作,使学生了解专业发展热点和趋势。通常课题组成员由大二到大四本科生组成,指导教师可以通过从高年级到低年级的递进指导模式,达到尽快了解、尽早熟悉研究内容的效果。以"高效节能车载净化器研制与优化"项目来说,项目参加成员为大三、大四学生,虽然已经学习了部分课程,掌握了空气污染物治理的基本原理和方法,但对于目前建筑环境领域空气净化知识和装置了解不充分,无法确定研究对象和内容。指导教师根据大四和大三掌握专业知识的程度不同,给出不同的检索内容,大三学生查找与净化器相关的专利和资料,大四学生在拥有较多的专业背景知识下查阅基本理论和工作原理,结合太阳能和汽车启动时的机械能,确定了项目的最终研究内容。

1.2 任务分解教师把关的项目实施模式

本科生存在理论课程较多、课余时间分散、个人能力知识有限等问题,结合学生时间管理和进度安排能力等应用能力培养需要,在项目整体实施过程中制定了一系列制度。分工制:将具体工作如实验方案制订、专利撰写,论文编写等分配到个人,按时按质完成任务;轮值制:在分工制的任务完成之后,为保证每个同学都能得到较多收获,实行任务轮换,使学生在论文撰写、实验操作等方面的能力都得到一定程度的锻炼;汇报制:每个人在完成一阶段的任务后需做好关于此阶段的工作汇报总结,将自己的经验分享给其他同学,同时提升自我演讲、幻灯片制作的能力;周会制:每周周三中午将集体与指导老师开会,汇报自己在上一周的工作成果、工作进度、工作难点以及下阶段的工作计划等,指导老师根据情况给出意见及帮助。

2 本科生创新和应用能力培养

2.1 发现问题和解决问题能力培养

问题都是可以解决的,就怕缺乏发现问题的眼睛,如何在众多复杂多样的信息中发现问题和解决问题是实现创新的前提,培养本科生发现问题并解决问题的能力体现在项目全过程中。对于建筑环境专业本科生而言,发现问题可以从实际的工程问题和现象出发。以车载净化器项目为例,学生发现室外污染导致车内环境恶化,引导学生结合本专业学习的室内空气净化的知识,产生了改善汽车内空气质量的想法,同时考虑汽车的能源形式,发现并总结出研发高效节能车载净化器的项目。

发现问题后如何解决问题是一个渐进的过程。一方面可通过本专业所学专业知识解决,把学到的理论原理应用于实践中。另一方面可通过查阅文献、专利等借鉴前人所做工作,并查阅其他相关专业内容,综合加工用于解决目前存在的问题。仍以太阳能车载净化器项目为例,结合建筑环境专业新能源技术和节能的要求,将太阳能作为一种节能手段用于净化器中。在辅助能源选择方面,鼓励学生大胆假设,认真求证。学生们查阅资料分析汽车运动过程中产生机械能,提出利用制动过程的机械能和太阳能作为辅助能。下一步就是如何解决机械能转化为电能的方案制订。这非建筑环境专业知识,课题组一名大三学生通过共享单车能源转化的启发,查阅并学习了机械能转化电能的专利,顺利解决该技术关键。同时,电能传输的无线装置传输现状不乐观,学生在教师指导下改变原方案,采用有线的机械能转化电能装置,研制了太阳能耦合机械能的车载净化器。通过项目的实施,项目组成员改变了原来被动学习和接受任务的状态,转变为主动发现问题和自主解决问题的学习方式。

2.2 团队协作能力培养

随着社会分工的细化,团队协作能力是未来本科生必须具备的基本能力。团队分工协作从组建团队开始,结合不同成员的兴趣和特长,每个人在项目中进行不同方面的研究,负责不同的任务,既分工又合作,经常交流沟通。试验期间,有明确的分工:计数、操作实验仪器、负责净化器的开关、读数等,大家相互配合;项目实施与后续处理,需要大家合作完成实验方案的制订与优化,实验过程中的操作记录,实验结束后的结论总结等工作,文章编写中的配图、表格等也需要有相关特长的同学相互合作。同时,在大创活动中,团队常常需要对遇到的问题进行讨论,每个人就问题均提出一些自己的看法。在讨论中,不仅锻炼了每位同学的专业能力,同时更多地锻炼了大家的团队协作能力。

2.3 动手能力培养

动手能力是学生工程应用能力培养的重要内容,尤其对理工科类大学生而言。动手能力是一个循序渐进的工程,结合实际项目,从两个方面来加强学生的培养。第一,鼓励大胆试制,鼓励学生根据设计的图纸和装置原理图,在提交工厂之前,自行购买材料加工制作第一代原理样机。第二,学生深入加工企业,到一线加工单位实际了解加工工艺及设备的使用,为优化设计或强化理论提供实际经验。以课题"主动式采样器研制与优化"为例,课题组成员在采样器原理掌握的前提下,开始对加工样机没有任何思路,五金工具的准确使用都无法全部掌握,更别说各种配件的链接了。然而,三个学生通过实际动手了解了工具的使用并完成了原理样机,为工厂试制样机提供了技术资料;同时在工厂加工阶段,课题组成员学习了实际加工设备,了解了管道转角、材质选择与加工设备相配合等实际经验,为进一步提高工程应用能力作出了很好的补充。

2.4　写作能力培养

写作能力对于准确翔实地表达自己的观点和结果尤为重要。工科本科生培养重点在理论原理和实践方式上,普遍存在写作能力不足的现象。针对上述情况,在项目实施过程中采用三步走的方式来培养本科生的写作能力。第一,文献阅读总结笔记,好的总结能力是写作能力的前提,每位同学结合自己所负责的部分阅读资料进行总结并撰写笔记;第二,实验方案、数据表格的编写,结合项目研究内容和目标,课题组自行设计并制作符合项目要求的相应方案和表格,提交指导老师讨论修改;第三,撰写结题报告、专利和论文初稿,在撰写读书笔记和制订实验方案的基础上,从思路、结构、内容、格式等方面要求学生自行撰写相关内容。在写作过程中对学生进行一对一的指导,通过上述三个步骤的锻炼,有效提高了学生的写作能力,结合指导老师所带的大创项目,共撰写专利2篇、论文2篇。本科生通过学习撰写论文、专利,掌握了科技成果的写作思路及格式。

2.5　表达能力培养

作为本科生,表达能力(在此指"说"的能力)是与人交流、总结的必备能力。与文科、管理学科等相比,工科类学生在说的方面存在一定的欠缺,也可以说多数理科生存在不善于表达的问题。结合项目的开展,从以下几方面对参与学生的表达能力进行训练:每周做一次阶段性的项目总结,组内每个成员口头汇报一周来的工作,同时安排一人制作幻灯片汇报工作;项目内部讨论,指导老师点名安排组员发言,组员间相互问答,克服不主动回答的现象,使得同学们的表达能力在实际运用中得到锻炼;当项目出现技术问题或者进展受阻时,指导老师主动询问,在一问一答中同学们一方面解决了实际问题,另一方面也逐渐清晰准确地表达自己的想法和建议。通过上述措施的实施,课题组内成员在项目结束时,表达能力得到了明显提高。

3　指导教师的角色与作用

在培养学生创新和应用能力的过程中,指导教师要改变理论课堂的教育教学方法,同时指导教师需要做到主心骨、引导者、情感支撑三个角色,在介入时间、介入方式、指导方法上结合本科生特点进行多能力协作培养。

在介入时间方面,指导教师应给学生自由思考和探讨的时间,尤其是申请阶段,同时可以结合自身的科研内容对学生开展引导式的教学。随着项目的进行,当遇到技术问题时,指导教师给出问题解决的大致思路与方向,让学生自己去寻找答案,避免教师直接给出问题答案的教学方式。在这个过程中,学生确实可以收获到除了知识之外的一些其他能力。同时,当学生对某一问题分析得出多个技术方案并无法定夺时,指导教师需给出确定可行的选择,起到主心骨、引导者的作用。

在项目实施过程中会遇到各种各样的困难,本科生存在相对专业知识不足、独立承担事情少、理论课程多时间不充分等情况,容易产生退缩、自我评价低等负面情绪,指导教师除解决专业知识外,还需要发挥情感支撑的作用:一方面,肯定客观苦难和负面情绪的存在;另一方面,当出现此种现象时,第一时间介入,多鼓励,从更积极的方面来引导学生,增加学生抗压能力和情绪的调整能力。以其中一个团队为例,开始大家对项目信心满满,项目进行到需要解决变风量风口控制和整体调试时,相对自动控制方面知识匮乏,一个多月时间无明显进展,负责该方面的成员时间管理不严,指导教师在阶段性汇报时批评了进度问题,该同学出现较重的负面反馈,认为自己知识能力有限,无法胜任工作。指导教师了解情况后,首先和该同学详细分析了项目问题和他自身的主观想法,并为他指出了解决问题的思路和方向,最终该成员顺利完成任务,表示通过这一过程,自己的情绪调整能力和抗压能力得到了很大提高,可以更好地应对相应情况。

4 结论

本科生创新和应用能力协同培养是未来社会对复合型人才要求的新方向,而大学生创新项目是提高学生创新和工程能力的很好方式。学生为主体的项目过程管理、多能力协同培养的教学方式和指导教师的角色扮演,是培养本科生创新和应用能力的很好总结。笔者通过近年来带领的建筑环境专业几个学生项目团队的指导工作,对参加项目的本科生进行一至两年培养后,学生在发现问题、解决问题、团队协作、表达能力、科技文献写作等多方面的能力得到了很大提高。具体表现为多名学生考取了硕士研究生,制作不同方向样机 2 台,撰写论文 2 篇,申请专利 3 项,1 个项目推荐参加市级挑战杯竞赛。但是,通过对新实践教学模式的探讨发现,仍然存在一些问题和未来需要加强的方向:培养过程中如何提高不同学生的多方面能力,实现真正的因材施教;结合地方高校的优势以及本科生课程和学习特点,建立合理的、规范化的奖惩方式,更好地促进学生结合实际问题向更深层次思考的主动性;探讨除组会、定期汇报等方式外的其他多样化的形式或活动,进一步加强学生凝聚力和专注力培养是未来需要开展的工作。

参考文献:

[1] 戴锡玲,曹建国,王全喜. 大学生创新项目是本科生创新能力培养的有效载体——指导生物科学专业学生项目心得体会[J].高教论坛,2016,5(5):20-22.

[2] 文丰安. 地方高校大学生创新创业教育浅谈[J]. 教育理论与实践,2011(15):12-14.

[3] 李忠,康永刚,李翠婷,等.大学生创新创业项目对能力培养的影响研究——以防灾科技学院为例[J].教育教学论坛,2014,6(23):65-66.

[4] 李裕琪,陆绍荣,张发爱. 通过大学生创新创业项目培养大学生科技论文写作能力的初探[J].广东化工,2016,43(10):236-237.

[5] 王以和.大学生创新项目的实施与创新能力的培养[J].西南农业大学学报(社会科学版),2013,11(9):172-175.

[6] 刘继龙,王涛. 大学生科技创新项目与大学生科技创新能力的培养[J].科学创新导报,2012(18):252.

[7] 吴丽丽,安丽佩.关于大学生创新训练项目的认识与思考[J].教育教学论坛,2014,8(35):55-56.

[8] 陈中.理工科大学生创新实践能力培养的路径探究[J].教育理论与实践,2016,36(15):24-26.

[9] 宋萌萌,肖顺根,神会存.提升应用型本科高校大学生创新能力的探析[J].宁德师范学院学报(自然科学版),2016,28(3):332-336.

[10] 龙激波,阮芳,王平,等.以创新实验计划为契机的地方高校大学生科研能力培养[J].中国电力教育,2012(13):29-30.

[11] 彭细荣.基于创新项目的材料力学教学中能力培养探索[J].教育教学论坛,2015,12(50):101-102.

[12] 王晓冬,伍春.基于大学生创新课题的创新能力培养新途径的思考[J].教育现代化,2016,8(21):183-184,187.